U0150715

一个光辉的文献故事，一扇认识数学世界的窗口

什么是数学

对思想和方法的基本研究

What Is
Mathematics?

[美] R. 柯朗 H. 罗宾 著

[美] I. 斯图尔特 修订

左 平 张饴慈 译

An
Elementary
Approach to
Ideas and
Methods

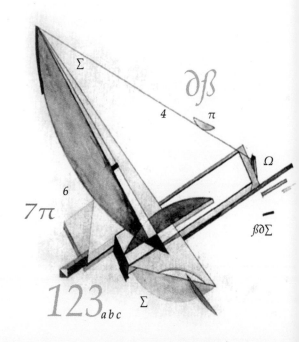

复旦大學 出版社

内 容 提 要

本书是世界著名的数学科普读物，它搜集了许多经典的数学珍品，对整个数学领域中的基本概念与方法，做了精深而生动的阐述。无论是数学专业人士，或是愿意作数学思考者都可以阅读此书。特别对中学数学教师、大学生和高中生，都是一本极好的参考书。

R. Courant and H. Robbins
WHAT IS MATHEMATICS?
Oxford University Press, New York, 1996

译 者 的 话

R. 柯朗(Richard Courant)是当代对数学研究与数学教育都具有深远影响的数学家,是西方公认的数学权威. 他 1888 年 1 月 8 日生于鲁布里尼茨(即现在波兰的鲁布里尼克(Lubliniec)),1910 年在德国哥廷根大学获得博士学位,以后一直在哥廷根大学任教. 在哥廷根时,他与 D. 希尔伯特关系甚密. 1933 年他离开纳粹德国,于 1934 年到美国纽约大学任教,并曾担任数学系主任和数学研究院院长. 在此期间,该研究院成了世界最大的应用数学研究中心. 1972 年他在纽约去世. 他对数学分析、函数论、数学物理、变分法等都有精深的研究. 他不仅学识渊博,是当之无愧的大数学家,而且一生都从事和关心数学教育. 他最伟大的贡献也许就是通过他的著作和个人交往使许多青年数学家得到宝贵的启示和巨大的鼓舞.

R. 柯朗一生著作极丰,其中最著名的是《数学物理方法》(与希尔伯特合著)、《微积分》,还有就是《什么是数学》这本书.《什么是数学》出版以来,受到普遍的热烈欢迎,并被译成多种文字,一版再版,盛况至今不衰,成为数学世界名著之一. 爱因斯坦和世界著名数学家 H. 外尔、M. 莫尔斯等都对本书给予了高度评价(见本书封底).

时至今日,本书又由 I. 斯图尔特增写了新的一章而成为第二版. 在新增的一章中,I. 斯图尔特结合原书的内容,讲述了在柯朗写作年代尚未解决的一些重大数学问题(这些问题有的已经解决了,如:费马大定理、四色问题. 有的取得了很大进展,如:哥德巴赫猜想.)以及现代数学的一些新方向、新分支.

1985 年科学出版社出版过我们关于本书的译本(当时的书名为《数学是什么》),曾受到读者的热烈欢迎. 今天,我们很乐意再次翻译这本书的修订版,相信必能受到新老读者的更大欢迎.

我们除了要再次感谢对我们 1985 版译本帮助良多的诸位朋友外,还要感谢复旦大学出版社,使我们能将修订的新译本得以再次出版.欢迎广大读者的批评与建议.

译者　2016 年 12 月

前　　言

1937年夏,我还是一个年轻的大学生,我是通过阅读我父亲所写的《微积分学》那本书来学习微积分的.我相信,那时,是他第一次想到要写一本关于数学方法和概念的初等读物,并且认为我有可能在这个方面给予帮助.

于是在随后的几年里,逐渐形成了《什么是数学》这本书.我还能清晰地回忆起那紧张的编写时期,特别是1940和1941年的夏季,我协助 H. 罗宾和我的父亲的情景.

当这本书出版的时候,其中若干本中有一个特别的扉页:数学——献给洛丽.洛丽是我最小的妹妹,那时她13岁.几年后,当我要结婚时,我父亲要求我妻子读懂《什么是数学》,她未能做得很好,不过她仍被接受进入我们的家庭.

很多年里,在纽约新罗彻尔的柯朗寓所的顶楼里放满了各种形状的铁丝框架,它们是用来做本书第七章第11节所述的肥皂膜实验的.这些肥皂膜实验曾是孙儿们无限乐趣的源泉.尽管我父亲没有再重复这些实验,但他的孙儿中仍有一些人投身于数学及相关领域的研究.

自原书出版后未再认真准备新版本.附有前言的修正版除了订正了一些明显的印刷错误外与原版基本没有什么区别;所有随后的印刷都与第三次修订本相同.在我父亲生前最后的岁月里,他有时曾谈到使本书大规模现代化的可能性,但他不再有精力来完成此任务了.

因此,当 I. 斯图尔特教授提议作现在这个修订本时,我是非常高兴的.他根据数学最新进展对若干章节增添了一些评论和扩展.我们知道费马大定理和四色问题已经解决了;无穷小和无穷大量,这些过去在形式上使人不满意,并被当作有缺陷的概念,现在已经在"非标准分析"中再次获得肯定(我上大学时曾用了"无穷"这个词,我的数学教授当时指出"在我的班上不允许有'坏'的语言").此修订版的参考文献已经增加至当前.我希望《什么是数学》这个新版本将再次在广大的读者中引起兴趣.

E. D. 柯朗[①]
1995 年 9 月于纽约州的柏坡特

[①] 本书作者 R·柯朗之子.——译注

修订版序言

《什么是数学》这本书是一本数学经典名著,它收集了许多闪光的数学珍品. 它的目标之一是反击这样的思想:"数学不是别的东西,而只是从定义和公理推导出来的一组结论,而这些定义和命题除了必须不矛盾外,还可以由数学家根据他们的意志随意创造."简言之,这本书想把真实的意义放回数学中去. 但这是与物质现实非常不同的那种意义. 数学对象的意义说的是"数学上'不加定义的对象'之间的相互关系以及它们所遵循的运算法则". 数学对象是什么并不重要,重要的是做了什么. 这样,数学就艰难地徘徊在现实与非现实之间;它的意义不存在于形式的抽象中,也不存在于具体的实物中. 对喜欢梳理概念的哲学家,这可能是个问题,但却是数学的巨大力量所在——我们称之为"非现实的现实性". 数学联结了心灵感知的抽象世界和完全没有生命的真实的物质世界.

我第一次见到《什么是数学》这本书是在 1963 年,那时我正打算在剑桥大学谋求一席之地. 这本书被推荐给未来数学专业的学生阅读. 甚至到今天,任何想以先进的观点来看待大学数学的人,浏览这本书同样有益. 然而,你不必像一个崭露头角的数学家一样要从柯朗和罗宾的代表作中得到大量的信息和深刻的洞察. 你可以完全根据自己在数学方面的兴趣,基于你已有的数学背景知识,选取一部分内容进行舒心愉快的阅读. 中学代数、初等微积分,以及三角函数,再加上一点欧氏几何的帮助,有了这些方面的知识就足够了.

人们可能认为一本几乎是在 50 年前[①]出版的书是过时的了——它的术语已经陈旧,它的观点已与现代的形式不符了;但事实上,《什么是数学》这本书写得相当好,它所强调的解决问题的方法至今仍有效,它所选取的数学材料如此之好,以至于没有一个单词或符号必须在新版中删去.

---

① 20 世纪 40 年代.——译注

假如你认为这是因为数学从来没有什么改变,那么我请你去关注一下新增的一章"最新发展",它将向你展示数学的改变是多么迅速.这本书写得好,是因为尽管数学一直在发展,但书中选取的、有关历史上的著名发现的专题,都是很难抛弃的.对定理,你不可能不加以证明.事实上,你可能偶然间发现一个长期被接受的论证是错误的——这曾经发生过.但这只表明,从一开始证明就是错误的.然而,新的观点通常会导致旧的论证过时,或对旧的事实不再感兴趣.《什么是数学》这本书没有过时,是因为所选取的材料展示出了无限完美的数学品位.

正规的数学就像拼写和语法一样,是一种对约定规则的正确应用.有意义的数学就像用来讲述有趣故事的报纸杂志;但不像某些报纸杂志,它的故事必须是真实的.最好的数学就应该像文学作品——故事来源于你眼前活生生的生活,致使你把精力与感情投于其中.就数学来说,《什么是数学》这本书是一部才华横溢的作品.新增的一章的主要目的是要把柯朗与罗宾所讲的故事延续到今天,例如,阐述了四色问题和费马大定理的证明.这些是在柯朗和罗宾写书时尚未解决的主要问题.现在它们已经被证明了.我发现了一个真实的数学上的诡辩(见第九章"最新进展"),我认为相关的这个特别的内容其观点已经变化了.柯朗和罗宾的论证,包括他们用的假设,是正确的.但是,那些假设不再像他们所做的那么合理了.

我并不试图介绍那些近来变得很著名的课题,比如:混沌、对称破缺,或者许多其他的有趣数学发现以及20世纪的数学发现.你可以通过很多途径找到那些发现,特别从我的书《从这儿通往无限》.那本书可作为《什么是数学》这新版本的姊妹书.我的宗旨是仅仅添加一些材料使得原先的东西与时俱进——虽然在一些特殊的情况下,我努力去做,而在其他场合我却没能这样.

什么是数学?

它是独特而唯一的.

I.斯图尔特

1995 年 6 月于考文垂

对第一版修正版的序言

近些年来,在许多事情的推动下,人们对数学知识与训练的需要日益增加.现今,除非学生和教师设法超越数学的形式主义,并努力去把握数学的实质,否则产生受挫和幻灭的危险将会更甚.这本书就是写给这样的学生和教师的.人们对第一版的反应鼓舞了作者,使作者敢于期望本书对读者会有所助益.

许多读者的批评使得本书作了多方面的修正与改进.

R. 柯朗

第一版序言

　　两千多年来,人们一直认为每一个受教育者都必须具备一定的数学知识.但是今天,数学教育的传统地位却陷入了严重的危机之中.而且遗憾的是,数学工作者要对此负一定的责任.数学教学有时竟演变成空洞的解题训练.这种训练虽然可以提高形式推导的能力,但却不能导致真正的理解与深入的独立思考.数学研究已出现一种过分专门化和过于强调抽象的趋势,而忽视了数学的应用以及与其他领域的联系.不过,这种状况丝毫不能证明紧缩数学教育的政策是合理的.相反,那些醒悟到培养思维能力的重要性的人,必然会采取完全不同的做法,即更加重视和加强数学教学.教师、学生和一般受过教育的人都要求数学家有一个建设性的改造,而不是听其自然,其目的是要真正理解数学是一个有机的整体,是科学思考与行动的基础.

　　某些传记性与历史性的名著以及富有启发性的普及读物,曾激起了潜在的一般兴趣.但是,借助轻松愉快的传授所得到的数学知识,决不会比最出色的新闻杂志对那些从未听过音乐的人进行音乐教育获得的更多.实际去接触活生生的数学内容是必不可少的.当然,应当避免走弯路或陷入技术性的细节.介绍数学不必过分注重通常例行的做法,也不应采取生硬的教条主义的态度,因为教条主义会掩盖动机和目的,妨碍人们作实事求是的努力.实际上,我们可以由最基本的事实出发,不必拐弯抹角而直达一个可以综览近代数学的实质和动力的有利位置.

　　现在这本书是朝此方向的一个尝试.因为所需知识估计在高中课本中都可以找到,所以把它看成一本通俗读物也无妨.但是,这并不意味着对那种贪图省劲、不愿作任何努力的危险倾向的让步.阅读本书要求读者在智力上比较成熟并乐意独立思考.本书既是为初学者也是为专家,既是为学生也是为教师,既是为哲学家也是为工程师,既是为课堂教学也是为参考阅览而写的.这个抱负可能是太大了.这本书虽经若干年的准备,但在其他工作的压力下,却是在其真正完成之前出版,故不得不作某些折中处理.欢迎批评和建议.

无论如何,作者希望本书能对美国高等教育有所贡献,以表对这个国家给我的机会的谢意.此书的计划与观点应由本人负责,而任何荣誉与奖赏则必须与 H. 罗宾(Herbert Robbins)共享.自从他参加这项工作以后,就全力以赴地完成了他的事项,并且本书能以现在这种形式完成,他的合作是决定性的因素.

我们要十分感谢许多朋友的帮助.与玻尔(Niels Bohr)①、弗里特里希(Kurt Friedrichs)②和诺依格包尔(Otto Neugebauer)③的讨论影响到本书中哲学和历史的看法.Edna Kramer 从教师的立场上给出了许多建设性的意见.形成本书最初想法的首次讲座纪录是由 David Gilbarg 提供的.在手稿的写作和无数次的修改中,Ernest Courant、Norman Davids、Charles de Prima、Alfred Horn、Herbert Mintzer、Wolfgang Wasow 和其他一些人给予了帮助,并在很多细节上作了改善.Donald Flanders 提出了许多有价值的建议,并对打印稿作了仔细的校订.这本书的图是由 John Knudsen、Hertha von Gumppenberg、Irving Ritter 和 Otto Neugebauer 绘制的.H. Whitney给出了本书附录中的练习.洛克菲勒基金教育委员会为课程的建设和论文提供了慷慨的支持,这些课程和论文后来成为本书的基础.也要感谢 Waverly 出版社,特别是 Grover C. Orth 先生,感谢他们极有成效的工作.感谢牛津大学出版社,特别是 Philip Vaudrin 先生和 W. Oman 先生,感谢他们令人感动的主动精神和合作.

R. 柯朗

1941 年 8 月 22 日于新罗彻尔

---

① 著名的物理学家,原子物理学的奠基人. ——译注
② 著名数学家,哥廷根学派的成员之一. ——译注
③ 著名数学史家,哥廷根学派的成员之一. ——译注

本书的用法

本书虽是按系统的次序写就的,但并不要求读者逐页逐章地去读.例如,历史和哲学的介绍最好推迟到读完本书其余部分之后再看.各章之间基本上是独立的.每章开头通常是容易理解的,然后逐渐加深,到每章的末尾及补充就相当难了.因此,有专业基础、想作一般了解的读者,可阅读一部分材料,而略去详细讨论部分.

数学基础较差的学生必须有所选择地阅读.带星号(﹡)的部分和小体字印刷的部分在初次阅读时可以略去,这对理解后面的部分不会有多大影响.再者,也不妨只研究读者最感兴趣的那些章节.大部分习题都是精选的,比较困难的则用星号标出.读者如不能解决其中的许多问题也不足为怪.

在"几何作图"和"极大与极小"这些章节中,高中教师能为课外活动小组或一些选定的学生找到有益的材料.

我希望本书既能为大学生、研究生,也能为对科学有真正兴趣的专业人员提供帮助.本书也可作为关于数学基本概念的一个非常规的大学基础教材.第三、四、五章可用作几何教材,而第六、八章合在一起形成一个自成系统的微积分教材,它不像通常的微积分课本,而是强调理解.这些材料对于那些按特殊需要补充一些资料,以及想提供更多的例题以使内容更为生动的教师来说,都可当作初步教材.散布在本书各个部分的大量习题以及书末增补的一些习题,使本书更便于在课堂教学中使用.书中的彩色字表示重要的数学概念.

我还希望专家们能对某些细节和含有进一步发展的萌芽的初步讨论感兴趣.

目　　　录

什么是数学

数学,作为人类思维的表达形式,反映了人们积极进取的意志、缜密周详的推理以及对完美境界的追求. 它的基本要素是:逻辑和直观、分析和构作、一般性和个别性. 虽然不同的传统可以强调不同的侧面,然而正是这些互相对立的力量的相互作用以及它们综合起来的努力才构成了数学科学的生命、用途和它的崇高价值.

毫无疑问,一切数学的发展在心理上都或多或少地是基于实际的. 但是理论一旦在实际的需要中出现,就不可避免地会使它自身获得发展的动力,并超越直接实用的局限. 这种从应用科学到理论科学的发展趋势,不仅常见于古代历史中,而且在工程师和物理学家为近代数学不断作出的许多贡献中更是屡见不鲜.

有记载的数学起源于东方. 大约在公元前两千年,巴比伦人就搜集了极其丰富的资料,这些资料今天看来应属于初等代数的范围. 至于数学作为现代意义的一门科学,则是迟至公元前 5 至公元前 4 世纪才在希腊出现的. 东方和希腊之间的接触不断增多(始于波斯帝国时期,至亚历山大远征时期则达到高峰),使希腊人得以熟悉巴比伦人在数学和天文学方面的成就,数学很快就被加入到风行于希腊城邦的哲学讨论之中. 因而希腊的思想家逐渐意识到,在连续、运动、无限大这些概念中,以及在用已知单位去度量任意一个量的问题中,数学都存在着固有的极大困难. 面对这个挑战,经过了一番不屈不挠的努力,产生了欧多克斯(Eudoxus)的几何连续统理论,这个成果是唯一能和两千多年后的现代无理数理论相媲美的. 数学中这种公理演绎的趋向起源于欧多克斯时代, 又在欧几里得(Euclid)的《原本》中得以成熟.

虽然希腊数学的理论化和公理化的倾向一直是它的一个重要特点, 并且曾经产生过巨大的影响. 但是, 我们不能过分强调这一点, 因为在古代数学中, 应用以及同物理现实的联系恰恰起了同样重要的作用, 而且那时候人们不愿采用欧几里得那样严密的表达方式.

由于较早地发现了与"不可公度"的量有关的这些困难, 使希腊人没能发展早已为东方所掌握的数字计算的技术. 相反, 他们却迫使自己钻进了纯粹公理几何的丛林之中. 于是科学史上出现了一个奇怪的曲折, 这或许意味着人类丧失了一个很好的时机. 几乎两千年来, 希腊几何的传统力量推迟了必然会产生的数的概念和代数运算的进步, 而它们后来构成了近代科学的基础.

经过了一段缓慢的准备, 到 17 世纪, 随着解析几何与微积分的发展, 数学和科学的革命也开始蓬勃发展起来. 虽然希腊的几何学仍然占有重要的地位, 但是, 希腊人关于公理体系和系统推演的思想在 17 世纪和 18 世纪不复出现. 从一些清清楚楚的定义和没有矛盾的"明显"公理出发, 进行准确的逻辑推理, 这对于数学科学的新的开拓者来说似乎是无关紧要的. 通过毫无拘束的直观猜想和令人信服的推理, 再加上荒谬的神秘论以及对形式推理的超人力量的迷信, 他们征服了一个蕴藏着无限财富的数学世界. 但是后来, 大发展引起的狂热逐渐让位于一种自我控制的批判精神. 到了 19 世纪, 由于数学本身需要巩固已有成果, 而且人们也希望把它推向更高阶段时不致发生问题(这是受到法国大革命的影响), 就不得不回过头来重新审查这新的数学基础, 特别是微积分及其赖以建立的极限概念. 因此, 19 世纪不仅成为一个新的发展时期, 而且也以成功地返回到那种准确而严谨的证明为其特征. 在这方面它甚至胜过了希腊科学的典范. 于是,钟摆又一次向纯粹性和抽象性的一侧摆去.目前我们似乎仍然处于这个时期.但是人们可以期望,在纯粹数学和具有活力的应用之间产生了这种不幸分离(可能在批判性的审查时期,这是不可避免的)之后,随之而来的应是一个紧密结合的时代.这种重新获得的内在力量,更主要的是由于理解更加明晰而达到认识上的极大简化,将使得今天有可能在不忽略应用的情况下来掌握数学理论.再一次在纯数学和应用科学之间建立起有机的结合,在抽象的共性和色彩缤纷的个性之间建立起牢固的平衡,这或许就是不久的将来数学上的首要任务.

这里不对数学进行详细的哲学或心理学的分析,但有几点应当强调一下.目前过分强调数学的公理演绎特点的风气,似乎有盛行起来的危险.事实上,那种创造发明的要素,那种起指导和推动作用的直观要素,虽然常常不能用简单的哲学公式来表述,但是它们却是任何数学成就的核心,即使在最抽象的领域里也是如此.如果说完善的演绎形式是目标,那么直观和建构至少也是一种动力.有一种观点对科学本身是严重的威胁,它断言数学不是别的东西,而只是从定义和公理推导出来的一组结论,而这些定义和命题除了必须不矛盾之外,可以由数学家根据他们的意志随意创造.如果这个说法是正确的话,数学将不会吸引任何有理智的人.它将成为定义、规则和演绎法的游戏,既没有动力也没有目标.认为灵感能创造出有意义的公理体系的看法,是骗人的似是而非的真理.只有在以达到有机整体为目标的前提下,以及在内在需要的引导下,自由的思维才能作出有科学价值的成果来.

尽管逻辑分析的思辨趋势并不代表全部数学,但它却使我们对数学事实和它们相互间的依赖关系有更深刻的理解,以及对数学中的主要概念有更深刻的理解,并由此发展了可作为一般科学态度的典范的近代数学观点.

不论我们持什么样的哲学观点,就科学观察的目的来说,对一个对象的认识,完全表现在它与认识者(或仪器)的所有可能关系之中.
当然仅仅是感觉并不能构成知识和见解,必须与某些基本的实体即
"自在之物"相适应、相印证.所谓"自在之物"并不是物体观察的直接
对象,而是属于形而上学①的.然而,对于科学方法来说,重要的是应
放弃带有形而上学性质的因素,而去考虑那些可观测的事实,把它们
作为概念和建构的最终根源.放弃对"自在之物"的领悟,对"终极真
理"的认识以及关于世界的最终本质的阐明,这对于质朴的热诚者来
说,可能会带来一种心理上的痛苦,但事实上它却是近代思想上最有
成效的一种转变.

物理学上所取得的一些最伟大的成就,正是由于敢于坚持"消
除形而上学"这个原则的结果.当爱因斯坦(A. Einstein)试图把"在
不同地方同时发生的事件"这一概念归结为可观测的现象时,当他
认为上述概念必须有它自身的科学意义的信念只是形而上学的偏
见时,他已发现了他的相对论的关键所在.当玻尔(N. Bohr)和他
的学生们指出,任何物理观测必然伴随着观测工具对被观测对象
的影响这个事实时,问题变得很清楚,在物理上,同时准确地确定
一个粒子的位置和速度是不可能的.这个发现的深远意义体现在
为每个物理学家所熟悉的近代量子力学的理论中.在 19 世纪流行
着一种概念,认为机械力和粒子在空间中的运动是自在之物,而
电、光和磁都应当归结为力学现象或者作为力学现象来"解释",正
如以前处理"热"的方法那样.人们曾经假设过"以太",作为一种假
设性的媒介物,把它用于那些对我们来说不能完全加以解释的运
动中,例如光或电.后来人们才慢慢地认识到以太是肯定无法观测
到的,它属于形而上学,而不属于物理学.于是乎,在某些方面感到
忧虑,而在另一些方面又感到安慰的心情下,关于光和电的力学解

---

① 以下讲的"形而上学"这词在西方哲学中和我们通常用的意义不一样,它指的是
解释经验范围之外的问题(神、灵魂、意志自由等)的那部分哲学.这词的直译是"物理学之
后",来源于亚里士多德著作中.——译注

释连同以太最后一齐都被放弃了.

在数学中有些情况与此相类似,甚至更为突出.世世代代以来,数学家一直把他们研究的对象,例如数、点等,看成实实在在的自在之物.但是,准确地描述这些实体的种种努力总是被这些实体自身给否定了.从而19世纪的数学家逐渐开始懂得,要问当作实体的这些对象究竟是什么,这是没有意义的,即使有的话也不可能在数学范围内得到解决.所有适合它们的论断都不涉及这些实体的现实,而只说明数学上"不加定义的对象"之间的相互关系以及它们所遵循的运算法则.至于点、线、数,"实际上"是什么,这不可能也不需要在数学科学中加以讨论."可验证"的事实只是结构和关系:两点决定一直线,一些数按照某些规则组成其他一些数,等等.基本的数学概念必须抽象化,这一见解是近代公理化发展中最重要和最丰富的成果之一.

幸运的是,创造性的思维不顾某些教条的哲学信仰而继续发展着,而如果思维屈从于这种信仰就会阻碍出现建设性的成就.不论对专家来说,还是对普通人来说,唯一能回答"什么是数学"这个问题的,不是哲学而是数学本身的活生生的经验.

第1章

自 然 数

引　言

数是近代数学的基础. 然而数是什么呢? 当我们说 $\frac{1}{2}+\frac{1}{2}=1$, $\frac{1}{2} \cdot \frac{1}{2}=\frac{1}{4}$ 和 $(-1)(-1)=1$ 时, 这是什么意思呢? 在中、小学校里我们已经学过处理分数和负数的方法, 但是为了真正理解数系, 我们必须返回到更简单的基础. 虽然希腊人曾经把点和线等几何概念作为他们的数学基础, 但是, 所有的数学命题最终应归结为关于自然数[①] 1, 2, 3, …的命题, 这一点已变成了现代的指导原则. "上帝创造了自然数, 其余的是人的工作." 在这句话中, 克隆尼克(L. Kronecker, 1823~1891)指出了建立数学结构稳固基础的条件.

由人类智慧所创造的数, 可用来数各种集合中的对象的个数, 它和对象所特有的性质无关. 例如数"6"是从所有包含 6 个东西的实际集合中抽象出来的; 它不依赖这些对象的任何特殊性质, 也不依赖于表示它所采用的符号. 只有在智力发展到一个比较先进的阶段, 数字概念的抽象性才变得清楚了. 对儿童来说, 数通常是和实际的对象连在一起的, 例如手指或珠子. 而且在早期的语言中, 是通过对不同对象使用不同类型的数的语言来表达一个具体数字的意义的.

---

① 本书中的自然数不包括 0, 和现代的自然数定义略有不同. ——译注

幸而数学家不必去讨论从具体对象的集合转化到抽象数的概念的哲学性质. 因此, 我们把自然数及其两种基本运算——加法和乘法——当作已知的概念接受下来.

§1 整 数 的 计 算

1. 算术的规律

自然数或正整数的数学理论就是众所周知的算术. 算术的基础在于: 整数的加法和乘法服从某些规律. 为了叙述这些具有普遍性的规律, 我们不能用像 1, 2, 3 这种表示特定数的符号. 两个整数, 不管它们的次序如何, 它们的和相同. 而

$$1+2 = 2+1$$

这一命题仅仅是这一般规律的一个特殊例子. 因此当我们希望表示整数之间的某个关系——不论所涉及的特定的整数值如何——是正确的, 我们可以用字母 a, b, c, $\cdots$ 作为表示整数的符号. 于是, 读者所熟知的五个算术基本规律可叙述为:

(1) $a+b = b+a$,

(2) $ab = ba$,

(3) $a+(b+c) = (a+b)+c$,

(4) $(ab)c = a(bc)$,

(5) $a(b+c) = ab+ac$.

前两个是加法和乘法的交换律, 它说明人们可以交换加法或乘法中元素的次序. 第三个是加法的结合律, 它表明三个数相加时, 或者我们把第一个加上第二个与第三个的和; 或者我们把第三个加上第一个与第二个的和, 其结果都相同. 第四个是乘法的结合律. 最后一个是分配律, 它表明用一个整数去乘一个和时, 我们可以用这整数去乘这和的每一项, 然后把这些乘积加起来.

这些算术规律是很简单的, 而且好像是显然的. 但是它们对于整

数以外的对象可能不适用. 如果 a 和 b 不是整数的符号, 而是化学物质的符号; 同时, 如果"加"这个词正是我们平常说话中所用的那个意思, 那么很显然, 交换律并不总是成立的. 例如, 如果把硫酸加到水中, 得到的结果是稀释, 而把水加到纯硫酸中则会对实验人员产生灾难性的后果. 类似的例子还表明, 在这类化学"算术"中, 加法的结合律和分配律也会失灵. 因此, 人们可以想象在这些算术中, 规律(1)~(5)中的某一个或某一些并不成立. 实际上, 现代数学已在研究这样的系统.

对抽象的整数概念给出一个具体模型就能够说明规律(1)~(5)所依据的直观基础. 对于一个给定的集合(比如某一棵树上的所有苹果), 其中对象的个数不用通常的符号 1, 2, 3 等来表示, 而在一个方框放一些点来表示, 一个点代表一个对象. 通过这些方框的运算可以看到这些整数的算术规律. 两个整数 a 和 b 相加时, 把相应的方框两端相连, 并去掉中间的相隔线.

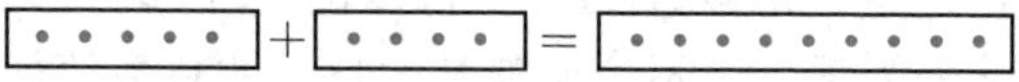

图 1　加法

为了乘 a 和 b, 把两个方框中的点排成行构成一个新方框, 其中有 a 行 b 列个点.

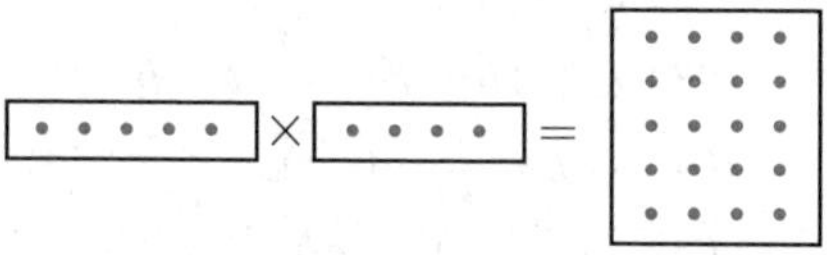

图 2　乘法

现在我们可以把规律(1)~(5)看成这些直观明了的方框的运算的性质.

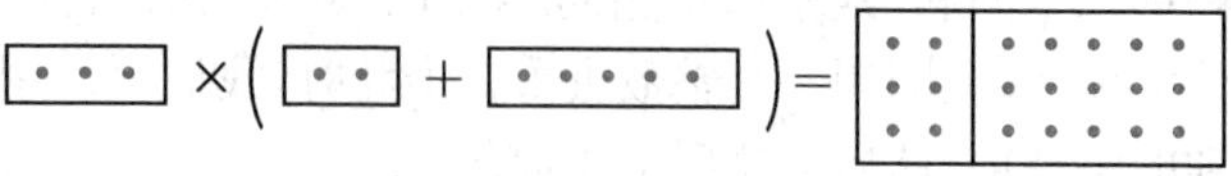

图 3　分配律

从两个整数的加法定义出发,我们可以定义不等关系. $a < b$(读作"a 小于 b")和 $b > a$(读作"b 大于 a"),这两个等价命题中的任何一个都是指:方框 b 可以由方框 a 加上一个适当选择(使得 $b = a + c$)的第三个方框 c 而得到. 这时我们记

$$c = b - a,$$

它定义了减法运算.

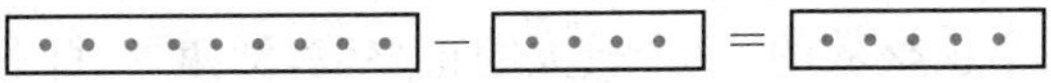

图 4　减法

加法和减法称为互逆运算,因为如果整数 a 加整数 d,然后再减整数 d,得到的结果还是原来的整数 a:

$$(a + d) - d = a.$$

应当注意,整数 $b - a$ 仅当 $b > a$ 时才有定义,当 $b < a$ 时,符号 $b - a$ 解释为负整数,这将在后面讨论(第 67 页).

为了方便起见,我们用记号 $b \geqslant a$(读作"b 大于等于 a")或 $a \leqslant b$(读作"a 小于等于 b")来表示对 $a > b$ 的否定.

引入整数零(用一个完全空的方框表示),可以稍微扩大正整数(它们用有点的方框表示)的范围. 如果用通常的符号 0 来表示空方框,则按照加法和乘法的定义,对于每一个整数 a 有

$$a + 0 = a,$$

$$a \cdot 0 = 0.$$

因为 $a + 0$ 表示一个空方框加到方框 a 上,而 $a \cdot 0$ 表示一个没有列的方框,即一个空方框.

通过对每个整数 a 建立

$$a - a = 0,$$

减法的定义很自然地推广了. 这些是零的特殊算术性质.

类似于上述方框中加点的几何模型(如古代算盘),一直到中世纪的后期都被广泛地用在数值计算上.从中世纪以后,它们才逐渐被建立在十进位制上的更高级的符号方法所代替.

2. 整数的表示

我们必须仔细地把一个整数和用来表示它的符号 5,V,…区分开来.在十进位制中,0,1,2,3,…,9,这十个数码符号是用来表示零和前九个正整数的.一个较大的正整数,例如"三百七十二"可表示为

$$300 + 70 + 2 = 3 \cdot 10^2 + 7 \cdot 10 + 2$$

的形式,而这在十进位制中用符号 372 表示.这里重要的是,数码符号 3,7,2 的意义依赖于它们在个位、十位、百位的位置.有了这个"位置记法",我们用十个数码符号的各种组合就可以表示出任何整数.表示一个整数的一般规则可以用

$$z = a \cdot 10^3 + b \cdot 10^2 + c \cdot 10 + d$$

来说明.这里数码 a,b,c,d 是从 0 到 9 的整数.这时,用缩写符号

$$abcd$$

来表示整数 z.注意到系数 d,c,b,a 是整数 z 连续被 10 除后的余数,例如

$$
\begin{array}{lll}
10)372 & \text{余} & \text{数} \\
\quad 10)37 & & 2 \\
\qquad 10)3 & & 7 \\
\qquad\quad 0 & & 3 \\
\end{array}
$$

上面对 z 给出的这种特殊表达式,仅能表示小于一万的正整数,因为再大的正整数,要求用五个或五个以上的数码符号来表示.如果 z 是在一万到十万之间的一个整数,我们可以用

$$z = a \cdot 10^4 + b \cdot 10^3 + c \cdot 10^2 + d \cdot 10 + e$$

的形式来表示,并且用符号 $abcde$ 来记它. 对十万到百万之间的整数以及更大的数,类似的表达式都成立. 如果用一个简单的公式能完整概括地表述这些结果,那将是十分有用的. 我们可以这样作:对不同的系数 e, d, c, $\cdots$,用一个带有不同"下标"的字母 a,即 a_0, a_1, a_2, a_3, $\cdots$ 来表示,十的幂不论有多大,都可以这样来表示,即记这最高次幂为 10^n,而不是上面例子中的 10^3 或 10^4,这里 n 理解为一个任意的正整数. 这时,在十进位制中表示一个正整数 z 的一般方法是,把 z 表示为

(1) $\qquad z = a_n \cdot 10^n + a_{n-1} \cdot 10^{n-1} + \cdots + a_1 \cdot 10 + a_0$,

而且用符号

$$a_n a_{n-1} a_{n-2} \cdots a_1 a_0$$

来记它. 与上面的特殊情况一样,数字 a_0, a_1, a_2, $\cdots$, a_n 是 z 连续被 10 除后所得到的一系列余数.

在十进位系统中,数十,是单独选出作为基底的. 一般人可能没认识到,并不一定非得选取十不可,任何大于一的正整数都可用来作基底. 例如,可以用一个七进位系统(基底是 7). 在这样的一个系统中,一个正整数可以表示为

(2) $\qquad b_n \cdot 7^n + b_{n-1} \cdot 7^{n-1} + \cdots + b_1 \cdot 7 + b_0$,

这些 b 是从零到六的数码. 这时这个正整数用

$$b_n b_{n-1} \cdots b_1 b_0$$

来表示. 因此"一百零九"在七进位系统中用符号 214 表示,其意义是

$$214 = 2 \cdot 7^2 + 1 \cdot 7 + 4.$$

作为一个练习,读者可以证明:从以十为基底变成任何其他基底 B 的一般规则是,用 B 连续除以十为基底的整数 z,所得的余数将是在以 B 为基底的系统中的数码,例如

$$
\begin{array}{r|l}
7\,)\,109 & \text{余　数} \\
7\,)\,15 & 4 \\
7\,)\,2 & 1 \\
\hline
0 & 2
\end{array}
$$

109（十进位制）＝214（七进位制）.

很自然地会问,究竟选择哪一个基底最合适.下面会看到,太小的基底有它不方便之处,而大的基底要求记住许多数码符号并有一个更大的乘法表.有人曾鼓动过用十二作基底,因为十二能被二、三、四和六整除,这样,涉及除法和分数时,常能简化.为了写出任一以十二为基底(十二进位系统)的正整数,我们要求对十和十一采用两个新的数码符号,让我们用 α 表示十,用 β 表示十一.这样在十二进位制中,"十二"将写成 10,而"二十二"将是 1α,"二十三"将是 1β,"一百三十一"是 $\alpha\beta$.

位置记法的发明应归功于苏马连人或巴比伦人,后来为印度人所发展.这个发明对人类文明有巨大的意义.早期的数字系统是建立在纯粹的加法规则上的.例如在罗马人的符号表示中,

C X VIII ＝壹百＋拾＋伍＋壹＋壹＋壹.

埃及、希伯来和希腊的数字系统也处在同样的水平上.在任何纯粹的加法记法中,有一个不方便之处,就是当数变大时需要越来越多的新符号.当然早期的科学家并没有被现代的天文数字或原子数字所困扰.但是古代系统(例如罗马系统)的一个主要缺点是,数的计算十分困难,以至于除了最简单的问题外,只有专家才能掌握.这与现在通用的(即印度的)位置记法是很不同的.位置记法是中世纪由意大利商人(他们是从穆斯林那里学会的)引进欧洲的.位置记法有一个很方便的性质:所有的数,不论多大或多小,都能用一小组不同的数码符号来表示(在十进位制中就是"阿拉伯数字"0, 1, 2, …, 9).而且其更重要的优点就是容易计算.用位置记法所表示的数,其计算规则可以用这些数码的加法表和乘法表的形式来表示,而且一旦记住,便

可永远运用自如.古代的计算技巧一度只限于少数专家所掌握,而现在则是小学里的课程了.像这样科学进步对日常生活有如此深刻的影响,并带来极大的方便的例子并不是很多.

➤ 3. 非十进位制中的计算

以十为基底的用法要回溯到世界文明的初期,而且毋庸置疑这是由于人们用十个手指进行计算的缘故.但是在许多语言中,从数目字上来看,显示出曾用过其他基底的遗迹,特别是十二和二十.在英文和德文中,11 和 12 就不是按照十进位的原则把数码和"十"(teens)组合在一起的,在语言上它们与十完全无关.在法文中 20 和 80 的写法是"廿"(vingt)和"四-廿"(quatre-vingt),这可能由于某种目的曾用过一个以二十为基底的系统.在丹麦文中 70 的写法是"halvfirsindstyve",这意思是从三倍二十到四倍二十的某个中间值.巴比伦的天文学家有过一种记数系统,其中部分是六十进位的(以六十为基底),可以认为这和我们习惯上把一小时和一度角分为六十分有关.

在非十进位制中,算术规则仍不变,但必须用不同的加法表和乘法表来计算.由于我们习惯于十进位制并且已把数的语言与十进位制紧密连在一起了,因此在一开始,我们可能会感到有点别扭.让我们试试在七进位制中作一乘法.之前最好写下必须用的表:

加　法	1	2	3	4	5	6
1	2	3	4	5	6	10
2	3	4	5	6	10	11
3	4	5	6	10	11	12
4	5	6	10	11	12	13
5	6	10	11	12	13	14
6	10	11	12	13	14	15

乘　法	1	2	3	4	5	6
1	1	2	3	4	5	6
2	2	4	6	11	13	15
3	3	6	12	15	21	24
4	4	11	15	22	26	33
5	5	13	21	26	34	42
6	6	15	24	33	42	51

现在,用 24 乘 265,在这里数的符号是七进位制中的符号(在十进位制中,这相当于 18 乘 145).乘法规则和十进位制中的情形一

样. 用 4 乘 5, 由乘法表得 26.

$$
\begin{array}{r}
2\,6\,5 \\
2\,4 \\
\hline
1\,4\,5\,6 \\
5\,6\,3 \\
\hline
1\,0\,4\,1\,6
\end{array}
$$

我们在个位处写下 6 并把 2"进"到前一位, 然后求出 $4 \cdot 6 = 33$, 和 $33 + 2 = 35$, 写下 5 然后继续以这种方式进行直到全部乘完. 把 1456 和 5630 加起来, 在个位上得 $6 + 0 = 6$, 在七位的地方有 $5 + 3 = 11$. 再写下 1 并把 1 记到第四十九位上, 在那, 有 $1 + 6 + 4 = 14$. 最后的结果便是 $265 \cdot 24 = 10416$.

为了核对这个结果, 在十进位制中乘同样的数. 10416（七进位制）在十进位制中可以这样写: 找 7 的幂一直到第四位, $7^2 = 49$, $7^3 = 343$, $7^4 = 2401$. 因此 $10416 = 2401 + 4 \cdot 49 + 7 + 6$, 这是十进位制中的值. 通过把这些数加起来, 就知道在七进位制中的 10416 等于十进位制中的 2610. 现在在十进位制中用 18 乘 145, 其结果也是 2610, 所以上述计算是对的.

习题: ① 作出二十进位制中的加法表、乘法表, 并作一些同样类型的练习.

② 以 5、7、11、12 为基底的进位制中, 表示 "30" 和 "133".

③ 在这些进位制中, 符号 11111 和 21212 是什么数?

④ 对以 5、11、13 为基底的进位制建立加法表和乘法表.

从理论观点来看, 在所有可能的基底中最小的基底是以 2 为基底的进位制. 在二进位制中, 只有数码 0 和 1, 其他任何数都用一行 0、1 来表示. 加法表和乘法表仅由规则 $1 + 0 = 1$ 和 $1 \cdot 1 = 1$ 组成. 显然, 这系统也有它的不方便处: 为了表示一个很小的数却需要用很长的一行表达式. 这样, 七十九（可表为 $1 \cdot 2^6 + 0 \cdot 2^5 + 0 \cdot 2^4 +$

$1 \cdot 2^3 + 1 \cdot 2^2 + 1 \cdot 2 + 1$) 在二进位制中被写成 1001111.

为了说明二进位制中乘法的简单性,用十进位制中 5 乘 7,相应的表示是 101 和 111. 只要记住在该系统中 $1 + 1 = 10$,我们就有

$$
\begin{array}{r}
1\ 1\ 1 \\
1\ 0\ 1 \\
\hline
1\ 1\ 1 \\
1\ 1\ 1 \\
\hline
1\ 0\ 0\ 0\ 1\ 1 \quad = 2^5 + 2 + 1
\end{array}
$$

这是 35,它的确应该是这个数.

莱布尼茨(W. Leibniz)(1646~1716)是他那个时代最伟大的思想家之一,他十分欣赏二进位制. 用拉普拉斯(Laplace)的话来说:"莱布尼茨在他的二进位算术中看到了宇宙创始的原象. 他想象 1 表示上帝,而 0 表示虚无,上帝从虚无中创造出所有实物,恰如在他的数学系统中用 1 和 0 表示了所有的数."

习题:考虑以 a 为基底表示整数的问题. 为了在这个系统中叫出一个数的名字,我们需要对数字 $0,1,\cdots,a-1$ 和 a 的各幂次: $a, a^2, a^3, \cdots$ 给出数字的名称. 对 $a = 2, 3, \cdots, 15$,若给零到一千的数字起名字,需要多少个不同的数字的名称?哪一种基底要求的数字名称最少?(例如 $a = 10$,我们需要对十个数字给出名称,再加上 10,100,1000 这三个,一共有 13 个;例如,$a = 20$,我们需要对二十个数字给出名称,再加上 20,400,一共 22 个,对 $a = 100$,我们需要 100 个数字再加上一个.)

*§2 数系的无限性 数学归纳法

1. 数学归纳法原理

自然数序列 $1, 2, 3, 4, \cdots$ 是没有止尽的,因为在任何自然数 n

后,我们还可以写出下一个自然数 $n+1$. 为了表达自然数序列的这个性质,我们说,有无穷多个自然数. 自然数序列是数学上无限性的一个最简单最自然的例子,而数学上的无限性在近代数学中起着重要的作用. 这本书的许多地方我们将必须处理包含无穷多个数学对象的集合,例如直线上的所有点的集合,平面上的所有三角形的集合等. 自然数的无限序列是无限集中最简单的例子.

从 n 到 $n+1$,这一步接一步的程序产生了数的无限序列,也构成数学推理的一个最基本的类型(即数学归纳法)的基础. 在自然科学中,"经验归纳法"是从对某个现象的一系列特殊的观测出发,直到表达成这现象每次发生时都服从的一般规律. 这个规律的可信程度要依赖于观测的次数和证实的次数. 这种归纳推理通常是完全令人信服的:预言明天太阳将从东方升起,这就是完全肯定的事. 但这种命题的特点和用严格逻辑或数学推理来证明定理是不一样的.

数学归纳法是以一种很不同的方式来证明无穷序列情形都是正确的(第一个、第二个、第三个,一直下去概不例外)的数学定理. 让我们用 A 表示一个有关任意自然数 n 的命题. 例如 A 可以是这样的命题:"一个 $n+2$ 边的凸多边形的内角和是 n 倍 $180°$."或 A' 是这样一个命题:"在平面上划 n 条直线不可能把平面分成多于 2^n 个部分."

为了证明这样一个对每一个自然数 n 都成立的定理,只对 n 的前 10 个、前 100 个甚至前 1000 个值来证明是不够的. 这种做法相当于经验归纳法. 与此相反,我们必须用一个严格数学的、非经验的推理方法. 我们下面用对命题 A 和 A' 的证明来说明这种推理方法的特点. 对于命题 A,我们知道,$n=1$ 时,这个多边形是三角形,由初等几何知,其内角和是 $1×180°$. 对一个四边形,$n=2$,我们划一条对角线把四边形分为两个三角形,立刻看出四边形的内角和等于这两个三角形内角的和,由此得 $180°+180°=2\cdot180°$. 接着是 $n=3$(五边形)的情形,我们可把它分成一个三角形和一个四边形,由于刚才已证明了四边形的内角和是 $2×180°$,而三角形的内角和是 $180°$. 因此对于五边形,我们则得到 $3×180°$. 显然,依此类推,可逐次地证明

$n = 4$，$n = 5$，等等情形. 而且，每一个命题都能以同样的方式由前一个命题推出，所以一般的定理 A 对于所有 n 都成立.

类似地，我们也能证明命题 A'. 当 $n = 1$ 时，其命题显然是对的，因为一条直线可把平面分成两部分. 现在加上第二条直线，除非新的直线平行于第一条，否则上述的每一部分都被分成新的两部分. 无论哪一种情形，对 $n = 2$，我们所分的部分都不多于 $4 = 2^2$ 个部分. 现在加上第三条线，上述区域的每一个或者分成两部分，或者没被分割. 因此总的部分数不多于 $2^2 \cdot 2 = 2^3$. 证实这种情况正确之后，我们可以用同样的方式继续证明下一个情形，就这样一直无限地进行下去.

上面讨论的基本思想是：为了证明一个对所有 n 成立的定理 A，我们连续地证明一系列特殊情形 A_1，A_2，$\cdots$. 之所以能这样做，主要是基于：a) 存在一个一般方法，它表明：如果任意一命题 A_r 是正确的，则下一个命题 A_{r+1} 也是正确的；b) 第一个命题 A_1 已知是正确的. 这两个条件（它们对证明所有命题 A_1，A_2，A_3，$\cdots$ 都正确，是足够了.）正如亚里士多德 (Aristotel) 的基本逻辑规则那样，对数学来说，它是基本的逻辑原则. 我们把它叙述为：

假设我们希望证明整个一系列无穷多个数学命题

$$A_1，A_2，A_3，\cdots,$$

（它们合起来成为一般命题 A）. 假设 a) 通过某些数学论证证明了：如果 r 是任意正整数，且如果命题 A_r 已知是真的，则可推出命题 A_{r+1} 也真；b) 第一个命题 A_1 已知是真的. 那么，序列的所有命题必然都是真的，从而 A 得证.

就像接受简单的普通逻辑规则那样，我们将毫不犹豫地接受它，并把这作为数学推理的一个基本原则. 因为这时我们能够证明任意命题 A_n 是正确的. 这从给定的论断 b) (A_1 是真的) 开始，然后重复地运用论断 a) 依次地证明 A_2，A_3，A_4 等为真，一直到我们得到命题 A_n 为止. 因此数学归纳法依赖于这样一个事实：任意一个自然数 r 都有一个后继的自然数 $r+1$，而且我们所求的自然数 n 可以从 1

开始经过这样的有限步骤而达到.

通常在用数学归纳法原理时,并不明确地叙述出来,或者只是简单地用"等等","一直这样下去"这类的话来说明. 这在初等数学中是常见的. 但在比较细致的证明中,必须要明确地用归纳法讨论. 我们将给出一些简单但又不是很显然的例子.

2. 等差级数

对任意的 n 值,前 n 个整数的和 $1+2+3+\cdots+n$ 等于 $\frac{n(n+1)}{2}$. 为了用数学归纳法证明这个定理,我们必须表明对任意的 n,命题 A_n:

$$1+2+3+\cdots+n = \frac{n(n+1)}{2} \qquad (1)$$

成立. a) 首先我们看如果 r 是一正整数,且 A_r 已知是真的,即已知

$$1+2+3+\cdots+r = \frac{r(r+1)}{2},$$

这时,我们把数 $r+1$ 加到这等式两边,得到等式

$$1+2+3+\cdots+r+(r+1)$$
$$= \frac{r(r+1)}{2} + (r+1)$$
$$= \frac{r(r+1)+2(r+1)}{2}$$
$$= \frac{(r+1)(r+2)}{2},$$

很清楚,这是命题 A_{r+1}. b) 然后,由于 $1 = \frac{1\cdot 2}{2}$,命题 A_1 显然是对的. 因此按数学归纳法原理,命题 A_n 对每一个 n 都成立,这就是要证明的.

通常的证明是把和式 $1+2+3+\cdots+n$ 写成两种形式:

$$S_n = 1 + 2 + \cdots + (n-1) + n$$

与 $$S_n = n + (n-1) + \cdots + 2 + 1.$$

然后加起来,我们看到在同一列的每一对数的和是 $n+1$,由于一共有 n 列,故知

$$2S_n = n(n+1),$$

这就证明了所要的结果.

从(1)我们立刻导出任意等差级数的前 $n+1$ 项的求和公式

$$P_n = a + (a+d) + (a+2d) + \cdots + (a+nd)$$

$$= \frac{(n+1)(2a+nd)}{2}. \tag{2}$$

因为

$$P_n = (n+1)a + (1 + 2 + \cdots + n)d$$

$$= (n+1)a + \frac{n(n+1)}{2}d$$

$$= \frac{2(n+1)a + n(n+1)d}{2}$$

$$= \frac{(n+1)(2a+nd)}{2},$$

当 $a = 0$, $d = 1$ 时,这就是(1).

3. 等比级数

可以用类似的方式来处理一般的等比级数. 我们将证明对每个 n 值有

$$G_n = a + aq + aq^2 + \cdots + aq^n = a\frac{1-q^{n+1}}{1-q}. \tag{3}$$

(我们假设 $q \neq 1$,否则(3)式右边没意义.)

对 $n = 1$,这命题肯定是对的,因为这时这命题为

$$G_1 = a + aq = \frac{a(1-q^2)}{1-q}$$

$$= a\frac{(1+q)(1-q)}{1-q} = a(1+q).$$

如果我们假设

$$G_r = a + aq + \cdots + aq^r = a\frac{1-q^{r+1}}{1-q},$$

则可求得如下结果

$$G_{r+1} = (a + aq + \cdots + aq^r) + aq^{r+1}$$

$$= G_r + aq^{r+1} = a\frac{1-q^{r+1}}{1-q} + aq^{r+1}$$

$$= a\frac{(1-q^{r+1}) + q^{r+1}(1-q)}{1-q}$$

$$= a\frac{1-q^{r+1} + q^{r+1} - q^{r+2}}{1-q}$$

$$= a\frac{1-q^{r+2}}{1-q}.$$

这正好是命题(3)当 $n = r+1$ 时的情形. 证毕.

在初等课本中,通常的证明是按如下步骤进行的. 设

$$G_n = a + aq + \cdots + aq^n,$$

在等式的两边用 q 乘,得到

$$qG_n = aq + aq^2 + \cdots + aq^{n+1}.$$

现在从原来的等式相应地减这个等式的两边,得到

$$G_n - qG_n = a - aq^{n+1},$$

$$(1-q)G_n = a(1-q^{n+1}),$$

$$G_n = a\frac{1-q^{n+1}}{1-q}.$$

→ 4. 前 n 项平方和

数学归纳法的另一个有趣的应用是关于前 n 项平方和. 通过直接试验可以发现, 至少在 n 不大时有

$$1^2 + 2^2 + 3^2 + \cdots + n^2 = \frac{n(n+1)(2n+1)}{6}, \tag{4}$$

人们猜想这个重要公式可能对所有正整数 n 都成立. 为了证明这点, 我们再一次用数学归纳法原理. 我们先看如果命题 A_n(在这里是等式(4))对 $n = r$ 时的情形是正确的, 即

$$1^2 + 2^2 + 3^2 + \cdots + r^2 = \frac{r(r+1)(2r+1)}{6}.$$

然后在这等式两边加上 $(r+1)^2$, 我们得到

$$1^2 + 2^2 + 3^2 + \cdots + r^2 + (r+1)^2$$

$$= \frac{r(r+1)(2r+1)}{6} + (r+1)^2$$

$$= \frac{r(r+1)(2r+1) + 6(r+1)^2}{6}$$

$$= \frac{(r+1)\left[r(2r+1) + 6(r+1)\right]}{6}$$

$$= \frac{(r+1)(2r^2 + 7r + 6)}{6}$$

$$= \frac{(r+1)(r+2)(2r+3)}{6},$$

这情形正好就是命题 A_{r+1}, 因为把(4)中的 n 用 $r+1$ 代入就得到它. 为了完成证明, 我们只须说明命题 A_1 成立, 而这时等式

$$1^2 = \frac{1(1+1)(2+1)}{6},$$

显然成立. 因此等式(4)对每个 n 都成立.

对于更高次的整数幂的和，$1^k + 2^k + 3^k + \cdots + n^k$，这里 k 是任意一个正整数，都可以求出类似的公式. 作为一个练习，读者可以用数学归纳法证明

$$1^3 + 2^3 + 3^3 + \cdots + n^3 = \left[\frac{n(n+1)}{2}\right]^2. \tag{5}$$

应该指出的是，一旦公式(5)写出来后，用数学归纳法证明这公式就足够了，但这证明却没有表明这个公式最初是怎么产生的. 为什么表达式 $[n(n+1)/2]^2$ 被人正确地猜到是前 n 项立方和的表达式，而不是 $[n(n+1)/3]^2$ 或 $(19n^2 - 41n + 24)/2$ 或任何其他曾经被考虑过的无限多个相似类型的表达式. 一个定理的证明在于应用某些简单逻辑规则，但这样一个事实并没有揭示数学中的创造性的成分，而创造性在于对被考察的各种可能性作一选择. 假设(5)的来源问题，属于一个没有一般规律可循的领域. 其中起作用的是经验、类比和直观. 但是一旦叙述出正确的假设，用数学归纳法就常可提供证明. 由于这样一种证明方法并没有给出发现过程的线索，因此把它称为验证似乎更为合适.

*5. 一个重要的不等式

在下一章我们将发现不等式

$$(1+p)^n \geqslant 1 + np \tag{6}$$

的用途，这里是对 $p > -1$ 的任意数和任意正整数 n 成立(为了一般性起见，我们允许 p 是大于 -1 的任何数，因而预先在这使用了负数和非整数. 对一般情形的证明与 p 是正整数情形时的证明是完全一样的). 我们仍用数学归纳法.

a) 如果 $(1+p)^r \geqslant 1 + rp$ 成立，则在这不等式的两边乘上正数 $1+p$，我们得到

$$(1+p)^{r+1} \geqslant 1 + rp + p + rp^2,$$

去掉正项 rp^2 只能加强这个不等式，所以

$$(1+p)^{r+1} \geqslant 1+(r+1)p.$$

表明不等式(6)对下一个正整数 $r+1$ 也成立. b) $(1+p)^1 \geqslant 1+p$ 是显然成立的. 这完全证明了(6)对每个 n 都成立. 数 $p>-1$ 这个限制是不可少的. 如果 $p<-1$, 则 $1+p$ 是负的. 这时在 a)中的论证是不对的, 因为不等式的两边用一负数乘, 不等号要倒过来(例如, 如果我们用 -1 乘不等式 $3>2$ 的两边, 仍写成 $-3>-2$ 就是错误的).

*6. 二项式定理

给二项式的 n 次幂 $(a+b)^n$ 以一个明确表达式常常是重要的. 通过直接的计算, 我们有

对 $n=1$, $(a+b)^1 = a+b$,

对 $n=2$, $(a+b)^2 = (a+b)(a+b)$
$$= a(a+b)+b(a+b)$$
$$= a^2+2ab+b^2,$$

对 $n=3$, $(a+b)^3 = (a+b)(a+b)^2$
$$= a(a^2+2ab+b^2)+b(a^2+2ab+b^2)$$
$$= a^3+3a^2b+3ab^2+b^3,$$

等等. 在"等等"这词的背后有什么一般规律呢? 让我们检查一下 $(a+b)^2$ 计算的过程. 由于 $(a+b)^2 = (a+b)(a+b)$, 我们用 a 乘 $a+b$ 的每一项, 然后用 b 乘 $a+b$ 的每一项, 再加起来就得到了 $(a+b)^2$ 的表达式. 计算 $(a+b)^3 = (a+b)(a+b)^2$ 是同样的程序. 我们可以用同样的方式继续计算 $(a+b)^4$, $(a+b)^5$ 等等一直进行下去. $(a+b)^n$ 的表达式是这样得到的: 用 a 去乘前面对 $(a+b)^{n-1}$ 得到的表达式, 同样地用 b 去乘它, 再加起来. 这引出下面的图. 它立刻表明了 $(a+b)^n$ 的展开式中系数形成的一般规律. 我们构造一个数的三角形阵列, 从 $a+b$ 的系数开始(如下面图的第一行), 并使得这三角形的每一个数是上一排中它的两边的两个数的和. 这个阵列叫

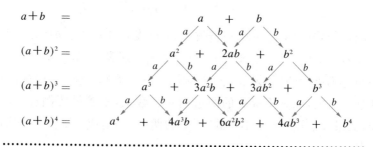

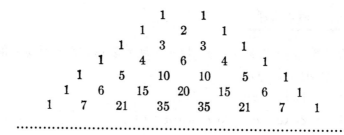

作帕斯卡(Pascal)三角形①.

这三角形中的第 n 行是 $(a+b)^n$ 展开式的系数,它是按 a 的递减的幂和 b 的递增的幂排列的. 例如

$$(a+b)^7 = a^7 + 7a^6b + 21a^5b^2 + 35a^4b^3$$
$$+ 35a^3b^4 + 21a^2b^5 + 7ab^6 + b^7.$$

我们用一个简单的下标和上标记法②,让

$$C_0^n = 1, C_1^n, C_2^n, C_3^n, \cdots, C_{n-1}^n, C_n^n = 1$$

表示帕斯卡三角形的第 n 排的数. 这时 $(a+b)^n$ 的一般公式可写成

$$(a+b)^n = a^n + C_1^n a^{n-1}b + C_2^n a^{n-2}b$$
$$+ \cdots + C_{n-1}^n ab^{n-1} + b^n. \tag{7}$$

_____

　　① 在我国宋代杨辉《详解(九章)算法》中载有此图,叫"开方作法本源"图,这是中国算学的一项杰出贡献,比帕斯卡至少早 500 年. ——译注

　　② 本书中的 C_i^n 在我国的中学课本中记为 C_n^i. ——译注

按照帕斯卡三角形形成的规律,我们有

$$C_i^n = C_{i-1}^{n-1} + C_i^{n-1}. \tag{8}$$

作为一个练习,有经验的读者可以利用这个关系和 $C_0^1 = C_1^1 = 1$ 这一事实,用数学归纳法证明

$$C_i^n = \frac{n(n-1)(n-2)\cdots(n-i+1)}{1 \cdot 2 \cdot 3 \cdots i}$$

$$= \frac{n!}{i!(n-i)!}. \tag{9}$$

〔对任意正整数 n,符号 $n!$(读作"n 的阶乘")表示前 n 个正整数的乘积: $n! = 1 \cdot 2 \cdot 3 \cdots n$. 为了方便起见,规定 $0! = 1$. 这样式(9)对 $i = 0$ 和 $i = n$ 时均成立.〕系数为这种公式的二项式展开式,称为二项式定理(见第 494 页).

习题:用数学归纳法证明:

① $\frac{1}{1 \cdot 2} + \frac{1}{2 \cdot 3} + \cdots + \frac{1}{n(n+1)} = \frac{n}{n+1}$.

② $\frac{1}{2} + \frac{2}{2^2} + \frac{3}{2^3} + \cdots + \frac{n}{2^n} = 2 - \frac{n+2}{2^n}$.

*③ $1 + 2q + 3q^2 + \cdots + nq^{n-1} = \frac{1-(n+1)q^n + nq^{n+1}}{(1-q)^2}$.

*④ $(1+q)(1+q^2)(1+q^4)\cdots(1+q^{2^n}) = \frac{1-q^{2^{n+1}}}{1-q}$.

求出下列等比级数的和:

⑤ $\frac{1}{1+x^2} + \frac{1}{(1+x^2)^2} + \cdots + \frac{1}{(1+x^2)^n}$.

⑥ $1 + \frac{x}{1+x^2} + \frac{x^2}{(1+x^2)^2} + \cdots + \frac{x^n}{(1+x^2)^n}$.

⑦ $\frac{x^2-y^2}{x^2+y^2} + \left(\frac{x^2-y^2}{x^2+y^2}\right)^2 + \cdots + \left(\frac{x^2-y^2}{x^2+y^2}\right)^n$.

用公式(4)和(5)证明:

*⑧ $1^2 + 3^2 + \cdots + (2n+1)^2 = \frac{(n+1)(2n+1)(2n+3)}{3}$.

*⑨ $1^3 + 3^3 + \cdots + (2n+1)^3 = (n+1)^2(2n^2+4n+1)$.

⑩ 用数学归纳法直接证明这同样的结果.

*7. 再谈数学归纳法

数学归纳法原理可以推广为:"如果给定一系列命题 A_s, A_{s+1}, A_{s+2}, $\cdots$,这里 s 是某个正整数,且如果

a) 对每个 $r \geqslant s$ 的值, A_r 为真时能推出 A_{r+1} 也为真;

b) A_s 已知是真的,

则所有命题 A_s, A_{s+1}, A_{s+2}, $\cdots$ 是真的. 就是说,对所有的 $n \geqslant s$, A_n 成立."很清楚,这里是把序列 1, 2, 3, $\cdots$ 换成了类似的序列 s, $s+1$, $s+2$, $\cdots$,并运用了建立普通数学归纳法时所用的同一推理.用这形式的归纳法我们可以加强第 22 页的不等式,即把等号"="的可能性去掉.我们说,对任意 $p \neq 0$ 且大于 -1 和任意 $n \geqslant 2$ 的整数,有

$$(1+p)^n > 1 + np. \tag{10}$$

这道证明题留给读者.

与数学归纳法原理紧密相关的是"最小自然数原理",它表明:任何一个非空正整数集 C 有最小元素.一个集合如果没有元素,就是空集. 例如,所有由直线形成的圆的集合,或使 $n > n$ 成立的整数 n 的集合. 在叙述这个原理时,我们显然应当排除这种空集.集合 C 可以是有限的,例如 1, 2, 3, 4, 5 这个集,也可以是无限的,例如全体偶数集 2, 4, 6, 8, 10, $\cdots$. 任何一个非空正整数集 C 至少包含一个自然数,记它为 n,则整数 1, 2, 3, $\cdots$, n 中,属于 C 的数必有一个最小的,它将是 C 中的最小整数.

要认识这个原理的意义,唯一的办法就是,注意它不适用于非自然数的数集 C. 例如正分数集 1, $\frac{1}{2}$, $\frac{1}{3}$, $\frac{1}{4}$, $\cdots$ 没有最小元素.

从逻辑的观点来说,注意到下面一点是很有趣的,即可以用最小自然数原理把数学归纳法当作一个定理来证明. 对此让我们考虑任意一系列命题 A_1, A_2, A_3, $\cdots$,使得

a) 对任一正整数 r, A_r 为真时能推出 A_{r+1} 也为真;

b) 已知 A_1 为真.

我们将表明:"这些 A 中有一个不为真"这一假设是不对的. 因为只要

这些 A 中有一个不为真,则使得 A_n 不为真的全体正整数集 C 就是不空的.按最小自然数原理,C 包含一最小整数 p,由 b)知 p 必须大于 1.因此 A_p 不为真,但 A_{p-1} 为真.这与 a)矛盾.

必须再一次强调数学归纳法原理与自然科学中的经验归纳是大不相同的.在任意有限多个情形中(不管它有多大),证实一个一般规律,不能算作对这个规律提供了一个严格数学意义下的证明,即使当时还不知道有例外的情形.这样一个规律仍然只是一个相当合理的假说,有待于以后的试验结果来验证.在数学上,一个规律或一个定理,只有当它能表示为某些已被认为是正确的假设的逻辑的必然结果时,才算是被证明了.在数学命题中有许多这样的例子:这些命题到现在为止,在所考虑的每一个特殊情形都被证实了,但至今仍未证明它普遍地成立(第 39 页就有一个例子).一个人通过许多例子观察到一个定理是真的,他可能感到在一般情形下它也是对的,随后他可以试图用数学归纳法来证明它,如果成功,这定理就证明是正确的;如果失败了,这个定理可能是正确的,也可能是错误的;并可能在某一天有人会用其他方法把它证明或否定.

在用数学归纳法时,我们必须经常确保条件 a)和 b)是真正被满足的.忽略了这个先决条件可以引出像下面这样的荒谬结果.这里请读者自己找出错误来.我们将"证明"任意两个正整数相等,例如 $5 = 10$.

首先给出一个定义:如果 a 和 b 是两个不等的正整数,我们定义 $\max(a, b)$ 是 a, b 中较大的一个.如果 $a = b$,我们令 $\max(a, b) = a = b$.例如 $\max(3, 5) = \max(5, 3) = 5$,而 $\max(4, 4) = 4$.现在让 A_n 是这样的命题:"如果 a, b 是使 $\max(a, b) = n$ 的任意两个正整数,则 $a = b$."

a) 假设 A_r 成立;设 a, b 是任意两个使得 $\max(a, b) = r+1$ 的正整数.考虑两个整数

$$\alpha = a - 1,$$
$$\beta = b - 1,$$

则 $\max(\alpha, \beta) = r$,又由于我们假设 A_r 成立,因此 $\alpha = \beta$,由此知 $a = b$.因此 A_{r+1} 成立.

b) A_1 显然成立. 因为如果 $\max(a, b) = 1$, 则由于 a, b 假设是正整数, 所以都必须等于 1. 因此按数学归纳法, A_n 对任意的 n 成立.

现在如果 a 和 b 是两个不管什么样的正整数, 用 r 表示 $\max(a, b)$, 由于已证明了对任意的 n, A_n 是成立的, 特别 A_r 是成立的, 因此 $a = b$.

第1章补充

数　论

引　言

　　自然数虽然逐渐失去了它和宗教迷信及神秘主义的联系,但是数学家对它的兴趣丝毫也没有减退.欧几里得(约公元前 300 年)大概是对数论作了最初贡献的人(他的出名是由于在他的《原本》中有一部分内容构成了中学课程几何学的基础,虽然他的几何学的大部分内容只不过是前人工作的一个总结).亚历山大城的一个早期的代数学家丢番都(Diophantus)(约公元 275 年),留下了他关于数论的著作.费马(P. Fermat)(1601～1665),土伦的一个法官,那个时代最伟大的数学家之一,是近代数论的开创者.欧拉(Euler)(1707～1783),最多产的数学家,在他的研究中有相当多的是数论方面的工作.在数学杂志上很出名的勒让德(Legendre)、狄利克雷(Dirichlet)、黎曼(Riemann)也可以列入这个名单中.高斯(Gauss)(1777～1855),是近代第一流的数学家,在数学的许多不同分支都有他的贡献,据说他用下面的话表示他对数论的看法:"数学是科学的皇后,而数论是数学的皇后."

§1　素　数

1. 基本事实

　　数论中的多数命题(如同数学是一整体那样)不是涉及单个的对

象(例如数 5 或数 32),而是涉及某些有共同性质的一类对象,例如,全体偶数集,

$$2, 4, 6, 8, \cdots,$$

或全体能用 3 整除的整数集,

$$3, 6, 9, 12, \cdots,$$

或所有整数的平方的集,

$$1, 4, 9, 16, \cdots,$$

等等.

在数论中,最基本的、最重要的一类数是素数.大多数整数能分解成较小因子: $10 = 2 \cdot 5$, $111 = 3 \cdot 37$, $144 = 3 \cdot 3 \cdot 2 \cdot 2 \cdot 2 \cdot 2$, 等等.人们都知道,不能这样分解的数就是素数.更确切地说,一个大于 1 的正整数 p,它除了 1 和它本身外没有因子,就称它是素数(如果有某个整数 c 使得 $b = ac$,则称整数 a 是整数 b 的因子或除数.). 2, 3, 5, 7, 11, 13, 17, $\cdots$ 这些数是素数,而,比如说,12 就不是,因为 $12 = 3 \cdot 4$. 素数的重要性在于这一事实:每一个整数都能表示为素数的乘积.如果一个数本身不是素数,那么可以不断地对它进行因子分解,直到所有的因子都是素数为止.例如,$360 = 3 \cdot 120 = 3 \cdot 30 \cdot 4 = 3 \cdot 3 \cdot 10 \cdot 2 \cdot 2 = 3 \cdot 3 \cdot 5 \cdot 2 \cdot 2 \cdot 2 = 2^3 \cdot 3^2 \cdot 5$. 一个整数(除了 0 和 1)如果不是素数,就称为是合数.

对于素数,最初所产生的一个问题是:究竟只有有限个不同的素数,还是素数类包含无穷多个元素,如同全体正整数那样(虽然素数只是正整数的一部分).回答是:有无穷多个素数.

关于素数有无穷多个的证明(它是由欧几里得给出的)至今仍然是数学推理的一个典范.这是用"反证法"来进行的.我们从一个尝试性的假定出发,即认为这定理是不对的.也就是说假定只有有限多个素数,也可能很多——十亿或更多——用一般的、非确定性的方式来表示,记为有 n 个.采用下标的写法,我们可以用 p_1, p_2, $\cdots$, p_n 来

表示这些素数.其他任何一个数都是合数,于是,素数 p_1,p_2,$\cdots$,p_n 中至少有一个能够整除它.现在构作一个数 A,让它比 p_1,p_2,$\cdots$,p_n 中任一个都大,因而与它们中的任何一个都不同,又让它不能被 p_1,p_2,$\cdots$,p_n 中的任一个整除,因而产生矛盾.这数是

$$A = p_1 p_2 \cdots p_n + 1.$$

即我们所假设的所有素数的乘积再加上 1.A 比这些 p 中的任一个都大,因而必须是合数.但用 p_1,p_2 等去除 A 总是余 1,因此这些 p 不是 A 的因子.这是由我们当初的假设(仅有有限个素数)而导致的矛盾.因而这假设只能被看成是荒谬的,因而它的反面必然是正确的.定理证完.

虽然这个证明用的是反证法,但稍加修改一下,至少在理论上可给出一个能构造出无穷多个素数的方法.我们从任一素数开始,例如 $p_1 = 2$,设已经构造出了 n 个素数 p_1,p_2,$\cdots$,p_n.这时,我们看数 $p_1 p_2 \cdots p_n + 1$,或者它本身是一素数,或者它有一个素数因子,而且这个素数因子不同于已造出的那些素数.由于这个因子总能通过直接试验来确立,因而我们保证在任何情形下都至少能找出一个新的素数 p_{n+1}.照这个方法进行下去,我们看到可构造的素数序列决不会终止.

习题: 从 $p_1 = 2$,$p_2 = 3$ 开始,进行这种构造,找出 5 个以上的素数.

当一个数已被表示成素数的乘积后,我们可以用任意的次序来排列这些素数因子.稍有一点经验就可知道,除了次序可任意排列外,一个数 N 的素因子分解是唯一的:每一个比 1 大的整数 N 只能有一种方式分解成素数的乘积.这命题初看起来似乎是如此明显,以至于人们一般都倾向于承认它,但它决不是不证自明的,而且这证明(虽然完全是初等的)要求某些细致的推理.由欧几里得给出的这个"算术基本定理"的古典证明,是建立在(找两个数的最大公因子的)欧几里得辗转相除法上的.这将在第 54 页讨论.而在这里,我们给出一个比较新的证明,它比较简短,但与欧几里得的相比可能有更多的

推理. 这是反证法的一个典型例子. 我们将假设存在一个整数,它有两种根本不同的素数分解,然后从这假设出发导出一个矛盾. 于是表明"存在一个有两种根本不同的素因子分解的整数"的假设是不对的. 因此每一个整数的素数分解是唯一的.

如果存在一个能分解为两种根本不同的素数乘积的正整数,则这样的正整数中必有一个是最小的(见第 26 页)

$$m = p_1 p_2 \cdots p_r = q_1 q_2 \cdots q_s, \tag{1}$$

这里的 p, q 等是素数. 通过重新安排 p 及 q 的次序(如果需要的话),我们可以认为

$$p_1 \leqslant p_2 \leqslant \cdots \leqslant p_r, q_1 \leqslant q_2 \leqslant \cdots \leqslant q_s.$$

现在 p_1 不能等于 q_1. 因为如果相等,我们能从等式(1)的每一边消去第一个因子得到一个小于 m 有两个根本不同的素因子分解的正整数,这与 m 的选择(m 为有这种可能的最小正整数)相矛盾. 因此,或者 $p_1 < q_1$,或者 $q_1 < p_1$. 假设 $p_1 < q_1$(如果 $q_1 < p_1$,我们只须简单地调换下面讨论中的字母即可),我们构造一整数

$$m' = m - (p_1 q_2 \cdots q_s). \tag{2}$$

把(2)中的 m 用等式(1)中的两个表达式代入,可以把 m' 写成

$$\begin{aligned} m' &= (p_1 p_2 \cdots p_r) - (p_1 q_2 \cdots q_s) \\ &= p_1(p_2 p_3 \cdots p_r - q_2 q_3 \cdots q_s), \end{aligned} \tag{3}$$

和

$$\begin{aligned} m' &= (q_1 q_2 \cdots q_s) - (p_1 q_2 \cdots q_s) \\ &= (q_1 - p_1) q_2 q_3 \cdots q_s. \end{aligned} \tag{4}$$

由于 $p_1 < q_1$,从(4)知 m' 是一个正整数,因从(2)知 m' 是小于 m 的. 因此 m' 的素数分解,除了因子次序外,必须是唯一的. 但从(3)知素数 p_1 是 m' 的因子,因此由(4)知 p_1 必须是 $(q_1 - p_1)$ 或 $(q_2 q_3 \cdots q_s)$ 的因子(这从 m' 的素数分解的唯一性得出,见下一段的论证). 由于所有 q 都比 p_1 大,这后一情形是不可能的. 因此 p_1 必须是 $q_1 - p_1$ 的

因子,这样就有某个整数 h 使

$$q_1 - p_1 = p_1 h \text{ 或 } q_1 = p_1(h+1).$$

这表明 p_1 是 q_1 的一个因子,与 q_1 是素数这事实矛盾.这矛盾表明我们最初的假设是站不住脚的,因而完全证明了这个算术基本定理.

这基本定理的一个重要推论是:如果一个素数 p 是乘积 ab 的因子,则 p 必须或是 a 的因子,或是 b 的因子.因为如果 p 既不是 a 的因子,也不是 b 的因子,那么把 a 和 b 素数分解后再相乘,得到整数 ab 的一种素数分解,其中不包含 p.另一方面,由于 p 是 ab 的因子,故存在一整数 t 使

$$ab = pt.$$

因此,p 乘以 t 的素数分解,将是 ab 的一个包含 p 的素数分解,这与 ab 的素数分解是唯一的这个事实矛盾.

例:如果人们证实了 13 是 2652 的一个因子,以及 $2652 = 6 \cdot 442$,就可以得出 13 是 442 的因子这一结论.但另一方面,6 是 240 的一个因子而且 $240 = 15 \cdot 16$,但 6 既不是 15,也不是 16 的因子.这表明 p 是素数这个假设是不可缺少的.

习题:为了找出任一数 a 的所有因子,我们只需把 a 分解为乘积

$$a = p_1^{\alpha_1} p_2^{\alpha_2} \cdots p_r^{\alpha_r},$$

其中 p 是不同的素数,每一个有某次幂.a 的所有因子是这样的数

$$b = p_1^{\beta_1} p_2^{\beta_2} \cdots p_r^{\beta_r},$$

其中 β 是满足下列不等式的任意整数:

$$0 \leqslant \beta_1 \leqslant \alpha_1, \ 0 \leqslant \beta_2 \leqslant \alpha_2, \ \cdots, \ 0 \leqslant \beta_r \leqslant \alpha_r.$$

试证明这个命题.作为一个推论,再证明 a 的不同的因子(包括因子 a 和 1)的个数由乘积

$$(\alpha_1 + 1)(\alpha_2 + 1) \cdots (\alpha_r + 1)$$

给出.例如

$$144 = 2^4 \cdot 3^2$$

有 $5 \cdot 3$ 个因子,它们是 1,2,4,8,16,3,6,12,24,48,9,18,36,72,144.

2. 素数的分布

对于任意给定的自然数 N,N 之前的素数表可以这样得到:按大小顺序把所有比 N 小的自然数列出,然后划掉所有是 2 的倍数的那些数,在剩下的里面再划掉所有那些 3 的倍数,一直这样做下去,直到所有的复合数都被划掉. 这过程(就是人所熟知的"爱拉托塞姆(Eratosthems)筛法")将留下 N 以前的素数. 对上述方法加以改进后,所有小于 10000000 以前的素数表已逐渐地被计算出来了. 这些表给我们提供了关于素数的分布和性质的大量经验数据. 在这些表的基础上,我们能作出许多很可能是正确的猜想(好像数论是一门实验科学那样),但它们的证明通常十分困难.

a. 产生素数的公式

人们一直想找出一个只产生素数的简单算术公式,即使它只能给出部分素数也可以. 费马作了一个有名的猜测(但不是肯定的断言):所有形如

$$F(n) = 2^{2^n} + 1$$

的数是素数. 实际上对 $n = 1,2,3,4$,我们有

$$F(1) = 2^2 + 1 = 5,$$

$$F(2) = 2^{2^2} + 1 = 2^4 + 1 = 17,$$

$$F(3) = 2^{2^3} + 1 = 2^8 + 1 = 257,$$

$$F(4) = 2^{2^4} + 1 = 2^{16} + 1 = 65537,$$

全是素数. 但在 1732 年欧拉发现 $2^{2^5} + 1 = 641 \cdot 6700417$ 可以因子分解,因此 $F(5)$ 不是素数. 后来又发现不少这种"费马数"是合数;对每一种情形都要求用比较高深的数论上的方法,因为直接试验有难以克服的困难. 甚至至今还没能证明 $n > 4$ 时是否存在一个 $F(n)$ 是

素数.

另一个能产生许多素数的有名的简单公式是

$$f(n) = n^2 - n + 41,$$

对 $n = 1, 2, \cdots, 40$，$f(n)$ 是一素数，但对 $n = 41$，我们有 $f(n) = 41^2$，这不再是一个素数.表达式

$$n^2 - 79n + 1601,$$

当 n 从 1 一直到 79 时都得出素数，但当 $n = 80$ 时就不是素数了.总的来说，求出一个仅产生素数的简单表达式的努力一直徒劳无功.试图求出一个得出所有素数的代数表达式更是希望渺茫.

b. 等差数列中的素数

虽然证明全体自然数序列 1，2，3，4，… 中有无穷多个素数是简单的，但当我们把它推广到像 1，4，7，10，13，… 或 3，7，11，15，19，… 这样的序列，或更一般地，任意一个等差数列 a，$a+d$，$a+2d$，…，$a+nd$，… 时（这里 a 和 d 没有公因子），问题就远为困难了.所有的观察都指出这一事实：在每一个这样的数列中都有无穷多个素数，恰如在最简单的情形 1，2，3，… 中那样.证明这个一般性的定理要付出极大的努力.19 世纪第一流的数学家之一狄利克雷（1805～1859），利用当时所知道的最先进的数学分析工具才取得完全的成功.他那篇关于这个问题的原著，即使到现在仍然是数学中最突出的成就之一.即使到了一百年后的今天，对于那些在微积分和函数论的技巧上没有足够训练的学生来说，这个定理甚至没简化到能使他们理解的程度.

虽然，我们不能证明狄利克雷的一般定理，但是可以很容易地把欧几里得关于有无穷多素数的证明推广到某些特殊的等差数列，例如 $4n+3$ 和 $6n+5$.为了证明前一种情形，我们注意任何大于 2 的素数都是奇数（否则它将能被 2 整除），因而素数必是或等于 $4n+1$ 或等于 $4n+3$ 的形式.其次，两个 $4n+1$ 形式的数的乘积仍是 $4n+1$ 的形式，这因为

$$(4a+1)(4b+1) = 16ab+4a+4b+1$$
$$= 4(4ab+a+b)+1.$$

现在假设只有有限个 $4n+3$ 形式的素数 p_1，p_2，$\cdots$，p_n，考虑数

$$N = 4(p_1 p_2 \cdots p_n) - 1 = 4(p_1 p_2 \cdots p_n - 1) + 3.$$

或者 N 本身是一素数，或者它能分解为一些素数的乘积，这时这些素数中没有一个是 p_1，p_2，$\cdots$，p_n，因为用它们除 N 余 -1. 其次，N 的所有素数因子不能都是 $4n+1$ 形式的，因为 N 不是这形式的，而我们已看到，$4n+1$ 形式的数的乘积仍是这种形式. 因此，至少有一素数因子必须是 $4n+3$ 的形式，而这是不可能的，因为我们假设所有的形如 $4n+3$ 的素数只是这些 p_i，而它们没有一个是 N 的因子. 因此如果假设 $4n+3$ 形式的素数个数是有限的，将引出矛盾，所以这样的素数必须是无限个.

习题： 对级数 $6n+5$ 证明相应的定理.

c. 素数定理

在研究素数分布所服从的规律时，数学家不再徒劳地试图去求一个产生所有素数的简单公式，或求前 n 个自然数中所有素数个数的简单公式，而是去寻求素数在自然数中平均分布的信息.

对自然数 n，让我们用 A_n 表示整数 1，2，3，$\cdots$，n 中素数的个数. 如果在前面一些自然数中的素数下边划上线：$1\ \underline{2}\ \underline{3}\ 4\ \underline{5}\ 6\ \underline{7}\ 8\ 9$ $10\ \underline{11}\ 12\ \underline{13}\ 14\ 15\ 16\ \underline{17}\ 18\ \underline{19}\cdots$，则我们能算出 A_n 的前几个值：

$$A_1 = 0,\ A_2 = 1,\ A_3 = A_4 = 2,\ A_5 = A_6 = 3,$$
$$A_7 = A_8 = A_9 = A_{10} = 4,\ A_{11} = A_{12} = 5,$$
$$A_{13} = A_{14} = A_{15} = A_{16} = 6,\ A_{17} = A_{18} = 7,$$
$$A_{19} = 8,\text{等等}.$$

如果取 n 为某一个无限递增的序列，比如说

$$n = 10,\ 10^2,\ 10^3,\ 10^4,\ \cdots,$$

则其相应的 A_n 的值是

$$A_{10} , A_{10^2} , A_{10^3} , A_{10^4} , \cdots,$$

它也无限增加（虽然比较慢）. 由于我们知道有无穷多个素数, 所以 A_n 的值或早或晚将超过任何一个有限数. 令比值 A_n/n 表示前 n 个自然数中素数的"密度". 由素数表可以用试验的办法算出 n 相当大时 A_n/n 的值：

	A_n/n
10^3	0.168
10^6	0.078498
10^9	0.050847478
$\cdots$	$\cdots \cdots \cdots$

表中最后一个数可以看成是, 由前 10^9 个自然数中随机地取一个自然数而它恰是素数的概率, 这是因为有 10^9 种可能的选择, 其中有 A_{10^9} 个是素数.

在自然数中单个的素数的分布是极不规则的. 但如果我们把注意力集中于由比值 A_n/n 给出的素数平均分布时, 不规律性就消失了. 这个比值所服从的简单规律, 是整个数学中最著名的发现之一. 为了叙述素数定理, 我们必须定义自然数 n 的"自然对数". 为此, 我们在平面上取两个垂直的坐标轴, 考虑平面上到二轴的距

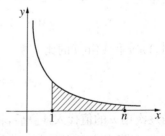

图 5　$\ln n$ 定义为双曲线下阴影部分的面积

离 x, y 的乘积等于 1 的点的轨迹. 利用坐标 x 和 y, 可知这条轨迹是由方程 $xy = 1$ 定义的等边双曲线. 我们现在定义 $\ln n$ [①] 为图 5 中

　　[①]　原版书把自然对数记为 $\log n$, 在本书中我们把它改为一般书上的记法 $\ln n$. ——译注

由双曲线、x 轴及两条竖直线 $x = 1$，$x = n$ 所围的面积（在第八章将更细致地讨论对数）. 通过对素数表的试验和观察, 高斯看到比值 A_n/n 近似等于 $1/\ln n$, 而且 n 越大这个近似就越好. 近似的好坏程度是用比值 $\dfrac{A_n/n}{1/\ln n}$ 来衡量的. 对 $n = 1000, 1000000, 1000000000$，它的值在下表给出：

n	A_n/n	$1/\ln n$	$\dfrac{A_n/n}{1/\ln n}$
10^3	0.168	0.145	1.159
10^6	0.078498	0.072382	1.084
10^9	0.050847478	0.048254942	1.053
...	...	...	...

根据这个试验, 高斯猜想：比值 A_n/n "渐近等于" $1/\ln n$. 就是说, 如果把 n 的值取成一个越来越大的序列, 比如像前面那样取 n 等于

$$10, 10^2, 10^3, 10^4, \cdots,$$

则 A_n/n 和 $1/\ln n$ 的比

$$\frac{A_n/n}{1/\ln n},$$

当逐次用 n 的值代入计算后, 将越来越接近于 1. 而且只要 n 取得足够大, 这比值与 1 的差, 要它多小就能有多小. 这结论在符号上用记号 $\sim$ 来表示：

$$\frac{A_n}{n} \sim \frac{1}{\ln n} \quad \text{表示当 } n \text{ 增加时 } \frac{A_n/n}{1/\ln n} \text{ 趋于 1.}$$

这 "$\sim$" 不能用普通的等号 "$=$" 来代替, 这从下一点就能看清楚：A_n 总是一个整数, 而 $n/\ln n$ 就不是.

素数分布的平均状态能用对数函数来描述,这是一个很引人注目的发现. 因为,两个似乎完全无关的数学概念在事实上竟有如此紧密的联系,这是很令人奇怪的.

虽然叙述高斯猜想并不太难,但是要给出一个严格的数学证明,高斯所处时代的数学是远远不够的,这个定理虽然只涉及最基本的概念,但其证明必须用到近代数学中最有力的方法. 数学分析发展了差不多一百年后,才由巴黎的阿达玛(Hadamard,1896)和卢汶的瓦莱·布桑(de la Valle Poussin,1896)给出素数定理完整的证明. 曼高尔德(V. Mangoldt)和朗道(Landau)作了简化和重要的改进. 早在阿达玛之前,黎曼(1826~1866)已作出了有决定意义的先驱性工作,他在一篇著名的文章中已经指出解决这个问题的主要思路. 最近美国数学家维纳(N. Wiener)对证明作了一个改进,使得在证明推理的一个重要步骤上无须使用复数. 但即使对一个高年级的大学生来说,素数定理的证明也不是一件容易的事情. 在第 503 页之后,我们将再回到这个问题上来.

d. 两个尚未解决的素数问题

虽然素数平均分布的问题已被满意地解决了,但还有其他许多被试验证实的猜想,迄今还不能证明它们是正确的.

其中有一个是有名的哥德巴赫猜想. 哥德巴赫(Goldbach,1690~1764)(除了 1742 年他在一封给欧拉的信中提出这个问题外,他在数学史上没什么地位.)由试验观察到,任何一个偶数(除了 2,它本身是一素数)都能表示为两个素数的和. 例如, $4 = 2+2$, $6 = 3+3$, $8 = 5+3$, $10 = 5+5$, $12 = 5+7$, $14 = 7+7$, $16 = 13+3$, $18 = 11+7$, $20 = 13+7$, $\cdots$, $48 = 29+19$, $\cdots$, $100 = 97+3$, 等等.

哥德巴赫问欧拉:能不能证明这对于所有偶数都是对的,或者至少找出一个反例来否定它. 欧拉没能给出回答,而且从那时以来没有一个人给出过回答. 对于每一个偶数能表示为两个素数的和这一命题,试验的结果是完全令人信服的,任何一个人都可以用大量的例子来验证它.困难的原因是:素数是用乘法来定义的,而这问题涉及的是加法.一般来说,在自然数的乘法性质和加法性质之间建立联系是困难的.

直到不久以前,哥德巴赫猜想的证明似乎还是完全无法进行的.但今天看来不再是不能解决的了.1931 年,当时一个不知名的苏联年轻数学家斯尼尔曼(Schnirelmann,1905~1938)取得一个完全没料想到的成就,它使所有的专家都感到吃惊.他证明了每一个正整数能表示成不超过 300000 个素数之和.虽然与证明哥德巴赫猜想当初的目标来比,这个结果是很可笑的,但它毕竟是迈向这个目标的第一步.这是一个直接的、构造性的证明,虽然对任意正整数的素数分解,它并没有提供任何实际方法.更近一些,苏联数学家维诺格拉托夫(Vinogradoff),用了哈代(Hardy)、利特伍德(Littlewood)和他俩的合作者印度人拉玛纽加(Ramanujan)的方法,成功地把个数由300000减为 4.这更加接近于哥德巴赫问题的解决.但在斯尼尔曼的结论和维诺格拉托夫的结论之间还存在着重大的差别,这可能比 300000 和 4 之间的差别更显著.维诺格拉托夫的定理只对"充分大"的自然数成立;更确切地说,他证明了,存在一个正整数 N,对于任意 $n>N$ 的整数,都能表示为不超过 4 个素数的和.维诺格拉托夫的证明未能告诉我们怎样确定这个 N,它与斯尼尔曼的定理相反,本质上是间接的、非构造性的证明.维诺格拉托夫实际上证明了:假设有无穷多个整数不能分解为最多 4 个素数之和,就会产生一个荒谬的结果.在这里,我们找到了一个很好的例子,表明两种证明方法(直接的方法和反证法)之间的深刻差别(一般的讨论见第 100 页).

另一个甚至比哥德巴赫问题更引人注目的问题,却还没有一点解决的途径.人们早就注意到,素数经常以 p 和 $p+2$ 的形式成对出现,例如,3 和 5,11 和 13,29 和 31,等等.人们相信"存在无穷多个这样的素数对"的命题是对的,但至今在解决这个问题的方向上,还根本谈不上有什么办法.

§2 同   余

1. 一般概念

只要碰到用一个固定的整数 d 去除整数的问题,"同余"的概念和记法(高斯所创)将使推理简单而清楚.

为了引进这个概念,让我们检查一下当整数被 5 除时剩下的余数.我们有

$$0 = 0 \cdot 5 + 0 \qquad 7 = 1 \cdot 5 + 2 \qquad -1 = -1 \cdot 5 + 4$$
$$1 = 0 \cdot 5 + 1 \qquad 8 = 1 \cdot 5 + 3 \qquad -2 = -1 \cdot 5 + 3$$
$$2 = 0 \cdot 5 + 2 \qquad 9 = 1 \cdot 5 + 4 \qquad -3 = -1 \cdot 5 + 2$$
$$3 = 0 \cdot 5 + 3 \qquad 10 = 2 \cdot 5 + 0 \qquad -4 = -1 \cdot 5 + 1$$
$$4 = 0 \cdot 5 + 4 \qquad 11 = 2 \cdot 5 + 1 \qquad -5 = -1 \cdot 5 + 0$$
$$5 = 1 \cdot 5 + 0 \qquad 12 = 2 \cdot 5 + 2 \qquad -6 = -2 \cdot 5 + 4$$
$$6 = 1 \cdot 5 + 1 \qquad\qquad 等等 \qquad\qquad 等等$$

我们看到任一整数被 5 除时,剩下的余数是 0,1,2,3,4 这五个数中的一个.如果两个整数 a 和 b 被 5 除有相同的余数,我们称它们是"模 5 同余"的.例如 2, 7, 12, 17, 22, $\cdots$, -3, -8, -13, -18,$\cdots$ 都是模 5 同余的,因为它们的余数是 2.一般地说,如果整数 a 和 b 用 d 除有相同的余数,即如果有一整数 n 使 $a - b = nd$ 成立(这里 d 是一固定整数),我们就说 a 和 b 是模 d 同余的.例如 27 和 15 是模 4 同余的,因为

$$27 = 6 \cdot 4 + 3,\ 15 = 3 \cdot 4 + 3.$$

由于同余的概念很有用,因此人们希望对它给出一个简单的记法. 我们用

$$a \equiv b \pmod d$$

来表示 a 和 b 是模 d 同余的这件事. 如果对模数不存在疑问,公式中的"mod d"可以略去(如果 a 不是和 b 模 d 同余的,我们记 $a \not\equiv b \pmod d$).

在日常生活中,同余的概念是经常出现的. 例如,一个钟的指针,它表示的小时数是模 12 同余的;一个汽车上的里程表,它给出的行程总里数是模 100000 同余的.

在对同余进行细致讨论之前,读者应该认识到下面的命题都是等价的:

(1) a 和 b 是模 d 同余的.

(2) 存在某个整数 n,使 $a = b + nd$.

(3) d 整除 $a - b$.

高斯的同余记法所以有用是因为:对于一个固定的模来说,在形式上同余式包含有许多普通等式的性质. 关系式 $a = b$ 在形式上最重要的性质如下:

(1) 恒有 $a = a$.

(2) 如果 $a = b$,则 $b = a$.

(3) 如果 $a = b$, $b = c$,则 $a = c$.

再有,如果 $a = a'$, $b = b'$ 则

(4) $a + b = a' + b'$.

(5) $a - b = a' - b'$.

(6) $ab = a'b'$.

当关系式 $a = b$ 用同余关系 $a \equiv b \pmod d$ 代替时,这些性质仍成立. 因而

（1′）恒有 $a\equiv a(\mathrm{mod}\ d)$.

（2′）如果 $a\equiv b(\mathrm{mod}\ d)$，则 $b\equiv a(\mathrm{mod}\ d)$.

（3′）如果 $a\equiv b(\mathrm{mod}\ d)$，$b\equiv c(\mathrm{mod}\ d)$，则 $a\equiv c(\mathrm{mod}\ d)$.

这些事实的简单验证留给读者去做.

其次，如果 $a\equiv a'(\mathrm{mod}\ d)$，$b\equiv b'(\mathrm{mod}\ d)$，则

（4′）$a+b\equiv a'+b'(\mathrm{mod}\ d)$.

（5′）$a-b\equiv a'-b'(\mathrm{mod}\ d)$.

（6′）$ab\equiv a'b'(\mathrm{mod}\ d)$.

因此对于相同的模，同余式可以加、减、乘. 为了证明后三个命题，我们只须注意，如果

$$a=a'+rd,\ b=b'+sd,$$

则
$$a+b=a'+b'+(r+s)d,$$
$$a-b=a'-b'+(r-s)d,$$
$$ab=a'b'+(a's+b'r+srd)d,$$

从这即得出所需要的结论.

同余的概念有一个很能说明问题的几何解释. 通常，如果我们希望在几何上表示整数，选择一个单位长线段并在这线段的两端以其倍数向外延伸. 用这种办法，对于每一个整数，我们能在直线上找出一点，如图 6. 但当处理模 d 的整数时，若仅就其被 d 除后的性质而论，因为同余的数有相同的余数，所以把任意两个同余的数认为是相同的. 为了在几何上说明这一点，用一个圆并把它分成 d 等分. 任一整数被 d 除时，剩下的余数是 $0，1，\cdots，d-1$ 这 d 个数中的一个. 这 d 个数间隔相等地安置在这圆的圆周上. 每一个整

图6 整数的几何表示

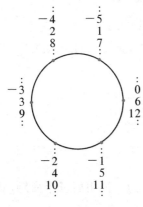

图 7 模 6 的整数的几何表示

数都与这些数中的一个是模 d 同余的，因此在几何上用这些点中的一个来表示. 如果两个数用同一个点表示，它们就是同余的. 图 7 画出了 $d = 6$ 的情形. 钟的表盘就是日常生活中的一个例子.

我们用一个例子来看看同余式乘积性质($6'$)的用处. 当 10 的各阶幂被一给定素数除时，可以确定这个余数. 例如，因为 $10 = -1 + 11$，所以

$$10 \equiv -1 (\mathrm{mod}\ 11).$$

连续地用这同余式乘它自己，得到

$$10^2 \equiv (-1)(-1) = 1 \qquad (\mathrm{mod}\ 11),$$

$$10^3 \equiv -1 \qquad (\mathrm{mod}\ 11),$$

$$10^4 \equiv 1 \qquad (\mathrm{mod}\ 11), 等等.$$

这表明，任何一个（在十进位系统中表示的）整数

$$z = a_0 + a_1 \cdot 10 + a_2 \cdot 10^2 + \cdots + a_n \cdot 10^n$$

被 11 除后的余数，与它的数码交替变号求和

$$t = a_0 - a_1 + a_2 - a_3 + \cdots$$

被 11 除后的余数是一样的. 因为

$$z - t = a_1 \cdot 11 + a_2 \cdot (10^2 - 1) + a_3 \cdot (10^3 + 1)$$

$$+ a_4 (10^4 - 1) + \cdots,$$

而 $11, 10^2 - 1, 10^3 + 1, \cdots$ 所有这些数每一个和 0 都是模 11 同余的，因此 $z - t$ 也是这样. 所以 z 被 11 除与 t 被 11 除有相同的余数. 特别地得知，一个数能被 11 整除（即余数是 0）必须而且只须它的数码交替变号之和能被 11 整除. 例如，由于 $3 - 1 + 6 - 2 + 8 - 1 + 9 =$

22，数 $z = 3162819$ 能被 11 整除. 找一个被 3 或 9 整除的规律更简单，因为 $10 \equiv 1 (\mathrm{mod}\ 3\ 或\ 9)$，因此 $10^n \equiv 1 (\mathrm{mod}\ 3\ 或\ 9)$ 对任意的 n 都成立. 故知一个数 z 被 3 或 9 整除必须而且只须它的数码之和

$$S = a_0 + a_1 + a_2 + \cdots + a_n$$

也相应地被 3 或 9 整除.

对于模 7 同余，我们有

$$10 \equiv 3,\ 10^2 \equiv 2,\ 10^3 \equiv -1,\ 10^4 \equiv -3,\ 10^5 \equiv -2,\ 10^6 \equiv 1.$$

再接下去的余数是上面的重复，因此 z 被 7 整除必须而且只须表达式

$$r = a_0 + 3a_1 + 2a_2 - a_3 - 3a_4 - 2a_5 + a_6 + 3a_7 + \cdots$$

被 7 整除.

习题：找一个被 13 整除的类似规则.

对一个固定的模，例如 $d = 5$，当同余式进行加、乘时，对任一数 a，总可以从

$$0,\ 1,\ 2,\ 3,\ 4,$$

这集合中找出与它同余的数来代替它，因而使我们涉及的数不会太大. 因此为了计算以 5 为模的整数的和与积，仅需要如下的加法表及乘法表：

	$a+b$						$a \cdot b$				
$b \equiv 0$	1	2	3	4		$b \equiv 0$	1	2	3	4
$a \equiv 0$ 0	1	2	3	4		$a \equiv 0$ 0	0	0	0	0
1 1	2	3	4	0		1 0	1	2	3	4
2 2	3	4	0	1		2 0	2	4	1	3
3 3	4	0	1	2		3 0	3	1	4	2
4 4	0	1	2	3		4 0	4	3	2	1

从第二个表可以看出，只有当 a 或 $b \equiv 0 (\mathrm{mod}\ 5)$ 时，乘积 ab 才与 0 同余 $(\mathrm{mod}\ 5)$. 由此得出一般的规律：

（7）仅当 $a \equiv 0$ 或 $b \equiv 0 (\mathrm{mod}\ d)$ 时，有 $ab \equiv 0 (\mathrm{mod}\ d)$. 它是整数

的普遍规律:仅当 $a=0$ 或 $b=0$ 时,$ab=0$ 这一命题的推广.注意,只有当模 d 是一素数时,规律(7)才成立.因为同余式

$$ab \equiv 0(\bmod d)$$

意味着 d 整除 ab,而且我们已经看到,一个素数 d 只有当它整除 a 或 b 时,即仅当

$$a \equiv 0(\bmod d) \text{ 或 } b \equiv 0(\bmod d),$$

它才整除乘积 ab.

如果 d 不是素数,这规律就不一定成立.因为这时我们能够记 $d = r \cdot s$,这里 r 和 s 小于 d,于是

$$r \not\equiv 0(\bmod d), s \not\equiv 0(\bmod d),$$

但 $$rs = d \equiv 0(\bmod d).$$

例如 $2 \not\equiv 0(\bmod 6)$,$3 \not\equiv 0(\bmod 6)$,但 $2 \cdot 3 = 6 \equiv 0(\bmod 6)$.

> **习题**:说明下面的消去律对素数的模的同余式成立:
> 如果 $ab \equiv ac$,且 $a \not\equiv 0$,则 $b \equiv c$.

> **习题**:① 0 和 6 之间哪一个数和乘积 $11 \cdot 18 \cdot 2322 \cdot 13 \cdot 19$ 模 7 同余?
> ② 0 和 12 之间哪一个数和乘积 $3 \cdot 7 \cdot 11 \cdot 17 \cdot 19 \cdot 23 \cdot 29 \cdot 113$ 模 13 同余?
> ③ 0 和 4 之间哪一个数与 $1+2+2^2+\cdots+2^{19}$ 的和模 5 同余?

2. 费马定理

在 17 世纪,近代数论的奠基者费马,发现了一个十分重要的定理:如果 p 是任意一个不能整除整数 a 的素数,则

$$a^{p-1} \equiv 1(\bmod p).$$

这意味着 a 的 $(p-1)$ 次幂被 p 除后余 1.

用前面的一些计算可以验证这个定理;例如我们已看到过 $10^6 \equiv 1(\bmod 7)$,$10^2 \equiv 1(\bmod 3)$ 和 $10^{10} \equiv 1(\bmod 11)$.同样地,可以表

明 $2^{12} \equiv 1(\bmod 13)$ 以及 $5^{10} \equiv 1(\bmod 11)$. 验证后面这两个同余式, 我们不必实际计算这么高阶的幂, 因为可以利用同余式乘法性质带来的好处:

$$2^4 = 16 \equiv 3(\bmod 13), \qquad\qquad 5^2 \equiv 3(\bmod 11),$$

$$2^8 = 9 \equiv -4(\bmod 13), \qquad\qquad 5^4 = 9 \equiv -2(\bmod 11),$$

$$5^8 \equiv 4(\bmod 11),$$

$$2^{12} \equiv -4 \cdot 3 = -12 \qquad\qquad 5^{10} \equiv 3 \cdot 4 = 12$$

$$\equiv 1(\bmod 13). \qquad\qquad\qquad \equiv 1(\bmod 11).$$

为了证明费马定理, 考虑 a 的倍数:

$$m_1 = a, m_2 = 2a, m_3 = 3a, \cdots, m_{p-1} = (p-1)a.$$

这些整数中任意两个都不能模 p 同余, 否则存在某一对整数 r, s, 满足 $1 \leqslant r < s \leqslant (p-1)$, 使 p 成为 $m_s - m_r = (s-r)a$ 的一个因子. 但由规律(7)知这是不可能的, 因为 $s-r$ 是小于 p 的, 所以 p 不是 $s-r$ 的因子, 而由假设 p 又不是 a 的因子. 同样地, 这些数中没有一个能和 0 同余. 因此数 $m_1, m_2, \cdots, m_{p-1}$ (如果将其次序重新排列) 必须相应地同余于数 $1, 2, 3, \cdots, p-1$. 故得出

$$m_1 m_2 \cdots m_{p-1} = 1 \cdot 2 \cdot 3 \cdots (p-1)a^{p-1}$$

$$\equiv 1 \cdot 2 \cdot 3 \cdots (p-1)(\bmod p).$$

或者, 为了简单起见, 记 $1 \cdot 2 \cdot 3 \cdots (p-1)$ 为 K, 则

$$K(a^{p-1} - 1) \equiv 0(\bmod p).$$

但因为 K 的因子没有能被 p 整除的, 所以 K 不能被 p 整除, 因而由规律(7), $a^{p-1}-1$ 必须被 p 整除, 即

$$a^{p-1} - 1 \equiv 0(\bmod p).$$

这就是费马定理.

让我们再来核对这定理: 取 $p=23$ 而 $a=5$. 这时有(所有的模都是 23) $5^2 \equiv 2, 5^4 \equiv 4, 5^8 \equiv 16 \equiv -7, 5^{16} \equiv 49 \equiv 3, 5^{20} \equiv 12, 5^{22} \equiv$

$24 \equiv 1$. 如果 $a = 4$ 而不是 5，所有的模仍取 23，得到 $4^2 \equiv -7$, $4^3 \equiv -28 \equiv -5$, $4^4 \equiv -20 \equiv 3$, $4^8 \equiv 9$, $4^{11} \equiv -45 \equiv 1$, $4^{22} \equiv 1$.

在上面 $a = 4$, $p = 23$ 的例子中，我们从另一方面看到不仅 a 的 $(p-1)$ 次幂同余于 1，而且还可以有一个更小的幂同余于 1. 最小的这样的幂（在这里是 11）是 $(p-1)$ 的一个因子，这命题总是真的（见下面习题③）.

习题：① 用类似的计算表明：$2^8 \equiv 1 (\bmod\ 17)$；$3^8 \equiv -1 (\bmod\ 17)$；$3^{14} \equiv -1 (\bmod\ 29)$；$2^{14} \equiv -1 (\bmod\ 29)$；$4^{14} \equiv 1 (\bmod\ 29)$；$5^{14} \equiv 1 (\bmod\ 29)$.

② 对 $p = 5$, 7, 11, 17, 23，用不同的 a 值来核对费马定理.

③ 证明一个一般的定理：使 $a^e \equiv 1 (\bmod\ p)$ 的最小正整数 e 必须是 $p-1$ 的一个因子（提示：用 e 除 $p-1$ 得到

$$p - 1 = ke + r,$$

这里 $0 \leqslant r < e$，并且用 $a^{p-1} \equiv a^e \equiv 1 (\bmod\ p)$ 这一事实）.

3. 二次剩余

参看一下关于费马定理的例子，我们发现不仅总有 $a^{p-1} \equiv 1 (\bmod\ p)$，而且（如果 p 是不等于 2 的素数，即 p 是奇数，有 $p = 2p' + 1$ 的形式）对某些 a 有 $a^{p'} = a^{(p-1)/2} \equiv 1 (\bmod\ p)$. 这事实引起一系列有趣的研讨. 我们可以把这定理写为下述形式：

$$a^{p-1} - 1 = a^{2p'} - 1 = (a^{p'} - 1)(a^{p'} + 1) \equiv 0 (\bmod\ p).$$

由于一个乘积被 p 整除，仅当它有一个因子被 p 整除才成，这立刻说明或者 $a^{p'} - 1$ 或者 $a^{p'} + 1$ 必须被 p 整除. 所以对任一素数 $p > 2$ 和任一不被 p 整除的数 a，

或有 $a^{(p-1)/2} \equiv 1$，或有 $a^{(p-1)/2} \equiv -1 (\bmod\ p)$.

近代数论刚一出现，数学家就很感兴趣地去寻找什么样的数 a 使第一种情形成立，什么样的数 a 使第二种情形成立. 假设 a 与某个数 x 的平方是模 p 同余的，即

$$a \equiv x^2 (\bmod\ p),$$

则 $a^{(p-1)/2} \equiv x^{p-1}$，而它按照费马定理是模 p 同余于 1 的. 一个数 a，如果不是 p 的倍数且模 p 同余于某个数的平方，则称 a 为 p 的二次剩余. 而一个不是 p 的倍数的数 b，不同余于任何数的平方，称它为 p 的非二次剩余. 我们刚才看到每一个 p 的二次剩余 a 满足同余式 $a^{(p-1)/2} \equiv 1 (\bmod\ p)$. 不难证明对每一个非二次剩余 b，有同余式 $b^{(p-1)/2} \equiv -1 (\bmod\ p)$，更进一步，我们现在将表明在数 1，2，3，…，$p-1$ 中恰有 $(p-1)/2$ 个二次剩余和 $(p-1)/2$ 个非二次剩余.

　　虽然通过直接计算搜集了那么多的试验数据，但是最初发现二次剩余与非二次剩余分布所服从的一般规律是不容易的. 这些剩余的第一个深刻性质是勒让德(1752～1833)发现的，而后被高斯称为二次互反律. 这规律是有关两个不同素数 p 和 q 的，它断言：如果乘积 $\dfrac{(p-1)}{2} \cdot \dfrac{(q-1)}{2}$ 是偶数，则 q 是 p 的二次剩余必须而且只须 p 是 q 的二次剩余. 在乘积 $\dfrac{(p-1)}{2} \dfrac{(q-1)}{2}$ 是奇数时，这情形相反，p 是 q 的剩余必须而且只须 q 是 p 的非剩余. 年轻的高斯的成就之一就是给出了这个著名定理的第一个严格证明，而这个定理很长时间曾是对数学家的一个挑战. 高斯的第一个证明决不简单，而且即使到今天，虽然已发表了大量的不同的证明，互反律也不是容易确立的. 它的真正的意义，直到最近，在代数数论发展以后才显示出来.

　　作为说明二次剩余分布的一个例子，让我们取 $p=7$，这时由于

$$0^2 \equiv 0,\ 1^2 \equiv 1,\ 2^2 \equiv 4,\ 3^2 \equiv 2,$$

$$4^2 \equiv 2,\ 5^2 \equiv 4,\ 6^2 \equiv 1.$$

(全是模 7)而且由于后面的平方重复这个序列，所以 7 的二次剩余是与 1，2，4 同余的数，而非剩余是和 3，5，6 同余的. 在一般情形下，p 的二次剩余组成了和 1^2，2^2，…，$(p-1)^2$ 同余的数，但它们又

是成对同余的,因为

$$x^2 \equiv (p-x)^2 (\bmod\ p)\ (\text{例如}\ 2^2 \equiv 5^2 (\bmod\ 7)),$$

这因为 $(p-x)^2 = p^2 - 2px + x^2 \equiv x^2 (\bmod\ p)$. 因此数 1, 2, $\cdots$, $p-1$ 中有一半是 p 的二次剩余,另一半是非二次剩余.

为了说明二次互反律,取 $p = 5$, $q = 11$. 由于 $11 \equiv 1^2 (\bmod\ 5)$,11 是二次剩余 $(\bmod\ 5)$;由于乘积 $\left[\dfrac{(5-1)}{2}\right] \cdot \left[\dfrac{(11-1)}{2}\right]$ 是偶数,互反律告诉我们 5 是二次剩余 $(\bmod\ 11)$. 为了证实这点,我们注意 $5 \equiv 4^2 (\bmod\ 11)$. 另一方面,如果 $p = 7$, $q = 11$. 这时乘积 $\left[\dfrac{(7-1)}{2}\right]\left[\dfrac{(11-1)}{2}\right]$ 是奇数,实际上 11 是二次剩余 $(\bmod\ 7)$[因为 $11 \equiv 2^2 (\bmod\ 7)$],而 7 是非二次剩余 $(\bmod\ 11)$.

习题: ① $6^2 = 36 \equiv 13 (\bmod\ 23)$,$23$ 是不是二次剩余 $(\bmod\ 13)$?

② 我们已看到 $x^2 \equiv (p-x)^2 (\bmod\ p)$. 说明这是数 1^2, 2^2, 3^2, $\cdots$, $(p-1)^2$ 中间仅有的同余关系.

§3　毕达哥拉斯数和费马大定理

在数论中有一个涉及毕达哥拉斯(Pythagoras)定理[①]的有趣问题. 希腊人早就知道边长为 3, 4, 5 的三角形是直角三角形. 这产生了一个一般的问题:还有哪些直角三角形,它的各边长是某个单位长的整数倍? 在代数上勾股定理用方程

$$a^2 + b^2 = c^2 \tag{1}$$

表示,这里 a, b 是直角三角形的直角边边长,而 c 是斜边的边长. 因此

---

　　① 即我国有名的勾股定理,最早见于《周髀算经》,比毕达哥拉斯早五六百年. 毕达哥拉斯数在我国也称为"商高数". ——译注

找出所有各边长是整数的直角三角形的问题,等价于求出方程(1)的所有正整数解(a, b, c).任何这样的三个数称为**毕达哥拉斯三元数**.

　　找出所有的毕达哥拉斯三元数的问题是很简单的.如果a, b, c是毕达哥拉斯三元数,即$a^2 + b^2 = c^2$,我们记$a/c = x, b/c = y$,则x和y是使$x^2 + y^2 = 1$的有理数.这时我们有$y^2 = (1-x)(1+x)$或$y/(1+x) = (1-x)/y$.这等式的两边都等于一个共同的值t,它可以表示为两个整数的比u/v.现在我们可以记$y = t(1+x)$和$(1-x) = ty$ 或

$$tx - y = -t, \quad x + ty = 1.$$

解这联立方程有

$$x = \frac{1-t^2}{1+t^2}, \quad y = \frac{2t}{1+t^2}.$$

对x, y和t作代换,得到

$$\frac{a}{c} = \frac{v^2 - u^2}{u^2 + v^2}, \quad \frac{b}{c} = \frac{2uv}{u^2 + v^2}.$$

因此对某个(有理数)比例因子r,有

$$
\begin{aligned}
a &= (v^2 - u^2)r, \\
b &= (2uv)r, \\
c &= (u^2 + v^2)r.
\end{aligned}
\tag{2}
$$

这说明如果(a, b, c)是毕达哥拉斯三元数,则a, b, c相应地和$v^2 - u^2, 2uv, u^2 + v^2$成比例.反过来容易看到,由(2)定义的任意三个数$(a, b, c)$是毕达哥拉斯三元数,因为由(2)得

$$
\begin{aligned}
a^2 &= (u^4 - 2u^2v^2 + v^4)r^2, \\
b^2 &= (4u^2v^2)r^2, \\
c^2 &= (u^4 + 2u^2v^2 + v^4)r^2,
\end{aligned}
$$

所以$a^2 + b^2 = c^2$.

这结果可以作一些简化. 对任意毕达哥拉斯三元数 (a, b, c), 任给正整数 s, 可以得到无穷多个其他的毕达哥拉斯三元数 (sa, sb, sc). 例如从 $(3, 4, 5)$ 得到 $(6, 8, 10)$, $(9, 12, 15)$, 等等. 这样的三元数没有本质的不同, 因为它们对应着相似的直角三角形. 因此定义一个素的毕达哥拉斯三元数, 即没有公因子的毕达哥拉斯数 a, b, c. 立刻能看出: 对任意 $v > u$ 的正整数 v 和 u, 如果 u 和 v 没有公因子且不同时是奇数, 则公式

$$a = v^2 - u^2,$$

$$b = 2uv,$$

$$c = u^2 + v^2,$$

产生了全部的素毕达哥拉斯三元数.

习题: 证明最后的命题.

作为素毕达哥拉斯三元数的例子, 我们有 $v = 2$, $u = 1$: $(3, 4, 5)$, $v = 3$, $u = 2$: $(5, 12, 13)$, $v = 4$, $u = 3$: $(7, 24, 25)$, $\cdots$, $v = 10$, $u = 7$: $(51, 140, 149)$, 等等.

关于毕达哥拉斯数的结果, 自然地会引起这样一个问题: 究竟有没有自然数 a, b, c 能满足 $a^3 + b^3 = c^3$ 或 $a^4 + b^4 = c^4$, 或更一般地, 对一给定的正整数指数 $n > 2$, 究竟方程

$$a^n + b^n = c^n \qquad (3)$$

能否有正整数解 a, b, c. 费马曾以一种令人吃惊的方式给出一个回答. 费马研究了古代数论家丢番都的著作, 他习惯于在丢番都的手稿的空白边缘加上注解. 在那里, 他叙述了许多定理, 并不因没有给出证明而感到不安. 所有这些以后都被证明了, 但有一个重大的例外. 关于毕达哥拉斯数的评注, 费马写道, 对任意的 $n > 2$, 方程 (3) 在自然数中是不可解的. 但他同时写道, 纸的空白边缘太少, 不能把他所

发现的这个美妙证明写下来了.

从他那时代以来,尽管一些最伟大的数学家曾为之努力,人们却一直不能证明费马的一般命题是真的,还是假的. 实际上对许多 n 值这个定理已被证明了,特别是对所有 $n < 619$. 但不是对所有的 n,虽然反例至今也没出现. 这定理本身在数学上并不那么重要,但由于试图证明它却在数论中引出了许多重要的发现. 这问题在数学领域之外也引起了很多兴趣,有一部分原因是,第一个解决这问题的人可从受委托的哥廷根皇家科学院处得十万马克的奖金. 直到第一次世界大战后,德国的通货膨胀才使这笔奖金成为一堆废纸. 在此以前,每年有大量错误的"解"被送到受托人那里. 即使一些严肃的数学家有时也会被他们自己搞糊涂,写出了或发表了某些证明,这些证明后来都由于被人发现了某些明显的错误而失败. 虽然,在报纸上常有报道说这问题已被某个迄今仍无名的天才解决了,但由于马克的贬值,一般人对这个问题的兴趣就不那么大了.

§4 欧几里得辗转相除法

1. 一般理论

读者是熟悉一个整数 a 被另一个整数 b 去长除的一般步骤的,而且知道在余数小于除数之前这个步骤能一直进行下去. 例如,如果 $a = 648, b = 7$,我们有商 $q = 92$ 和余数 $r = 4$.

$$
\begin{array}{r}
92 \\
7\overline{)648} \\
63 \\
\hline
18 \\
14 \\
\hline
4
\end{array}
\qquad 648 = 7 \cdot 92 + 4.
$$

我们可以把这点叙述成一个一般的定理：如果 a 是任一整数而 b 是任一大于零的整数，则总能找到一整数 q，使

$$a = b \cdot q + r, \tag{1}$$

这里 r 是满足不等式 $0 \leqslant r < b$ 的一个整数.

不必用除法来证明这个定理，只须注意，任一整数 a，或它本身是 b 的一个倍数

$$a = bq,$$

或它在 b 的两个相邻的倍数之间

$$bq < a < b(q+1) = bq + b.$$

在第一种情形下，$r = 0$，等式(1)成立. 在第二种情形下，从上面的第一个不等式有

$$a - bq = r > 0,$$

由第二个不等式有

$$a - bq = r < b,$$

所以 $0 < r < b$，正如(1)所要求的那样.

从这简单的事实出发，能推出许多重要的结论. 其中第一个就是找两个整数的最大公因子的方法.

设 a 和 b 是任意两个不全为零的整数，考虑能同时整除 a 和 b 的全体正整数集合，这集合肯定是有限的，因为如果，比如说，$a \neq 0$，那么不管 b 怎样，都不会有一个比 a 大的数是 a 的因子. 因此 a 和 b 只能有有限多个公因子，设 d 是其中最大的. 整数 d 称为 a 和 b 的最大公因子，记作 $d = (a, b)$. 对 $a = 8$ 和 $b = 12$，通过直接试验求出 $(8, 12) = 4$，而对 $a = 5$，$b = 9$，有 $(5, 9) = 1$. 当 a 和 b 是较大的数时，例如 $a = 1804$，$b = 328$，试图通过试算和不断校正试算来求 (a, b) 是很烦人的事.

辗转相除法(一个算法是指一个系统的计算程序)提供了一个简短而确定的方法. 它建立在如下事实上：从形如

$$a = bq + r \tag{2}$$

的任意关系式中可以推出

$$(a, b) = (b, r). \qquad (3)$$

因为对任意同时整除 a 和 b 的数 u,有

$$a = su, \ b = tu,$$

它也整除 r,因为 $r = a - bq = su - qtu = (s - qt)u$. 反过来,每一个整除 b 和 r 的整数 v 有

$$b = s'v, \ r = t'v.$$

它也整除 a,这是因为 $a = bq + r = s'vq + t'v = (s'q + t')v$. 因此 a 和 b 的**每一个**公因子同时也是 b 和 r 的一个公因子,反之亦然. 这样由于 a 和 b 的**全体**公因子集合与 b 和 r 的**全体**公因子集合相同,所以 a 和 b 的**最大**公因子必须等于 b 和 r 的**最大**公因子,这证明了(3).下面立刻就会看到这个关系的用途.

让我们回过头来找 1804 和 328 的最大公因子.按普通除法

$$\begin{array}{r} 5 \\ 328\overline{)1804} \\ 1640 \\ \hline 164 \end{array}$$

我们有

$$1804 = 5 \cdot 328 + 164,$$

因此由(3),得到

$$(1804, 328) = (328, 164).$$

我们看到找 $(1804, 328)$ 的问题,已被一个只涉及较小的数的问题代替了.可以继续进行上述的步骤,由于

$$\begin{array}{r} 2 \\ 164\overline{)328} \\ 328 \\ \hline 0 \end{array}$$

有 $328 = 2 \cdot 164 + 0$，所以 $(328, 164) = (164, 0) = 164$. 因此 $(1804, 328) = (328, 164) = (164, 0) = 164$，这就是所要的结果.

找两个数的最大公因子的这个过程，在欧几里得的《原本》中是以几何形式给出的. 对于任意两个不全为 0 的整数 a 和 b，它可以用算术的形式如下描述.

由于 $(a, 0) = a$，可以假设 $b \neq 0$. 这样通过连除我们能写出

$$
\begin{aligned}
a &= bq_1 + r_1 && (0 < r_1 < b), \\
b &= r_1 q_2 + r_2 && (0 < r_2 < r_1), \\
r_1 &= r_2 q_3 + r_3 && (0 < r_3 < r_2), \\
r_2 &= r_3 q_4 + r_4 && (0 < r_4 < r_3), \\
&\quad\cdots && \cdots
\end{aligned}
\tag{4}
$$

只要余数 $r_1, r_2, r_3, \cdots$ 不是 0 就继续写下去. 从右边的不等式，我们看出一连串的余数形成正整数的一个严格递减序列：

$$
b > r_1 > r_2 > r_3 > r_4 > \cdots > 0.
\tag{5}
$$

因此最多 b 步（经常是更少的，因为两个相继的 r 之间的差通常是大于 1 的），0 这个余数必然出现

$$
\begin{aligned}
r_{n-2} &= r_{n-1} q_n + r_n, \\
r_{n-1} &= r_n q_{n+1} + 0.
\end{aligned}
$$

这时，我们知道

$$
(a, b) = r_n;
$$

换句话说，(a, b) 是序列 (5) 中最后的正整数. 这一点是对等式 (4) 连续用等式 (3) 而得到的，因为从 (4) 的这一连串式子，我们有

$$
(a, b) = (b, r_1), (b, r_1) = (r_1, r_2), (r_1, r_2) = (r_2, r_3),
$$
$$
(r_2, r_3) = (r_3, r_4), \cdots, (r_{n-1}, r_n) = (r_n, 0) = r_n.
$$

习题：用欧几里得辗转相除法求出下面的最大公因子：① 187，77 ② 105，385 ③ 245，193.

从等式(4)可以导出(a,b)的一个极为重要的性质. 如果 $d=(a,b)$，则能找到正的或负的整数 k 和 l，使

$$d = ka + lb. \tag{6}$$

为了说明这点，让我们考虑连续的余数序列(5)，从(4)中第一个等式有

$$r_1 = a - q_1 b,$$

所以 r_1 能写成 $k_1 a + l_1 b$ 的形式(这时 $k_1 = 1$，$l_1 = -q_1$). 由第二个等式有

$$r_2 = b - q_2 r_1 = b - q_2(k_1 a + l_1 b)$$
$$= (-q_2 k_1)a + (1 - q_2 l_1)b = k_2 a + l_2 b.$$

显然，这过程通过这一串余数 r_3，r_4，…，可以重复下去，直到得到一个表达式

$$r_n = ka + lb.$$

这就是所要证明的.

作为一个例子，考虑用辗转相除法求$(61，24)$，这里最大公因子是 1，而且对 1 所要求的上述表达式能由等式

$$61 = 2 \cdot 24 + 13,\ 24 = 1 \cdot 13 + 11,\ 13 = 1 \cdot 11 + 2,$$
$$11 = 5 \cdot 2 + 1,\ 2 = 2 \cdot 1 + 0$$

来计算. 由这些等式的第一个知

$$13 = 61 - 2 \cdot 24,$$

由第二个知

$$11 = 24 - 13 = 24 - (61 - 2 \cdot 24)$$
$$= -61 + 3 \cdot 24,$$

由第三个知

$$2 = 13 - 11 = (61 - 2 \cdot 24) - (-61 + 3 \cdot 24)$$
$$= 2 \cdot 61 - 5 \cdot 24,$$

由第四个知

$$1 = 11 - 5 \cdot 2 = (-61 + 3 \cdot 24) - 5(2 \cdot 61 - 5 \cdot 24)$$
$$= -11 \cdot 61 + 28 \cdot 24.$$

2. 在算术基本定理上的应用

$d = (a, b)$ 总能写成 $d = ka + lb$ 的形式,这一事实可以用来证明算术基本定理. 这和第 31 页给出的证明彼此无关. 首先证明第 33 页的推论,把它作为一个引理,然后从这引理出发推出基本定理,与先前证明的次序相反.

引理: 如果一素数 p 整除乘积 ab,则 p 必整除 a 或 b.

因素数 p 仅有因子 p 和 1,所以如果 p 不整除 a,则 $(a, p) = 1$. 因此我们能找到整数 k 和 l,使

$$1 = ka + lp.$$

在这等式两边乘 b,得到

$$b = kab + lpb.$$

如果 p 整除 ab,有

$$ab = pr,$$

因此

$$b = kpr + lpb = p(kr + lb),$$

由此知 p 显然整除 b. 这样我们就表明了,如果 p 整除 ab 但不整除 a 则它必整除 b,所以不论在什么情形,如果 p 整除 ab,则它必整除 a 或 b.

立刻可以把这结果推广到两个以上的整数的乘积上. 例如,如果

p 整除 abc，两次应用这引理能说明 p 至少整除 a，b，c 中的一个，因为如果 p 既不整除 a，b，也不整除 c，则它不能整除 ab，因而不能整除 $(ab)c = abc$.

习题：如果把这个讨论推广到任意 n 个整数的乘积上去，就要求明确地或暗含地用数学归纳法原理. 补充这讨论的细节.

由这结果，立刻可以得出算术基本定理. 假设给出了一个正整数 N 的任意两种素数因子分解：

$$N = p_1 p_2 \cdots p_r = q_1 q_2 \cdots q_s,$$

由于 p_1 整除这等式的左边，它必须也整除右边. 因此从上面的习题可知，它必须整除这些因子中的一个 q_k. 但 q_k 是一个素数，因此 p_1 必须等于这个 q_k. 在把这两个相等的因子从这等式中消去后，得知 p_2 必须整除剩下的因子之一 q_t，因而必须等于它. 划掉 p_2 和 q_t，再对 p_3，$\cdots$，p_r 作同样推理. 这过程结束时，所有的 p 都消去了，左边仅剩下 1. 由于所有的 q 都是大于 1 的，右边不能剩下 q. 因此这些 p 和 q 是以相等的对子消去的. 这证明了（除了因子的次序外）两种分解是相同的.

3. 欧拉函数 φ　再谈费马定理

两个整数 a 和 b，如果它们的最大公因子是 1：

$$(a, b) = 1,$$

则称它们是互素的. 例如，24 和 35 是互素的，而 12 和 18 不是. 如果 a 和 b 是互素的，则可以选择正的或负的整数 k 和 l，使

$$ka + lb = 1.$$

这一点从第 57 页所讲的 (a, b) 的性质即知.

习题：证明定理：如果一整数 r 整除乘积 ab 且与 a 互素，则 r 必整除 b（提示：如果 r 是与 a 互素的，我们能求出整数 k 和 l，使

$$kr + la = 1,$$

这等式两边用 b 乘). 这定理把第 58 页的引理作为它的一个特殊情况, 因为一个素数 p 与一整数 a 互素必须而且只须 p 不整除 a.

对任意正整数 n, 命 $\varphi(n)$ 表示在 1 到 n 中与 n 互素的整数的个数. 这首先由欧拉引进的函数 $\varphi(n)$ 是一个很重要的 "数论函数". 对 n 的前几个值, $\varphi(n)$ 的值是容易算出来的:

$\varphi(1) = 1$ 因为 1 是和 1 互素的,

$\varphi(2) = 1$ 因为 1 是和 2 互素的,

$\varphi(3) = 2$ 因为 1 和 2 是和 3 互素的,

$\varphi(4) = 2$ 因为 1 和 3 是和 4 互素的,

$\varphi(5) = 4$ 因为 1, 2, 3, 4 是和 5 互素的,

$\varphi(6) = 2$ 因为 1, 5 是和 6 互素的,

$\varphi(7) = 6$ 因为 1, 2, 3, 4, 5, 6 是和 7 互素的,

$\varphi(8) = 4$ 因为 1, 3, 5, 7 是和 8 互素的,

$\varphi(9) = 6$ 因为 1, 2, 4, 5, 7, 8 是和 9 互素的,

$\varphi(10) = 4$ 因为 1, 3, 7, 9 是和 10 互素的,

等等.

我们看到, 如果 p 是素数, $\varphi(p) = p - 1$; 因为一个素数除了它自身和 1 外没有其他因子, 因此它和所有整数 1, 2, 3, $\cdots$, $p-1$ 互素. 如果 n 是一合数, 它的素数分解为

$$n = p_1^{a_1} p_2^{a_2} \cdots p_r^{a_r},$$

这里 p_i 表示不同的素数, 每一个有某个幂, 则

$$\varphi(n) = n\left(1 - \frac{1}{p_1}\right)\left(1 - \frac{1}{p_2}\right) \cdots \left(1 - \frac{1}{p_r}\right).$$

例如, 由于 $12 = 2^2 \cdot 3$, 则

$$\varphi(12) = 12\left(1 - \frac{1}{2}\right)\left(1 - \frac{1}{3}\right) = 12\left(\frac{1}{2}\right)\left(\frac{2}{3}\right) = 4,$$

而它确实是这个值. 这个证明是很初等的, 但在这里我们把它略去了.

习题： 用欧拉函数 φ，推广第 46 页上的费马定理. 这个一般性的定理是：如果 n 是任一整数且 a 是与 n 互素的，则

$$a^{\varphi(n)} \equiv 1 \pmod{n}.$$

4. 连分数　丢番都方程

从求两个整数最大公因子的辗转相除法出发，立刻能得出一个把两个整数的比表示为一复合分数的重要方法.

例如对于数 840 和 611，辗转相除法产生了一系列等式

$$840 = 1 \cdot 611 + 229, \quad 611 = 2 \cdot 229 + 153,$$
$$229 = 1 \cdot 153 + 76, \quad 153 = 2 \cdot 76 + 1.$$

它附带表明 $(840，611) = 1$，从这些等式，可以导出下面的表达式：

$$\frac{840}{611} = 1 + \frac{229}{611} = 1 + \frac{1}{611/229},$$

$$\frac{611}{229} = 2 + \frac{153}{229} = 2 + \frac{1}{229/153},$$

$$\frac{229}{153} = 1 + \frac{76}{153} = 1 + \frac{1}{153/76},$$

$$\frac{153}{76} = 2 + \frac{1}{76}.$$

组合这些等式，可以把有理数 $\frac{840}{611}$ 写成

$$\frac{840}{611} = 1 + \cfrac{1}{2 + \cfrac{1}{1 + \cfrac{1}{2 + \cfrac{1}{76}}}}.$$

形如

$$a = a_0 + \cfrac{1}{a_1 + \cfrac{1}{a_2 + \cfrac{\ddots}{+\cfrac{1}{a_n}}}} \qquad (7)$$

的表达式(这里这些 a 是正整数)称为连分数. 辗转相除法给出一个方法,把任一有理数表示为这形式.

习题: 求 $\dfrac{2}{5}$, $\dfrac{43}{30}$, $\dfrac{169}{70}$ 的连分数形式.

* 连分数在高等算术的分支中(称为丢番都分析)很重要. 丢番都方程是具有一个或多个未知数的整系数代数方程,对它要求整数解. 这样一个方程可以无解、有有限个解或有无穷多个解. 最简单的情形是两个未知数的线性丢番都方程

$$ax + by = c, \qquad (8)$$

这里 a, b, c 是给定的整数. 要求的是整数解 x 和 y. 这种形式的方程的所有解可以用辗转相除法确立.

首先,让我们用辗转相除求出 $d = (a, b)$,则对适当选择的整数 k 和 l,有

$$ak + bl = d. \qquad (9)$$

因此方程(8)对 $c = d$ 的情形有特解 $x = k$, $y = l$. 更一般地,如果 c 是 d 的任一倍数:

$$c = dq,$$

则从(9)我们得到

$$a(kq) + b(lq) = dq = c,$$

所以(8)有特解 $x = x^* = kq$, $y = y^* = lq$. 反之对给定的 c,如果(8)有解 x, y,则 c 必须是 $d = (a, b)$ 的倍数;这因为 d 整除 a 和 b,所以必整除 c. 因此我们证明方程(8)有解必须而且只须 c 是 (a, b) 的一个倍数.

为了确定(8)的其他解,我们看到,如果 $x = x'$, $y = y'$ 是任意一个不同于上面用辗转相除法得到的解 $x = x^*$, $y = y^*$,则 $x = x' - x^*$, $y = y' - y^*$ 是"齐次"方程:

$$ax + by = 0 \tag{10}$$

的一个解. 因为如果

$$ax' + by' = c,\, ax^* + by^* = c,$$

从第一个方程减去第二个方程, 我们发现

$$a(x' - x^*) + b(y' - y^*) = 0.$$

现在方程(10)的最一般解是 $x = rb/(a, b)$, $y = -ra/(a, b)$, 这里 r 是任一整数(我们把这证明留下作为一个练习. 提示: 用 (a, b) 除并用第 59 页的习题). 立刻得知

$$x = x^* + rb/(a, b),\, y = y^* - ra/(a, b).$$

总结一下: 线性丢番都方程 $ax + by = c$, 这里 a, b, c 是整数, 在整数中有解必须而且只须 c 是 (a, b) 的一个倍数. 在这一情形之下, 一个特解 $x = x^*$, $y = y^*$ 可用辗转相除法得到, 而最一般的解的形式是

$$x = x^* + rb/(a, b),\, y = y^* - ra/(a, b),$$

这里 r 是任意整数.

例: 方程 $3x + 6y = 22$ 没有整数解, 因为 $(3, 6) = 3$, 不整除 22.

方程 $7x + 11y = 13$ 有特解 $x = -39$, $y = 26$, 求法如下:

$$11 = 1 \cdot 7 + 4,\, 7 = 1 \cdot 4 + 3,\, 4 = 1 \cdot 3 + 1,\, (7, 11) = 1,$$

$$1 = 4 - 3 = 4 - (7 - 4) = 2 \cdot 4 - 7 = 2(11 - 7) - 7 = 2 \cdot 11 - 3 \cdot 7.$$

因此

$$7 \cdot (-3) + 11 \cdot (2) = 1,$$

$$7 \cdot (-39) + 11 \cdot (26) = 13.$$

其他的解由

$$x = -39 + 11r,\, y = 26 - 7r$$

给出, 这里 r 是任意整数.

习题: 解丢番都方程① $3x - 4y = 29.$　② $11x + 12y = 58.$
③ $153x - 34y = 51.$

第2章

数学中的数系

引　言

　　为了创造一个既符合实际又满足于理论上的需要的强有力的工具,我们必须把数的原始概念,即只把自然数当作数的这种概念,大大推广. 在一个漫长而曲折的发展过程中,零、负整数、分数逐渐取得了和正整数同样的地位;而且今天这些数的运算规则已为普通中、小学校的儿童所掌握. 但是,为了在代数运算中得到完全的自由,我们必须更进一步地引进无理数和复数. 虽然自然数概念的这些推广已用了好几个世纪,而且已经成了近代一切数学的基础,但是直到最近,它们才有了一个逻辑上坚实的基础. 在这一章我们将扼要地叙述一下这个发展过程.

§1　有　理　数

1. 作为度量工具的有理数

　　自然数是从计算有限集合的元素个数的过程中抽象出来的. 但在日常生活中,我们不仅要数单个的对象,而且也需要度量像长度、面积、重量和时间这样的量. 如果我们要自如地度量这种能任意细分的量,就必须把算术的范围扩展到自然数的范围之外. 第一步是把度量的问题变为计数的问题. 首先任意地选择一个度量单位——英尺、码、英寸、磅、克或秒(选哪一个根据情况而定),并规定它为 1. 然后数一数被度量的那个量包含有多少个单位. 某一块铅可能恰好是 54 磅. 但是一般说来,算单位的个数的过程,其结果不一定是"正好算完",即给定的量不一定恰好是我们所选择的单位的整数倍. 可以说,在大多数情况下它是介于这个单位的两个相邻倍数之间,例如在 53 磅和 54 磅之间. 遇到这种情形时,我们将进行下一步:通过把原单位分成 n 等分,引进一个新的小单位. 在通常的语言中,这个新的小单位可以有专门的名称,例如,1 英尺分为 12 英寸,1 米分为 100 厘米,1 磅分为 16 盎司,1 小时分为 60 分,1 分钟分为 60 秒,等等. 但在数学的符号系统中,把原来一个单位分为 n 等分而得到的小单位,用符号 $\frac{1}{n}$ 来表示;而且如果一个给定的量恰好包含 m 个小单位,它的度量将用符号 $\frac{m}{n}$ 来表示. 这符号称为**分数**或**比**(有时记作 $m:n$).

经过了若干世纪的摸索,人们才有意识地采取了下一个具有决定性的步骤,即:符号 $\frac{m}{n}$ 脱离了它同测量过程及被测量的量的具体关系,而被看作一种纯粹的数,它本身作为一个实体与自然数有同样的地位. 当 m 和 n 是自然数时,符号 $\frac{m}{n}$ 称为**有理数**.

我们把这些新的符号叫做数(数这个词原来只是指自然数),这是完全合理的,因为这些符号的加法和乘法与自然数的加法和乘法有同样的规律. 为了说明这一点,必须首先定义有理数的加法、乘法及相等. 众所周知,这些定义是:对任意整数 a, b, c, d 有

$$\frac{a}{b} + \frac{c}{d} = \frac{ad+bc}{bd}, \quad \frac{a}{b} \cdot \frac{c}{d} = \frac{ac}{bd}, \tag{1}$$

$$\frac{a}{a} = 1, \quad \frac{ac}{bc} = \frac{a}{b}.$$

例如:

$$\frac{2}{3} + \frac{4}{5} = \frac{2 \cdot 5 + 3 \cdot 4}{3 \cdot 5} = \frac{10 + 12}{15} = \frac{22}{15},$$

$$\frac{2}{3} \cdot \frac{4}{5} = \frac{2 \cdot 4}{3 \cdot 5} = \frac{8}{15},$$

$$\frac{3}{3} = 1, \frac{8}{12} = \frac{2 \cdot 4}{3 \cdot 4} = \frac{2}{3}.$$

很清楚,如果我们希望用有理数来度量长度、面积等等的话,这些定义就不得不这样建立.但是严格说来,这些符号的加法、乘法及相等的规则是用我们的定义本身建立起来的,除了为了相容性和便于应用外,并没有一个先验的必要性强加给我们.在定义(1)的基础上能证明:自然数的算术基本规律在有理数的范围内继续成立:

$$p + q = q + p \qquad \text{(加法交换律)},$$
$$p + (q + r) = (p + q) + r \quad \text{(加法结合律)},$$
$$pq = qp \qquad \text{(乘法交换律)}, \qquad (2)$$
$$p(qr) = (pq)r \qquad \text{(乘法结合律)},$$
$$p(q + r) = pq + pr \qquad \text{(分配律)}.$$

例如,对分数加法交换律的证明是通过展开等式

$$\frac{a}{b} + \frac{c}{d} = \frac{ad + bc}{bd} = \frac{cb + da}{db} = \frac{c}{d} + \frac{a}{b}$$

而得到的,这里第一个等号和最后一个等号是应用分数加法的定义(1),而中间一个等号是应用自然数的加法和乘法交换律的结果.读者可用同样的方式验证其他四个规律.

为了真正理解这些事实,我们必须再次强调有理数是我们自己的创造,而规则(1)是按我们的意志强加上去的.我们可以胡乱地宣布加法的某些规则,例如 $\frac{a}{b} + \frac{c}{d} = \frac{a + c}{b + d}$,特别地由此得到 $\frac{1}{2} + \frac{1}{2} = \frac{2}{4}$.从度量的观点来看,这是一个荒谬的结果.这种类型

的规则,虽然在逻辑上是允许的,但将使我们的符号算术变成毫无意义的游戏. 人们要求创造一个适合度量的工具,在这里,思维正是顺应着这个要求而自由发挥的.

2. 数学内部对有理数的需要 推广的原则

引进有理数,除了有其"实际"原因以外,还有一个更内在的,从某些方面来看甚至是更为迫切的理由. 我们现在将完全不依靠上一小节的论点来讨论它. 这个讨论是完全算术性的,而且就数学发展的主要趋势来说,它也是很典型的.

在通常的自然数的算术中,总能进行两个基本运算:加法和乘法. 但是"逆运算"减法和除法并不总是可行的. 两个整数 a, b 的差 $b-a$ 是一个使得 $a+c=b$ 的整数 c,即方程 $a+x=b$ 的解. 但在自然数的范围内,符号 $b-a$ 仅限于 $b>a$ 时才有意义,因为只有这时方程 $a+x=b$ 才有一个自然数的解 x. 通过 $a-a=0$ 而引进符号 0 时,消除了这个限制,这是很大的一个进步. 更重要的进步表现在,引进了符号 -1, -2, -3, …以及对 $b<a$ 的情况,定义

$$b-a=-(a-b).$$

这保证了减法能在正整数和负整数范围内无限制地进行. 为了在一个扩大了的既包括正整数,又包括负整数的算术中引进新的符号 -1, -2, -3, …,当然我们必须定义它们的运算,使得算术运算原来的规律保持不变. 例如,我们对负数乘法规定

$$(-1)(-1)=1. \tag{3}$$

这是我们希望保持分配律 $a(b+c)=ab+ac$ 的结果. 因为如果我们让 $(-1)(-1)=-1$,令 $a=-1$, $b=1$, $c=-1$,就会有 $-1\cdot(1-1)=-1-1=-2$,可另一方面我们实际上有 $-1\cdot(1-1)=-1\cdot0=0$. 对数学家来说,经过了很长的一段时间才认识到"符号规则"(3)以及负数、分数所服从的其他定义是不能加以"证明"的. 它们是我们创造出来的,为的是在保持算术基本规律的条件下使运算能够自如. 能够

并且必须加以证明的仅仅是,在这些定义的基础上,算术的交换律、结合律、分配律是保持不变的.甚至伟大的欧拉也曾借助于一个完全不令人信服的讨论来证明 $(-1)(-1)$ "必须"等于 $+1$. 他说,因为它必须或是 $+1$,或是 -1,而由于 $(-1)=(+1)(-1)$,所以不能是 -1.

正如引进负整数和 0 冲破了对减法的限制一样,分数的引进为除法消除了类似的算术上的障碍.用方程

$$ax = b \qquad\qquad (4)$$

定义的、两个整数 a 和 b 的比 $x=\dfrac{b}{a}$,仅当 a 是 b 的一个因子时才作为一个整数而存在.如果不是这种情形,例如 $a=2$,$b=3$,我们简单地引进一个新的符号 $\dfrac{b}{a}$,称为分数,它服从于 $a\left(\dfrac{b}{a}\right)=b$ 这样的规则,使得 $\dfrac{b}{a}$ "按照定义"是(4)的解.发明分数作为一个新数的符号,使得除法可以不受限制地进行——除非用零来除,但这是断然不许可的.

像 $\dfrac{1}{0}$,$\dfrac{3}{0}$,$\dfrac{0}{0}$ 等的表达式,把它们看成是无意义的符号.因为如果允许用 0 除,就能从正确的等式 $0 \cdot 1 = 0 \cdot 2$ 推出荒谬的结果 $1=2$. 但有时用符号 ∞(读作"无穷大")来表示这些表达式是有用的,其前提是我们不打算对符号 ∞ 应用通常数的计算所服从的规则.

全体有理数——整数和分数,正数和负数——的纯算术意义现在是很明显的了.因为在这种扩大了的数的范围内,不仅形式上的结合律、交换律和分配律成立,而且方程 $a+x=b$ 和 $ax=b$ 不受限制地总有解 $x=b-a$ 和 $x=\dfrac{b}{a}$(只要后一情形中 $a \neq 0$). 换句话说,在有理数的范围内,所谓有理运算——加、减、乘、除——可以无限制地进行,而决不会超出这个范围之外.这样一个封闭的数的范围称为

一个域. 在这一章后面和第三章中, 我们还要碰到其他一些域的例子.

通过引进新的符号, 扩充一个范围, 使得在原来范围内成立的规律, 在这更大的范围内继续成立, 这是数学推广过程的一个特征. 从自然数到有理数的推广, 既满足去掉减法和除法的限制这一理论上的需要, 也满足用数来表示度量结果这实际上的需要. 由于有理数适应了这两方面的需要, 这就使得有理数有了它真正的重大意义. 如我们已经看到的那样, 数的概念的这种扩充, 可以通过创造形如 0, -2, $\frac{3}{4}$ 这种抽象符号的新数来实现. 今天, 我们把这些数当成理所当然的事来看待, 以至于很难相信, 直到 17 世纪, 其合法性还不能像正整数那样为人们所普遍承认, 当有必要而用到它们时, 人们是相当犹疑和不安的. 人的天性倾向于依附于 "具体" (像自然数的例子所表明过的那样), 这就是采取这不可避免的步骤时如此缓慢的原因. 然而, 只有在这种抽象的领域内, 才能创造出一个令人满意的算术系统.

3. 有理数的几何解释

下述作图方法给出了有理数的一个具有启发性的几何解释.

在一条直线即 "数轴" 上, 我们标出从 0 到 1 的线段, 如图 8. 确定从 0 到 1 这线段的长为单位长, 这单位长度是可以任意选取的. 于是, 正整数和负整数表示为数轴上一组等距离的点, 正数在 0 点的右边而负数在左边. 为了表示分母为 n 的分数, 我们把每一个单位长线段分为 n 等分, 则这些分点表示了分母为 n 的分数. 如果对每一个整数 n 都这样做, 那么所有的有理数将都能用数轴上的点来表示. 我们

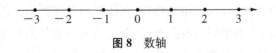

图 8　数轴

称这些点为有理点,我们将不加区分地使用"有理数"和"有理点"这两个术语.

在第一章§1,我们对自然数定义了关系式 $A<B$. 在数轴上与此类似的事实是:如果自然数 A 小于自然数 B,则点 A 在点 B 的左边.因为这种几何关系对所有有理数都成立,于是我们可以用保持对应点之间几何次序的方式来推广这个算术关系.这一点用如下定义来实现:如果 $B-A$ 为正,称有理数 A 小于有理数 $B(A<B)$,而称 B 大于 $A(B>A)$. 由此可知,如果 $A<B$,则在 A 和 B 之间的点(数)是既 $>A$ 又 $<B$ 的.一对不同的点与它们之间的这些点合在一起称为一个线节或区间 $[A, B]$.

从原点到点 A 的距离(取正值),称为 A 的绝对值,用符号

$$|A|$$

来表示.如果 $A\geqslant 0$,有 $|A|=A$;如果 $A\leqslant 0$,有 $|A|=-A$. 显然,如果 A 和 B 符号相同,等式 $|A+B|=|A|+|B|$ 成立;如果 A 和 B 符号相反,有 $|A+B|<|A|+|B|$. 因此,把这两个命题合起来,不论 A 和 B 的符号如何,总有一般的不等式

$$|A+B|\leqslant|A|+|B|$$

成立.

有一个重要的基本事实可以表述如下:有理点在直线上是稠密的.这个意思是,在每一个不论是多么小的区间中都存在着有理点.为了表明这一点,我们只须取一个足够大的分母 n,使得区间 $\left[0, \dfrac{1}{n}\right]$ 小于问题中给定的区间 $[A, B]$;这时分数 $\dfrac{m}{n}$ 中至少有一个一定落在这区间中.因此在直线上任何一个区间,不论它多么小,都不可能没有有理点.而且由此得知,在任何一个区间中必须有无穷多个有理点,因为如果只有有限个,则在任意两个相邻的有理点之间的区间内,将不存在有理点,我们刚才看到这是不可能的.

§2 不可公度线段 无理数和极限概念

1. 引言

在比较两个线段 a 和 b 的长度时,可能 b 恰好包含 a 的正整数 r 倍. 在这种情况下我们可以用 a 来表示线段 b 的度量,说 b 的长度是 a 的 r 倍. 也可能出现 a 的整数倍不等于 b 的情形,这时我们把 a 分为 n 等分,每一个长为 $\dfrac{a}{n}$,使得线段 $\dfrac{a}{n}$ 的某个整数 m 倍等于 b:

$$b = \frac{m}{n}a. \tag{1}$$

当形如(1)的等式成立时,我们说两个线段 a 和 b 是可公度的,因为它们有一公共度量线段 $\dfrac{a}{n}$,它的 n 倍等于 a,而它的 m 倍等于 b. 与 a 可公度的所有线段,其长度总可以用(1)[选择适当的整数 m 和 $n(n \neq 0)$]来表示. 在图 9 中,如果选 a 为单位线段,则与单位线段可公度的线段将对应于数轴上的全体有理点 $\dfrac{m}{n}$. 就度量的所有实际目的来说,有理数完全够了. 即使从理论上看,由于全体有理点稠密地布满整个直线,似乎直线上所有的点都是有理点. 如果这是真的,则任何一线段将和单位长线段可通约. 但是,情况决不这么简单,这是早期希腊数学(毕达哥拉斯学派)最惊人的发现之一. 存在着不可公度线段,或者说,如果认为每一线段都对应着借助于单位长度而给出的一个数,则存在着无理数. 这个发现是科学上极其重要的事件. 很

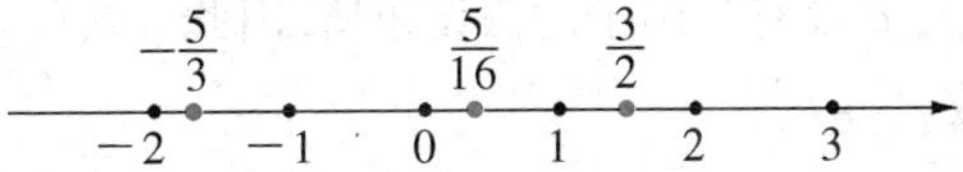

图 9 有理点

可能这标志着数学上(我们认为是希腊人的特殊贡献)严格推理的起源.肯定地说,从希腊人的时代直到今天,它一直深刻地影响着数学和哲学.

在欧几里得的《原本》中,以几何形式出现的欧多克斯的不可公度理论是希腊数学的杰作,虽然在简化了这经典著作的中学课本中,它通常被略去了.直到 19 世纪末期,在戴特金(Dedekind)、康托(Cantor)和维尔斯特拉斯(Weierstrass)建立了无理数的严格理论之后,欧多克斯的这个理论才充分被人理解.我们将用现代算术方法来说明这个理论.

首先说明:一个正方形的对角线与它的边是不可公度的.假设,给定的正方形的边是选定的单位长,而对角线的长为 x.根据勾股定理,我们有

$$x^2 = 1^2 + 1^2 = 2.$$

(可以用符号 $\sqrt{2}$ 表示 x.)现在如果 x 与 1 是可公度的,就能找到两个整数 p 和 q,使 $x = \dfrac{p}{q}$,则

$$p^2 = 2q^2. \tag{2}$$

假设 $\dfrac{p}{q}$ 已经是不可约的了,因为分子和分母的任一公因子在一开始即可约去.由于 2 是右边的一个因子,所以 p^2 是偶数,故 p 本身是偶数,因为奇数的平方只能是奇数.于是可以写出 $p = 2r$.这时等式(2)变成

$$4r^2 = 2q^2,\text{或 } 2r^2 = q^2.$$

由于 2 是左边的因子,则 q 必须是偶数.这样一来 p 和 q 同时可以被 2 整除,这和 p、q 没有公因子的假设矛盾.因此等式(2)不成立,且 x 不能是有理数.

我们的结果可以表述为:没有等于 $\sqrt{2}$ 的有理数.

上一段的讨论表明,一个很简单的几何作图就能产生一个与单

位长不可公度的线段. 如果用圆规在数轴上标出这样一个线段, 则这样作出来的点不可能与任何有理点重合: 有理点全体虽然是处处稠密的, 但不能覆盖整个数轴. 按照平常的想法, 稠密的有理点集合不能覆盖整个直线, 这当然显得很奇怪, 而且表面看来是荒谬的. 在我们的"直觉"中, 没有任何东西能帮助我们"看到"无理点和有理点有什么不同. 这使我们不难理解, 为什么不可公度线段的发现使希腊的哲学家和数学家激动不已, 以致到今天, 对爱思考的人来说, 它仍保留着使人激动的魅力.

我们很容易作出许多与单位长不可公度的线段. 如果在数轴上以 0 为起点把这些线段标出来, 则它们的端点称为**无理点**. 引进分数的指导原则是用数来度量长度, 现在在处理与单位长不可公度的线段时, 我们将保持这个原则. 如果我们要求以数为一方, 以直线上的点为另一方, 在它们之间有一个相互对应的话, 就必须引进无理数.

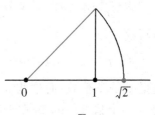

图 10 $\sqrt{2}$ 的作图

综上所述: 到目前为止可以说, 一个无理数表示一个与单位长不可通约的线段的长度. 在以下几小节中, 我们将改进其中某些含糊的地方, 并且把这个完全几何式的定义进一步提炼, 以使从逻辑严格性的观点上看, 我们能达到更加满意的程度. 处理这个问题的第一步将要用到十进位小数.

习题: ① 证明 $\sqrt[3]{2}, \sqrt{3}, \sqrt{5}, \sqrt[3]{3}$ 不是有理数. (提示: 用第 58 页引理).

② 证明 $\sqrt{2}+\sqrt{3}$ 和 $\sqrt{2}+\sqrt[3]{2}$ 不是有理数 (提示: 例如, 如果这些数的第一个等于一个有理数 r, 则写 $\sqrt{3}=r-\sqrt{2}$, 再平方, $\sqrt{2}$ 将是有理数).

③ 证明 $\sqrt{2}+\sqrt{3}+\sqrt{5}$ 是无理数. 试作出一些类似的更一般的例子.

2. 十进位小数　无限小数

要在数轴上确立一个处处稠密的点集,我们无需用全体有理数;例如只考虑下面这些数就够了:把每一个单位区间分为 10,然后 100,1000 等等个相等的线段,这样得到的点对应着"十进位小数". 例如 $0.12 = \dfrac{1}{10} + \dfrac{2}{100}$. 它对应的点位于第一个单位区间长为 10^{-1} 的第二个子区间内,是长为 10^{-2} 的第三个"子子"区间的端点. $\left(a^{-n} \text{表示} \dfrac{1}{a^n}.\right)$ 一个十进位小数,如果在小数点之后有 n 个数码,可以写成

$$f = z + a_1 10^{-1} + a_2 10^{-2} + a_3 10^{-3} + \cdots + a_n 10^{-n},$$

这里 z 是一整数,而这些 a 是表示十分之一、百分之一等等的数码——0,1,2,$\cdots$,9. 在十进位数系中数 f 简记为 $z.a_1 a_2 a_3 \cdots a_n$. 我们立刻可以看到,这些十进位小数能写成一个普通形式的分数 $\dfrac{p}{q}$,其中 $q = 10^n$. 例如 $f = 1.314 = 1 + \dfrac{3}{10} + \dfrac{1}{100} + \dfrac{4}{1000} = \dfrac{1314}{1000}$. 如果 p 和 q 有公因子,这十进位小数可以写成分母是 10^n 的某个因子的分数. 另一方面,当不可约分数的分母不是 10 的某个幂的因子时,这分数不能表示为十进位小数,例如 $\dfrac{1}{5} = \dfrac{2}{10} = 0.2$,$\dfrac{1}{250} = \dfrac{4}{1000} = 0.004$,但是 $\dfrac{1}{3}$ 不能写成 n 位十进位小数(这里 n 为任意的有限数). 因为形如

$$\frac{1}{3} = \frac{b}{10^n}$$

的等式意味着

$$10^n = 3b,$$

而这是荒谬的,因为 3 不是 10 的任意次幂的因子.

现在,让我们在数轴上任意选取一个不对应于十进位小数的点 P,例如,有理点 $\frac{1}{3}$ 或无理点 $\sqrt{2}$. 于是,在划分单位区间为十等分等等的过程中,P 始终不会作为子区间的一个端点. 但是,P 能够以我们所希望的任意精确度包含在越来越小的十进位划分的区间中. 这近似过程可以描述如下.

假设 P 在第一个单位区间. 我们把这区间分为十等分,每个长为 10^{-1},并且发现,例如,P 在第三个这样的区间内. 这时我们能说 P 在十进位小数 0.2 和 0.3 之间. 把 0.2 到 0.3 这区间分为十等分,每个长为 10^{-2},例如,发现 P 在第四个这样的区间内. 再把它划分,发现 P 在第一个长为 10^{-3} 的区间内,现在我们能说 P 在 0.230 和 0.231 之间. 这过程能无限地继续进行下去,而引出一个无穷的数码序列 a_1, a_2, a_3, $\cdots$, a_n, $\cdots$,它有下述性质:不论取多么大的 n,点 P 总在区间 I_n 中,这 I_n 的左端点是十进位小数 $0. a_1 a_2 a_3 \cdots a_{n-1} a_n$,它的右端点是 $0. a_1 a_2 a_3 \cdots a_{n-1}(a_n + 1)$,$I_n$ 的长度是 10^{-n}. 如果不断选取 $n = 1, 2, 3, 4, \cdots$,我们看到这些区间 I_1, I_2, I_3, $\cdots$ 中的每一个包含在前一个之中,而它们的长度为 10^{-1},10^{-2},10^{-3},$\cdots$,趋向于零. 我们说点 P 包含在一串十进位区间的区间套中. 例如,P 点为有理数 $\frac{1}{3}$ 时,所有数码 a_1, a_2, a_3, $\cdots$ 都等于 3,P 包含在每一个这样的区间 I_n 内:I_n 由 $0. 333 \cdots 33$ 到 $0.333 \cdots 34$,即 $\frac{1}{3}$ 大于 $0. 333 \cdots 33$ 而小于 $0. 333 \cdots 34$,这里数码的个数可以任意多. 我们这样来表述这个事实,n 个数码的十进位小数 $0.333 \cdots 33$,当 n 增大时,"趋向于 $\frac{1}{3}$",写成

$$\frac{1}{3} = 0.333 \cdots,$$

后面这些点表示这十进位小数"无限"伸展.

在上一小节中定义的无理数 $\sqrt{2}$,也引出一个无限伸展的十进位

小数,但在这里,决定这序列中数码的值的规律却不明显.事实上,我们不知道有什么明确的公式能够决定这一串数,尽管我们希望要多少位数码都可以计算出来:

$$1^2 = 1 < 2 < 2^2 = 4,$$

$$(1.4)^2 = 1.96 < 2 < (1.5)^2 = 2.25,$$

$$(1.41)^2 = 1.9881 < 2 < (1.42)^2 = 2.0264,$$

$$(1.414)^2 = 1.999396 < 2 < (1.415)^2 = 2.002225,$$

$$(1.4142)^2 = 1.99996164 < 2 < (1.4143)^2$$

$$= 2.00024449,等.$$

作为一个一般的定义,我们说,如果对每个 n,点 P 都是在以 $z.a_1a_2a_3\cdots a_n$ 为端点且长为 10^{-n} 的区间内,则 P 不能用任何有限的 n 个数码的十进位小数表示,而表示为无限十进位小数 $z.a_1a_2a_3\cdots$.

以此方式,在数轴上的所有点和所有有限及无限十进位小数之间建立了一个对应.我们提出一个推测性的定义:一个"数"是一个有限或者无限十进位小数.那些不表示有理数的无限小数称为无理数.

直到 19 世纪中叶,这些思想才作为有理数和无理数系统——数的连续统——的一个令人满意的解释被人们所接受.17 世纪以来数学的巨大进展,特别是解析几何和微积分的发展,是以数系的概念作为基础而得以进行下去的.但是,在批判地重新检查这些原则并巩固成果时,越来越感到对无理数的概念要作更精确的分析.为了说明数的连续统的近代理论,作为一个预备,我们将以多多少少直观的形式,讨论极限的基本概念.

习题:计算 $\sqrt[3]{2}$ 和 $\sqrt[3]{5}$,至少精确到 10^{-2}.

3. 极限 无穷等比级数

如我们在上一小节所看到的那样,有时会出现由一系列有理数

s_n 来逼近某个有理数 s 的情形,这里假定指标 n 连续取所有的值 1,2,3,…. 例如 $s = \dfrac{1}{3}$,则 $s_1 = 0.3$,$s_2 = 0.33$,$s_3 = 0.333$,等等. 作为另一个例子,让我们把单位区间二等分,把第二个子区间再二等分,再把其中的第二个二等分,如此下去直到最小的区间长为 2^{-n},这里 n 可选得任意大,例如 $n = 100$,$n = 100000$ 或者我们所希望的任意数. 这时我们把所有这些区间,除了最后一个以外,都加起来,得到总的长度等于

$$s_n = \frac{1}{2} + \frac{1}{4} + \frac{1}{8} + \frac{1}{16} + \cdots + \frac{1}{2^n}. \tag{3}$$

我们看到 s_n 和 1 的差为 $\left(\dfrac{1}{2}\right)^n$,当 n 无限增大时,这个差变得任意小或者说"趋向于零". 但是,下述说法是没有意义的:如果 n 是无穷的话,这差是零. 因为无穷只意味着无穷尽的过程,而不是一个实际的量. 我们这样来描述 s_n 的动态,当 n 趋向于无穷时,和 s_n 趋向于极限 1. 并且记作

$$1 = \frac{1}{2} + \frac{1}{2^2} + \frac{1}{2^3} + \frac{1}{2^4} + \cdots. \tag{4}$$

在等式右边我们得到一个无穷级数. 这"等式"决不意味着我们真的一定要加无限多项;它只是下述事实的一个简记:有限项的和 s_n,当 n 趋于无穷时(决不是无穷),其极限为 1. 等式(4)带有一个不完全的符号"$+\cdots$",这不过是如下确切陈述在数学上的一个简写:

$$1 = \text{当 } n \text{ 趋于无穷时,}$$

$$\text{等式 } s_n = \frac{1}{2} + \frac{1}{2^2} + \frac{1}{2^3} + \cdots + \frac{1}{2^n} \text{ 的极限.} \tag{5}$$

用更简单而一目了然的形式可以写作

$$s_n \to 1, \text{当 } n \to \infty \text{ 时.} \tag{6}$$

作为极限的另外一个例子,我们可以考虑一个数 q 的幂. 如果

$-1 < q < 1$，例如 $q = \dfrac{1}{3}$ 或 $q = -\dfrac{4}{5}$，则 q 的逐次幂

$$q,\ q^2,\ q^3,\ q^4,\ \cdots,\ q^n,\ \cdots,$$

当 n 增大时，将趋于零. 如果 q 是负的，q^n 的符号将是正负交替，而 q^n 将从两边交错地趋于零. 因而如果 $q = \dfrac{1}{3}$，则 $q^2 = \dfrac{1}{9}$，$q^3 = \dfrac{1}{27}$，$q^4 = \dfrac{1}{81}$，$\cdots$，而如果 $q = -\dfrac{1}{2}$，则 $q^2 = \dfrac{1}{4}$，$q^3 = -\dfrac{1}{8}$，$q^4 = \dfrac{1}{16}$，$\cdots$. 我们说当 n 趋于无穷时，q^n 的极限为零. 或用符号表示为

$$q^n \to 0,\ \text{当}\ n \to \infty\ \text{时，对}\ -1 < q < 1. \tag{7}$$

（顺便说一下，如果 $q > 1$ 或 $q < -1$，则 q^n 不趋于零，其数值无限增大而没有极限.）

为了严格证明论断(7)，我们从第 22 页已经证明的不等式出发，那里说到了 $(1+p)^n \geqslant 1+np$ 对任意正整数 n 和 $p > -1$ 成立. 如果 q 是 0 和 1 之间的任一固定数，例如 $q = \dfrac{9}{10}$，我们有 $q = \dfrac{1}{1+p}$，这里 $p > 0$. 因此

$$\frac{1}{q^n} = (1+p)^n \geqslant 1+np > np,$$

或（见第 333 页法则 4）

$$0 < q^n < \frac{1}{p} \cdot \frac{1}{n}.$$

因此 q^n 介于 0 和 $\dfrac{1}{p} \cdot \dfrac{1}{n}$ 之间，由于 p 是固定的，而后者当 n 增大时趋向于零，从而显然 $q^n \to 0$. 如果 q 是负的，我们有 $q = \dfrac{-1}{1+p}$，这时 0 和 $\left(\dfrac{1}{p}\right)\left(\dfrac{1}{n}\right)$ 变成 $\left(\dfrac{-1}{p}\right)\left(\dfrac{1}{n}\right)$ 和 $\left(\dfrac{1}{p}\right)\left(\dfrac{1}{n}\right)$，其他推理都不变.

现在考虑等比级数

$$s_n = 1 + q + q^2 + q^3 + \cdots + q^n. \tag{8}$$

$\left(q = \dfrac{1}{2}\text{ 的情形,上面已讨论过了}\right)$. 如第 20 页所示,可以把 s_n 表示为简单清楚的形式. 如果用 q 乘 s_n,得到

$$qs_n = q + q^2 + q^3 + q^4 + \cdots + q^{n+1}, \tag{8a}$$

从(8)中减去(8a),我们看到除了 1 和 q^{n+1} 外,所有其他的项全消去了. 由此得到

$$(1-q)s_n = 1 - q^{n+1},$$

或者除一下变成

$$s_n = \frac{1 - q^{n+1}}{1-q} = \frac{1}{1-q} - \frac{q^{n+1}}{1-q}.$$

若让 n 增大,极限概念就起作用了. 我们已经看到,$q^{n+1} = q \cdot q^n$,当 $-1 < q < 1$ 时是趋于零的. 于是得到极限关系:

$$s_n \to \frac{1}{1-q} \text{ 当 } n \to \infty \text{ 时}, -1 < q < 1. \tag{9}$$

若写成无穷等比级数,就变成

$$1 + q + q^2 + q^3 + \cdots = \frac{1}{1-q}, -1 < q < 1. \tag{10}$$

例如

$$1 + \frac{1}{2} + \frac{1}{2^2} + \frac{1}{2^3} + \cdots = \frac{1}{1 - \frac{1}{2}} = 2,$$

与等式(4)是一致的. 同样地,

$$\frac{9}{10} + \frac{9}{10^2} + \frac{9}{10^3} + \frac{9}{10^4} + \cdots = \frac{9}{10} \cdot \frac{1}{1 - \frac{1}{10}} = 1,$$

所以 $0.99999\cdots = 1$. 类似地,有限十进位小数 0.2374 和无限十进位

小数 $0.23739999999\cdots$ 表示同一个数.

在第六章,我们将以近代的严格精神对极限概念再作一般的讨论.

习题: ① 如果 $|q|<1$,证明 $1-q+q^2-q^3+q^4=\cdots=\dfrac{1}{1+q}$.

② 序列 a_1,a_2,a_3,$\cdots$ 的极限是什么? 这里 $a_n=\dfrac{n}{n+1}$.(提示:写出形如 $\dfrac{n}{n+1}=1-\dfrac{1}{n+1}$ 的表达式,注意第二项趋于零.)

③ 当 $n\to\infty$ 时,$\dfrac{n^2+n+1}{n^2-n+1}$ 的极限是什么? 〔提示:写成形如 $\left(1+\dfrac{1}{n}+\dfrac{1}{n^2}\right)\Big/\left(1-\dfrac{1}{n}+\dfrac{1}{n^2}\right)$ 的表达式.〕

④ 证明对 $|q|<1$,有 $1+2q+3q^2+4q^3+\cdots=\dfrac{1}{(1-q)^2}$.(提示:用第 25 页习题 3 的结果.)

⑤ 无穷级数 $1-2q+3q^2-4q^3+\cdots$ 的极限是什么?

⑥ $\dfrac{1+2+3+\cdots+n}{n^2}$,$\dfrac{1+2^2+\cdots+n^2}{n^3}$ 和 $\dfrac{1^3+2^3+\cdots+n^3}{n^4}$ 的极限各是什么?(提示:用第 18、21、22 页的结果.)

4. 有理数和循环小数

如果有理数 $\dfrac{p}{q}$ 不是有限十进位小数,那么通过不断地作除法能表示为一个无限的十进位小数. 在这过程中每次必然有一个非零的余数,否则这十进位小数是有限的. 在除的过程中出现的所有不同余数将是 1 和 $q-1$ 之间的整数,所以最多只能有 $q-1$ 个不同的余数值,这意味着,最多除 q 次,某个余数 k 将第二次出现. 但随后而来的所有余数,将按照余数 k 第一次出现后它们出现的同样次序重复. 这说明任何有理数的十进位小数表示式是循环的;开始出现有限个数码,随后同样的一个数码或一组数码将无限次地再现. 例如,$\dfrac{1}{6}=0.166666666\cdots$;$\dfrac{1}{7}=0.142857142857\cdots$;

$\dfrac{1}{11}=0.09090909\cdots$；$\dfrac{122}{1100}=0.11090909\cdots$；$\dfrac{11}{90}=0.122222222\cdots$；

等等.（那些能表示为有限小数的有理数,也可以认为是一个循环小数,它在有限个数码之后,只是无限次地重复着数 0.）顺便指出,有一些循环小数,在循环部分的前面有一个非循环的部分.

反之可以看出,所有循环小数都是有理数. 例如,取无限循环小数

$$p = 0.3322222\cdots,$$

有 $p = \dfrac{33}{100} + 10^{-3} \cdot 2 \cdot (1 + 10^{-1} + 10^{-2} + \cdots)$. 括号中的表达式是一个无穷等比级数

$$1 + 10^{-1} + 10^{-2} + 10^{-3} + \cdots = \dfrac{1}{1 - \dfrac{1}{10}} = \dfrac{10}{9},$$

因此 $p = \dfrac{33}{100} + 2 \cdot 10^{-3} \cdot \dfrac{10}{9} = \dfrac{2970 + 20}{9 \cdot 10^3} = \dfrac{2990}{9000} = \dfrac{299}{900}$.

对一般情形的证明在实质上是一样的,但要求更一般的记号. 在一般的循环小数

$$p = 0.a_1 a_2 a_3 \cdots a_m b_1 b_2 \cdots b_n b_1 b_2 \cdots b_n b_1 b_2 \cdots b_n \cdots$$

中,令 $0.b_1 b_2 \cdots b_n = B$,使 B 表示这小数的循环部分. 于是 p 变成

$$p = 0.a_1 a_2 \cdots a_m + 10^{-m} B(1 + 10^{-n} + 10^{-2n} + 10^{-3n} + \cdots),$$

括号中的表达式是 $q = 10^{-n}$ 的无穷等比级数,按上一小节等式（10）,它的和是 $\dfrac{1}{1 - 10^{-n}}$,因此

$$p = 0.a_1 a_2 \cdots a_m + \dfrac{10^{-m} B}{1 - 10^{-n}}.$$

习题：① 把分数 $\dfrac{1}{11}$，$\dfrac{1}{13}$，$\dfrac{2}{13}$，$\dfrac{3}{13}$，$\dfrac{1}{17}$，$\dfrac{2}{17}$ 表示为十进位小数并确

定其循环部分.

    *② 数 142857 有如下性质: 用数 2, 3, 4, 5, 6 中的任一个去乘它, 所得的积只是它的数码的一个重新排列. 试用 $\frac{1}{7}$ 的十进位小数展式来解释这性质.

    ③ 把习题 1) 中的有理数表示为以 5, 7, 12 为基底的 "小数".

    ④ 把 $\frac{1}{3}$ 表示为一个二进位数.

    ⑤ 把 0.11212121… 写成一个分数. 如果它是以 3 或 5 为基底的小数, 求出这符号的值.

5. 用区间套给出无理数的一般定义

    在第 76 页我们采用了一个推测性的定义: 一个 "数" 是一个有限或者无限十进位小数. 我们约定那些不表示有理数的无限小数应称为无理数. 在上一小节结果的基础上, 现在可以把这个定义叙述如下: 数的连续统或实数系 ("实" 是相对于 §5 中要引进的 "虚" 或 "复" 数而言) 是全体无限小数. (有限小数可以看成从某个位置开始所有数码全是零这样的特殊情形. 或者可以描述为, 我们把最后一位是 a 的有限小数, 改写为这样一个无限小数, 在 a 的位置上代之以 $a-1$, 随后所有数码全等于 9, 按照第三小节这表示 0.999… = 1 这一事实.) 有理数是循环小数; 无理数是非循环小数. 即使这个定义看来也不能完全令人满意, 因为, 如在第一章所看到的那样, 十进位系统并非显示事物本质的唯一方式. 我们可以用二进位或任何其他系统同样推理. 由于这个原因, 我们希望给数的连续统以一个更一般的定义, 使它摆脱对基底 10 的特殊依赖关系. 要做到这一点, 最简单的办法可能是这样:

    让我们考虑数轴上任意一串以有理点为端点的区间 $I_1, I_2, \cdots, I_n, \cdots$, 它们中的每一个包含在前一个里面, 且使得当 n 增大时, 第 n 个区间 I_n 的长度趋向于零. 这样的一列区间称为一组区间套. 对于十进位区间的情况, I_n 长为 10^{-n}, 但也可以是 2^{-n} 或只要求它小于

$\frac{1}{n}$. 现在我们把下述事实作为一个基本的几何公理:对应于每一组这样的区间套,在数轴上恰有一个点包含在所有这些区间中(不难看出,所有这些区间的公共点顶多只有一个,因为区间的长度趋于零,而对两个不同的点来说,长度比它们之间的距离还小的区间,不能同时包含它们). 根据定义这个点叫做实数,如果不是有理点就称之为无理数. 按此定义,我们在点和数之间建立了一个完全的对应. 这里没有其他新的东西,不过是无限十进位小数表示的定义的更为一般的表述.

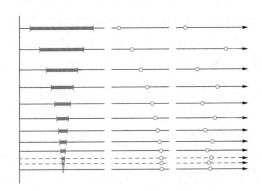

图 11 区间套 序列的极限

在这里,读者完全有理由提出一个疑问:在数轴上,我们认为属于一组区间套的所有区间的那个"点",当它不是有理点时,它是什么? 我们的回答是:在数轴(看作一直线)上,在以有理点为端点的每一组区间套中存在着一个点,这是一个基本的几何公理. 这个公理并不需要从其他数学事实逻辑地推导出来. 正如接受数学上的其他公理或公设一样,我们接受它是因为它在直观上是合理的,而且在构造一个相容的数学思想体系中它是有用的. 从纯粹形式的观点来看,首先,我们可以在直线上只作出有理点,然后,定义一个无理点是某个有理端点区间套的一个符号. 一个无理点完全由长度趋于零的有理端点区间套所描述. 由此我们的基本公理实际上相当于一个定义.

在引进了有理端点区间套之后,借助于无理点是"存在"的这种直觉而下的这个定义,就抛开了我们进行推理的直观拐杖,而且使我们知道无理点的所有数学性质可表示为有理端点区间套的性质.

关于本书序言中所讲的哲学见解,在这里,我们找到了一个典型例子.我们抛弃了朴素的、"实在"的方法,即把一个数学对象看成我们谨慎地研究其性质的"自在之物";而认为数学对象之所以存在,只在于它们的数学性质以及它们之间的相互关系.这些关系和性质完全给出了这个对象进入数学活动的领域的各个可能方面.我们放弃了数学上的"自在之物",如同物理上放弃了观测不到的以太一样.这就是把一个无理数定义为有理端点区间套的"本质"所在.

从数学上来看,这里重要的是,对定义为有理端点区间套的无理数来说,加、乘等运算以及"小于"、"大于"的关系,能立刻从有理数域得到推广,而且保持着有理数域中原有的一切规律.例如,两个无理数 α 和 β 的加法,可以用定义了 α 和 β 的两组有理端点区间套来定义.把两个序列中相应区间的起点值和末端值分别相加,构造出第三组区间套.这新的区间套定义为 $\alpha+\beta$.类似地,可以定义积 $\alpha\beta$,差 $\alpha-\beta$ 和商 α/β.在这些定义的基础上,可以说明本章 §1 讨论的算术规律对无理数也都成立.其细节在这里略去了.

这些规律可以简单而直接地加以验证,虽然对于那些急切想知道数学能用来作什么,而不想分析它的逻辑基础的初学者来说,这些验证会令人感到冗长乏味.某些近代数学教科书一开始就用一个对实数系统卖弄学问式的完整分析使许多学生念不下去,而把这部分引论弃之不顾的读者,在了解到如下事实后是可以得到安慰的:迟至 19 世纪后期,所有伟大的数学家在作出他们的发现时,都是基于他们对这个数系直觉上的"朴素"概念.

从物理观点来看,用区间套来定义一个无理数,相当于通过一系列越来越准确的测量来决定某个可观测的量的值.任何一种测量的方法,比如说测定长度,只有在这方法的精确度所表明的某个可能的误差范围之内才有意义. 由于有理数在直线上是稠密的,用任何物理方法,无论它多么正确,也不可能决定一个给定的长度究竟是有理数还是无理数. 这样看来,要恰当地描述物理现象,似乎不必用到无理数. 但是,我们在第六章将能比较清楚地看到,引进无理数对物理现象的数学描述确实带来了好处,这就是,通过自由地运用极限概念而使得这个描述极大地简化,而数的连续统正是极限概念的基础.

*6. 定义无理数的另一个方法 戴特金分割

戴特金(1831~1916)是数学基础的逻辑和哲学分析的伟大开拓者之一,他采用了另一种稍微不同的方式来定义无理数. 他的文章《连续性与无理数》和《数是什么,数应当是什么?》对数学基础的研究产生了深刻的影响. 戴特金采取了带有一般抽象思想的处理方法,而不是用特殊的区间套. 他的方法以"分割"的定义为基础. 对此,我们简单地加以说明.

假设给定某种方法,把全体有理数集分为两类 A 和 B,使 B 类的每一个元素 b 大于 A 类的每一个元素 a. 任何一个这种分类称为有理数集的一个**分割**. 对一个分割恰有三种可能,其中有一种且只有一种必定成立:

(1) A 有一个最大元素 a^*. 例如 A 是所有 $\leqslant 1$ 的有理数,而 B 是所有 >1 的有理数.

(2) B 有一个最小元素 b^*. 例如 A 是所有 <1 的有理数,而 B 是所有 $\geqslant 1$ 的有理数.

(3) A 中没有最大元素且 B 中也没有最小元素. 例如,A 是所有负有理数、零和所有平方小于 2 的正有理数,而 B 是所有平方大于 2 的正有理数. A 和 B 一起包括了全体有理数,因为我们已经证明过没有平方等于 2 的有理数.

A 有最大元素 a^*,同时 B 有最小元素 b^*,这情形是不可能的,因为有理数 $\dfrac{a^*+b^*}{2}$ 在 a^* 和 b^* 中间,它将大于 A 的最大元素而小于

B 的最小元素, 因此不属于 A, B 中任何一个.

在第三种情形, A 中既没有最大有理数, B 中也没有最小有理数, 戴特金称这分割定义了一个无理数, 或简单地说这分割是一个无理数. 容易看出, 这定义和用区间套所作的定义是一致的, 如果把至少被区间 I_n 中一个区间的左端点超过的所有有理数算作 A 类, 而其余的有理数放入 B 类, 则任何一个区间套 I_1, I_2, I_3, …定义了一个分割.

在哲学上, 戴特金的无理数定义涉及更高程度的抽象, 因为它对确定两类 A 和 B 的这个数学规则的性质没有加以限制. 康托用更为具体的方法来定义实数连续统. 虽然, 初看起来它和区间套方法或分割方法很不同, 但是, 用这三种方法定义的数系有相同的性质, 在这个意义上说, 它与那两个方法中的任何一个都等价. 康托的思想是受到下述事实启发的: 1) 实数可以看成一个无限十进位小数, 2) 无限十进位小数可以看成有限十进位小数的极限. 让我们摆脱对十进位系统的依赖, 像康托那样陈述: 任何一个有理数序列, 如果"收敛"的话, 它就定义为一个实数. 收敛的意思可理解为, 当 a_m 和 a_n 在这序列中充分靠后, 也就是说 m, n 趋于无穷时, 序列中任意两项的差 $(a_m - a_n)$ 趋于零 (用一串十进位小数逼近任意一个数, 就有这个性质, 因为在第 n 位之后任意两项的差最多是 10^{-n}). 由于用有理数序列逼近同一个实数有许多方法, 所以, 如果在两个收敛的有理数列 a_1, a_2, a_3, …和 b_1, b_2, b_3, …中, 当 n 无限增大时, $a_n - b_n$ 趋于零, 我们就说它们定义了同一个实数. 对这样的序列很容易定义出加法等运算.

§3 解析几何概述[①]

1. 基本原理

数的连续统——不论是作为理所当然的事来接受也好, 还是只

---

① 不熟悉这门学科的读者, 可以在书后第 547~554 页附录中找到一系列解析几何的基本练习.

有作了批判性的检查之后才接受也好——从 17 世纪以来成了数学,特别是解析几何和微积分的基础.

引进了数的连续统,就可以把每一直线段和一个作为它的长度的确定实数联系起来. 但是可以更进一步,不仅长度而且每一个几何对象和每一个几何运算都能纳入数的领域. 在几何学的这个算术化过程中,决定性的步骤是早在 1629 年由费马(1601～1655)和 1637年由笛卡儿(Descartes,1596～1650)所采取的. 解析几何的基本思想是引进"坐标",即对一个几何对象附上或标上数,从而完全刻划了这个对象. 大多数读者都知道,这就是直角坐标或笛卡儿坐标,它用来刻划平面上任意一点 P 的位置. 首先在平面上作一对固定的垂线,作为每一个点所参照的 x 轴和 y 轴. 把这两条直线看成是有方向的数轴并且用同样的单位来度量. 如图 12,对每个点 P 指定两个坐标 x 和 y. 它们用如下方法得到: 考虑从原点 O 到点 P 的有向线段(有时称之为 P 点的"位置向量"),把它垂直地投影到两个坐标轴上,得到 x 轴上的有向线段 OP',并以数 x 作为它的有向长度;同样得到 y 轴上的有向线段 OQ',并以数 y 作为它的有向长度. 两个数 x 和 y 称为 P 点的坐标. 反之,如果 x 和 y 是任意预先给定的两个数,则相应的点 P 是唯一确定的. 如果 x 和 y 都是正的,P 在坐标系的第一象限

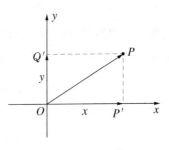

图 12 一个点的直角坐标

(图 13);如果它们都是负的,P 在第三象限;如果 x 是正的而 y 是负的,它在第四象限;如果 x 是负的而 y 是正的,则在第二象限.

坐标为 (x_1, y_1) 的点 P_1 和坐标为 (x_2, y_2) 的点 P_2 的距离由公式

$$d^2 = (x_1 - x_2)^2 + (y_1 - y_2)^2 \tag{1}$$

给出,这由勾股定理立刻得出,也可以从图 14 看出.

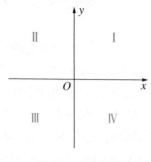

图 13　四个象限

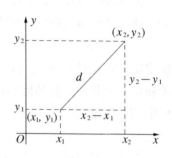

图 14　两点间距离

*2. 直线方程和曲线方程

如果 C 是坐标为 $x = a$,$y = b$ 的一个固定点,那么与 C 的距离为定长 r 的点 P 的轨迹,是一个以 C 为圆心,r 为半径的圆. 从距离公式(1)得知,这圆上的点的坐标 x,y 满足方程

$$(x-a)^2 + (y-b)^2 = r^2, \tag{2}$$

它称为圆的方程,因为它是(以半径 r 绕着 C 旋转的)圆上点 P 的坐标 x,y 的完全(充分和必要)条件. 把括号展开,方程(2)的形式变为

$$x^2 + y^2 - 2ax - 2by = k, \tag{3}$$

其中 $k = r^2 - a^2 - b^2$. 反之,如果给定一个形如(3)的方程,那里的 a,b,k 是使 $k + a^2 + b^2$ 为正数的任意常数,则用"配方法",我们能把这方程写成

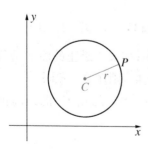

图 15　圆

$$(x-a)^2 + (y-b)^2 = r^2$$

的形式,其中 $r^2 = k + a^2 + b^2$. 可见方程(3)确定一个以 C 点(坐标为 a,b)为圆心,r 为半径的圆.

直线方程的形式是更简单的. 例如 x 轴的方程为 $y = 0$,因为 $y = 0$ 对 x 轴上所有点都成立,而对其他的点则不成立. y 轴的方程为 $x = 0$. 经过原点二等分两条坐标轴之间的夹角的直线方程是 $x = y$ 和 $x = -y$. 容易看出任意直线有形如

$$ax + by = c \qquad (4)$$

的方程,这里 a, b, c 是刻划了直线的固定常数.方程(4)的意思仍然是满足方程的所有实数对 x, y 是直线上点的坐标,反之亦然.

读者可能已经知道方程

$$\frac{x^2}{p^2} + \frac{y^2}{q^2} = 1 \qquad (5)$$

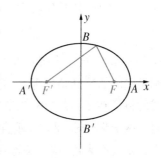

表示一个椭圆(图 16).这曲线交 x 轴于点 $A(p, 0)$ 和 $A'(-p, 0)$,交 y 轴于 $B(0, q)$ 和 $B'(0, -q)$.(记号 $P(x, y)$ 或简记为 (x, y),是"坐标为 x 和 y 的点 P"这句话的简写方式.)如果 $p > q$,这长为 $2p$ 的线段 AA' 称为椭圆的长轴,而长为 $2q$ 的线段 BB' 称为短轴.这椭圆是到点 $F(\sqrt{p^2 - q^2}, 0)$ 和 $F'(-\sqrt{p^2 - q^2}, 0)$ 的距离之和等于 $2p$

图 16 椭圆;F 和 F' 是焦点

的点 P 的轨迹.作为一个练习,读者可以用公式(1)验证这一点.点 F 和 F' 称为椭圆的焦点. 比值 $e = \dfrac{\sqrt{p^2 - q^2}}{p}$ 称为椭圆的离心率.

形如 $$\frac{x^2}{p^2} - \frac{y^2}{q^2} = 1 \qquad (6)$$

的方程表示一双曲线.这曲线由两个分支组成,分别交 x 轴于 $A(p, 0)$ 和 $A'(-p, 0)$(图 17).长 $2p$ 的线段 AA' 称为双曲线的实轴.当我们离原点越来越远时,这双曲线越来越接近两条直线 $qx \pm py = 0$,但实际上永远不会到达这些直线.它们称为双曲线的渐近线.双曲线

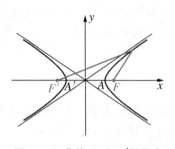

图 17 双曲线；F 和 F' 是焦点

是到两个点 $F(\sqrt{p^2+q^2},\,0)$ 和 $F'(-\sqrt{p^2+q^2},\,0)$ 的距离之差等于 $2p$ 的点 P 的轨迹. 这两个点也称为双曲线的焦点. 比值 $e=\dfrac{\sqrt{p^2+q^2}}{p}$ 是它的离心率.

方程

$$xy = 1 \tag{7}$$

也定义一双曲线, 现在它的渐近线是两个坐标轴(图 18). 这"等边"双曲线的方程表明, 对曲线上的每一点 P 来说, 点 P 所决定的矩形面积等于 1. 方程为

$$xy = c \tag{7a}$$

(c 为一常数)的一个**等边双曲线**只是一般双曲线的一特殊情形, 正如圆是椭圆的特殊情形那样. 等边双曲线的特征在于: 它的两个渐近线(这时是两个坐标轴)是相互垂直的.

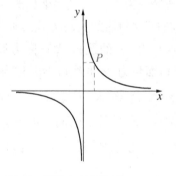

图 18 等边双曲线方程 $xy = 1$. 由点 $P(x, y)$ 确定的矩形面积 xy 等于 1

对我们来说, 这里关键在于下列基本思想: 几何对象可以完全用数和代数的术语来表达, 而且几何的运算也同样如此. 例如, 如果要找两条直线的交点, 我们考虑直线的两个方程

$$\begin{aligned} ax + by &= c, \\ a'x + b'y &= c'. \end{aligned} \tag{8}$$

为了找出两条直线的公共点, 只要把它的坐标当作两个联立方程(8)的解 x, y, 就可简单地求得. 类似地, 要找任何两条曲线, 例如圆 $x^2 + y^2 - 2ax - 2by = k$ 和直线 $ax + by = c$ 的交点, 只要把两个相应的方程联立起来求解就是了.

§4 无限的数学分析

1. 基本概念

正整数序列

$$1, 2, 3, 4\cdots$$

是最早和最重要的无限集. 这个序列没有末尾, 没有"终结", 这事实并不神秘, 因为不论整数 n 有多大, 总有下一个整数 $n+1$. 但是, 从表示"没有终结"这意思的形容词"无限的"过渡到名词"无限"时, 我们不能把通常用特殊符号 ∞ 表示的"无限"看成像普通的数那样. 我们不可能把符号 ∞ 包括在实数系统中而仍然保持算术的基本规律. 尽管如此, 无限的概念还是渗透到了所有的数学领域之中, 因为数学对象通常不是当作单个对象来研究, 而是当作包含了无限多个同样类型的对象的类或集合 (例如, 全体整数, 全体实数或平面上全体三角形) 的成员来研究. 由于这个原因, 我们必须确切地分析数学的无限性. 由康托和他的学派在 19 世纪末创建的近代集合论, 面对这个挑战取得了惊人的成绩. 康托的集合论已经渗透到并强烈影响着数学的许多领域, 在研究数学的逻辑和哲学基础方面, 它是最基本最重要的工具. 它的出发点是集合或集的一般概念. 这意思是指, 任意由某些对象组成的集合, 它是由明确规定哪些对象属于这个集合的某些规则所定义的. 例如, 我们可以考虑全体正整数集, 全体十进位循环小数集, 全体实数集, 或三维空间中全体直线集.

用于比较两个不同集合的"元素个数"的基本概念是"等势". 如果两个集合 A 和 B 的元素可以按如下方式彼此配对, 使得 A 的每一个元素对应着 B 的一个且仅一个元素, 而 B 的每一个元素对应着 A 的一个且仅一个元素, 那么这个对应就称为——对应, 而且称 A 和 B 是等势的. 对有限集来说, 等势的概念和通常的个数相等的概念是一致的,因为两个有限集有同样多个元素必须而且只须两个集合的元素之间能建立一一对应.实际上这就是数东西的意思,因为当我们数一组有限个对象时,就是简单地在这些对象和一组数字符号 1, 2, 3, $\cdots$, n 之间建立一一对应.

> 在两个有限集之间建立它们的等势性,并不一定要数这些对象.例如,不用数我们就能知道,任何有限个半径为 1 的圆的集合和它们圆心的集合是等势的.

康托的思想是,把等势的概念推广到无限集,以此定义无限的"算术".全体实数集和一条直线上的所有点是等势的,因为选择一个原点和一个单位长,就可以把直线上每一点 P 和一个作为其坐标的实数 x 一对一地联系起来:

$$P \longleftrightarrow x.$$

偶数是全体整数集的一个真子集,而整数是全体有理数的真子集.(一个集 S 的真子集是指这样一个集 S',它由 S 的一些元素组成,但又不包括 S 的所有元素.)显然,如果一个集是有限的,即如果它只包含某个数 n 那么多的元素,则它不能和它的任何一个真子集等势,因为任何真子集最多只能有 $n-1$ 个元素.但是如果一个集合包含了无限多个元素,看来十分荒谬的是,它可以和它本身的一个真子集等势.例如,标出

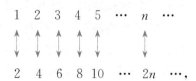

它在正整数和它的真子集偶数之间建立了一一对应,从而表明正整数集和偶数集是等势的.这与我们熟知的真理"整体大于它的任意一部分"是矛盾的,它表明在无限性的领域内,会出现多么令人惊奇的事.

2. 有理数的可数性和连续统的不可数性

康托在分析无限性时,他最初的发现之一是:有理数集(它包含整数集这个无限子集,因而它本身是无限集)是和整数集等势的.稠密的有理数集与疏散的它的整数子集的元素一样多,初看起来这似乎很奇怪.确实,人们不能按大小次序来排列正有理数(对正整数能这样做),不能说 a 是第一个有理数,b 是挨着它的那个比它大的有理数,等等,因为任意两个给定的有理数之间有无穷多个有理数,因而没有"挨着它的"那一个.但是,正如康托看到的那样,抛开按序相连的两个元素之间的量的关系,就可以像整数那样将全体有理数排列成一行 r_1,r_2,r_3,r_4,…. 在这序列中将有第一个有理数,第二个,第三个等等,而且每个有理数恰好出现一次.一个集合,如果其元素能像整数那样排列成一个序列,就称这个集合是可数的.通过展示这样的可数性,康托表明,有理数是和整数集等势的,因为对应

是一对一的.现在我们来描述把有理数排列起来的一个方式.

每一个有理数都能写成 $\frac{a}{b}$ 的形式,这里 a 和 b 是整数.而且所有这些数能布置成这样的阵势,使 $\frac{a}{b}$ 在第 a 列第 b 行.例如把 $\frac{3}{4}$ 放在下面表中的第 3 列第 4 行.所有的有理数现在可以按照下面的设计排列:在刚刚规定的布阵中,我们画一条连续的折线通过这布阵中所有的数.从 1 开始我们沿水平方向到右边的下一个位置,得到 2,这是序列中的第二个数,然后沿对角线向左下边到第一列 $\frac{1}{2}$ 所占的位置上,然后垂直地向下到 $\frac{1}{3}$ 的位置上,再沿对角线向上,直到第一行

的 3,通过 4 再沿对角线向下到 $\frac{1}{4}$,这样进行下去,如图 19 所示.

$$1 \quad 2 \quad 3 \quad 4 \quad 5 \quad 6 \quad 7 \quad \cdots$$
$$\frac{1}{2} \quad \frac{2}{2} \quad \frac{3}{2} \quad \frac{4}{2} \quad \frac{5}{2} \quad \frac{6}{2} \quad \frac{7}{2} \quad \cdots$$
$$\frac{1}{3} \quad \frac{2}{3} \quad \frac{3}{3} \quad \frac{4}{3} \quad \frac{5}{3} \quad \frac{6}{3} \quad \frac{7}{3} \quad \cdots$$
$$\frac{1}{4} \quad \frac{2}{4} \quad \frac{3}{4} \quad \frac{4}{4} \quad \frac{5}{4} \quad \frac{6}{4} \quad \frac{7}{4} \quad \cdots$$
$$\frac{1}{5} \quad \frac{2}{5} \quad \frac{3}{5} \quad \frac{4}{5} \quad \frac{5}{5} \quad \frac{6}{5} \quad \frac{7}{5} \quad \cdots$$
$$\frac{1}{6} \quad \frac{2}{6} \quad \frac{3}{6} \quad \frac{4}{6} \quad \frac{5}{6} \quad \frac{6}{6} \quad \frac{7}{6} \quad \cdots$$

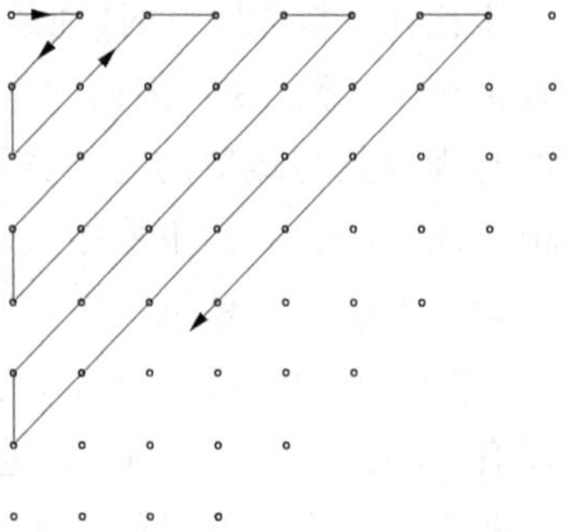

图 19 有理数的可列性

沿着这折线走,我们得到一个序列 $1, 2, \frac{1}{2}, \frac{1}{3}, \frac{2}{2}, 3, 4, \frac{3}{2}, \frac{2}{3},$ $\frac{1}{4}, \frac{1}{5}, \frac{2}{4}, \frac{3}{3}, \frac{4}{2}, 5, \cdots$,其中的有理数按照它们在折线中出现的次序排列. 在这序列中,消去所有 a 和 b 有公因子的数 $\frac{a}{b}$,使得每一个有理数 r 以最简单的方式恰好出现一次. 因而得到一个序列 $1, 2,$ $\frac{1}{2}, \frac{1}{3}, 3, 4, \frac{3}{2}, \frac{2}{3}, \frac{1}{4}, \frac{1}{5}, 5, \cdots$,其中每一个正有理数出现一次而且只出现一次. 这说明全体正有理数是可数的. 根据有理数和直线上有理点一一对应这个事实,我们同时证明了直线上正有理点集是可数的.

习题:① 说明全体正整数和负整数是可数的,全体正有理数和负有理数是可数的.

② 如果 S 和 T 是可数集,说明集 $S+T$(见第 126 页)是可数的. 说明对三个、四个或任意 n 个集的并集有同样的结果. 最后说明由可数个可数集组成的集同样是可数的.

由于有理数已表明是可数的,人们可能猜想任何无限集都是可数的,而且这就是无限分析的最终结果. 可是情况远非如此. 康托有一个极有意义的发现:**全体实数集**(有理数和无理数)是不可数的. 换句话说,全体实数与整数或有理数相比有一个根本的不同,可以说,它是更高一级类型的无限. 关于这个事实康托用反证法天才地给出了一个证明,它是许多数学论证的典范. 该证明大略如下. 首先,作一个尝试性的假设:所有实数真的排列成了一个序列. 然后,找出一个数,它不包含在这假定的可数集里面. 这样就引出了矛盾,因为既然假设所有实数都包括在这个可数集里面,那么,即使有一个数遗漏了,这个假设也必然是不成立的. 由于实数是可数的这个假设不成立,反过来,康托的关于实数集是不可数的命题就是真的.

为了做到这一点,假设全体实数是可数的并且已经把它们排列成一个无限十进位小数的表:

第一个数 $N_1. a_1 a_2 a_3 a_4 a_5 \cdots,$

第二个数 $N_2. b_1 b_2 b_3 b_4 b_5 \cdots,$

第三个数 $N_3. c_1 c_2 c_3 c_4 c_5 \cdots,$

$\cdots \quad \cdots$

其中这些 N 表示整数部分,小写的字母表示小数点后的数码. 假设这个十进位小数序列包含了所有实数. 现在,证明中最根本的一点是,通过"对角线过程"构造一个新的数,而我们能说明它不包含在这个序列中. 为此,首先选取一个数码 a 不同于 a_1,也不等于 0 和 9(以避免像 $0.999\cdots = 1.000\cdots$ 这种**等式**可能造成的含糊不清),然后选取一个数码 b 不同于 b_2,也不等于 0 和 9,同样地,c 不等于 c_3,等等. (例如,可以简单地选取 $a = 1$,除非 $a_1 = 1$,在 $a_1 = 1$ 时,我们选 $a = 2$. 按照这个表,类似地选出所有数码 b, c, d, e, $\cdots$.)现在考虑无限十进位小数

$$z = 0. abcde\cdots,$$

这新的数 z 肯定不同于上表中的任何一个数;它不等于第一个,因为小数点后的第一个数码与之不同;它不能等于第二个,因为第二个数码与之不同;一般地,它不能和表中的第 n 个数相同,因为第 n 个数码与之不同. 这说明,按序排列的十进位小数表不包含所有的实数. 因此实数集是不可数的.

读者也许认为,数的连续统不可数,其原因在于直线是无限延伸的这个事实,而有限线段将只包含可数个无限多的点. 但事实并非如此,因为容易证明整个数的连续统等势于任意有限线段,例如从 0 到 1 而不包括端点的线段. 我们所要求的一一对应可以这样得到:在 $\frac{1}{3}$ 和 $\frac{2}{3}$ 处把线段折弯,再从一点投影,如图 20 所示. 由此得知,即使数轴上的有限线段也包含了不可数无限多的点.

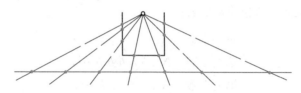

图 20 一折线段上的点和整个直线上的点之间的一一对应

习题: 说明数轴上的任意区间 $[A, B]$ 等势于任意其他区间 $[C, D]$.

关于数的连续统的不可数性,有另一个可能是更为直观的证明值得在此讲一讲. 由刚才的证明可以知道,只要把我们的注意力限制在 0 和 1 之间的点集就够了. 其证明仍然是反证法. 假设直线上 0 到 1 之间的所有点能排成序列

$$a_1, a_2, a_3, \cdots. \qquad (1)$$

把标号 a_1 的点用一个长为 $\frac{1}{10}$ 的区间盖住,标号 a_2 的点用一个长为 $\frac{1}{10^2}$ 的区间盖住,如此下去. 如果 0 和 1 之间所有点都包含在序列(1)

中，则这单位区间将完全被长为 $\frac{1}{10}$，$\frac{1}{10^2}$，…
的子区间（可能互相重叠）序列完全盖住.（其
中有些区间超出了这个单位区间，这一事实并
不影响证明.）这些区间长度的总和由等比
级数

图 21 两条不等长的
线段上的点的
一一对应

$$\frac{1}{10} + \frac{1}{10^2} + \frac{1}{10^3} + \cdots = \frac{1}{10}\left[\frac{1}{1 - \frac{1}{10}}\right] = \frac{1}{9}$$

给出.因此从序列(1)包含了 0 到 1 的所有实数这个假定出发，我们
推出用一系列总长为 $\frac{1}{9}$ 的区间可以覆盖住长度为 1 的整个区间.这
在直观上是荒谬的.我们将把这个矛盾看成是证明，虽然从逻辑的角
度来看，还需要更充分的分析.

上面这段推理可以在近代的"测度"理论中建立一个很重要的定理.
用一个长为 $\frac{\varepsilon}{10^n}$ 的更小的区间来代替上面的区间，这里 ε 是任意小的正

数.我们看到，直线上任一可数点集能包含在总长为 $\frac{\varepsilon}{9}$ 的一系列区间中，

由于 ε 是任意的，$\frac{\varepsilon}{9}$ 能随意地小.用测度论的术语，我们说可数点集有零

测度.

练习：用正方形的面积代替区间的长度，证明对平面上的可数点集
上述结果同样成立.

3. 康托的"基数"

总结一下至今得到的结果：如果有限集 A 包含的元素比有限集
B 的元素多，那么 A 中元素的个数不能等于 B 中元素的个数.如果
用更一般的等势集的概念来代替"有相同（有限）个数元素的集"的概
念，则上面的论述在无限集当中不成立；所有整数集包含比偶数集更

多的元素,而有理数集比整数集更多,但我们已经看到这些集是等势的. 人们可能认为所有无限集都是等势的,而只有有限集和无限集不等势. 但康托的结果否定了这一点,有一个集,即实数连续统,和任何可数集不等势.

因此至少有两类不同的"无限",整数的可数无限性和连续统的不可数无限性. 如果两个集合 A 和 B(不论有限还是无限)是等势的,我们就称它们有相同的基数. 如果 A 和 B 是有限的,它就变成有相同的自然数这一通常的概念,可以认为它是这个概念的一个合理的推广. 如果集 A 和集 B 的某个子集等势,而 B 不等势于 A 或它的任意子集,我们将按照康托的说法,称集 B 有一个比集 A 更大的基数. 这里,"数"这个词的用法和对于有限集来谈数的大小这个通常的意思也是一致的. 整数集是实数集的一个子集,而实数集既不和整数集也不和它的任意子集等势(即实数集不是可数的,也不是有限的). 因此,根据我们的定义,实数连续统有一个比整数集更大的基数.

*事实上,康托实际说明了如何构造一系列无限集,使它们有越来越大的基数. 由于我们可以从正整数集开始,因此,显然,只须表明:对任意给定集 A,可以构造另一个具有更大基数的集 B. 由于这个定理极为一般,其证明必然比较抽象. 定义集 B 是这样的集:它的元素是集 A 的所有不同子集. 我们所说的"子集"将不仅包括 A 的真子集,而且也包括 A 本身和完全不包含任何元素的空"子集"0. 因此,如果 A 由三个整数 1, 2, 3 组成,则 B 包括了 8 个不同的元素 $\{1, 2, 3\}$, $\{1, 2\}$, $\{1, 3\}$, $\{2, 3\}$, $\{1\}$, $\{2\}$, $\{3\}$ 和 0. 集 B 的每一个元素,本身是一个由 A 的某些元素组成的集. 现在假设 B 和 A 等势(或 B 和 A 的某个子集等势),即有某个规则使 A 的元素(或 A 的子集的元素)一对一地和 B 的所有元素相对应,也就是说有 A 的子集 S_a 使

$$a \longleftrightarrow S_a, \tag{2}$$

其中 S_a 表示与 A 的元素 a 对应的那个 A 的子集. 我们将指出 B 的一个元素 T(即 A 的一个子集),它不能和任意元素 a 相对应,从而引出矛盾. 为了构造这个子集,我们注意对 A 的任一元素 x 存在两种可能:在给定的

对应(2)中,x 所指定的集 S_x 或包含元素 x,或 S_x 不包含 x. 定义 T 为 A 的这样一个子集,它包含所有使 S_x 不包含 x 的那些元素 x. 这子集和每一个 S_a 至少差一个元素 a,因为如果 S_a 包含 a,则 T 不包含 a,可是如果 S_a 不包含 a,则 T 包含 a. 因此 T 不包括在对应(2)中. 这表明在 A 的元素(或 A 的任意子集的元素)和 B 的元素之间,不可能建立一个一一对应. 但对应

$$a \longleftrightarrow \{a\},$$

在 A 的元素和由 A 的所有单元素子集组成的 B 的子集之间建立了一一对应. 因此按照上一段的定义,B 有一个比 A 大的基数.

　　*习题:如果 A 有 n 个元素,这里 n 是一正整数,说明上面所定义的 B 包含 2^n 个元素. 如果 A 是全体正整数集,说明 B 和 0 到 1 之间的实数连续统等势(提示:在第一种情形,用记号 0 和 1 的一个有限序列为符号来表示 A 的一个子集. 在第二种情形,用它们的一个无限序列来表示 A 的一个子集:

$$a_1 a_2 a_3 \cdots,$$

这里,$a_n = 1$ 或 0 是按照 A 的第 n 个元素属于还是不属于这给定的子集而定的.)

　　也许有人以为,找出一个比从 0 到 1 的实数集有更大基数的点集是简单的事. 一个"二维"的正方形肯定显得比"一维"的线段包含有"更多"的点. 十分令人惊异的是,事实并非如此;一个正方形中的点集的基数与一个线段上的点集的基数是相等的. 为了证明这一点,我们安排下述对应.

　　如果 (x, y) 是单位正方形中的点,x 和 y 可以写成十进位小数形式,如

$$x = 0. a_1 a_2 a_3 a_4 \cdots,$$
$$y = 0. b_1 b_2 b_3 b_4 \cdots.$$

为了避免含糊,例如对有理数 $\frac{1}{4}$ 我们选用 $0.250000\cdots$ 而不用 $0.249999\cdots$. 然后对正方形的一点 (x, y),指定从 0 到 1 这线段上的一点

$$z = 0. a_1 b_1 a_2 b_2 a_3 b_3 a_4 b_4 \cdots$$

与之对应. 显然, 正方形上不同的点(x, y)和(x', y')对应于线段上不同的点z和z'. 所以正方形的基数不能超过线段的基数.

　　(事实上, 刚才定义的对应在正方形的所有点的集合和单位线段的一个真子集之间是一对一的; 例如, 这正方形中没有一个点能和点 0.2140909090…对应, 因为对于数 1/4 我们选取的是 0.25000…的形式, 而不是 0.24999…. 但是可以把这个对应稍微修改一下, 使整个正方形和整个线段之间是一一对应的, 因而看到它们有相同的基数.)

　　一个类似的论证表明: 立方体中点的基数不大于线段的基数.

　　虽然这些结果似乎都是和维数的直观思想矛盾的, 但我们必须记住, 我们定义的对应不是"连续的". 如果从 0 到 1 沿着线段连续地移动, 则正方形上相对应的点将不形成一连续曲线, 而是完全无秩序地出现. 一个点集的维数不仅依赖于集合的基数, 而且还依赖于这些点在空间中分布的方式. 在第五章我们将重新回到这个问题上来.

4. 反证法[①]

　　基数理论仅仅是一般集合理论的一个方面. 这个集合理论是康托不顾当时某些最卓越的数学家的严厉批评而创立的. 其中许多批评者, 例如克隆尼克和庞加莱(Poincaré), 反对使"集"的一般概念含糊不清和定义某些集合时所用非构造性的推理方法.

　　对非构造性的推理方法的异议可以归结为, 所谓真正的反证法究竟是什么? 反证法本身是一种人们熟知的数学推理方法. 为了证明一个命题 A 是真的, 先作一个尝试性的假定, 认为同 A 相反的命题 A' 为真. 然后用一系列的推理得出一个与 A' 相矛盾的结论, 从而证实了 A' 的荒谬. 于是在"排中律"这个基本逻辑法则的基础上, 由 A' 的荒谬证明了 A 的正确.

　　在整个这本书中, 我们会遇到许多例子, 在那里反证法可以容易地改换为直接证明方法. 但是反证法往往比较简捷, 可以避免对直接目标来说是不必要的一些细节, 而且, 有一些定理, 至今除了反证法

―――――――――

　　① 本书中凡是提到"反证法"一词, 直译应是"间接证法"(indirect proof). ——译注

以外还不可能给出其他的证明. 甚至有这样的定理, 它可以用反证法加以证明, 但是由于这个定理本身的特点, 即使在原则上也不可能给出直接的构造性的证明. 例如在第 95 页的定理就是如此. 在数学历史上曾有这样的不同时期, 当数学家为了表明某个问题的可解性而致力于直接构造这解时, 另有一些人则用反证法给出非构造性的证明而绕过构造的任务.

通过构造某种类型的对象的具体例子来证明该对象的存在, 和说明如果不存在将导致矛盾, 这二者之间是有本质差别的. 第一种情况, 有一个实在的对象, 而第二种情况, 有的仅仅是一个矛盾. 最近有一些卓越的数学家鼓吹从数学中完全排除所有非构造性的证明. 即使我们愿意采用这样的方案, 但在目前, 将是极为复杂的, 甚至会部分地破坏富有生命力的数学整体. 由于这个原因, 毫不奇怪, 采用这个方案的 "直觉主义" 学派遇到了强大的阻力, 即使最彻底的直觉主义者也不能总是履行他们的信条.

5. 有关无限的悖论

虽然直觉主义者的那种不妥协的立场对大多数数学家来说是太极端了, 但是当美妙的无限集理论中出现了一些逻辑上明显的悖论时, 集论受到了严重的威胁. 人们很快就发现, 毫无约束地滥用 "集合" 的概念必然引出矛盾. 有一个由罗素 (R. Russell) 揭示出的悖论可叙述如下. 大多数集合不包含它自身作为元素. 例如, 全体整数集 A 只包含数为元素; A 本身, 不是一个整数, 而是一个整数集, A 并不包含它自身为元素. 这样的集可以称为 "普通的". 有许多集可能包含它自身为元素, 例如集 S 定义如下: "凡是可以用不超过三十个字来定义的集合是 S 的元素."[①]可以看到, S 是包含了它自身为一元素的. 这样的集可以称为 "非普通集". 但无论如

---

① 由于英文和中文的不同, 翻译时把原文字数二十改为 "三十". ——译注

何,多数集将是普通的.为了排除"非普通"集的反常状态,我们可以只着眼于所有普通集组成的集,称它为 C. 集合 C 的每一个元素本身是一个集合,而且事实上是一个普通集. 现在产生了一个问题:C 本身是普通集还是非普通集? 它必须是这二者之一. 如果 C 是普通集,由于 C 定义为包含所有普通集,它包含了它本身作为一个元素. 这样的话,C 必须是非普通集,因为非普通集是那些包含了它本身为元素的集. 这是一个矛盾. 因此 C 必须是非普通集. 但这时 C 包含了一个非普通集(即 C 本身)为其元素,这与 C 只包含普通集的定义相矛盾. 因此,无论哪一种情形,仅仅是 C 的存在,就已经使我们陷入矛盾.

6. 数学的基础

像这样的一些悖论,让罗素和其他一些人系统地研究数学和逻辑的基础. 他们努力的最终目标是,为数学推理提供逻辑基础,使得能避免可能出现的矛盾,而且仍然包括被所有(或某些)数学家认为是重要的一切东西. 虽然,这宏大的目标至今没有达到,而且可能永远不会达到,然而数理逻辑这门学科却已吸引了日益增多的研究者的注意. 在这领域中有许多问题能用很简单的话来叙述,但却很难解决. 我们以连续统假设为例. 这个假设是:没有一个集合,它的基数大于整数集的基数而小于实数集的基数. 许多有趣的结果能从这个假设推出,但至今它却没有得到证明也没有被否定,尽管最近哥德尔(K. Gödel)证明了,如果在集合论基础上的通常的公理是相容的,则加上连续统假设而得到的扩大的公理体系也是相容的. 这种问题最终归结为数学的存在意味着什么这样一个问题. 幸运的是,数学的存在并不取决于对这个问题能否作出令人满意的回答. 以伟大的数学家希尔伯特(Hilbert)为首的"形式主义"学派断言,在数学中,"存在"的意义简单说来就是"没有矛盾". 因此需要建立这样一组公理,从它们出发,能纯形式地推导出数学的一切,并且证明这组公理不导致矛盾. 哥德尔和其他人最近的结果似乎表明,这个至少当初为希尔伯特所相信的方案是不能实现的. 具有重要意义的是,希尔伯特关于数学的形式化结构的理论,本质上是基于直观方法的. 即使在最纯粹的形式推导、逻辑推理或公理化方面,构造性直观总是以这种或那种方式,或明或暗地作为最活跃的因素在数学中起着作用.

§5　复　　数

1. 复数的起源

有许多原因使得数的概念必须越出实数连续统而引进所谓复数. 人们必须认识到,在数学发展史上,在数学思想的发展过程中,所有这种推广和新的发明决不是个别人努力的结果. 它们是具有继承性的逐步演化的过程的产物,而不能把主要功劳归于某个人. 为了便于作形式计算,需要用到负数和有理数. 它们并不像自然数那样直观和具体,直到中世纪末,数学家们在用到这些概念时才开始失去不舒适的感觉. 直到 19 世纪中叶,数学家们才完全认识到,在一个扩充的数域中的运算,其逻辑和哲学基础本质上是形式主义的;这扩充的数域必须通过定义来创造,这些定义是随意的. 但是,如果不能在更大的范围内保持在原来范围内通行的规则和性质,它是毫无用处的. 这些扩充有时可以和"实际"对象相联系,通过这种方式为新的应用提供工具,这是最重要的,但是这只能提供一种动力而不是扩充的合理性的逻辑证明.

最早要求应用复数是为了解二次方程. 我们回忆一下线性方程 $ax = b$ 的概念,这里要确定的是未知量 x. 方程的解是 $x = \dfrac{b}{a}$. 如果要求每一个带有整数系数 $a \neq 0$ 和 b 的线性方程有解,必须引进有理

数. 像

$$x^2 = 2 \tag{1}$$

这样的方程,在有理数域内不存在解 x. 这促使我们构造一个更广的
实数域,使得在这个域中有解. 然而即使实数域也没能足以提供二次
方程的完整理论. 像

$$x^2 = -1 \tag{2}$$

这样一个简单的方程没有实数解,因为任意实数的平方不可能是
负的.

  我们或者满足于宣称这个简单的方程不可解,或者按照我们
所熟悉的扩充数的概念的途径引进使得这个方程可解的数. 当我
们用定义 $i^2 = -1$ 引进新的符号 i 时,正是这样做的. 当然,对于把
数作为计数手段这样的概念来说,这个符号 i 是"虚单位",是不起
作用的. 这纯粹是一个符号,它服从于基本规则 $i^2 = -1$,而其价值
将完全取决于究竟这个引进是否真正有用以及数系的这个扩充能
不能实现.

  由于我们希望对符号 i 能像对普通实数那样进行加、乘,自然要
造出像 2i, 3i, $-$i, 2+5i 这样的符号,或更一般地,$a+bi$ 这样的符
号,这里 a 和 b 是任意两个实数. 如果这些符号服从熟知的加法和乘
法的交换律、结合律和分配律,则有,例如

$$(2+3i)+(1+4i) = (2+1)+(3+4)i$$
$$= 3+7i,$$
$$(2+3i)(1+4i) = 2+8i+3i+12i^2$$
$$= (2-12)+(8+3)i$$
$$= -10+11i.$$

  沿着这条思路,通过如下定义作系统地推广:一个形如 $a+bi$ 的
符号,其中 a 和 b 是任意两个实数,称为带有实部 a 和虚部 b 的复
数. 在这些符号的加法和乘法运算中,除了 i^2 总是用 -1 来代替以

外,将把 i 看成和一个普通实数一样.更确切地说,用规则

$$(a+bi)+(c+di)=(a+c)+(b+d)i,$$
$$(a+bi)(c+di)=(ac-bd)+(ad+bc)i \tag{3}$$

来定义复数的加法和乘法.特别的,我们有

$$(a+bi)(a-bi)=a^2-abi+abi-b^2i^2=a^2+b^2. \tag{4}$$

在这些定义的基础上,容易验证交换律、结合律和分配律对复数成立.而且不仅两个复数相加和相乘,就是相减和相除,也仍然得出一个形如 $a+bi$ 的数,从而使得复数形成一个域(见第 68~69 页):

$$(a+bi)-(c+di)=(a-c)+(b-d)i,$$
$$\frac{a+bi}{c+di}=\frac{(a+bi)(c-di)}{(c+di)(c-di)}$$
$$=\left(\frac{ac+bd}{c^2+d^2}\right)+\left(\frac{bc-ad}{c^2+d^2}\right)i. \tag{5}$$

(第二个等式当 $c+di=0+0i$ 时无意义,因为这时 $c^2+d^2=0$,我们仍必须排除用零即 $0+0i$ 作除数.)例如

$$(2+3i)-(1+4i)=1-i,$$
$$\frac{2+3i}{1+4i}=\frac{2+3i}{1+4i}\cdot\frac{1-4i}{1-4i}$$
$$=\frac{2-8i+3i+12}{1+16}$$
$$=\frac{14}{17}-\frac{5}{17}i.$$

复数域包含实数域为其子域.因为我们把复数 $a+0i$ 看成和实数 a 一样.另一方面,形如 $0+bi=bi$ 的复数称为纯虚数.

习题: ① 把 $\dfrac{(1+i)(2+i)(3+i)}{(1-i)}$ 表示为 $a+bi$ 的形式.

② 把 $\left(-\dfrac{1}{2}+i\dfrac{\sqrt{3}}{2}\right)^3$ 表示为 $a+bi$ 的形式.

③ 把 $\dfrac{1+i}{1-i}$, $\dfrac{1+i}{2-i}$, $\dfrac{1}{i^5}$, $\dfrac{1}{(-2+i)(1-3i)}$, $\dfrac{(4-5i)^2}{(2-3i)^2}$ 表示为 $a+bi$ 的形式.

④ 计算 $\sqrt{5+12i}$(提示：记 $\sqrt{5+12i}=x+yi$, 平方, 然后使实部等于实部, 虚部等于虚部).

引进符号 i, 我们把实数域扩充到符号 $a+bi$ 的域, 在这域中, 特殊的二次方程

$$x^2 = -1$$

有两个解 $x=i$, $x=-i$. 因为按定义 $i \cdot i = (-i)(-i) = i^2 = -1$. 实际上, 我们得到的比这更多. 现在容易验证每一个二次方程都有解, 这种方程可写成

$$ax^2 + bx + c = 0 \qquad\qquad (6)$$

的形式. 从(6)我们有

$$x^2 + \frac{b}{a}x = -\frac{c}{a}, \quad x^2 + \frac{b}{a}x + \frac{b^2}{4a^2} = \frac{b^2}{4a^2} - \frac{c}{a},$$

$$\left(x + \frac{b}{2a}\right)^2 = \frac{b^2 - 4ac}{4a^2}, \quad x + \frac{b}{2a} = \frac{\pm\sqrt{b^2 - 4ac}}{2a}$$

$$x = \frac{-b \pm \sqrt{b^2 - 4ac}}{2a}. \qquad\qquad (7)$$

现在如果 $b^2 - 4ac \geqslant 0$, 则 $\sqrt{b^2-4ac}$ 是一个普通实数, 而解(7)是实数, 如果 $b^2 - 4ac < 0$, 则 $4ac - b^2 > 0$ 且有 $\sqrt{b^2 - 4ac} = \sqrt{-(4ac - b^2)} = \sqrt{4ac - b^2}\,i$, 从而解(7)是复数. 例如方程

$$x^2 - 5x + 6 = 0$$

的解是

$$x = \frac{(5 \pm \sqrt{25 - 24})}{2} = \frac{5 \pm 1}{2} = 2 \text{ 或 } 3.$$

而方程

$$x^2 - 2x + 2 = 0$$

的解是

$$x = \frac{(2 \pm \sqrt{4-8})}{2} = \frac{2 \pm 2\mathrm{i}}{2} = 1 + \mathrm{i} \text{ 或 } 1 - \mathrm{i}.$$

2. 复数的几何解释

为了解所有的二次和三次方程,早在 16 世纪数学家就不得不引进负数的平方根的表达式. 但是他们对解释这些表达式的确切意义感到困惑不安,怀着迷信的敬畏感来看待它们. "虚数"这个词说明了这个表达式曾被认为是有某些虚构和不实际的东西. 终于在 19 世纪初,当这些数的重要性在许多数学分支中已变得明显时,复数运算有了一个简单的几何解释. 这消除了人们对复数的合理性的长期疑虑. 当然,从近代的观点来看并不是一定要有这样的解释. 复数形式计算的合理性,可以由加法和乘法的形式定义直接推出. 但是,大约同时由维赛尔(Wessel,1745~1818)、阿尔纲(Argand,1768~1822)和高斯给出的这个几何解释,使得这些运算从直观的角度来看似乎更为自然,这也是使复数在数学和物理中得到应用的极为重要的原因.

这个几何解释就是把复数 $z = x + y\mathrm{i}$ 简单地用平面上带有直角坐标 x, y 的点来代表. z 的实部是它的 x 坐标,虚部是它的 y 坐标. 因而在复数和"数平面"上的点之间确立了一个对应,就像 §2 在直线,即数轴上的点和实数之间建立对应一样. 数平面 x 轴上的点对应于实数 $z = x + 0\mathrm{i}$,而 y 轴上的点对应于纯虚数 $z = 0 + y\mathrm{i}$. 若

$$z = x + y\mathrm{i}$$

为任一复数,则称复数

$$\bar{z} = x - y\mathrm{i}$$

为 z 的共轭. 在数平面上用点 z 关于 x 轴的镜面反射来表示 $\bar{z}$. 如果

用 ρ 表示从原点到点 z 的距离,则由勾股定理得知

$$\rho^2 = x^2 + y^2 = (x+yi)(x-yi) = z \cdot \bar{z}.$$

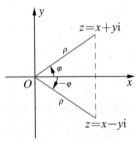

实数 $\rho = \sqrt{x^2+y^2}$ 称为 z 的模,记作

$$\rho = |z|.$$

如果 z 在实轴上,它的模就是它通常的绝对值. 模 1 的复数在以原点为圆心,1 为半径的"单位圆"上.

若 $|z|=0$,则 $z=0$. 这是因为 $|z|$ 的定义就是 z 到原点的距离. 再则,两个复数的乘积的模等于它们模的乘积:

$$|z_1 \cdot z_2| = |z_1| \cdot |z_2|.$$

图 22 复数的几何表示 点 z 的直角坐标 为 x, y

这将由第 110 页要证明的一个更为一般的定理推出.

习题: ① 从两个复数 $z_1 = x_1 + y_1 i$, $z_2 = x_2 + y_2 i$ 的乘积定义直接证明上述定理.

② 从两个实数的乘积等于 0 必须而且只须有一个因子是 0 这个事实出发,证明复数相应的定理(提示:用刚才叙述过的两个定理).

由 $z_1 = x_1 + y_1 i$ 和 $z_2 = x_2 + y_2 i$ 二复数相加的定义,我们有

$$z_1 + z_2 = (x_1 + x_2) + (y_1 + y_2)i.$$

因此在数平面上点 $z_1 + z_2$ 可以表示为以 O, z_1, z_2 为三个顶点的平行四边形的第四个顶点. 两个复数的和的这个简单几何结构在许多应用中非常重要. 由此可以推出一个重要结论:两个复数的和的模不超过它们模的和(和第 70 页比较):

$$|z_1 + z_2| \leqslant |z_1| + |z_2|.$$

这是由三角形的任一边长不超过其他二边长之和这个事实推出来的.

习题: 何时等式 $|z_1 + z_2| = |z_1| + |z_2|$ 成立?

x 轴的正向和 Oz 直线间的交角称为 z 的 **辐角**,记为 φ(图 22). $\bar{z}$ 的模和 z 的模相等,

$$|z| = |\bar{z}|,$$

但是 $\bar{z}$ 的辐角是 z 的辐角的负值,

$$\bar{\varphi} = -\varphi.$$

当然 z 的辐角不是唯一确定的,因为一个角加上或减去 $360°$ 的任一整数倍,不影响它的终边的位置. 因此

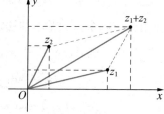

图 23 复数加法的平行四边形法则

$$\varphi,\ \varphi+360°,\ \varphi+720°,\ \varphi+1080°,\ \cdots,$$

$$\varphi-360°,\ \varphi-720°,\ \varphi-1080°,\ \cdots,$$

在图上都表示同样的角. 借助模 ρ 和辐角 φ,复数 z 可写成

$$z = x + y\mathrm{i} = \rho(\cos\varphi + \mathrm{i}\sin\varphi) \tag{8}$$

的形式,因为按照正弦和余弦的定义(见第 284 页)有

$$x = \rho\cos\varphi,\ y = \rho\sin\varphi.$$

例如,对 $z = \mathrm{i}$, $\rho = 1$, $\varphi = 90°$,有 $\mathrm{i} = 1(\cos 90° + \mathrm{i}\sin 90°)$;对 $z = 1 + \mathrm{i}$, $\rho = \sqrt{2}$, $\varphi = 45°$,有 $1 + \mathrm{i} = \sqrt{2}(\cos 45° + \mathrm{i}\sin 45°)$;对 $z = 1 - \mathrm{i}$, $\rho = \sqrt{2}$, $\varphi = -45°$,有 $1 - \mathrm{i} = \sqrt{2}\,[\cos(-45°) + \mathrm{i}\sin(-45°)]$;对 $z = -1 + \sqrt{3}\mathrm{i}$, $\rho = 2$, $\varphi = 120°$,有 $-1 + \sqrt{3}\mathrm{i} = 2(\cos 120° + \mathrm{i}\sin 120°)$. 读者应该代入三角函数的值来核实这些命题.

当两个复数相乘时,三角表达式(8)有很大好处. 如果

$$z = \rho(\cos\varphi + \mathrm{i}\sin\varphi),$$

而

$$z' = \rho'(\cos\varphi' + \mathrm{i}\sin\varphi'),$$

则

$$z \cdot z' = \rho\rho' \big[(\cos\varphi \cos\varphi' - \sin\varphi \sin\varphi')$$
$$+ i(\cos\varphi \sin\varphi' + \sin\varphi \cos\varphi') \big].$$

现在用正弦和余弦的基本加法定理:

$$\cos\varphi \cos\varphi' - \sin\varphi \sin\varphi' = \cos(\varphi + \varphi'),$$
$$\cos\varphi \sin\varphi' + \sin\varphi \cos\varphi' = \sin(\varphi + \varphi'),$$

有 $$zz' = \rho\rho' \big[\cos(\varphi + \varphi') + i\sin(\varphi + \varphi') \big]. \tag{9}$$

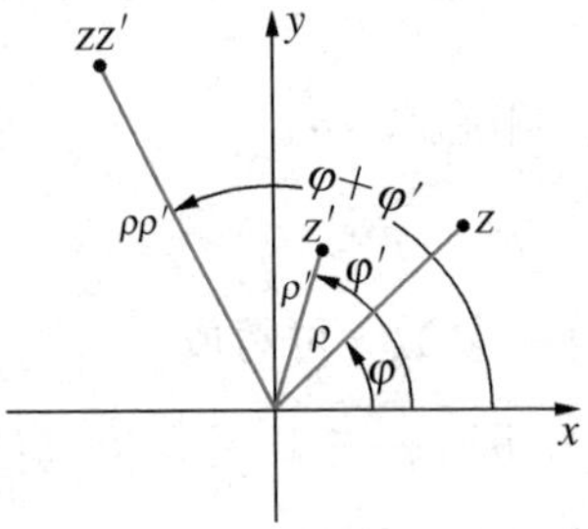

图 24 两个复数相乘,辐角
相加,模相乘

这是模为 $\rho\rho'$,辐角为 $\varphi + \varphi'$ 的复数的三角表示式. 换句话说,两个复数相乘,就是把它们的模相乘而把它们的辐角相加(图 24). 因此我们看到复数的乘法有时是通过旋转来实现的. 为确切起见,把从原点指向点 z 的有向线段称为向量 z,则 $\rho = |z|$ 是它的长度. 设 z' 是单位圆上的一个数,则有 $\rho' = 1$. 这时用 z' 乘 z 就是简单地把向量 z 旋转一个角 φ'. 如果 $\rho' \neq 1$,则在旋转之后,向量的长度要乘以 ρ'. 读者可以用 $z_1 = i$(旋转 $90°$),$z_2 = -i$(沿相反方向旋转 $90°$),$z_3 = 1 + i$,$z_4 = 1 - i$ 去乘各种数来说明这个事实.

当 $z = z'$ 时,公式(9)有一个特别重要的结果,因为这时我们有

$$z^2 = \rho^2 (\cos 2\varphi + i\sin 2\varphi).$$

再用 z 去乘这个结果,得到

$$z^3 = \rho^3 (\cos 3\varphi + i\sin 3\varphi).$$

照此一直进行下去得

$$z^n = \rho^n (\cos n\varphi + i\sin n\varphi), \tag{10}$$

其中 n 为任意整数. 特别如果 z 是单位圆上的点,即 $\rho = 1$,我们得到英国数学家棣莫弗(A. De Moivre,$1667\sim1754$)所发现的公式:

$$(\cos\varphi + i\sin\varphi)^n = \cos n\varphi + i\sin n\varphi. \tag{11}$$

这个公式是初等数学中最引人注目并且最有用的关系式. 可以举个例子来说明这一点. 对 $n = 3$ 应用这个公式, 且按二项式公式

$$(u + v)^3 = u^3 + 3u^2 v + 3uv^2 + v^3,$$

把左边展开, 得到关系式

$$\cos 3\varphi + i\sin 3\varphi = \cos^3\varphi - 3\cos\varphi\sin^2\varphi$$
$$+ i(3\cos^2\varphi\sin\varphi - \sin^3\varphi).$$

两个复数之间的这样一个等式相当于实数之间的一对等式. 因为当两个复数相等时, 实部和虚部必须同时分别相等. 因此有

$$\cos 3\varphi = \cos^3\varphi - 3\cos\varphi\sin^2\varphi,$$
$$\sin 3\varphi = 3\cos^2\varphi\sin\varphi - \sin^3\varphi.$$

利用关系式

$$\cos^2\varphi + \sin^2\varphi = 1,$$

最后得到

$$\cos 3\varphi = \cos^3\varphi - 3\cos\varphi(1 - \cos^2\varphi)$$
$$= 4\cos^3\varphi - 3\cos\varphi,$$
$$\sin 3\varphi = -4\sin^3\varphi + 3\sin\varphi.$$

对任意 n 容易得到用 $\sin\varphi$ 和 $\cos\varphi$ 的幂分别表示 $\sin n\varphi$ 和 $\cos n\varphi$ 的类似公式.

习题: ① 找出 $\sin 4\varphi$ 和 $\cos 4\varphi$ 的相应公式.

② 证明对单位圆上的点 $z = \cos\varphi + i\sin\varphi$, 有 $\dfrac{1}{z} = \cos\varphi - i\sin\varphi$.

③ 不经过计算而证明 $\dfrac{a+bi}{a-bi}$ 的模总是 1.

④ 设 z_1, z_2 是二复数, 证明 $z_1 - z_2$ 的辐角等于由 z_2 到 z_1 的向量与

实轴的夹角.

⑤ 在点 z_1，z_2，z_3 做成的三角形中，标明复数 $\dfrac{z_1-z_2}{z_1-z_2}$ 的辐角.

⑥ 证明有相同辐角的两个复数的比是实数.

⑦ 证明：对四个复数 z_1，z_2，z_3，z_4 来说，如果 $\dfrac{z_4-z_1}{z_4-z_2}$ 和 $\dfrac{z_3-z_1}{z_3-z_2}$ 有相同的辐角，则这四个数同在一个圆上或一条直线上. 反之亦然.

⑧ 证明四个点 z_1，z_2，z_3，z_4 同在一个圆上或一条直线上必须而且只须

$$\frac{z_3-z_1}{z_3-z_2} \bigg/ \frac{z_4-z_1}{z_4-z_2}$$

是实数.

3. 棣莫弗公式和单位根

一个数 a 的 n 次方根是一个使得 $b^n = a$ 的数 b. 特别是数 1 有两个平方根 1 和 -1，因为 $1^2 = (-1)^2 = 1$. 数 1 只有一个实的立方根 1，但它却有四个四次方根，实数 1 和 -1，虚数 i 和 $-$i. 这些事实使我们想到，在复数域中可能还有 1 的两个立方根，因而合起来共有三个. 棣莫弗公式立刻可以说明确实如此.

我们将看到在复数域中，1 恰有 n 个不同的 n 次方根，它们可以用单位圆的一个内接正 n 边形的顶点来表示，$z=1$ 是其中之一. 这从图 25 几乎立刻就看清楚了(画的是 $n=12$ 的情形). 多边形的第一个顶点是 1. 下一个是

$$\alpha = \cos\frac{360°}{n} + \mathrm{i}\sin\frac{360°}{n}, \quad (12)$$

因为它的辐角必须是周角 $360°$ 的 n 分之一. 再下一个顶点是 $\alpha \cdot \alpha = \alpha^2$，因为把向量 α 旋转 $\dfrac{360°}{n}$ 角，就得到它. 再下一个是 α^3，等等. 第 n 步后，最终回到顶点

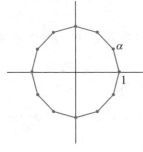

图 25 1 的 12 次方根

1,即

$$\alpha^n = 1.$$

这也可以由公式(11)导出,因为

$$\left(\cos\frac{360°}{n} + i\sin\frac{360°}{n}\right)^n = \cos 360° + i\sin 360°$$

$$= 1 + 0i.$$

可见 $\alpha^1 = \alpha$ 是方程 $x^n = 1$ 的一个根. 对下一个顶点 $\alpha^2 = \cos\frac{720°}{n} + i\sin\frac{720°}{n}$,同样为真,这一点由

$$(\alpha^2)^n = \alpha^{2n} = (\alpha^n)^2 = 1^2 = 1,$$

或由棣莫弗公式

$$(\alpha^2)^n = \cos\left(n \cdot \frac{720°}{n}\right) + i\sin\left(n \cdot \frac{720°}{n}\right)$$

$$= \cos 720° + i\sin 720° = 1 + 0i = 1$$

可以看出. 用同样的方法,我们看到所有这 n 个数

$$1, \alpha, \alpha^2, \alpha^3, \cdots, \alpha^{n-1}$$

都是 1 的 n 次方根. 这指数序列再往后,或利用负指数,都不会产生新的根. 因为 $\alpha^{-1} = \frac{1}{\alpha} = \frac{\alpha^n}{\alpha} = \alpha^{n-1}$,而 $\alpha^n = 1$, $\alpha^{n+1} = \alpha^n \cdot \alpha = 1 \cdot \alpha = \alpha$,等等,只是简单重复以前的值. 可以说明没有其他的 n 次方根,这一点留给读者练习.

如果 n 是偶数,则 n 边形有一个顶点在点 -1 处,这同 -1 是 1 的 n 次方根这个代数事实相符.

1 的 n 次方根所满足的方程

$$x^n - 1 = 0 \tag{13}$$

是 n 次的,但它容易化为一个 $(n-1)$ 次的方程. 我们利用代数公式

$$x^n - 1 = (x - 1)(x^{n-1} + x^{n-2} + x^{n-3} + \cdots + 1). \qquad (14)$$

由于两个数的积为零必须而且只须其中一个数是零,所以(14)的左边为零仅当右边两个因子中有一个为零,即或者 $x = 1$,或者等式

$$x^{n-1} + x^{n-2} + x^{n-3} + \cdots + x + 1 = 0 \qquad (15)$$

成立. 这时这个方程必然为 $\alpha, \alpha^2, \cdots, \alpha^{n-1}$ 这些根所满足,它称为分圆(圆的分割)方程. 例如 1 的三次复根

$$\alpha = \cos 120° + \mathrm{i}\sin 120° = \frac{1}{2}(-1 + \mathrm{i}\sqrt{3}),$$

$$\alpha^2 = \cos 240° + \mathrm{i}\sin 240° = \frac{1}{2}(-1 - \mathrm{i}\sqrt{3}),$$

是方程

$$x^2 + x + 1 = 0$$

的根,读者通过直接代入容易看出这一点. 同样地,1 的五次方根,除 1 本身外,都满足方程

$$x^4 + x^3 + x^2 + x + 1 = 0. \qquad (16)$$

为了作一个正五边形,我们必须解这个四次方程. 通过简单的代数方法,可以把它化为量 $\omega = x + \dfrac{1}{x}$ 的二次方程. 用 x^2 去除(16)而且将各项重新排列,得

$$x^2 + \frac{1}{x^2} + x + \frac{1}{x} + 1 = 0,$$

由于 $\left(x + \dfrac{1}{x}\right)^2 = x^2 + \dfrac{1}{x^2} + 2$,得到方程

$$\omega^2 + \omega - 1 = 0.$$

由第一小节公式(7)得知,这方程有根

$$\omega_1 = \frac{-1 + \sqrt{5}}{2}, \quad \omega_2 = \frac{-1 - \sqrt{5}}{2}.$$

因此,1 的五次复根是下列两个二次方程的根,

$$x+\frac{1}{x}=\omega_1 \text{或} x^2+\frac{1}{2}(1-\sqrt{5})x+1=0,$$

$$x+\frac{1}{x}=\omega_2 \text{或} x^2+\frac{1}{2}(1+\sqrt{5})x+1=0.$$

读者利用上面已经用过的公式可以解出它们.

习题: ① 求 1 的六次方根.

② 求 $(1+i)^{11}$.

③ 求出 $\sqrt{1+i}$, $\sqrt[3]{7-4i}$, $\sqrt[3]{i}$, $\sqrt[3]{-i}$ 的所有不同值.

④ 计算 $\frac{1}{2i}(i^7-i^{-7})$.

*4. 代数基本定理

不仅每一个形如 $ax^2+bx+c=0$ 或形如 $x^n-1=0$ 的方程在复数域中是可解的,而且下述事实也成立:每一个带有实或复系数的任意 n 次代数方程

$$f(x)=x^n+a_{n-1}x^{n-1}+a_{n-2}x^{n-2}$$
$$+\cdots+a_1x+a_0=0, \tag{17}$$

在复数域中有解. 对三次、四次方程来说,这个结论是在 16 世纪由塔尔塔利亚(Tartaglia)、卡尔坦(Cardan)和其他一些人得出的,他们用本质上类似于二次方程的求解公式(虽然远为复杂)来解这样的方程. 对于五次和更高次的一般方程,进行了几乎二百年的深入研究,然而用同样方法求解的所有努力都失败了. 年轻的高斯在他的博士论文中(1799 年)成功地给出了解的存在的第一个完整的证明,这是一个巨大的成就,尽管把用有理算式和根式来表示小于五次的方程的解的经典公式加以推广的问题,在当时仍然没有得到解答(见第 135 页).

高斯的定理断言,对于任何一个形如(17)的代数方程,其中 n 是一正整数,而这些 a 是任意实数或复数,至少存在一复数 $\alpha=c+di$,

使

$$f(\alpha) = 0.$$

数 α 称为方程(17)的一个根.在第 275 页将给出这个定理的一个证明.现在假定它成立,则能够证明人所共知的**代数基本定理**(称它为复数系的基本定理更为合适):每一个 n 次多项式

$$f(x) = x^n + a_{n-1}x^{n-1} + \cdots + a_1 x + a_0, \tag{18}$$

可以恰好分解为 n 个因式的乘积

$$f(x) = (x - \alpha_1)(x - \alpha_2)\cdots(x - \alpha_n), \tag{19}$$

其中 α_1,α_2,α_3,$\cdots$,α_n 是复数,是方程 $f(x)=0$ 的根.我们举一个例子来说明这个定理,多项式 $x^4 - 1$ 可以分解为

$$f(x) = (x-1)(x-\mathrm{i})(x+\mathrm{i})(x+1).$$

这些 α 是方程 $f(x) = 0$ 的根,这一点从因式分解(19)来看是显然的,因为对 $x = \alpha_r$,$f(x)$ 的一个因子等于零,从而 $f(x)$ 本身等于零.

在某些情形,一个 n 次多项式 $f(x)$ 的因子 $(x - \alpha_1)$,$(x - \alpha_2)$,$\cdots$不是各各不同的,例如

$$f(x) = x^2 - 2x + 1 = (x-1)(x-1),$$

只有一个根 $x = 1$,它"算作两次"或者说是"二重的".在任何情况下,一个 n 次多项式的不同因子不能多于 n 个,而相应的方程的根不能多于 n 个.

为证明因式分解定理,我们再次用代数等式

$$x^k - \alpha^k = (x - \alpha)(x^{k-1} + \alpha x^{k-2} + \alpha^2 x^{k-3}$$
$$+ \cdots + \alpha^{k-2} x + \alpha^{k-1}), \tag{20}$$

对 $\alpha = 1$ 来说,它就是等比级数公式.由于假定高斯定理是对的,可以假设 $\alpha = \alpha_1$ 是方程(17)的一个根,所以有

$$f(\alpha_1) = \alpha_1^n + a_{n-1}\alpha_1^{n-1} + a_{n-2}\alpha_1^{n-2} + \cdots + a_1\alpha_1 + a_0 = 0.$$

从 $f(x)$ 中减去它并将各项重新排列,得到等式

$$\begin{aligned}
f(x) &= f(x) - f(\alpha_1) \\
&= (x^n - \alpha_1^n) + a_{n-1}(x^{n-1} - \alpha_1^{n-1}) + \cdots + a_1(x - \alpha_1).
\end{aligned}$$

$$(21)$$

现在,由(20),能从(21)的每一项中提出因子 $(x-\alpha_1)$,使得每一项剩下的因子的次数都降一次. 因此,将各项重新排列,得到

$$f(x) = (x - \alpha_1)g(x),$$

这里 $g(x)$ 是 $n-1$ 次多项式,

$$g(x) = x^{n-1} + b_{n-2}x^{n-2} + \cdots + b_1 x + b_0.$$

(对我们的目的来说,完全无需计算系数 b_k.)现在我们可以对 $g(x)$ 施以同样的办法,根据高斯定理,存在方程 $g(x) = 0$ 的一个根 α_2,使得

$$g(x) = (x - \alpha_2)h(x),$$

这里 $h(x)$ 是一个 $n-2$ 次多项式. 用同样的方式一共进行 $n-1$ 次(当然这句话仅仅是用数学归纳法论证的代用语),最后得到完全的分解

$$f(x) = (x - \alpha_1)(x - \alpha_2)(x - \alpha_3)\cdots(x - \alpha_n). \qquad (22)$$

从(22)得知,不仅复数 α_1, α_2, $\cdots$, α_n 是方程(17)的根,而且它再没有其他的根,因为如果 y 是方程(17)的一个根,则由(22)有

$$f(y) = (y - \alpha_1)(y - \alpha_2)\cdots(y - \alpha_n) = 0.$$

我们从第 108 页已经看到,复数的乘积等于零必须而且只须其中一个因子等于零. 因此必有一个因子 $(y-\alpha_r)$ 等于零,即 y 必须等于 α_r,这正是要证明的.

*§6 代数数和超越数

1. 定义和存在性

任意一个数 x,不论是实数还是复数,如果满足某个形如

$$a_n x^n + a_{n-1} x^{n-1} + \cdots + a_1 x + a_0 = 0$$

$$(n \geqslant 1,\ a_n \neq 0) \tag{1}$$

的代数方程,其中 a_k 是整数,这个数就是一个**代数数**. 例如 $\sqrt{2}$ 是一个代数数,因为它满足方程

$$x^2 - 2 = 0.$$

类似地,一个三次、四次、五次或任意高次的整系数方程的任意一个根是代数数,不论这个根能否用根式表示. 代数数的概念是有理数的自然推广,有理数就是 $n = 1$ 时的特殊情况.

并不是每个实数都是代数数. 康托证明了,全体代数数是可数的,又因为实数是不可数的,因此必定存在不是代数数的实数.

说明代数数的集合为可数的方法如下:对每一个形如(1)的方程,指定正整数

$$h = |a_n| + |a_{n-1}| + \cdots + |a_1| + |a_0| + n$$

为它的"高". 对每一个固定的值 h,仅有有限个形如(1)的方程的高为 h. 这些方程中的每一个至多有 n 个不同的根,因此高为 h 的方程只能有有限个代数数. 把所有代数数排成一个序列,开始是那些高为 1 的,然后取高为 2 的,等等.

有了代数数是可数的这一证明,就保证了不是代数数的实数是存在的,这样的数称为**超越数**,因为,正如欧拉所说的,它们"超越了代数方法的能力之外".

康托关于超越数存在的证明,很难说是构造性的. 在理论上,把代数方程的根的十进位小数表达式列成表,对它采用康托的对角线方法,就可以构造一个超越数. 但是这个方法是很不实际的,以致不论用十进制或者其他形式的小数,都无法把那个数的表达式真正写出来. 况且关于超越数,人们最感兴趣的问题是证明某些特定的数,例如 π 和 e,确实是超越数(π 和 e 将在第 307 页和第 305 页加以定义).

** 2. 柳维尔定理和超越数的构造

柳维尔(J. Liouville,1809~1882)在康托之前给出了一个关于超越数存在的证明. 柳维尔的证明实际上是可以造出这样的数来的. 与康托的证明相比,有些地方它是更困难的,而且,同仅仅是存在性的证明来比较的话,它算最构造性的了. 这里给出的证明仅仅是针对那些程度较高的读者的,虽然并不需要用到中学数学以外的知识.

柳维尔说明了无理代数数是那些不能用有理数以很高的精确度来逼近的数,除非用以逼近的分数的分母很大.

假设数 z 满足整系数代数方程

$$f(x) = a_0 + a_1 x + a_2 x^2 + \cdots + a_n x^n = 0 \ (a_n \neq 0), \quad (2)$$

但不满足次数更低的整系数方程,这时就称 z 为一个 n 次代数数. 例如 $\sqrt{2}$ 是一个二次代数数,因为它满足方程 $x^2 - 2 = 0$,而不满足一次方程;$z = \sqrt[3]{2}$ 是三次的,因为它满足方程 $x^3 - 2 = 0$,而在第三章我们将看到它不满足次数更低的方程. 任何次数为 $n > 1$ 的代数数不可能是有理数,因为有理数 $\frac{p}{q}$ 满足一次方程 $qx - p = 0$. 现在每一个无理数 z 都能以我们所希望的任何精确度用一个有理数逼近;这意味着,我们能找出一系列分母越来越大的有理数列

$$\frac{p_1}{q_1}, \frac{p_2}{q_2}, \cdots,$$

使

$$\frac{p_r}{q_r} \to z.$$

柳维尔定理断言,对次数为 $n > 1$ 的任意代数数 z,这样一个逼近,其精确度必然达不到 $\frac{1}{q^{n+1}}$,即不等式

$$\left| z - \frac{p}{q} \right| > \frac{1}{q^{n+1}}, \tag{3}$$

对充分大的分母 q,必然成立.

现在我们来证明这个定理. 但是,首先要说明如何应用这个定理来构造超越数. 取数

$$z = a_1 \cdot 10^{-1!} + a_2 \cdot 10^{-2!} + a_3 \cdot 10^{-3!} + \cdots$$
$$+ a_m \cdot 10^{-m!} + a_{m+1} \cdot 10^{-(m+1)!} + \cdots$$
$$= 0.a_1 a_2 000 a_3 00000000000000000000 a_4 0000000 \cdots.$$

(关于符号 $n!$ 的定义见第 25 页). 这里 a_i 是从 1 到 9 的任意数码(例如,可以取所有 a_i 都等于 1). 这样一个数,其特点是由单个的非零数码隔开着的一串数目增长很快的零. 在 z 的展式中若只取到 $a_m \cdot 10^{-m!}$ 这一项为止,把这样取的有限十进位小数记为 z_m,则

$$| z - z_m | < 10 \cdot 10^{-(m+1)!}. \tag{4}$$

假设 z 是 n 次代数数,则在(3)中令 $\frac{p}{q} = z_m = \frac{p}{10^{m!}}$,推出对充分大的 m,有

$$| z - z_m | > \frac{1}{10^{(n+1)m!}}.$$

把此式和(4)合在一起,有

$$\frac{1}{10^{(n+1)m!}} < \frac{10}{10^{(m+1)!}} = \frac{1}{10^{(m+1)!-1}},$$

所以 $(n+1)m! > (m+1)!-1$ 对充分大的 m 成立. 但此式对于大于 n 的任意 m 值都是不对的(对此读者应详细加以证明). 这样, 就产生了矛盾. 因此 z 是超越数.

剩下的问题是证明柳维尔定理. 假设 z 是一个满足(1)的次数为 $n > 1$ 的代数数, 使得

$$f(z) = 0. \tag{5}$$

设 $z_m = \dfrac{p_m}{q_m}$ 为一有理数序列且 $z_m \to z$, 则

$$
\begin{aligned}
f(z_m) &= f(z_m) - f(z) \\
&= a_1(z_m - z) + a_2(z_m^2 - z^2) + \cdots + a_n(z_m^n - z^n).
\end{aligned}
$$

用 $(z_m - z)$ 除这等式的两边, 再利用代数公式

$$\frac{u^n - v^n}{u - v} = u^{n-1} + u^{n-2}v + u^{n-3}v^2 + \cdots + uv^{n-2} + v^{n-1},$$

得到

$$
\begin{aligned}
\frac{f(z_m)}{z_m - z} = {}& a_1 + a_2(z_m + z) + a_3(z_m^2 + z_m z + z^2) \\
& + \cdots + a_n(z_m^{n-1} + \cdots + z^{n-1}). \tag{6}
\end{aligned}
$$

由于 z_m 趋向于极限 z, 则对充分大的 m, 它和 z 的差将小于 1. 因此对充分大的 m, 我们能写出如下的粗略估计:

$$
\begin{aligned}
\left| \frac{f(z_m)}{z_m - z} \right| < {}& |a_1| + 2|a_2|(|z|+1) + 3|a_3|(|z|+1)^2 \\
& + \cdots + n|a_n|(|z|+1)^{n-1} = M, \tag{7}
\end{aligned}
$$

M 是一个固定数, 因为在我们的推理中 z 是固定的. 如果现在把 m 取得如此之大, 使得 $z_m = \dfrac{p_m}{q_m}$ 中的分母 q_m 大于 M, 则

$$|z - z_m| > \frac{|f(z_m)|}{M} > \frac{|f(z_m)|}{q_m}. \tag{8}$$

为简洁起见,用 p 表示 p_m,q 表示 q_m,则有

$$|f(z_m)| = \left| \frac{a_0 q^n + a_1 q^{n-1} p + \cdots + a_n p^n}{q^n} \right|. \tag{9}$$

现在,有理数 $z_m = \dfrac{p}{q}$ 不可能是 $f(x)=0$ 的根,因为如果它是的话,我们就能从 $f(x)$ 中消去因子 $(x-z_m)$,这时 z 将满足一个次数低于 n 的方程.因此有 $f(z_m) \neq 0$. 但(9)的右端的分子是一个整数,所以它至少必须等于 1.因而从(8)和(9),我们有

$$|z - z_m| > \frac{1}{q} \cdot \frac{1}{q^n} = \frac{1}{q^{n+1}}. \tag{10}$$

定理得证.

近几十年间,研究用有理数逼近代数数的可能性的问题有了更进一步的发展.例如,挪威数学家图埃(A. Thue)(1863~1922)证明了在柳维尔不等式(3)中指数 $n+1$ 可以用 $\left(\dfrac{n}{2}\right)+1$ 代替.后来西格尔(C. L. Siegel)给出了一个更强的结果,对充分大的 n 来说,对指数 $2\sqrt{n}$,不等式成立.

超越数的问题向来使数学家着迷.但直到最近,那些本身很有趣的数中,只有很少几个能被证明是超越数.(在第三章我们将讨论 π 的超越性质,由此导出用圆规和直尺作一个面积等于圆的正方形是不可能的.)1900 年,在巴黎的国际数学会上,希尔伯特在一个著名的演讲中,提出了 23 个数学问题,它们都是易于叙述的,有些用初等和普通的语言就可以叙述,但是都还没有得到解决.而且看来用当时已有的数学方法一时还无法接近它们.这些"希尔伯特问题"为后期数学的发展提出了挑战.到目前为止,这些问题几乎全都解决了,而且它们的解决往往意味着数学在观点上和一般方法上获得了一定的进步.其中有一个似乎是最没有希望的问题,就是要证明

$$2^{\sqrt{2}}$$

是超越数,或甚至于只要证明它是无理数.几乎三十年内,稍微有一点可望攻克这问题的想法都不存在.终于,西格尔和年轻的苏联人盖尔芳特(A. Gelfond)独立地发现了一些新方法来证明数学上许多重要的数的超越性质,其中包括希尔伯特数 $2^{\sqrt{2}}$ 和更为一般的任意数 a^b,这里 a 是 0 和 1 以外的代数数,而 b 是任意无理代数数.

第2章补充

集合代数

1. 一般理论

由对象组成的类或集的概念是数学中最基本的概念之一. 集是用任意一种性质或属性 $\mathscr{U}$ 来定义的, 这种属性对我们所考虑的每个对象来说, 或者具备, 或者不具备, 二者必居其一. 具备这个性质的对象形成了一个相应的集 A. 例如, 若考虑整数, 而性质 $\mathscr{U}$ 指的是素数, 则相应的集 A 是全体素数集 $2, 3, 5, 7, \cdots$.

集的数学研究是基于这样的事实: 一些集通过某些运算可以形成另外的集, 如同数可以通过加法和乘法形成另外的数一样. 关于集的运算的研究形成了"集合代数", 它和数的代数在形式上有许多相似之处, 同时也有所不同. 代数方法能用于研究像集这样的非数值对象, 这个事实说明了现代数学的概念具有很大的普遍性. 近些年来, 已清楚地显示了集合代数能用以阐明像测度论、概率论这样的许多数学分支; 它也有助于系统地把数学概念归结到它们的逻辑基础上.

下面, I 表示具有任意性质的对象的一个固定集, 称为全集或论述总体, 而用 $A, B, C, \cdots$ 表示 I 的任意子集. 如果 I 表示所有整数组成的集, A 可以表示所有偶数组成的集, B 表示所有奇数组成的集, C 表示全体素数之集, 等等. 或者, I 可以表示一个固定平面上所有点的集, A 表示这平面上某个圆内的所有点的集, B 表示这平面上另外某个圆内的所有点的集, 等等. 为方便起见, 把集 I 本身和不包含任何对象的"空集" O 也作为 I 的"子集". 这个人为的推广, 其目的是为了保持这样的规则, 即对每一个性质 $\mathscr{U}$, 对应着 I 的一个子集

A, 使 A 的所有对象都具备这个性质. 如果 $\mathscr{U}$ 是某个普遍成立的性质, 例如, 人们用一个显然的等式 $x = x$ 来确定的性质, 相应的 I 的子集将是 I 本身, 因为每一个对象都满足这个等式. 如果 $\mathscr{U}$ 是某个自相矛盾的性质, 如 $x \neq x$, 相应的子集将不包含任何对象, 可以用符号 O 来表示.

如果集 A 的对象没有不属于集 B 的, 就称集 A 是集 B 的**子集**, 记作

$$A \subset B \text{ 或 } B \supset A.$$

例如所有 10 的倍数的整数集 A 是所有 5 的倍数的整数集 B 的子集, 因为每一个 10 的倍数的整数也是 5 的倍数. $A \subset B$ 这个论断并不排除 $B \subset A$ 的可能性. 如果两个关系都成立, 我们说集 A 和集 B 是**相等**的, 并写成

$$A = B.$$

要使这个等式成立, A 的每一个对象必须是 B 的一个对象, 反之亦然, 从而使集 A 和集 B 恰好包含着同样的对象.

关系式 $A \subset B$ 与实数之间的次序关系 $a \leqslant b$ 有许多类似之处. 特别有以下命题成立:

(1) $A \subset A$.

(2) 若 $A \subset B$ 且 $B \subset A$, 则 $A = B$.

(3) 若 $A \subset B$ 且 $B \subset C$, 则 $A \subset C$.

由于这个原因, 我们也称 $A \subset B$ 为 "**次序关系**". 它与数的关系 $a \leqslant b$ 的主要区别在于, 对每一对数 a 和 b, 关系式 $a \leqslant b$ 或 $b \leqslant a$ 至少总有一个成立, 对集合则不然. 例如, 若 A 表示由整数 1, 2, 3 组成的集

$$A = \{1, 2, 3\},$$

B 是整数 2, 3, 4 组成的集

$$B = \{2, 3, 4\},$$

则既没有 $A \subset B$, 也没有 $B \subset A$. 由此, 我们说关系式 $A \subset B$ 确定了集合之间的一个半序关系, 而关系式 $a \leqslant b$ 确定了数之间的一个全

序关系.

其次,我们可以从关系式 $A \subset B$ 的定义得到

(4) $O \subset A$,对任一集 A 成立,

(5) $A \subset I$,

其中,集 A 是全集 I 的任一子集.关系式(4)似乎有些不合理,但这是与符号 $\subset$ 的定义的严格解释符合的.因为只有在空集包含一个不在 A 中的对象时,命题 $O \subset A$ 才不成立,然而由于空集不包含任何对象,不论 A 是什么集,这事也不可能发生.

现在我们要定义集的两个运算,它们具备数的普通加法和乘法的许多代数性质,虽然从概念上说它们和这些运算是很不同的.为此,设 A 和 B 为任意二集.A 和 B 的"并"或"逻辑和"意味着由所有或者属于 A 或者属于 B 的对象(包括可能同时属于二者的任意对象)组成的集,我们用 $A+B$ 表示.A 和 B 的"交"或"逻辑积"意味着仅仅由共同属于 A 和 B 的那些对象组成的集,我们用符号 $A \cdot B$ 或简单地用 AB 表示.为了说明这些运算,再次取 A、B 为

$$A = \{1, 2, 3\}, B = \{2, 3, 4\},$$

则

$$A+B = \{1, 2, 3, 4\}, AB = \{2, 3\}.$$

运算 $A+B$ 和 AB 的重要代数性质列举如下.读者应在这些运算的定义基础上对它们加以验证.

(6) $A+B = B+A$.

(7) $AB = BA$.

(8) $A+(B+C) = (A+B)+C$.

(9) $A(BC) = (AB)C$.

(10) $A+A = A$.

(11) $AA = A$.

(12) $A(B+C) = AB+AC$.

(13) $A+(BC) = (A+B)(A+C)$.

(14) $A + O = A$.

(15) $AI = A$.

(16) $A + I = I$.

(17) $A \cdot O = O$.

(18) 关系式 $A \subset B$ 等价于 $A + B = B$, $AB = A$ 两个关系中的任意一个.

验证这些规律是初等逻辑的问题. 例如(10)是说, 在 A 中或在 A 中的那些对象恰好组成 A; 而(12)是说, 那些在 A 中, 且或在 B 中或在 C 中的对象组成的集, 与那些或共同在 A 和 B 中, 或共同在 A 和 C 中的对象组成的集是一样的. 在这里或其他的讨论中所涉及的逻辑关系, 可以用表示集 A, B, C 的平面图形来说明, 但是必须谨慎地考虑到我们所讨论的集彼此之间有不同对象和公共对象的各种可能情况.

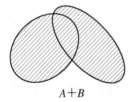 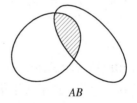

$A + B$ AB

图 26 集合的并和交

读者会看到规律(6), (7), (8), (9), (12)和熟知的代数交换律、结合律、分配律是一致的. 因此得知, 关于数的所有通常的代数规律, 即交换律、结合律和分配律的各种推论, 对集的代数同样成立. 但是规律(10), (11), (13)在数的运算中不存在类似的性质, 它使集合代数比起数的代数具有更简单的结构. 例如普通代数中的二项式定理, 在集合代数中就代之以等式

$$(A + B)^n = (A + B)(A + B) \cdots (A + B)$$

$$= A + B,$$

这是(11)的一个推论.规律(14),(15),(17)表明,O 和 I 关于集的并和交的运算性质十分类似于数 0 和 1 关于普通加法和乘法的运算性质.在数的代数中没有类似于(16)的规律.

在集的代数中还需要定义一个进一步的运算.设 A 表示全集 I 的一个子集,则 A 在 I 中的**余集**就是由所有在 I 中而不在 A 中的对象组成的集.用符号 A' 表示它.因此如果 I 是全体自然数,A 是素数集,则 A' 是由 1 和合数组成的集.在数的代数中没有恰好类似于 A' 的运算.它具有如下性质:

(19) $A + A' = I$.

(20) $AA' = O$.

(21) $O' = I$.

(22) $I' = O$.

(23) $(A')' = A$.

(24) 关系式 $A \subset B$ 等价于关系式 $B' \subset A'$.

(25) $(A + B)' = A'B'$.

(26) $(AB)' = A' + B'$.

这些规律仍留给读者去验证.

从(1)到(26)的规律形成了集合代数的基础.它们在下述意义下具有引人注目的"对偶"性质:如果在(1)到(26)的任一规律中,符号

$$\subset 和 \supset$$
$$O 和 I$$
$$+ 和 \cdot$$

处处交换(只要它们出现),则其结果仍然是这些规律中的一个.例如,规律(6)变成(7),(12)变成(13),(17)变成(16),等等.由此得知,对任意能在规律(1)到(26)的基础上得到证明的定理,都相应存在另一个"对偶"定理,它通过作上面的交换而得到.因为任何定理的证明,每一步都通过连续应用(1)到(26)的某些规律而实现,因此在每一步都应用对偶规律将给出其对偶定理的证明.(第四章提到了几

何中一个类似的对偶性.)

2. 在数理逻辑中的应用

验证集代数规律要依赖于对关系式 $A \subset B$ 和运算 $A+B$，AB，A' 的逻辑意义的分析. 现在我们能够把这过程倒转过来，用规律(1)到(26)作为一个"逻辑代数"的基础. 更确切地说，与集合(或等价地说，与对象的性质或属性)有关的那部分逻辑可以归结为基于(1)至(26)的一个形式代数系统. 逻辑的"论述总体"确定一个集合 I；对象的每一个性质或属性 $\mathcal{U}$ 确定 I 中具有这种属性的所有对象所组成的集 A. 把普通逻辑术语翻译成集合语言的规则可以用下述例子来说明：

"或 A 或 B"	$A+B.$
"既 A 又 B"	$AB.$
"非 A"	$A'.$
"既非 A 又非 B"	$(A+B)'$，或等价地 $A'B'.$
"非既 A 且 B"	$(AB)'$，或等价地 $A'+B'.$
"所有 A 是 B"或"如果 A，则 B"或"A 蕴涵 B"	$A \subset B.$
"有些 A 是 B"	$AB \neq O.$
"没有 A 是 B"	$AB = O.$
"有些 A 不是 B"	$AB' \neq O.$
"不存在 A"	$A = O.$

用集合代数的术语，那么三段论式，即"若所有 A 是 B 且所有 B 是 C，则所有 A 是 C"，可简单地变成

(3) 若 $A \subset B$ 且 $B \subset C$，则 $A \subset C$.

类似地，"矛盾律"，即"一个对象不能既具有一个属性又不具有这个属性"，成为

(20) $AA' = O.$

而"排中律"，即"一个对象必须或者具有一给定的属性或者不具

有这个属性",变成

(19) $A + A' = I.$

因此能用符号 $\subset$，$+$，$\cdot$，$'$ 表示的那部分逻辑，可以当作一个符合规律(1)到(26)的形式代数系统来处理. 数学的逻辑分析和逻辑的数学分析的融合结果,创造了一门新的学科——数理逻辑. 它现在正处于迅猛发展的过程中.

从公理体系的观点来看,一个值得注意的事实是,命题(1)到(26)和集合代数的所有其他定理都能从下面三个等式推出:

$$(27) \quad \begin{aligned} A + B &= B + A, \\ (A + B) + C &= A + (B + C), \\ (A' + B')' + (A' + B)' &= A. \end{aligned}$$

因此如果把这三个命题作为公理,集合代数就能像欧几里得几何那样,构成一个纯粹演绎理论. 这样做后,运算 AB 和次序关系 $A \subset B$ 就可以用 $A + B$ 和 A' 来定义:

$$AB \text{ 意味着} (A' + B')',$$
$$A \subset B \text{ 意味着} A + B = B.$$

在满足集合代数的所有形式规律的数学系统中,有一个别具一格的例子,它是由八个数 1，2，3，5，6，10，15，30 给出的. 这里 $a + b$ 定义为 a 和 b 的最小公倍数,ab 定义为 a 和 b 的最大公因子,$a \subset b$ 表示"a 是 b 的一个因子",而 a' 表示数 $\dfrac{30}{a}$. 由于这样的例子的存在,便产生了研究满足规律(27)的一般代数系统. 这种系统称为"布尔代数",以纪念布尔(Boole,1815～1864),一个英国的数学家和逻辑学家,他的逻辑著作《思想规律的研究》(*An Investigation of the Laws of Thought*)在 1854 年出版.

3. 在概率论中的一个应用

集合代数可以很好地用来描述概率论. 我们只考虑最简单的情形,设想一个有有限个可能结果的试验,所有的结果都假定是"等可能"的.例如,试验可以是从一付洗好了的 52 张牌中随机地抽出一张.如果用 I 表示由试验的可能结果组成的集合,而 A 表示 I 的任意子集,则试验结果属于子集 A 的概率定义为比值

$$p(A) = \frac{A \text{ 中元素个数}}{I \text{ 中元素个数}}.$$

如果用符号 $n(A)$ 表示任意集合 A 的元素个数,则这个定义可以写成

$$p(A) = \frac{n(A)}{n(I)} \tag{1}$$

的形式.在我们的例子中,如果 A 表示红桃花色的子集,则 $n(A) = 13$, $n(I) = 52$, $p(A) = \frac{13}{52} = \frac{1}{4}$.

当某些集合的概率为已知,而要求其他集合的概率时,就要用集合代数的思想来作概率的计算.例如,若 $p(A)$, $p(B)$ 和 $p(AB)$ 的值为已知,我们能算出概率 $p(A+B)$,

$$p(A + B) = p(A) + p(B) - p(AB). \tag{2}$$

这证明很简单,我们有 $n(A+B) = n(A) + n(B) - n(AB)$,因为 A 和 B 的公共元素,即 AB 的元素,在和 $n(A) + n(B)$ 中算了两遍,因此必须从中减去 $n(AB)$ 才能得到 $n(A+B)$ 的正确值.用 $n(I)$ 除这等式的每一项,得到等式 (2).

当我们考虑三个子集 A, B, C 时,得到一个更有趣的公式.从 (2) 我们有

$$p(A+B+C) = p[(A+B)+C]$$
$$= p(A+B) + p(C) - p[(A+B)C].$$

从上一小节的 (12),我们知道 $(A+B)C = AC + BC$.因此

$$p[(A+B)C] = p(AC + BC)$$
$$= p(AC) + p(BC) - p(ABC).$$

把 $p[(A+B)C]$ 的值代入上面等式,而 $p(A+B)$ 的值由 (2) 给出,我们得到所希望的公式

$$p(A+B+C) = p(A) + p(B) + p(C) -$$

$$p(AB) - p(AC) - p(BC) + p(ABC). \tag{3}$$

作为一个例子,我们考虑如下试验.三个数码 1,2,3,以随机的次序写下来,至少有一个数码出现在它本来的位置上的概率是多少?用 A 表示使数码 1 出现在第一个位置上的所有写法,B 表示数码 2 出现在第二个位置上的所有写法,C 表示数码 3 出现在第三个位置上的所有写法.于是,要计算 $p(A+B+C)$.显然,

$$p(A) = p(B) = p(C) = \frac{2}{6} = \frac{1}{3},$$

因为当一个数码在它本来的位置上时,其余的数码有两种可能的次序,而三个数码的所有可能排列是 $3 \cdot 2 \cdot 1 = 6$ 种.再则,

$$p(AB) = p(AC) = p(BC) = \frac{1}{6},$$

$$p(ABC) = \frac{1}{6},$$

因为以上每种情况只能以一种方式出现,由(3)得出

$$p(A+B+C) = 3 \cdot \left(\frac{1}{3}\right) - 3 \cdot \left(\frac{1}{6}\right) + \frac{1}{6}$$

$$= 1 - \frac{1}{2} + \frac{1}{6} = \frac{2}{3} = 0.6666\cdots.$$

习题:求 $p(A+B+C+D)$ 的相应公式并应用于四个数码的情形.相应的概率为 $\frac{5}{8} = 0.6250$.

关于 n 个子集的并的一般公式是

$$p(A_1+A_2+\cdots+A_n) = \sum_1 p(A_i) - \sum_2 p(A_iA_j) +$$

$$\sum_3 p(A_iA_jA_k) - \cdots \pm p(A_1A_2\cdots A_n). \tag{4}$$

这里符号 $\sum_1$,$\sum_2$,$\sum_3$,$\cdots$,$\sum_{n-1}$ 表示在集 A_1,A_2,$\cdots$,A_n 中每次取一个,二个,三个,$\cdots$,$(n-1)$ 个的所有可能组合的和.这公式可以用数学归纳法导出,正如我们由(2)推出(3)一样.由(4)容易看出,如果 n 个数码 1,2,3,$\cdots$,n 以随机次序写出,至少有一个数码在它本来的位置上的概

率是

$$p_n = 1 - \frac{1}{2!} + \frac{1}{3!} - \frac{1}{4!} + \cdots \pm \frac{1}{n!}, \tag{5}$$

这里最后一项取加号或减号取决于 n 是奇数还是偶数. 特别对 $n = 5$, 概率为

$$p_5 = 1 - \frac{1}{2!} + \frac{1}{3!} - \frac{1}{4!} + \frac{1}{5!} = \frac{19}{30} = 0.63333\cdots.$$

在第八章我们将看到, 当 n 趋于无穷时, 表达式

$$S_n = \frac{1}{2!} - \frac{1}{3!} + \frac{1}{4!} - \cdots \pm \frac{1}{n!}$$

趋于极限 $\frac{1}{e}$, 这十进位小数的前五位是 0.36788. 由此由 (5) $p_n = 1 - S_n$ 得知, n 趋于无穷时,

$$p_n \to 1 - \frac{1}{e} = 0.63212.$$

第3章

几何作图 数域的代数

引 言

在几何学中,作图问题是人们喜欢的一个课题.只用圆规和直尺就可以完成许多作图问题,例如,读者记得中学时学过的,二等分一线段或一个角,过一点作一给定直线的垂线,作圆内接正六边形,等等.在所有这些问题中,直尺仅仅当作一直边,一个画直线的工具,而不能用以测量或标示距离.只限于用圆规和直尺的传统要回溯到古代,虽然希腊人自己毫不犹豫地使用其他工具.

经典作图问题中,最有名的一个是所谓阿波罗尼斯(Apollonious,约公元前200年)的切圆问题.这个问题是,在平面上给定任意三个圆,求作和这三个圆相切的第四个圆.另外还允许在这些给定的圆中,有一个或几个退化为一个点或一条直线(相应于半径为零或"无穷大"的"圆").例如,可以求作一个圆过一给定点和给定的两条直线相切.这些特殊情形是比较容易处理的,而一般问题考虑起来就有些困难.

在所有作图问题中,最有趣的大概是用圆规和直尺作一个正 n 边形.对 n 的某些值,例如 $n = 3, 4, 5, 6$,其解法在古代就知道了,而且现在它们成了中学几何的一个重要部分.已经证明正七边形($n = 7$)的作图是不可能的.另外还有三个经典希腊问题,人们一直徒劳地寻求它们的解,这是指:三等分任意一给定角,倍立方体(即求一立方体的边长,使它的体积二倍于一边长给定的立方体的体积),化圆为方(即求作一正方形,使它与一给定圆有相同的面积).在所有这些问题中,只允许用圆规和直尺.

历时若干世纪,人们毫无所获地寻求着这些问题的解法,后来逐渐怀疑这些问题可能根本就不可解.这种不可解问题,在数学上引起了一个极重要而有价值的发展.数学家面临着这样的挑战:怎样才能证明某种问题是不可解的?

在代数中,解五次和更高次方程的问题引出了这种新的思想方法.在 16 世纪,数学家就已经知道三次和四次代数方程能用一个类似于解二次方程的初等方法来解.所有这些方法都有下述共同特点:方程的解或"根",可以写成一个代数表达式,这个代数表达式是由方程的系数通过一系列运算而得到的,其中每一个运算,或是有理运算——加、减、乘、除——或是开平方根、立方根、四次方根.我们说直到四次的代数方程都能"用根式"来解.利用更高次的方根,把这种做法推广到五次和更高次的方程中去,这似乎是再自然不过的了.但是,所有这样的尝试都失败了.甚至 18 世纪一些杰出的数学家也欺骗了他们自己,自以为找到了这样的解法.直到 19 世纪初,意大利的茹菲尼(Ruffini,1762~1822)和挪威的天才阿贝尔(N. Abel,1802~1829)才表明了一个在当时很革命的想法,他们证明了不可能利用根式的方法解一般 n 次代数方程.人们必须理解清楚,问题并不是任意 n 次代数方程是否有根.这个事实在 1799 年首先为高斯在他的博士论文中所证明.所以关于一个方程的根的存在性问题是无可怀疑的,尤其因为这些根的值能用适当的办法以任意精确度计算出来.方程的数值解法的技巧当然是十分重要的,而且有了很高的水平.但是,阿贝尔和茹菲尼所说的问题完全是另一个问题:只用有理运算和根式运算是否能够求解?由于要求彻底搞清这个问题,促成了由茹菲尼、阿贝尔和伽罗华(Galois,1811~1832)开创的近世代数和群论的重大发展.

在代数的这个研究方向中,证明某个几何作图为不可能的问题是其中最简单的例子之一. 在这一章,我们利用代数的概念能够证明,只用圆规和直尺三等分角、作正七边形和倍立方体是不可能的(化圆为方是一个处理起来更加困难的问题,见第 160 页). 我们的着眼点将不再是某些作图为不可能这样的反面问题,而是正面的问题:怎样才能完全刻划出所有可作图的问题的特性? 我们回答了这个问题之后,说明上述问题不属于这个范围就容易了.

高斯在 17 岁时发现了正 p 边形(p 为素数)可作图的条件. 当时只对 $p=3$ 和 $p=5$ 知道其作图的方法. 高斯发现正 p 边形可作图必须而且只须 p 是一素"费马数"

$$p = 2^{2^n} + 1.$$

前几个费马数是 $3, 5, 17, 257, 65537$(见第 34 页). 年轻的高斯为自己的发现激动,以至于立刻放弃了打算成为哲学家的念头,而决心献身于数学和它的应用. 他经常以特别自豪的心情回顾他这第一个伟大的功绩. 在他死后,在哥廷根为他树立了一个铜像,铜像的底座是正十七边形的,以此来象征他的荣誉那是再合适不过的了.

处理几何作图时,我们不应当忘记,问题并不是要求以一定的精确度实际把图画出来,而是从理论上说明只用圆规和直尺(假设我们的这些仪器完全准确)能否找出画图的方法来. 高斯所证明的是,他的作图从原理上讲是能够实现的. 他的理论没有涉及实际作图的最简便的方式,以及如何简化与削减所需要步骤的方法. 这是一个理论上不太重要的问题. 从实际的观点来看,任何一个作图方法,其效果都不如用好的半圆仪那样令人满意. 由于没有能够正确理解几何作图问题的理论特点,又顽固地拒绝接受那些已经很好确立的科学事实,使得一些人无休止地寻找三等分角和倍立方体的方法. 对他们当中那些能理解初等数学的人来说,学习这一章是有益的.

必须再次强调,我们的几何作图概念在某种意义下似乎是人为的. 圆规和直尺肯定是作图的最简单的工具,但是在几何中从来就没有只限于这些仪器. 希腊数学家很早以前就认识到,如果,比如允许用直角三角板的话,某些问题——例如倍立方体问题——是能够解决的.同样也容易造出圆规以外的仪器,用以画椭圆、双曲线和更复杂的曲线,从而大大扩充了可作图的图形的范围.但在下几节中,我们将坚持只许用圆规和直尺,仍采用这种标准的几何作图观念.

第❶部分　不可能性的证明和代数

§1　基本几何作图

➤ 1. 域的构作和开平方根

为了建立一般思想,我们从检验一些古典作图开始. 要理解得更深刻,关键在于把几何问题"翻译"成代数语言. 任何一个几何作图问题都是这种类型的: 给定某些线段如 a, b, c, $\cdots$,求一个或多个其他线段 x, y, $\cdots$. 任何一个问题总可以用这种方式来表述,虽然初看起来表面上与此很不相同. 我们所求的线段可以是,一个要作图的三角形的边、圆的半径、某个点的直角坐标(例如第 157 页)等. 为简单起见,假设只需求作一个线段 x. 于是几何作图就归结为解一个代数问题: 首先,必须找出所求的量 x 和给定的量 a, b, c, $\cdots$ 之间的关系(方程);其次,必须解这方程来求未知量 x;最后,我们必须确定,通过相应于用圆规和直尺来作图的代数过程能否得到这个问题的解. 解析几何的原理就是在引进实数连续统的基础上,用实数刻画几何对象的量的特征. 它为整个理论提供了基础.

首先,我们来看相应于初等几何作图的一些最简单的代数运算. 如果给定两个长为 a 和 b 的线段(用一个给定"单位"线段来测量),很容易作出 $a+b$, $a-b$, ra(这里 r 是任意的有理数),$\dfrac{a}{b}$ 和 ab.

为了作出 $a+b$（图 27），我们画一条直线，在上面用圆规标出距离 $OA=a$，$AB=b$，则 $OB=a+b$. 类似地对 $a-b$，标出 $OA=a$，$AB=b$，但这次 AB 和 OA 方向相反，则 $OB=a-b$. 为了画 $3a$，我们简单地作加法 $a+a+a$. 同样，能作出 pa，这里 p 是任意一个正整数. 用下述办法画 $\dfrac{a}{3}$（图 28），在一直线上标出 $OA=a$，过 O 任意作第二条直线，在这直线上标出任一线段 $OC=c$，再作 $OD=3c$.

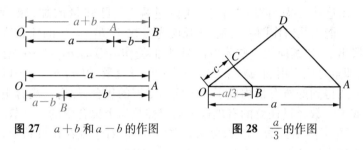

图 27　$a+b$ 和 $a-b$ 的作图　　　　**图 28**　$\dfrac{a}{3}$ 的作图

连接 A 和 D 且过 C 画一直线平行于 AD，交 OA 于 B. 三角形 OBC 和三角形 OAD 相似，因此有 $\dfrac{OB}{a}=\dfrac{OB}{OA}=\dfrac{OC}{OD}=\dfrac{1}{3}$，即 $OB=\dfrac{a}{3}$. 用同样的方法能画出 $\dfrac{a}{q}$，这里 q 是任一正整数. 将此作法施于线段 pa，就能作出 ra，这里 $r=\dfrac{p}{q}$ 为任意一个有理数.

为了作 $\dfrac{a}{b}$（图 29），在任意一个角 O 的两边上标出 $OB=b$，$OA=a$，且在 OB 上标出 $OD=1$，过 D 作一平行于 AB 的直线交 OA 于 C，则 OC 长为 $\dfrac{a}{b}$. 图 30 表明了 ab 的作法，其中 AD 是过 A 平行于 BC 的线.

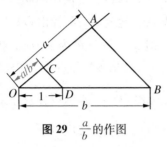

图 29 $\dfrac{a}{b}$ 的作图

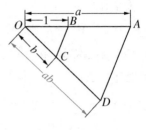

图 30 ab 的作图

由这些考虑得知,"有理"代数过程——已知量的加、减、乘、除——能用几何作图来实现. 从长度为实数 a, b, c,…的任意给定线段出发,连续应用这些简单作图,我们能作出用 a, b, c,…的有理式(即重复地应用加、减、乘、除)来表示的任意量. 由 a, b, c,…以这种方式得到的所有量构成了一个叫做数域的集合,使得这集合中两个或多个数经过任意的有理运算后仍然是这个集合中的一个数. 我们回顾一下,有理数,实数,复数都是一个域. 对于现在这种情形,我们称这个域是由给定的数 a, b, c,…构成的.

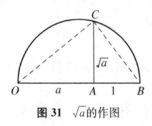

图 31 $\sqrt{a}$ 的作图

有决定性意义的新作图方法是求平方根,它使我们超出了刚才得到的域. 如果给定一个线段 a,则只用圆规和直尺能作出 $\sqrt{a}$. 在直线上标出 $OA = a$ 和 $AB = 1$(图 31). 以线段 OB 为直径画一圆,而且过 A 作 OB 的垂线交这个圆于 C. 利用初等几何的定理,即半圆的圆周角是直角,我们得知,三角形 OBC 在 C 点是一直角. 因此 $\angle OCA = \angle ABC$,直角三角形 OAC 和 CAB 相似. 设 $x = AC$,有

$$\frac{a}{x} = \frac{x}{1},\ x^2 = a,\ x = \sqrt{a}.$$

2. 正多边形

现在考虑几个稍复杂的作图问题. 我们从正十边形开始. 假设在

半径为 1 的圆内有一内接正十边形(图 32),把它的边长记为 x. 由于它对着一个 $36°$ 的圆心角,这三角形的其余二角各为 $72°$. 因此角 A 的平分线(虚线)分三角形 OAB 为两个等腰三角形,每一个的腰长都为 x. 这圆的半径分成两个线段,长为 x 和 $1-x$. 由于 OAB 和较小的等腰三角形相似,我们有 $\dfrac{1}{x} = \dfrac{x}{1-x}$. 从这比例我们得到二次方程 $x^2 + x - 1 = 0$,它的解是

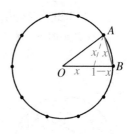

图 32 正十边形

$x = \dfrac{\sqrt{5}-1}{2}$(由于这方程的另一个解是负的,可不必考虑). 由此可知 x 能用几何方法作出. 有了长度 x,现在在圆上标出十个这么长的弦,可以作成正十边形. 在正十边形中每隔一个顶点连接起来可作成正五边形.

我们也可以把 $\sqrt{5}$ 作为一个直角三角形的斜边,而不用图 31 的方法来画 $\sqrt{5}$. 两个直角边的边长为 1 和 2. 然后从 $\sqrt{5}$ 减去单位长再二等分,即得 x.

上一问题中的比值 $OB : AB$ 称为黄金分割,因为希腊数学家认为矩形的两个边取成这个比值从审美观点来看是最好的. 附带说一下,它的值大约是 1.62.

在所有这些正多边形中,正六边形的作图方法是最简单的. 从一个半径为 r 的圆出发,内接于这个圆的正六边形的边长等于 r. 从这个圆上任意一点开始连续标出长为 r 的弦直到六个顶点都标出来为止,即能作出正六边形.

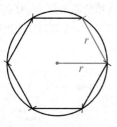

图 33 正六边形

由正 n 边形我们能得到正 $2n$ 边形:把 n 个边的每一个所对应的圆弧二等分,把这些新添的点和原来的顶点合在一起就得到了所求的正 $2n$ 边形. 因此从圆的直径出发(看成一个"二边形"),我们能作正 4,8,16,$\cdots$,2^n 边形. 类似地,从正六边形能作

正 12，24，48 边形等等. 从正十边形能作正 20，40 边形等等.

如果用 s_n 表示内接于单位圆（半径为 1 的圆）的正 n 边形的边长，则正 $2n$ 边形的边长是

$$s_{2n} = \sqrt{2 - \sqrt{4 - s_n^2}}.$$

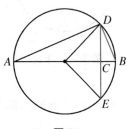

图 34

这可以证明如下：在图 34 中 s_n 等于 $DE = 2DC$，s_{2n} 等于 DB，而 AB 等于 2. 直角三角形 ABD 的面积是由 $\frac{1}{2} BD \cdot AD$ 和 $\frac{1}{2} AB \cdot CD$ 给出的. 因为

$$AD = \sqrt{AB^2 - DB^2},$$ 将 $AB = 2$，$BD = s_{2n}$，$CD = \frac{1}{2} s_n$ 代入，并且令两个面积表达式相等，得

$$s_n = s_{2n}\sqrt{4 - s_{2n}^2} \ \text{或} \ s_n^2 = s_{2n}^2(4 - s_{2n}^2).$$

对 $x = s_{2n}^2$ 解这二次方程，再注意 x 必须小于 2，就容易求出上面给出的公式.

由这公式和 s_4（正方形的边长）等于 $\sqrt{2}$ 这一事实得知

$$s_8 = \sqrt{2 - \sqrt{2}}, \ s_{16} = \sqrt{2 - \sqrt{2 + \sqrt{2}}},$$

$$s_{32} = \sqrt{2 - \sqrt{2 + \sqrt{2 + \sqrt{2}}}} \ \text{等等.}$$

对 $n > 2$，我们得到一般公式

$$s_{2^n} = \sqrt{2 - \sqrt{2 + \sqrt{2 + \cdots + \sqrt{2}}}},$$

它有 $n - 1$ 个平方根号. 圆中正 2^n 边形的周长是 $2^n S_{2^n}$. 当 n 趋于无穷时，正 2^n 边形趋于这个圆. 因此 $2^n S_{2^n}$ 趋近于这单位圆的周长，而它按定义等于 2π. 因此用 m 代替 $n - 1$ 并消去一个因子 2，就得到 π 的极限公式

$$2^m \underbrace{\sqrt{2 - \sqrt{2 + \sqrt{2 + \cdots + \sqrt{2}}}}}_{m \text{个根号}} \to \pi \quad \text{当} \ m \to \infty.$$

习题：因为 $2^m \to \infty$，作为一个推论，证明

$$\underbrace{\sqrt{2 + \sqrt{2 + \cdots + \sqrt{2}}}}_{n \text{个根号}} \to 2 \quad \text{当 } n \to \infty.$$

上述所得到的结果有如下特点：正 2^n 边形、正 $5 \cdot 2^n$ 边形和正 $3 \cdot 2^n$ 边形的边，都可以完全用加减乘除和开平方根的运算来求.

*3. 阿波罗尼斯问题

从代数的观点来看，另一个变得十分简单的作图问题是已经叙述过的有名的阿波罗尼斯切圆问题. 在这小节，我们没有必要去找一个特别巧妙的作图方法. 这里重要的是，在原则上这个问题只用圆规和直尺就能解决. 我们将对其证明给予一个简单说明，而把有关作图的巧妙方法留到第 179 页.

设这三个给定圆的圆心的坐标分别为 (x_1, y_1)，(x_2, y_2)，(x_3, y_3)，相应的半径为 r_1, r_2, r_3. 用 (x, y) 和 r 表示所求圆的圆心和半径. 所求圆与三个给定的圆相切的条件可以这样得到：两个相切的圆的圆心之间的距离等于它们半径之和或差（视两个圆是外切还是内切而定）. 由此得到方程

$$(x - x_1)^2 + (y - y_1)^2 - (r \pm r_1)^2 = 0, \tag{1}$$

$$(x - x_2)^2 + (y - y_2)^2 - (r \pm r_2)^2 = 0, \tag{2}$$

$$(x - x_3)^2 + (y - y_3)^2 - (r \pm r_3)^2 = 0, \tag{3}$$

或

$$x^2 + y^2 - r^2 - 2xx_1 - 2yy_1 \pm 2rr_1 + x_1^2 + y_1^2 - r_1^2 = 0, \tag{1a}$$

等等. 在这些方程中按两个圆外切或内切来选取正号或负号（图 35）. 方程 (1)，(2)，(3) 是有三个未知数 x, y, r 的三个二次方程，而且每个方程二次项都相同（这从展开式 (1a) 能看到）. 因此用 (1) 减 (2)，可得到 x, y, r 的一个线性方程

$$ax + by + cr = d, \tag{4}$$

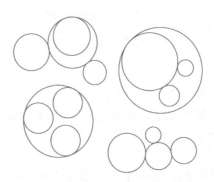

图 35 阿波罗尼斯圆

其中 $a = 2(x_2 - x_1)$ 等. 类似地从(1)减(3)得到另一个线性方程

$$a'x + b'y + c'r = d'. \tag{5}$$

解(4)和(5), 得到用 r 表示的 x, y, 然后代入(1), 得到一个 r 的二次方程. 它可以通过有理运算和开平方根求解(见第 106 页). 这方程一般有两个解, 而且只有一个是正的. 从方程求出 r 后, 我们从两个线性方程(4)和(5)得到 x, y. (x, y) 为圆心, r 为半径的圆将和给定的三个圆相切. 在整个过程中只用了有理运算和开平方根, 可见 r, x, y 可以只用圆规和直尺作出.

阿波罗尼斯问题一般有八个解, 对应于方程(1), (2), (3)中+号、-号的 $2 \cdot 2 \cdot 2 = 8$ 种可能组合. 这些选择相应于所求的圆和给定的每一个圆是内切还是外切. 代数运算可能出现 x, y, r 不是实数的情形, 例如, 如果三个给定的圆是同心圆, 就属于这种情形, 这时这几何问题的解不存在. 同样地, 我们必须想到这解可能会"退化", 例如这三个圆退化成同一条直线上的三个点的情形, 这时阿波罗尼斯圆退化成这条直线. 我们不准备详细地讨论这些可能性. 读者如果有一些代数基础, 将能完成这个分析.

*§2　可作图的数和数域

1. 一般理论

上面的讨论说明了几何作图的一般代数背景. 每一个圆规直尺作图都由一系列步骤组成,而每一步骤是下述作法之一:(1) 用一条直线连接两个点;(2) 求两条直线的交点;(3) 以一点为中心,定长为半径画一个圆;(4) 求一个圆和另一个圆或一条直线的交点. 所考虑的元素(点、直线或圆)如果在一开始就给定了,或者在前几步已经作出来了,我们就认为它是已知的. 为了作理论分析,可以把整个作图过程归到一个坐标系 x, y 中来看(见第 87 页). 这时给定的元素将用 x, y 平面上的点或线来表示. 如果在开始时只给定一个线段,可以把它取作单位长,它确定了点 $x = 1$, $y = 0$. 有时会出现"任意"的元素:画任意一条直线,选任意一点或半径(求线段的中点时就出现了任意元素的例子,以线段的每一端点为圆心以任意长为半径画两个等圆. 然后,连接这两个圆的交点). 在这种情况下,我们可以选取这些元素为有理数;即以有理数 x, y 为坐标的任意点,以有理数 a, b, c 为系数的任意直线 $ax + by + c = 0$,圆心具有有理数坐标、半径为有理数的任意圆. 我们将始终选取任意的有理数的元素,如果元素真正是任意的,这个限制将不影响作图的结果.

为简单起见,在下面的讨论中假设最初只给定了一个元素,即单位长 1,则按照 §1,用圆规和直尺能作出由单位长通过有理运算加减乘除而得到的所有数,即所有有理数 $\frac{r}{s}$,这里 r 和 s 为整数. 有理数系关于有理运算是"封闭"的,即任意两个有理数的和、差、积、商——除数永远不能为 0——仍然是一个有理数. 任何数集,如果关于这四种有理运算封闭,称为一个数域(第 68~69 页).

习题： 证明每一个数域至少包含全体有理数.(提示：如果 $a \neq 0$ 是域 F 的一个数,则 $\dfrac{a}{a}=1$ 属于 F,而由 1 我们通过有理运算得到任意的有理数.)

从这个单位出发,能作出整个有理数域,因而作出 x, y 平面上的所有有理点(即坐标为两个有理数的点).利用圆规,能作出新的无理数,例如 $\sqrt{2}$(从第二章 §2 我们知道它不属于有理数域).作出 $\sqrt{2}$ 后,通过 §1 的"有理"作图,能求出所有形如

$$a+b\sqrt{2} \tag{1}$$

的数,这里 a, b 是有理数,因而它们是可作图的.同样地,我们可以作出所有形如

$$\frac{a+b\sqrt{2}}{c+d\sqrt{2}} \text{ 或 } (a+b\sqrt{2})(c+d\sqrt{2})$$

的数,这里 a, b, c, d 是有理数.但是这些数总可以写成(1)的形式,因为有

$$\frac{a+b\sqrt{2}}{c+d\sqrt{2}} = \frac{a+b\sqrt{2}}{c+d\sqrt{2}} \cdot \frac{c-d\sqrt{2}}{c-d\sqrt{2}}$$

$$= \frac{ac-2bd}{c^2-2d^2} + \frac{bc-ad}{c^2-2d^2}\sqrt{2}$$

$$= p+q\sqrt{2},$$

这里 p, q 是有理数.(分母 c^2-2d^2 不可能是零,因为若 $c^2-2d^2=0$,则 $\sqrt{2}=\dfrac{c}{d}$,这和 $\sqrt{2}$ 是无理数这个事实矛盾.)同样

$$(a+b\sqrt{2})(c+d\sqrt{2})$$

$$= (ac+2bd)+(bc+ad)\sqrt{2}$$

$$= r+s\sqrt{2},$$

这里 r 和 s 是有理数. 因此由 $\sqrt{2}$ 的作图, 产生了全部形如(1)的数集, 其中 a, b 是任意有理数.

习题: 设 $p = 1 + \sqrt{2}$, $q = 2 - \sqrt{2}$, $r = -3 + \sqrt{2}$, 把 $\dfrac{p}{q}$, $p + p^2$,

$(p - p^2)\dfrac{q}{r}$, $\dfrac{pqr}{1 + r^2}$, $\dfrac{p + qr}{q + pr^2}$ 表示为(1)的形式.

如上面的讨论所表明的那样, 这些数(1)仍然形成一个域(形如(1)的两个数的和与差也是(1)的形式, 这是显然的). 这个域比有理数域大, 有理数域是它的一部分或是它的**子域**. 但是, 它显然小于全体实数域. 让我们称有理数域为 F_0, 形如(1)的新数域为 F_1. 在肯定了 "扩充的域" F_1 中的每一个数都是可作图的之后, 现在我们可以继续扩充作图的范围, 比如用 F_1 中的一个数, 例如取 $k = 1 + \sqrt{2}$, 求它的平方根而得到可作图的数

$$\sqrt{1 + \sqrt{2}} = \sqrt{k}.$$

按照 §1, 用它可以得到由所有数

$$p + q\sqrt{k} \qquad\qquad (2)$$

组成的域, 如今这里的 p, q 可以是 F_1 中的任意数, 即 p, q 形如 $a + b\sqrt{2}$, 而 a, b 属于 F_0, 为有理数.

习题: 把 $(\sqrt{k})^3$, $\dfrac{1 + (\sqrt{k})^2}{1 + \sqrt{k}}$, $\dfrac{\sqrt{2} \cdot \sqrt{k} + \dfrac{1}{\sqrt{2}}}{(\sqrt{k})^3 - 3}$, $\dfrac{(1 + \sqrt{k})(2 - \sqrt{k})\left(\sqrt{2} + \dfrac{1}{\sqrt{k}}\right)}{1 + \sqrt{2k}}$

用(2)的形式表示出来.

以上这些数是在假设最初只给定一个线段的基础上作出的. 如果给定了两个线段, 可以取其中一个为单位长. 设用此单位表示的另一线段的长为 α, 则能作出所有形如

$$\frac{a_m \alpha^m + a_{m-1} \alpha^{m-1} + \cdots + a_1 \alpha + a_0}{b_n \alpha^n + b_{n-1} \alpha^{n-1} + \cdots + b_1 \alpha + b_0}$$

的数组成的域 G，其中 a_0，$\cdots$，a_m 和 b_0，$\cdots$，b_n 是有理数而 m，n 是任意正整数.

习题：如果给定两个线段长是 1 和 α，给出 $1+\alpha+\alpha^2$，$\dfrac{1+\alpha}{1-\alpha}$，$\alpha^3$ 的实际作图方法.

现在，更一般地假设我们可以作出某个数域 F 的所有数. 下面要说明只用直尺决不能使我们超出域 F 的范围. 经过以域 F 中的数 a_1，b_1 和 a_2，b_2 为坐标的两个点的直线的方程是 $(b_1-b_2)x+(a_2-a_1)y+(a_1b_2-a_2b_1)=0$（见第 550 页）. 它的系数是由 F 中的数作成的有理式，因此按域的定义，它们本身也在 F 中. 另外，如果有两条以 F 中的数为系数的直线 $\alpha x+\beta y+\gamma=0$ 和 $\alpha'x+\beta'y+\gamma'=0$，那么，只要解这两个联立方程，就得到它们的交点的坐标 $x=\dfrac{\gamma\beta'-\beta\gamma'}{\alpha\beta'-\beta\alpha'}$，$y=\dfrac{\alpha\gamma'-\alpha'\gamma}{\alpha\beta'-\beta\alpha'}$. 由于它们都是 F 中的数，显然，只用直尺不能使我们超出域 F 范围之外.

习题：直线 $x+\sqrt{2}y-1=0$，$2x-y+\sqrt{2}=0$ 的系数在域 (1) 中. 计算它们的交点的坐标并验证它的形式为 (1). 用一条直线 $ax+by+c=0$ 连接点 $(1,\sqrt{2})$ 和 $(\sqrt{2},1-\sqrt{2})$ 且验证系数的形式为 (1). 关于域 (2)，分别对直线 $\sqrt{1+\sqrt{2}}\,x+\sqrt{2}y=1$，$(1+\sqrt{2})x-y=1-\sqrt{1+\sqrt{2}}$，点 $(\sqrt{2},-1)$，$(1+\sqrt{2},\sqrt{1+\sqrt{2}})$ 作同样的处理.

只有用圆规才能冲破 F 的界限. 为此，选取 F 的一个元素 k，使得 $\sqrt{k}$ 不在 F 中. 然后能作出 $\sqrt{k}$，因而作出所有数

$$a+b\sqrt{k}, \tag{3}$$

其中 a，b 是有理数，也可以是 F 的任意元素. 两个数 $a+b\sqrt{k}$，$c+d\sqrt{k}$ 的和、差，以及它们的积 $(a+b\sqrt{k})\cdot(c+d\sqrt{k})=(ac+kbd)+(ad+bc)\sqrt{k}$ 和它们的商 $\dfrac{a+b\sqrt{k}}{c+d\sqrt{k}}=\dfrac{(a+b\sqrt{k})(c-d\sqrt{k})}{c^2-kd^2}=$

$\dfrac{ac-kbd}{c^2-kd^2}+\dfrac{bc-ad}{c^2-kd^2}\sqrt{k}$,仍然是 $p+q\sqrt{k}$ 的形式,其中 p 和 q 属于 F(分母 c^2-kd^2 不可能为零,除非 c,d 同时为零.否则 $\sqrt{k}=\dfrac{c}{d}$ 将是 F 中的一个数,这和 $\sqrt{k}$ 不属于 F 的假设矛盾).因此形如 $a+b\sqrt{k}$ 的数集形成一个域 F'.因为可以特殊地选取 $b=0$,所以域 F' 包含原来的域 F.F' 称为 F 的扩域,而 F 称为 F' 的子域.

例如,设 F 是域 $a+b\sqrt{2}$,其中 a,b 是有理数,且取 $k=\sqrt{2}$.则其扩域 F' 的数用 $p+q\sqrt[4]{2}$ 表示,其中 p,q 属于 F,$p=a+b\sqrt{2}$,$q=a'+b'\sqrt{2}$,a,b,a',b' 为有理数.F' 中的任意数都能化成这种形式.例如

$$\frac{1}{\sqrt{2}+\sqrt[4]{2}}=\frac{\sqrt{2}-\sqrt[4]{2}}{(\sqrt{2}+\sqrt[4]{2})(\sqrt{2}-\sqrt[4]{2})}$$

$$=\frac{\sqrt{2}-\sqrt[4]{2}}{2-\sqrt{2}}=\frac{\sqrt{2}}{2-\sqrt{2}}-\frac{\sqrt[4]{2}}{2-\sqrt{2}}$$

$$=\frac{\sqrt{2}(2+\sqrt{2})}{4-2}-\frac{2+\sqrt{2}}{4-2}\sqrt[4]{2}$$

$$=(1+\sqrt{2})-\left(1+\frac{\sqrt{2}}{2}\right)\sqrt[4]{2}.$$

习题:设 F 是域 $p+q\sqrt{2+\sqrt{2}}$.其中 p,q 是 $a+b\sqrt{2}$ 的形式,a,b 是有理数.试将 $\dfrac{1+\sqrt{2+\sqrt{2}}}{2-3\sqrt{2+\sqrt{2}}}$ 表示为这种形式.

我们已经看到,如果从任意一个包含数 k 的可作图的数域 F 出发,则只用圆规和直尺就能作出 $\sqrt{k}$,因而能作出形如 $a+b\sqrt{k}$ 的任意数,这里 a,b 属于 F.

现在我们反过来说明若仅用圆规就只能得到这种形式的数.因为圆规在作图中所起的作用只是确定一个圆与一条直线或另一个圆的

交点(或它们的坐标). 一个以 ξ, η 为中心, 以 r 为半径的圆的方程为 $(x-\xi)^2+(y-\eta)^2=r^2$, 因此如 ξ, η, r 都属于 F, 则圆的方程能写成

$$x^2+y^2+2\alpha x+2\beta y+\gamma=0$$

的形式, 其中系数 α, β, γ 属于 F. 我们已在第 148 页看到, 连接坐标属于 F 的任意两点的直线其方程为

$$ax+by+c=0,$$

其系数 a, b, c 属于 F. 从这联立方程中消去 y, 得到圆和直线的交点的 x 坐标所满足的一个二次方程

$$Ax^2+Bx+C=0,$$

其中系数 A, B, C 属于 F[确切地写, $A=a^2+b^2$, $B=2(ac+b^2\alpha-ab\beta)$, $C=c^2-2bc\beta+b^2\gamma$]. 方程的解由公式

$$x=\frac{-B\pm\sqrt{B^2-4AC}}{2A}$$

给出, 它的形式是 $p+q\sqrt{k}$, 其中 p, q, k 属于 F. 对交点的 y 坐标, 类似的公式也成立.

其次, 如果有两个圆

$$x^2+y^2+2\alpha x+2\beta y+\gamma=0,$$

$$x^2+y^2+2\alpha'x+2\beta'y+\gamma'=0.$$

从第一个方程减去第二个, 我们得到线性方程

$$2(\alpha-\alpha')x+2(\beta-\beta')y+(\gamma-\gamma')=0.$$

它可以像前面那样与第一个圆的方程联立起来解. 无论是哪一种情形, 作图所产生的一个或两个新点的 x 坐标和 y 坐标其量的形式都是 $p+q\sqrt{k}$, 其中 p, q, k 属于 F. 在特殊情况下, 当然 $\sqrt{k}$ 本身也可以属于 F, 例如 $k=4$. 这时作图没有产生任何本质上的新东西, 而仍然在 F 的范围之内. 但一般来说, 情况将不是这样.

习题：考虑以原点为中心，$2\sqrt{2}$为半径的圆和连接$\left(\frac{1}{2}, 0\right)$，$(4\sqrt{2},$ $\sqrt{2})$的直线，求出圆和直线的交点的坐标所确定的域 F'. 对这给定圆与以$(0, 2\sqrt{2})$为圆心，$\frac{\sqrt{2}}{2}$为半径的圆的交点作同样的处理.

再总结一下：如果一开始就给定一些量，那么，只用直尺我们能作出从这些给定量出发，经过有理运算而生成的域 F 中的所有量. 然后，用圆规我们能把可作图的量的域 F 扩充到一个更大的扩域上，即通过选择 F 中任意数 k，求 k 的平方根且作出由数 $a+b\sqrt{k}$ 组成的域 F'，其中 a, b 属于 F. F 称为 F' 的子域，F 中的所有量也属于 F'，因为在表达式 $a+b\sqrt{k}$ 中可以取 $b=0$（这里假设$\sqrt{k}$是不属于 F 的一个新数. 否则添加$\sqrt{k}$的过程将不产生任何新的数，F' 和 F 将是相同的）. 我们说明了，几何作图中的任意一步（过二已知点画一直线、已知圆心和半径画一圆、求两个已知直线或圆的交点），或者是在一个由可作图的量组成的已知域中作一个新的量，或者是通过作一平方根，生成可作图的量的一个新的扩域.

所有可作图的量的全体，现在能够确切地描述了. 不论最初给定了一些什么量，我们从由它们确定的一个给定域 F_0 出发. 例如，如果只给定一个线段作为单位长，那么，它所确定的是有理数域. 然后添加$\sqrt{k_0}$，这里 k_0 属于 F_0，但$\sqrt{k_0}$不属于 F_0，我们能作出可作图量的一个扩域 F_1，它由所有形如 $a_0+b_0\sqrt{k_0}$ 的数组成，其中 a_0, b_0 可以是 F_0 中的任意数. 进一步作 F_1 的一个新的扩域 F_2，它由形如 $a_1+b_1\sqrt{k_1}$ 的数组成，其中 a_1, b_1 是 F_1 中的任意数，而 k_1 是 F_1 中的某个数，它的平方根不属于 F_1. 重复这个过程，在 n 次加进平方根以后，我们能得到一个域 F_n. 可作图量是而且仅仅是那些能用这样一系列扩域达到的数（即属于上述类型的域 F_n）. 扩充的个数 n 取多大这是无关紧要的，在某种意义上它标志着问题的复杂程度.

下面的例子可以说明这个过程. 我们要作出数

$$\sqrt{6}+\sqrt{\sqrt{\sqrt{\sqrt{1+\sqrt{2}}+\sqrt{3}}+5}}.$$

设 F_0 表示有理数域. 取 $k_0=2$, 得到域 F_1, 它包含数 $1+\sqrt{2}$. 现在取 $k_1=1+\sqrt{2}$, $k_2=3$. 事实上, 因为 3 属于原来的域 F_0, 它当然也属于域 F_2, 因而完全允许取 $k_2=3$. 然后取 $k_3=\sqrt{1+\sqrt{2}}+\sqrt{3}$. 最后取 $k_4=\sqrt{\sqrt{1+\sqrt{2}}+\sqrt{3}}+5$. 由于 $\sqrt{2}$ 和 $\sqrt{3}$ 从而其乘积属于 F_3, 所以也属于 F_5, 即 $\sqrt{6}$ 属于 F_5. 这样一来我们所作出的域 F_5 就包含了所要求的数.

习题: 验证从有理数域开始, 正 2^m 多边形的边 (见第 142 页) 是一个扩充次数为 $n=m-1$ 的可作图量. 确定扩域的序列. 对于数

$$\sqrt{1+\sqrt{2}+\sqrt{3}+\sqrt{5}},\ \frac{\sqrt{5}+\sqrt{11}}{1+\sqrt{7-\sqrt{3}}},$$

$$(\sqrt{2+\sqrt{3}})(\sqrt[8]{2}+\sqrt{1+\sqrt{2+\sqrt{5}}+\sqrt{3-\sqrt{7}}})$$

作同样的处理.

2. 可作图的数都是代数数

如果最初的域 F_0 是由一个线段生成的有理数域, 则所有可作图的数都是代数数 (代数数的定义见第 118 页). 域 F_1 的数是有理系数二次方程的根, F_2 的数是有理系数四次方程的根, 而一般 F_k 的数是有理系数 2^k 次方程的根. 为了就域 F_2 说明这一点, 首先把 $x=\sqrt{2}+\sqrt{3+\sqrt{2}}$ 作为一个例子来考虑. 我们有 $(x-\sqrt{2})^2=3+\sqrt{2}$, $x^2+2-2\sqrt{2}x=3+\sqrt{2}$ 或 $x^2-1=\sqrt{2}(2x+1)$, 这是一个系数属于 F_1 的二次方程. 两端平方, 最后得到

$$(x^2-1)^2=2(2x+1)^2,$$

它是一个有理系数的四次方程.

一般地说,域 F_2 中的任意数形如

$$x = p + q\sqrt{w}, \tag{4}$$

其中 p, q, w 属于域 F_1,因而有 $p = a + b\sqrt{s}$, $q = c + d\sqrt{s}$, $w = e + f\sqrt{s}$ 的形式,其中 a, b, c, d, e, f, s 是有理数.由(4)我们有

$$x^2 - 2px + p^2 = qw^2,$$

所有系数都属于由 $\sqrt{s}$ 产生的域 F_1.因此这方程可以写成

$$x^2 + ux + v = \sqrt{s}(rx + t)$$

的形式,其中 s, t, u, v 是有理数.两端平方我们得到一个四次方程

$$(x^2 + ux + v)^2 = s(rx + t)^2. \tag{5}$$

如上所述带有有理系数.

习题: ① 对 a) $x = \sqrt{2+\sqrt{3}}$; b) $x = \sqrt{2}+\sqrt{3}$; c) $x = \dfrac{1}{\sqrt{5+\sqrt{3}}}$. 求出有理系数方程.

② 对 a) $x = \sqrt{2+\sqrt{2+\sqrt{2}}}$; b) $x = \sqrt{2}+\sqrt{1+\sqrt{3}}$; c) $x = 1 + \sqrt{5+\sqrt{3+\sqrt{2}}}$ 用类似的方法求出其八次方程.

为了一般地对域 F_k(k 任意)中的 x 证明这个定理,我们用上面用过的办法说明 x 满足一个系数属于 F_{k-1} 的二次方程.重复这个过程,我们找出 x 满足一个系数属于 F_{k-2} 中的 $2^2 = 4$ 次方程,等等.

习题: 用数学归纳法完成一般的证明:说明 x 满足系数属于 F_{k-l} 的一个 2^l 次方程,$0 < l \leqslant k$. $l = k$ 时的命题就是所要证明的定理.

*§3　三个不可解的希腊问题

1. 倍立方体问题

有了上面的准备,现在我们来研究三等分角、倍立方体和求作正

七边形这些古老的问题. 我们首先考虑倍立方体问题. 如果给定的立方体的边是单位长, 则它的体积是一立方单位. 如今要找出一个体积是它二倍的立方体的边长 x. 于是所求的边长 x 满足一个简单的三次方程

$$x^3 - 2 = 0. \tag{1}$$

我们用反证法来证明这个数 x 只用圆规和直尺是不能作出的. 我们作尝试性的假定: 这样的作图是可能的. 按照上面的讨论, 这意味着 x 属于某个域 F_k. 这域 F_k, 如上所述是从有理数域通过连续加进平方根而得到的. 我们要表明, 这个假定将引出一个荒谬的结果.

我们已经知道 x 不能属于有理数域 F_0, 因为 $\sqrt[3]{2}$ 是一无理数 (见第 73 页习题 1). 因此 x 只能属于某个扩域 F_k, 其中 k 是一个正整数. 同时可以假设 k 是使得扩域 F_k 包含 x 的最小正整数. 故知 x 能写成

$$x = p + q\sqrt{w}$$

的形式, 其中 p, q, w 属于 F_{k-1}, 但 $\sqrt{w}$ 不在其中. 现在我们用一个简单然而重要的代数推理方式来说明, 如果 $x = p + q\sqrt{w}$ 是三次方程 (1) 的一个根, 则 $y = p - q\sqrt{w}$ 也是 (1) 的一个根. 因为 x 在域 F_k 中, 则 x^3 和 $x^3 - 2$ 也在 F_k 中, 因此我们有

$$x^3 - 2 = a + b\sqrt{w}, \tag{2}$$

其中 a, b 在 F_{k-1} 中. 通过简单计算, 得出 $a = p^3 + 3pq^2w - 2$, $b = 3p^2q + q^3w$. 如果令

$$y = p - q\sqrt{w},$$

然后在 a, b 的表达式中以 $-q$ 代替 q, 就得到

$$y^3 - 2 = a - b\sqrt{w}. \tag{2'}$$

由于我们已经假设 x 是 $x^3 - 2 = 0$ 的根,因此

$$a + b\sqrt{w} = 0. \tag{3}$$

这意味着——这里是讨论的关键——a 和 b 必须同时为零. 因为如果 b 不为零,将由(3)知道 $\sqrt{w} = -\dfrac{a}{b}$,则 $\sqrt{w}$ 将是 a,b 所在的域 F_{k-1} 中的一个数,和假设矛盾. 因此 $b = 0$,而且从(3)立刻得出 $a = 0$.

一旦说明了 $a = b = 0$,我们从 $(2')$ 立刻就能知道 $y = p - q\sqrt{w}$ 也是三次方程(1)的一个根,因为 $y^3 - 2$ 等于零. 另外我们有 $y \neq x$,即 $x - y \neq 0$,因为 $x - y = 2q\sqrt{w}$ 只有在 $q = 0$ 时才为零. 但是如果这样,则 $x = p$ 将属于 F_{k-1},与假设矛盾.

因此得出,如果 $x = p + q\sqrt{w}$ 是三次方程(1)的一个根,则 $y = p - q\sqrt{w}$ 是该方程的另一个根,这立刻引出了矛盾. 因为只有一个实数 x 是 2 的立方根,2 的其余两个立方根是虚数(见第 112 页). $y = p - q\sqrt{w}$ 显然是实数,因为 p,q,$\sqrt{w}$ 都是实数.

这样,我们的基本假定引出了一个荒谬结果,因而表明它是错误的;(1)的根不能在域 F_k 中,所以用直尺和圆规倍立方体是不可能的.

2. 关于三次方程的一个定理

我们用以导出上述结论的代数推理方法,是专门针对我们手边的那个特殊问题的. 要处理另外两个希腊问题,就希望能在一个更为一般的基础上来进行. 所有这三个问题在代数上都依赖于**三次方程**. 三次方程

$$z^3 + az^2 + bz + c = 0 \tag{4}$$

有一个基本事实,即如果 x_1,x_2,x_3 是这方程的三个根,则

$$x_1 + x_2 + x_3 = -a \,^① . \tag{5}$$

我们考虑任意一个系数 a, b, c 为有理数的三次方程(4). 这个方程可能有一个根是有理数,例如 $x^3 - 1 = 0$ 有有理根 1,而另外两个根由二次方程 $x^2 + x + 1 = 0$ 给出,必然是复数. 我们容易证明一般的定理: 如果一个有理系数的三次方程没有有理根,则它的根没有一个是由有理数域 F_0 出发的可作图的数.

我们还是用反证法来证明. 假设 x 是(4)的一个可作图的根. 则 x 将属于上面所说的某一串扩域 F_0, F_1, $\cdots$, F_k 的最后一个域 F_k. 可以假设 k 是使得扩域 F_k 包含三次方程(4)的一个根的最小正整数. k 肯定必须大于零,因为定理已假定在有理数域 F_0 中没有根 x. 因此 x 能写成

$$x = p + q\sqrt{w}$$

的形式,其中 p, q, w 在前一个域 F_{k-1} 中,但 $\sqrt{w}$ 不在其中. 恰如上一小节特殊的方程 $z^3 - 2 = 0$ 那样,可以推出 F_k 中的另一个数

$$y = p - q\sqrt{w}$$

也是方程(4)的根. 如前所述,我们看到 $q \neq 0$,因此 $x \neq y$.

由(5)知道方程(4)的第三个根 u 由 $u = -a - x - y$ 给出. 但 $x + y = 2p$,这意味着

$$u = -a - 2p.$$

在这里 $\sqrt{w}$ 消失了,所以 u 是域 F_{k-1} 中的一个数. 这和 k 是使 F_k 包含(4)的一个根的最小正整数的假设矛盾. 因此假设是荒谬的,在这

---

① 多项式 $z^3 + az^2 + bz + c$ 可以分解为乘积 $(z - x_1)(z - x_2)(z - x_3)$,其中 x_1, x_2, x_3 是方程(4)的三个根(见第 115 页). 因此

$$z^3 + az^2 + bz + c = z^3 - (x_1 + x_2 + x_3)z^2$$
$$+ (x_1x_2 + x_1x_3 + x_2x_3)z - x_1x_2x_3.$$

由于等式两边 z 的每一个幂的系数必须相同,因此有

$$-a = x_1 + x_2 + x_3, \ b = x_1x_2 + x_1x_3 + x_2x_3, \ c = -x_1x_2x_3.$$

种域 F_k 中不能有（4）的根. 一般定理证毕. 在这个定理的基础上, 如果只用圆规和直尺的作图问题, 等价于代数上一个没有有理根的三次方程的求解问题的话, 那么作图的不可能性就得到证明了. 就倍立方体问题来说, 这等价性是很显然的. 现在我们将对其他两个希腊问题建立这个等价性.

3. 三等分任意角

我们现在要证明只用圆规和直尺三等分任意角一般说来是不可能的. 当然, 像 $90°$ 和 $180°$ 那样的角是可以三等分的. 我们要说明的是, 对每一个角的三等分都有效的办法是不存在的. 为了证明这一点, 只要表明有一个角不能三等分就足够了, 因为一个合理的一般方法必须适用于每一种情况. 因此如果能够证明, 例如 $60°$ 角只用圆规和直尺不能三等分, 那就证明了一般方法是不存在的.

我们可以用各种不同的方法, 来得到这个问题的代数等价问题. 最简单地是考虑由余弦 $\cos\theta = g$ 给出的角 θ. 这时问题等价于求量 $x = \cos\left(\dfrac{\theta}{3}\right)$ 的问题. 应用一个简单的三角公式（见第 111 页）, 可知 $\dfrac{\theta}{3}$ 的余弦和 θ 的余弦的关系为

$$\cos\theta = g = 4\cos^3\left(\frac{\theta}{3}\right) - 3\cos\left(\frac{\theta}{3}\right).$$

换句话说, 三等分一个由 $\cos\theta = g$ 决定的角 θ 的问题, 可归结为三次方程

$$4z^3 - 3z - g = 0 \tag{6}$$

的根的作图问题. 为了说明在一般情况下这是不可能的, 我们取 $\theta = 60°$, 即 $g = \cos 60° = \dfrac{1}{2}$. 方程（6）这时变成

$$8z^3 - 6z = 1. \tag{7}$$

利用上一小节证明的定理, 我们只需要说明这个方程没有有理根. 设

$v = 2z$，则这方程变成

$$v^3 - 3v = 1. \tag{8}$$

如果存在有理数 $v = \dfrac{r}{s}$ 满足这个方程，其中 r，s 是不含大于 1 的公因子的整数，则我们将有 $r^3 - 3s^2 r = s^3$。由此推出 $s^3 = r(r^2 - 3s^2)$ 能被 r 整除。这意味着 r 和 s 有公因子，除非 $r = \pm 1$。同样 s^2 是 $r^3 = s^2(s + 3r)$ 的一个因子，这意味着 r 和 s 有公因子，除非 $s = \pm 1$。由于我们假设了 r 和 s 没有公因子，这就表明可能满足方程 (8) 的有理数只能是 $+1$ 和 -1。将 $+1$ 和 -1 代入方程 (8)，我们发现都不是它的根。因此 (8)，从而 (7)，没有有理根。这证明了三等分角是不可能的。

只用圆规和直尺不能三等分任意的角，这个定理仅当直尺不能作别的用途，只许用来画通过任意二给定点的直线时，才是正确的。在一般地刻划可作图的量的特性时，直尺的用途总是只限于此。如果允许直尺作其他用途，可作图的总体就可以大大扩充。下述的三等分角的方法很好地说明了这一点，这个例子是在阿基米德 (Archimedes) 的著作中发现的。

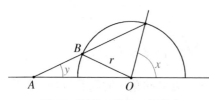

给定了任意一个角 x，如图 36。向左延长该角的底边，且以 O 为中心、以任意长 r 为半径画一个半圆。在直尺上标出 A，B 两点使 $AB = r$。让 B 点保持在半圆上，滑动直尺使 A 落在角 x 的

图 36 阿基米德的三等分角

底边的延长线上，且让直尺通过角的终边与以 O 为中心的半圆的交点。用直尺在这个位置上划一直线，它和原来的角 x 的底边形成一个角 y。

习题：说明这样的作法实际上得出 $y = \dfrac{x}{3}$。

4. 正七边形

现在考虑求内接于单位圆的正七边形的边长 x 的问题. 处理这问题最简单的方法是利用复数(见第二章§5). 我们知道正七边形的顶点是方程

$$z^7 - 1 = 0 \tag{9}$$

的根,这里是把这些顶点的坐标 x, y 看作复数 $z = x + yi$ 的实部和虚部. 这方程有一个根 $z = 1$,而其余的根是方程

$$\frac{z^7 - 1}{z - 1} = z^6 + z^5 + z^4 + z^3 + z^2 + z + 1 = 0 \tag{10}$$

的根,这个方程是用 $z-1$ 除(9)而得到的(见第 114 页). 用 z^3 除(10),得

$$z^3 + \frac{1}{z^3} + z^2 + \frac{1}{z^2} + z + \frac{1}{z} + 1 = 0. \tag{11}$$

通过一个简单的代数变换,可以把它写成

$$\left(z + \frac{1}{z}\right)^3 - 3\left(z + \frac{1}{z}\right) + \left(z + \frac{1}{z}\right)^2$$
$$- 2 + \left(z + \frac{1}{z}\right) + 1 = 0. \tag{12}$$

用 y 表示量 $z + \frac{1}{z}$,由(12)得出

$$y^3 + y^2 - 2y - 1 = 0. \tag{13}$$

我们知道 z,即 1 的七次方根,是由

$$z = \cos\varphi + i\sin\varphi \tag{14}$$

给出的,其中 $\varphi = \frac{360°}{7}$ 是正七边形的边所对的圆心角;同样从第 111 页的习题 2,我们知道 $\frac{1}{z} = \cos\varphi - i\sin\varphi$,所以 $y = z + \frac{1}{z} = 2\cos\varphi$. 如果能作出 y,就能作出 $\cos\varphi$,反之亦然. 因此如果能证明 y 是不能

作图的,就同时证明了 $\cos\varphi$,即正七边形,是不能作图的.借助于第二小节的定理,剩下的只是表明方程(13)没有有理根.这也是用反证法来证明的.假设(13)有一个有理根 $\dfrac{r}{s}$,其中 r 和 s 是不含公因子的整数.则有

$$r^3 + r^2 s - 2rs^2 - s^3 = 0. \tag{15}$$

如前所述,可以看出 r^3 有因子 s,而 s^3 有因子 r.由于 s 和 r 没有公因子,因此每一个必须等于 ± 1.这样如果 y 是有理数的话,只能取值 $+1$ 和 -1.把这些数代入这个方程,我们发现都不满足.所以 y,从而正七边形的边,是不可能作图的.

5. 关于化圆为方的问题

我们已经用比较初等的方法处理了倍立方体、三等分角和作正七边形的问题.化圆为方的问题比较起来更为困难,而且需要高深的数学分析方法.由于一个半径为 r 的圆的面积是 πr^2,因此作一个面积等于单位圆的正方形,相当于作一条长为 $\sqrt{\pi}$ 的线段,这个线段将是所求正方形的边.这线段是否可以作图,等价于数 π 是否可以作图.看一下刻划可作图量的特点的一般方法,我们可以这样来说明化圆为方问题是不可解的,即说明 π 不能包含在由有理数域 F_0 连续添加平方根而达到的任意域 F_k 中.由于任何这样的域的所有元素都是代数数,即满足整系数代数方程,因此只要能说明 π 不是代数数而是超越数(见第 119 页)就够了.

证明 π 是超越数的技巧是厄密特(C. Hermite,$1822\sim1901$)给出的,他证明了数 e 是超越数.林德曼(F. Lindemann)稍微修改了一下厄密特的方法,在 1882 年成功地证明了 π 的超越性,从而完全解决了化圆为方这个古老的问题.这个证明对学过高等数学分析的学生来说是能理解的,但是它超出了本书的范围.

第❷部分　作图的各种方法

§4　几何变换　反演

1. 一般说明

在这一章的第二部分,我们将系统地讨论某些可以应用于作图问题的一般原理. 有不少问题,从"几何变换"的一般观点来看会更加清楚. 因此我们将不研究个别的作图问题,而把与某个变换过程相联系的一类问题作为整体同时加以考虑. 有关几何变换类的概念能使问题得到澄清,但它的作用决不限于作图问题,而是影响到几何中几乎所有问题. 第四章和第五章将讨论几何变换的一般情况. 在这里我们研究一种特殊类型的变换,即平面对圆的反演,它是对直线的普通反射的推广.

平面到它自身的变换或映射意味着这样一个规则: 对平面上的每一个点 P,指定另一点 P',称为 P 在变换下的像,点 P 称为 P' 的原像. 把一条给定的直线 L 作为镜子,平面对它的反射是这种变换的一个简单例子,即对 L 一侧的点 P,在 L 的另一侧存在它的像 P',使 L 垂直平分线段 PP'. 一个变换可以使平面上的某些点不动,在反射的情况下,L 上的点就是不动的.

还可以举出一些变换,例如,平面围绕一个固定点 O 的旋转;每个点沿着一固定方向以一定的距离 d 平移(这样的变换没有不动点). 更一般的是,平面的刚体运动,它可以想象为旋转变换和平移变换的合成.

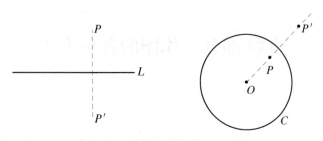

图 37　点对直线的反射　　　图 38　点对圆的反演

现在使我们感兴趣的特殊类型的变换是对圆的反演(有时人们也称之为圆反射,因为在原像和像之间,它所表示的关系和圆镜反射类似).在一确定的平面上,设 C 是以 O 为中心(称为反演中心)、以 r 为半径的给定圆.点 P 的像定义为这样的点 P',它位于直线 OP 上,和 P 同在 O 的一边,且使得

$$OP \cdot OP' = r^2. \tag{1}$$

点 P 和 P' 称为关于 C 的反演点.由这定义得知,如果 P' 是 P 的反演点,则 P 是 P' 的反演点.一个反演使圆 C 的内部变换为圆外部,因为对 $OP < r$,有 $OP' > r$,而对 $OP > r$,有 $OP' < r$.平面上只有圆 C 本身的点在反演下保持不变.

规则(1)没有定义圆心 O 的像.显然,如果动点 P 趋近于 O,则像 P' 将越来越远地往平面外退去.由此,有时我们说,在反演下 O 本身对应着无穷远点.引进了这个术语,就可以说,一个反演毫无例外地建立了平面上的点和它的像之间的一一对应关系:平面上的每一个点有一个且仅有一个像,而且它本身是一个且仅是一个点的原像.这个性质是前面考虑过的所有变换都具备的.

2. 反演的性质

反演最重要的性质是把直线和圆变成直线和圆.更确切地说,我们将表明,经过反演

（a）过 O 的一条直线变成过 O 的一条直线；

（b）不过 O 的一条直线变成过 O 的一个圆；

（c）过 O 的一个圆变成不过 O 的一条直线；

（d）不过 O 的一个圆变成不过 O 的一个圆.

命题（a）是显然的,因为由反演定义,直线上任一点的像在同一直线上,所以虽然直线上的点是交换了,但直线作为一个整体仍然变为它本身.

为了证明命题（b）,由 O 作 L 的垂线（图 39）.设 A 是垂线和 L 的交点,A' 是 A 的反演点.标出 L 上任一点 P,且令 P' 是它的反演点.由于 $OA \cdot OA' = OP \cdot OP' = r^2$,得

$$\frac{OA'}{OP'} = \frac{OP}{OA}.$$

因此三角形 $OP'A'$ 和三角形 OAP 相似,角 $OP'A'$ 是直角.由初等几何得知,P' 在以 OA' 为直径的圆 K 上,所以 L 的反演就是这个圆.这就证明了（b）.现在命题（c）可由下一事实立即推出：由于 L 的反演为 K,所以 K 的反演为 L.

剩下要证明的是命题（d）.设 K 是任意一个不经过 O 的圆,圆心为 M,半径为 k.为了得到它的像,过 O 作一直线交 K 于 A、B,然后确定当经过 O 的直线以所有可能方式和 K 相交时,像 A'、B' 如何变化.用 a、b、a'、b'、m 表示距离 OA、OB、OA'、OB',t 表示从 O 到 K 的切线长.按反演定义,我们有 $aa' = bb' =$

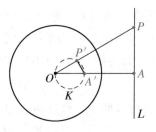

图 39　直线 L 对圆的反演

r^2,根据圆的初等性质我们有 $ab = t^2$.如果用第二个关系式除第一个关系式,就可得到

$$\frac{a'}{b} = \frac{b'}{a} = \frac{r^2}{t^2} = c^2,$$

其中 c^2 是只依赖于 r 和 t 的常数,它对 A,B 的所有位置都是一样

的.过 A' 我们画一条平行于 BM 的直线交 OM 于 Q,记 $OQ = q$,
$A'Q = \rho$,则 $\dfrac{q}{m} = \dfrac{a'}{b} = \dfrac{\rho}{k}$,或

$$q = \frac{ma'}{b} = mc^2 , \quad \rho = k\frac{a'}{b} = kc^2 .$$

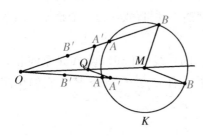

图 40 圆的反演

这意味着无论 A、B 的位置如何,Q 总是在 OM 的同一位置上,并且和 $A'Q$ 的距离保持不变.同样,由 $\dfrac{a'}{b} = \dfrac{b'}{a}$,得 $B'Q = \rho$. 因此 K 上所有点 A、B 的像和 Q 的距离总是等于 ρ,即 K 的像为一圆. (d)得证.

3. 反演点的几何作图

下述定理将在这节的第四小节用到:一给定点 P 对圆 C 的反演点 P' 在几何上只用圆规即可作出.首先考虑给定点 P 位于圆 C 外的情况.以 P 为中心,OP 为半径画一弧交 C 于点 R 和 S.以这两个点为中心,r 为半径画两个弧,它们相交于 O 及直线 OP 上的一点 P'.在等腰三角形 ORP 和 ORP' 中,

$$\angle ORP = \angle ROP = \angle OP'R.$$

所以这两个三角形相似,因此

$$\frac{OP}{OR} = \frac{OR}{OP'} , \quad \text{即 } OP \cdot OP' = r^2 .$$

从而 P' 为所求的 P 的反演,这就是我们所要作的.

如果给定的点 P 位于圆 C 内部,只要以 P 为中心,OP 为半径的圆交 C 于两个点,同样的作图和证明仍然成立.否则,采用下面的简单技巧,可以把反演点 P' 的作图化为上面的情况.

首先我们看到,只用圆规能在过两个定点 A、O 的连线上找到

一点 C 使 $AO = OC$. 为此,以 O 为中心,$r = AO$ 为半径画一圆,在这圆上以 A 为起点标出点 P,Q,C,使 $AP = PQ = QC = r$. 这时 C 就是所求的点,因为三角形 AOP,OPQ,OQC 是等边的,所以 OA 和 OC 形成一个 $180°$ 的角,且 $OC = OQ = OA$. 重复这个过程,我们能轻易地将 AO 延长任意倍. 顺便指出,由于线段 AQ 的长为 $r\sqrt{3}$(这一点读者容易验证). 我们不用直尺就从单位长出发作出了 $\sqrt{3}$.

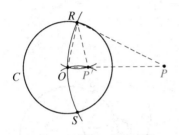

图 41　圆外一点的反演

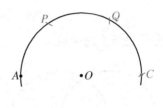

图 42　把一个线段加倍

现在我们能作出圆 C 内任一点 P 的反演点. 首先在 OP 上找到一点 R,它和 O 的距离是 OP 的一整数倍,而且位于 C 外,

$$OR = n \cdot OP.$$

要做到这一点,只须连续用圆规标出距离 OP 直到 C 外. 现在用先前给出的作图法求出 R 的反演点 R',于是

$$
\begin{aligned}
r^2 &= OR' \cdot OR \\
&= OR' \cdot (nOP) \\
&= (nOR') \cdot OP.
\end{aligned}
$$

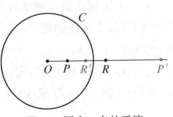

图 43　圆内一点的反演

因此,满足 $OP' = nOR'$ 的点 P',就是所求的反演点.

4. 只用圆规如何二等分一线段及求圆心

现在我们已经学会了只用圆规如何求出一给定点的反演点,这样就能进行某些有趣的作图了. 例如, 考虑只用圆规求出两给定点 A, B 之间的中点问题(不可以划直线!)作法是这样的: 以 B 为圆心, AB 为半径画圆. 以 A 为起点, AB 为半径标出三段弧, 最后一点 C 将落在直线 AB 上, 且有 $AB = BC$. 现在以 A 为圆心, AB 为半径画圆. 令 C' 为 C 关于这个圆的反演点, 则

$$AC' \cdot AC = AB^2,$$

$$AC' \cdot 2AB = AB^2,$$

$$2AC' = AB.$$

因此 C' 是所求的中点.

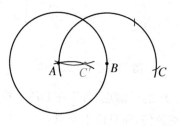

图 44 求线段中点

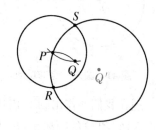

图 45 求圆心

另一个用到反演点的圆规作图是, 设有某个其圆心未知, 但给定了圆周的圆, 求该圆的圆心. 在圆周上任取一点 P, 以它为中心画一圆交给定圆于 R 和 S. 以这两点为中心、以 $RP = SP$ 为半径画二弧相交于点 Q. 和图 41 比较, 可以看出未知圆心 Q' 是 Q 对于以 P 为圆心的圆的反演. 所以 Q' 只用圆规就能作出.

§5 用其他工具作图 只用圆规的 马歇罗尼作图

*1. 倍立方体的古典作图

直到现在, 我们考虑的仅仅是只用圆规和直尺的几何作图问题.

如果允许用其他工具的话,可能的作图种类自然就扩大了. 例如,希腊人用如下方式解决倍立方体问题. 考虑(如图 46)一个刚性的直角 MZN 和一个可移动的直角十字架 B,VW,PQ. 此外,两个附加的边 RS 和 TU 允许在直角边上垂直滑动. 在这十字架上选取两个固定点 E 和 G,使得 $GB = a$ 和 $BE = f$ 为预先给定的长度. 适当移动十字架,使 E 和 G 相应地位于 NZ 和 MZ 上,再滑动 TU 和 RS 两个边,就能使整个仪器成为这样的状态,十字架的直杆 BW,BQ,BV 通过矩形 $ADEZ$ 的顶点 A,D,E. 如果 $f > a$,这样一种安排总是可能的. 我们立刻看到 $a : x = x : y = y : f$. 这时如果把仪器调整得使 f 等于 $2a$,则有 $x^3 = 2a^3$. 因此 x 将是这样一个立方体的边,它的体积是以 a 为边的立方体的体积的二倍. 这就是**倍立方体**问题所要求的解.

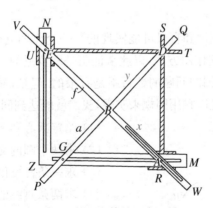

图 46　倍立方体的一个工具

2. 只限于用圆规

允许使用各种各样的仪器,我们就能解决很多的作图问题,这当然是很自然的. 于是人们可能认为,更多地限制可使用的仪器将缩小可作图的范围. 然而意大利人马歇罗尼(Mascheroni,1750～1800)却发现了一个令人吃惊的事实:所有用圆规和直尺可以实现的几何作图，只用圆规也都能作出．当然不用直尺我们不能画出连接两点的直线，所以这个基本作图实际上不包括在马歇罗尼的理论中．为了补救这一点，必须把一条直线想象成是由它上面的任意两点所给定的．我们可以只用圆规找出以这种方式给定的两条直线的交点，同样地，可以找出一条直线和一给定圆的交点．

马歇罗尼作图最简单的例子可能是作一线段 AB 的两倍．它的解法在第 165 页已经给出．在第 166 页我们二等分了一直线段．现在要解决当圆心 O 已知时，圆上给定弧 AB 的二等分问题．作法如下：以 A 和 B 为圆心，AO 为半径画两个弧，从 O 标出弧上两点 P，Q，使 OP 和 OQ 等于 AB．然后以 P 和 Q 为圆心，PB 和 QA 为半径画两个弧相交于 R．最后以 OR 为半径，以 P 或 Q 为圆心画一弧与 AB 相交，这交点就是所求的弧 AB 的中点．这个证明留给读者作为练习．

若对于用圆规和直尺可能实现的每一个作图问题，都实际地给出其只用圆规的作图方法，以此来证明马歇罗尼的一般定理是不可能的．因为可作图的问题的数目不是有限的．但是，通过证明下述四种基本作图都可以只用圆规来实现，我们就能达到同样的目的：

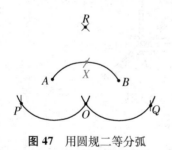

图 47 用圆规二等分弧

（1）给定圆心和半径，画一圆．

（2）求两个圆的交点．

（3）求一条直线和一个圆的交点．

（4）求两条直线的交点．

通常意义下（指只用圆规和直尺）的任何几何作图都是由一连串有限个这些初等作图构成的．显然前两个只用圆规是可以实现的．为了解决比较困难的问题（3）和（4），要依靠上一小节介绍的反演性质．

现在我们来解决问题（3），即求圆 C 和由 A，B 两点给定的直线的交点．以 A 和 B 为圆心，AO 和 BO 为相应的半径，画两个弧相

交于 P. 现在利用第 164 页的方法, 只
用圆规确定 P 关于圆 C 的反演点 Q.
再画出以 Q 为中心, OQ 为半径的圆
(它必定与圆 C 相交); 此圆与给定圆 C
的交点 X 和 X' 就是所求的点. 要证明
这一点, 只需要说明由 X 和 X' 到 O 和
P 是等距离的, 因为从作图得知 A, B
就是如此. 这一点由如下事实可得: 由
Q 的反演点到 X 和 X' 的距离等于 C

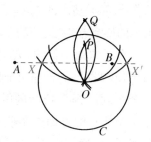

图 48 圆和不过圆心的
直线的交点

的半径 (第 164 页). 注意, 过 X, X', O 的圆是直线 AB 的反演,
因为这个圆和直线 AB 都与 C 交于相同的点 (圆周上的点是它们
自己的反演).

这个作图方法仅当直线 AB 通过 C 的圆心时才无效. 然而这
时可以通过第 168 页给出的作图方法来求交点, 它是 C 上的弧
$B_1 B_2$ 的中点, 其中 B_1 和 B_2 是以 B 为圆心的任意圆与 C 的
交点.

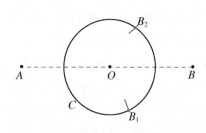

图 49 圆和过圆心的直线的交点

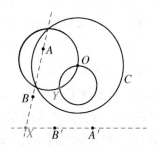

图 50 两条直线的交点

求一圆, 它是连接两个给定点的直线的反演, 这个方法能立刻给
出问题 (4) 的解. 假设给定两条直线 AB 和 $A'B'$ (图 50). 在平面上画任
意圆 C, 且用前面的方法求出 AB 和 $A'B'$ 的反演圆. 这两个圆相交于 O
和另一点 Y. Y 的反演点 X 就是所求的交点, 并且能用前面用过的方

法作出. X 是所求的点, 这是显然的, 因为 Y 是 AB 和 $A'B'$ 的公共点的唯一的反演点, 因此 Y 的反演点 X 必须同时在 AB 和 $A'B'$ 上.

有了这两个作图, 我们就证明了只用圆规的马歇罗尼作图与用圆规和直尺的通常几何作图之间的等价性. 我们没有致力于对一个个问题提供巧妙的解法, 因为我们的目的是着重于对马歇罗尼作图从总的方面作些考察. 但是, 现在我们要给出作正五边形的例子. 更确切地说, 要在圆周上找五个点, 它们是圆内接正五边形的顶点.

设 A 是给定圆 K 上的任意点. 内接正六边形的边长等于 K 的半径. 因此能找出圆 K 上点 B, C, D, 使 $\overset{\frown}{AB} = \overset{\frown}{BC} = \overset{\frown}{CD} = 60°$

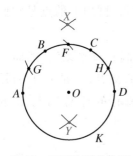

图 51 正五边形的作图

(图 51). 以 A 和 D 为圆心, AC 为半径, 画两个弧相交于 X. 因此如果 O 是 K 的圆心, 一个以 A 为圆心, OX 为半径的弧将交 K 于 $\overset{\frown}{BC}$ 的中点 F (见第 168 页). 现在以 F 为圆心, K 的半径为半径画一弧交 K 于 G 和 H. 设点 Y 与 G 和 H 的距离等于 OX, 而 O 介于 Y 和 X 之间. 则 AY 等于所求的正五边形的边. 证明留给读者作练习. 注意在作图中仅仅用了三种不同的半径.

1928 年丹麦数学家吉尔姆斯累夫 (Hjelmslev) 在哥本哈根的一家书店里发现了一本书: 《欧几里得·丹麦本》(Euclides Danicus), 是一个不出名的作者莫尔 (G. Mohr) 在 1672 年出版的. 从书名来看, 人们可能以为这不过是欧几里得《原本》的一个译本或译注. 然而当吉尔姆斯累夫查阅这本书时, 他惊奇地发现, 它实质上包含了马歇罗尼问题, 而且早在马歇罗尼之前已经完全解决了这个问题.

习题: 下面是关于莫尔作图的描述. 验证它们的合理性. 为什么它们解决了马歇罗尼问题?

① 在一个长为 p 的线段 AB 上, 作一垂线 BC. (提示: 延长 AB 到 D

点使 $AB = BD$，以 A, D 为圆心画任意圆，从而确定 C.)

② 在平面上给定长为 p, q 的两个线段,这里 $p > q$. 利用 1) 作一长为 $x = \sqrt{p^2 - q^2}$ 的线段.

③ 从一给定线段 a 作线段 $a\sqrt{2}$.（提示：注意 $(a\sqrt{2})^2 = (a\sqrt{3})^2 - a^2$.）

④ 用给定线段 p, q 作一线段 $x = \sqrt{p^2 + q^2}$.（提示：用关系式 $x^2 = 2p^2 - (p^2 - q^2)$.）求作其他类似的图.

⑤ 平面上给定长为 p 和 q 的线段,用前面的结果作长为 $p+q$, $p-q$ 的线段.

⑥ 验证并且证明下面在长为 a 的线段 AB 上求中点 M 的作图. 在 AB 的延长线上求出 C, D,使 $CA = AB = BD$. 作等腰三角形 ECD,其中 $EC = ED = 2a$. 求出以 EC 和 ED 为直径的圆的交点 M.

⑦ 作点 A 在直线 BC 上的垂足.

⑧ 给定线段 a, p 和 q,作 x 使 $x : a = p : q$.

⑨ 给定线段 a 和 b,作 $x = ab$.

施泰纳(J. Steiner,1796～1863)为马歇罗尼的作图所鼓舞,试图以直尺替代圆规,仅以它为工具来作图. 当然只用直尺不能超出一个给定的数域,因此对经典意义下的所有几何作图来说,它是不够的. 然而引人注目的是,施泰纳可以把圆规的使用只限于一次. 他证明了,在平面上,只要给定一固定圆和它的圆心,那么凡是能用圆规和直尺实现的各种作图,都可以只用直尺来作. 这些作图需要运用一些射影方法,我们将在后面加以说明(见第 210 页).

* 这个圆和它的圆心是不可缺少的. 例如,只给定一个圆而没给出圆心,就不可能只用直尺找出它的圆心. 为了证明这一点,我们需要用到后面将要讨论的一个事实(第 230 页)：存在具有下述性质的平面到它自身的变换,(1) 给定的圆在这变换下不变.(2) 任意直线变成直线.(3) 给定的圆心变到其他某个点. 仅仅是这样一个变换的存在,就表明了只用直尺作这个给定圆的圆心是不可能的. 因为,只要这样的作图是可行的,它不外乎将通过画若干条直线、求它们之间的交点以及求它们和这给定圆的交点来实现. 现在如果对给定圆加上在作图中产生的所有点和直线所组

成的整个图形,实施我们假设存在的这个变换,则变换后的图形将满足作图的所有要求,但是其结果将产生一个不是给定圆的圆心的点. 因此这样的作图是不可能的.

3. 用机械工具作图　机械曲线　旋轮线

设计机械工具用来画圆和直线以外的曲线,就能大大扩充作图的范围. 例如,如果有一个画双曲线 $xy = k$ 的工具和另一个画抛物线 $y = ax^2 + bx + c$ 的工具,则任何一个可归结为三次方程

$$ax^3 + bx^2 + cx = k \qquad (1)$$

的问题都可以用这些工具通过作图来解决. 因为如果令

$$xy = k, \ y = ax^2 + bx + c, \qquad (2)$$

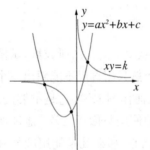

图 52　三次方程的图解

则解方程(1)相当于通过消去 y 来解联立方程(2),即(1)的根就是(2)中的双曲线和抛物线的交点的 x 坐标. 因此如果有一些工具可用来画方程(2)的双曲线和抛物线的话,那么就可以用作图方法来解(1).

自古以来,数学家就知道有许多有趣的曲线能用简单的机械工具来确定和作图. 在这些"机械曲线"中,旋轮线(也称摆线)是最引人注目的,托勒密(Ptolemy,约公元 200 年)以十分巧妙的方式用它们来描述太空中行星的运动.

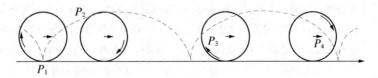

图 53　旋轮线

如果一个圆沿着一直线无滑动地滚动,则圆周上某一固定点所描出的曲线就是最简单的旋轮线. 图 53 表明了这滚动着的圆上一点 P 的四个位置. 旋轮线的一般形状是支撑在这直线上的一系列拱形线.

如果把点 P 选在圆的内部(如在一个轮子的辐条上)或在圆半径的延长线上(如在火车轮的凸缘轮上),就可以得到这种曲线的不同变形. 图 54 表明了这两种曲线.

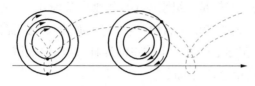

图 54 一般旋轮线

旋轮线的进一步变形可以这样来得到,让一个圆不是在直线上而是在另一个圆上滚动. 如果滚动着的半径为 r 的圆 c 内切于较大的半径为 R 的圆 C,则 c 的圆周上一固定点的轨迹为圆内旋轮线(或内摆线).

如果圆 c 恰好滚过 C 的整个圆周,只有当 C 的半径为 c 的半径的整数倍时,点 P 才能回到它原来的位置. 图 55 说明了 $R = 3r$ 的情形. 更一般地,如果 C 的半径为 c 的半径的 $\frac{m}{n}$ 倍,则这圆内旋轮线要绕 C 转 n 周之后才闭合,它是由 m 个拱形线组成的. 一个有趣的特殊情况出现在 $R = 2r$ 时,这时内圆的任一点 P 将描出大圆的一个直径(图 56). 对这一事实的证明,我们把它当作一个习题留给读者.

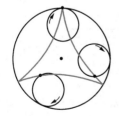

图 55 圆内三尖旋轮线

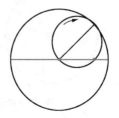

图 56 一个圆在另一个半径是其二倍的
圆内滚动时,圆上一点作直线运动

滚动一个圆使它外切于一个固定圆,还能产生另一种旋轮线.这样的曲线称为圆外旋轮线(或外摆线).

*4. 连杆　波西里叶和哈特的反演器

现在我们暂且丢开旋轮线这一课题(它们将在一个预料不到的地方再次出现)而来考虑产生曲线的其他方法.画曲线的最简单的机械工具是连杆.连杆是一组刚体小杆用轴以某种方式连接在一起的,整个系统要有适当的活动自由,使得它上面的某一点能描绘出特定的曲线.圆规实际上就是一个简单的连杆,从原理上讲,它就是由钉在一个点上的单个杆组成的.

连杆在机械作图中已经使用了很久.历史上最著名的例子是"瓦特平行四边形".瓦特(J. Watt)发明它是为了把他的蒸汽机的活塞和飞轮上的一点连结起来,使飞轮的旋转运动变成活塞的直线运动.瓦特的解只是近似的,而作一个连杆以推动一个点精确地作直线运动的问题,尽管有许多著名的数学家致力于此,过去却一直没能解决.有一个时期,关于某些问题的解的不可能性的证明引起了人们的广泛注意,于是出现了一种猜测,以为作这样的连杆是不可能的.1864 年,法国海军军官波西里叶(Peaucellier)发明了一个简单的连杆解决了这个问题,这在当时引起了轰动.但是由于引进了有效的润滑剂,蒸汽机的这个技术问题已经失去了它的意义.

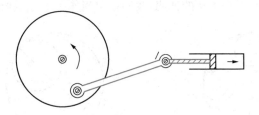

图 57　旋转转化为直线运动

波西里叶连杆的作用在于把圆周运动变成直线运动.它建立在§4 讨论的反演理论的基础上.如图 58 所示,这连杆由七根刚体小杆组成,其中两根长为 t,四根长为 s,第七根为任意长. O 和 R 是两个固定点,置于使 $OR = PR$ 的位置上. 整个装置按照这些给定的条件自由地运动. 我们要证明,当 P 以 R 为中心 PR 为半径描出一个圆时, Q 将描出一条直线段. 用 T 表示由 S 到 OQ 的垂线的垂足,我们看到

$$OP \cdot OQ = (OT - PT)(OT + PT) = OT^2 - PT^2$$
$$= (OT^2 + ST^2) - (PT^2 + ST^2) = t^2 - s^2.$$

量 $t^2 - s^2$ 是常数,记为 r^2. 由于 $OP \cdot OQ = r^2$, P 和 Q 是关于以 O 为圆心, r 为半径的圆的反演点. 当 P 描出一圆周路程时(它经过 O), Q 描出该圆周的反演曲线. 这曲线必定是一直线,因为我们已经证明了过 O 的圆的反演是一直线. 因此 Q 的路程是一直线而无须用直尺来画.

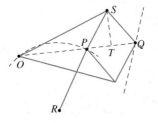

图 58　把旋转运动变成直线运动的波西里叶变换

解决同样问题的另一种连杆是哈特(Hart)的反演工具. 如图 59,它是由五根杆联结而成的. 其中 $AB = CD$, $BC = AD$,点 O、P 和 Q 分别固定在杆 AB, AD 和 CB 上,且使 $\dfrac{AO}{OB} = \dfrac{AP}{PD} = \dfrac{CQ}{QB} = \dfrac{m}{n}$. 点 O 和 S 固定在平面上使 $OS = PS$,而连杆的其余部分可以自由运动. 显然 AC 总是平行于 BD 的. 因此,O、P 和 Q 共线且 OP 平行于 AC. 画 AE 和 CF 垂直于 BD,我们有

$$AC \cdot BD = EF \cdot BD = (ED + EB)(ED - EB)$$
$$= ED^2 - EB^2.$$

但是 $ED^2 + AE^2 = AD^2$, $EB^2 + AE^2 = AB^2$,因此 $ED^2 - EB^2 = AD^2 - AB^2$. 现在 $\dfrac{OP}{BD} = \dfrac{AO}{AB} = \dfrac{m}{m+n}$,且 $\dfrac{QO}{AC} = \dfrac{OB}{AB} = \dfrac{n}{m+n}$. 于是

$$OP \cdot OQ = \left[\frac{mn}{(m+n)^2} \right] BD \cdot AC = \left[\frac{mn}{(m+n)^2} \right] (AD^2 - AB^2).$$ 这个

量对连杆的所有可能位置都是一样的,所以 P 和 Q 是关于某个以 O

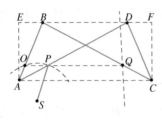

为圆心的圆的反演点. 当连杆运动时, P 描出一个以 S 为圆心而过 O 的圆, 因而它的反演点 Q 描出一直线.

至少从原理上讲,能描画椭圆、双曲线,实际上,能描画由任意次代数方程 $f(x, y) = 0$ 给出的曲线的其他连杆都可设计出来.

图 59　哈特的反演工具

§6　再谈反演及其应用

1. 角的不变性　圆族

虽然圆的反演大大改变了几何图形的样子,然而值得注意的是,新的图形继续保持旧的图形的许多性质.有一些性质在变换下不变,即具有"不变性".如我们所知,反演把圆和直线变成圆和直线.现在添上另一个重要性质:两条直线或曲线的夹角在反演下是不变的,即任意两条相交的曲线在反演下变成另外两条曲线,它们仍然相交且交成同样的角.当然,两条曲线之间的夹角是指它们的切线之间的夹角.

其证明可以从图 60 看出,这个图表明一条曲线 C 和一条直线 OL 交于点 P 的这种特殊情形. C 的反演 C' 交 OL 于反演点 P',因为 OL 是它自身的反演, P' 仍在 OL 上.现在我们要说明 OL 与 C 在 P 点的切线之间的夹角 x_0 在数值上将等于相应的角 y_0.为此我们选取曲线 C 上靠近 P 的一点 A,且画割线 AP. A 点的反演是 A',它同时在直线 OA 和曲线 C' 上,因此必定是它们的交点.我们画割线 $A'P'$,由反演定义可知

$$r^2 = OP \cdot OP' = OA \cdot OA',$$

或
$$\frac{OP}{OA} = \frac{OA'}{OP'},$$

即三角形 OAP 和 $OA'P'$ 相似. 因此角 x 等于 $\angle OA'P'$, 我们称之为 y. 我们的最后一步是让 A 沿着 C 移动到 P 点. 这导致割线 AP 转到 C 在 P 点的切线位置上, 而角 x 趋于 x_0. 同时 A' 将到达 P', $A'P'$ 将转到 P' 点的切线上, 角 y 趋于 y_0. 由于在 A 的每一个位置上 x 等于 y, 通过取极限, 一定有 $x_0 = y_0$.

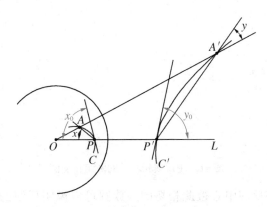

图 60 在反演下, 角的不变性

但是证明只完成了一部分, 因为我们仅仅考虑了曲线和一条过 O 的直线相交的情况. 关于两条曲线 C, C^* 在 P 点形成一角 z 的一般情况, 现在是容易处理的. 因为, 显然直线 OPP' 分 z 为两个角, 而我们知道每一个角在反演下是不变的.

应当注意, 虽然反演保持了角的数值, 但它改变了角的方向; 即如果过 P 的一条射线以逆时针方向扫过角 x_0, 则它的象以顺时针方向扫过角 y_0.

在反演下, 角的不变性的一个特殊推论是, 两个正交 (即交成直角) 的圆或直线经过反演仍然正交, 而两个相切 (即交成零度角) 的圆仍然保持相切.

我们考虑一族通过反演中心 O 和平面上另一固定点 A 的所有圆. 从 §4 第二小节,我们知道这族圆变成一族直线,它们由 A 的象 A' 放射出去. 和原来这族圆正交的圆将变成与过 A' 的直线正交的圆,如图 61 所示(正交圆用虚线表示). 放射直线的简单图像和这些圆的图像表面上看来很不相同,然而我们看到它们是紧密联系的——实际上,从反演理论的观点来看,它们是完全等价的.

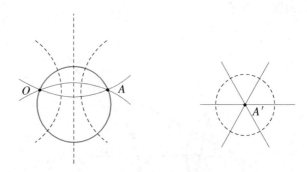

图 61 用反演相联系的两组正交圆

利用在反演中心彼此相切的一族圆可以说明反演的另一种效果. 经过变换,它们变成了一族平行线. 原因是圆的象是直线,而其中任意两条线都不相交,因为原来的圆只在 O 点相交.

图 62 相切的圆变成平行线

2. 在阿波罗尼斯问题上的应用

下述阿波罗尼斯问题的简单几何解法,可以很好地说明反演理论的用途.通过关于任意一个圆心的反演,对三个给定圆的阿波罗尼斯问题可以变换为对另外三个圆的相应的问题(这是为什么?).因此,如果我们能够解决任意一组三个圆的问题,则对于由这三个圆通过反演而得到的另外一组三个圆来说,问题也解决了.我们要利用这个事实,办法是在所有这些等价的三个圆中选择问题的解是最简单的一组.

我们从圆心为 A、B、C 的三个圆出发.假设所求的圆 U 的圆心为 O,半径为 ρ,而且和这三个给定的圆外切.如果把这三个给定的圆的半径都加上同一个量 d,则以原来的 O 为圆心,$\rho-d$ 为半径的圆显然是这个新问题的解.利用这个办法,预先使三个给定的圆中有两个在点 K 相切,以此代替原来的那三个给定圆(图 63).其次我们用圆心为 K 的某个圆来反演整个图形.于是以 B 和 C 为圆心的圆变成了平行线 b 和 c,而第三个圆变成了另一个圆 a(图 64).我们知道 a,b,c 都可以用圆规和直尺来作.未知圆 U 变成一个和 a,b,c 都相切的圆 u,它的半径 r 显然是 b 和 c 之间的距离的一半,它的圆心 O' 是 b 和 c 之间的中线与以 A' 为圆心(a 的圆心)、$r+s$ 为半径(s 是 a 的半径)的圆的交点之一.最后作 u 的反演圆,便得到了所求的阿波罗

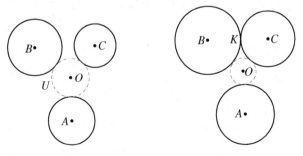

图 63 阿波罗尼斯作图的预备

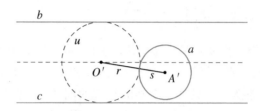

图 64 阿波罗尼斯问题的解

尼斯圆 U.（它的圆心 O 是 u 的圆心对于以 K 为反演中心的那个反演圆的反演）.

*3. 重复反射

　　每个人都熟悉用好几面镜子时出现的奇怪的反射现象. 如果在一个长方形的屋子里,四面墙上都挂满了不吸收光的理想镜子的话,一个光点将会有无穷多个像,每一个像对应于通过反射得到的各个全等的房间(图 65). 一些比较不规则的镜子装置,例如三角形镜子,能给出一系列更为复杂的像. 只有当反射后的三角形互不重叠地覆盖住整个平面时,所得的图形才易于描述. 这种现象只出现于直角等腰三角形、等边三角形以及由等边三角形的一半作成的直角三角形的情况,见图 66.

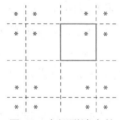

图 65　在矩形墙中的重复反射

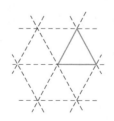
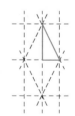

图 66　三角形镜子的规则装置

如果我们考虑关于一对圆的重复反射,情况将更有趣. 如果站在两个同心圆镜面之间,我们将看到无穷多个与它们同心的其他圆. 这些圆的一个序列趋于无穷,而另一个序列则汇聚在圆心周围.

两个外离的圆的情况略为复杂一些. 这时这些圆和它们的像逐次彼此互相反射,每次反射均变小,直到它们缩成分属于两圆的两个点.(这两个点有下述性质,它们关于这两个圆是互为反演的.)图 67 显示了这种情形. 图 68 是用三个圆生成的美丽图案.

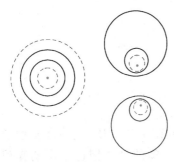

图 67 两个圆中的重复反射   图 68 三个圆的重复反射

第4章

射影几何 公理体系 非欧几里得几何

§1 引 言

1. 几何性质的分类 变换下的不变性

几何学所讨论的是平面和空间图形的性质. 这些性质形形色色、名目繁多, 以至有必要用某些分类的办法把这丰富的知识条理化. 例如, 人们可以根据推导定理时所用的方法引进一种分类. 从这观点出发, 把它分为"综合"的和"解析"的两种方法. 前一个是经典的欧几里得公理方法, 其内容是建立在纯粹几何的基础上, 与代数以及数的连续统的观念无关, 而且定理是借助逻辑推理从称为公理或公设的一组初始命题导出的. 第二个方法是在引进数值坐标的基础上, 应用了代数的技巧. 这个方法给数学科学带来了深刻的变化, 其结果把几何、分析和代数统一成了一个有机的系统.

在这一章按照内容来分类要比按照方法来分类更重要. 这里, 分类是基于定理本身的特性而不管其证明的方法如何. 在初等平面几何中, 人们把(用长度和角的概念来处理的)图形全等的定理与(仅用角的概念来处理的)图形相似的定理区分开来. 但这个区分并不重要, 因为长度和角度是如此紧密地联系着的, 以至硬把它们分开来显得有些牵强. (有关这类联系的研究, 形成了三角学这门学科的大部分.）如果不考虑这一点,我们可以说初等几何是关于量值——长度、角度及面积——的理论.从这个观点来看,两个图形如果是全等的,即如果从一个图形可以通过刚体运动的办法得到另一个图形,并且在此刚体运动中,只有位置的改变而没有量值的变化,我们就说它们是等价的.现在产生了一个问题:量值的概念以及与此有关的全等和相似概念,对于几何来说是不是最本质的,或者说,几何图形是否还具有更深刻的、甚至在比刚体运动更剧烈的变换下也保持不变的性质.我们将会看到,情况确实如此.

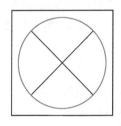 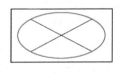

图 69　圆的压缩

假设在一个矩形的软木块上画一个圆和两条互相垂直的直径,如图 69.如果把这块软木放在一个老虎钳的钳口中,把它压缩成原来宽度的一半,则这个圆将变成一个椭圆,两个直径所夹成的角将不再是直角,圆周上的点到中心的距离相等这个圆所具有的性质,在椭圆上也不复成立了.这样一来,似乎原来图形的所有几何性质经过压缩后都被破坏了.其实不然,例如“中心平分直径”这一命题对圆和椭圆都是成立的.在这里,当原来图形经过一个在量值方面的剧烈变化后,我们仍然得到一个保持不变的性质.这个观察使我们想到,可以把几何图形的定理依此加以分类:图形经过均匀压缩,其定理是否仍然成立.更一般地,对任何确定的一类图形进行变换(例如刚体运动、压缩、圆的反演等等),我们可以问,在这类变换下,图形的什么性质是否将保持不变.研究这些性质的全体定理将是与这类变换相关联的几何.这种按照变换的方式把几何分为不同分支的思想,是克莱茵(F. Klein,1849～1925)在 1872 年所作的一个有名的讲演(厄兰格(Erlanger)纲领)中提出的. 从那时以来,它极大地影响着几何的思想.

　　在第五章我们将发现一个很惊人的事实:几何图形的某些性质有如此深刻的不变性,即使图形受到非常剧烈的形变,这些性质仍然保留下来;画在一块橡皮上的图形,当这橡皮以任意方式被拉长或压缩时,其图形仍然保持原来的某些特性. 但在这一章中,我们只研究如下一些性质,它们只是在一类特定变换下保持不变,或者说具有"不变性";这类变换介于以下二者之间:一方是受到严格限制的刚体运动,另一方是最普通的任意变换. 这就是"射影变换"类.

2. 射影变换

　　数学家早在很久以前由于透视的问题而不得不对一些几何性质进行研究. 透视问题被达·芬奇(Leonardo da Vinci)和杜勒(A. Dürer)等艺术家研究过. 一个油画家所作的画可以认为是从原景到画布上的投影,投影中心是画家的眼睛. 在这过程中,长度和角度必然改变,改变的方式依赖于所画的各种东西的相对位置. 但原景的几何结构在画布上通常能认出来. 这是为什么呢? 自然是由于存在着在"射影下不变"的几何性质,这些性质在画上没有表现出有什么变化,因而使得画与原景的等同成为可能. 而找出并分析这些性质是射影几何的课题.

　　很清楚,这个几何分支的定理不可能是关于长度、角和全等的命题. 某些孤立的射影性质从 17 世纪起,甚至从古代起就被人知道了[例如美内劳斯(Menelaus)定理]. 但对射影几何的系统研究是从 18 世纪末开始的,那时巴黎著名的综合工科学校在数学方面的发展,特别是在几何学方面的发展,开创了一个新的时期. 这个学校是法国大革命的产物,它为共和国军队培养了许多军官. 它的毕业生中有一个是彭色列(J. V. Poncelet,1788～1867),他在 1813 年,在俄国当战俘时,写下了有名的文章"论图形的射影性质". 到 19 世纪,在施泰纳

(Steiner)、史陶特(von Staudt)、沙勒(Chasles)和其他一些人的影响下,射影几何成为数学研究的主要课题之一.它的盛行,一方面是由于它有巨大的美学上的魅力,另一方面是由于它把几何作为一个整体来研究时所获得的明显效果以及它与非欧几何、代数都有紧密的联系.

§2　基　本　概　念

1. 射影变换群

　　我们首先定义射影变换类或"群"[1].假设在空间有两个平面 π 和 π'(彼此不一定平行).这时可以从不在 π 和 π' 上的一个给定中心 O 出发,实现 π 到 π' 上的一个中心投影:定义 π 上每一点 P 的像是 π' 上的点 P',这一对点 P 和 P' 位于经过 O 的同一直线上.我们也可以作一个平行投影,这时,投影线全是平行的.用同样的方式,通过以 π 上一点 O 为中心的中心投影或通过平行投影,我们能定义出平面 π 上的直线 l 到 π 上另一条直线 l' 的投影.

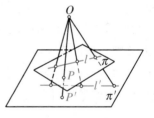

图70 从一点投影

　　用中心投影或平行投影,或用一系列有限次这样的投影,把一个图形变成另一个图形的任何变换称为射影变换[2].平面或直线的射影几何是由这样一些几何命题组成的:对这些命题中所涉及的图形

---

　　[1]　"群"这个术语,当它应用于变换类时是指:连续应用某一变换类中的两个变换相当于该类中的一个变换,而且该类中每一个变换的"逆"变换仍属于该类.数学运算的群的性质在许多领域中已经起了并正在起着十分重要的作用,虽然在几何中,群的概念的重要性可能有点被夸大了.

　　[2]　我们通常说两个通过单个投影相联系的图形是透视的.因此如果图形 F 和图形 F' 是透视的,或者如果能找到一串图形 F, F_1, F_2, $\cdots$, F_n, F',使每一个图形和后一个是透视的,则 F 和 F' 是用同一个射影变换相联系的.

进行任意的射影变换都不影响这些命题. 相反,所有那些关于图形度量性质的命题(它们只在刚体运动类下不变),我们称为度量几何.

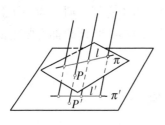

图 71   平行投影

某些射影性质能立刻被人认识. 一个点当然投影成一个点. 而且一条直线被投影成一条直线,因为如果 π 上一直线 l 投影到平面 π′,则 π′ 和通过 O 和 l 的平面将交于直线 l'[①]. 如果点 A 和直线 l 是关联的[②],则经过任何射影,相应的点 A′ 和直线 l' 仍是关

联的. 因此点和直线的关联在射影群下是不变的. 从此事实可以得出许多简单然而重要的结果. 如果三个或更多个点共线,即与某一条直线关联,则它们的像也是共线的. 同样,如果平面 π 上三条或更多条直线是共点的,即与某个点关联,则它们的像也是共点的直线. 这些简单性质——关联、共线、共点——是射影性质(即在射影下保持不变的性质). 长度和角度以及这些度量的比值,在射影时一般是改变的. 等腰三角形或等边三角形可以射影成一个各边不等的三角形. 因此,虽然"三角形"是射影几何的一个概念,但"等边三角形"却不然,它只属于度量几何.

2. 笛沙格定理

射影几何中最早发现的结果之一是有名的笛沙格(Desargues,1593~1662)的三角形定理:如果平面上两个三角形 ABC 和 A′B′C′ 所处的位置能使连接对应顶点的直线交于一点 O,则对应边的延长线的三个交点共线. 图 72 说明了这个定理,读者应该画一些其他的图,通过试验来验证它. 尽管图形是简单的,它只涉及直线,但其证明

---

①   如果直线 OP(或过 O 和 l 的平面)平行于 π′,将出现例外的情形,这些例外情形将在 §4 讨论.

②   如果一条直线通过一个点,或者说一点在这直线上,我们就称这一点和这一直线是关联的. "关联"这个词使我们可以不去考虑直线和点哪一个更重要.

并不简单. 显然, 这定理是属于射影几何的, 因为如果把整个图形投影到另一个平面上, 则在定理中涉及的所有性质仍保持不变. 我们将在第 201 页再回到这定理上来. 在这里, 希望读者注意这样一个重要事实: 如果两个三角形处于两个不同

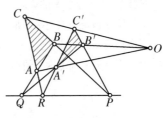

图 72　平面中笛沙格图形

的 (不平行的) 平面上, 笛沙格定理仍然成立, 而且在三维几何中, 笛

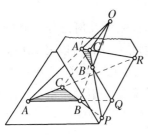

图 73　空间中笛沙格构形

沙格定理是很容易证明的. 根据假设, 如果直线 AA'、BB'、CC' 交于一点 O (图 73), 则 AB 和 $A'B'$ 在同一平面上, 从而这两条直线交于某点 Q; 同样地 AC 和 $A'C'$ 交于 R, BC 和 $B'C'$ 交于 P. 由于 P、Q、R 在三角形 ABC 和 $A'B'C'$ 的边的延长线上, 它们和这两个三角形的每一个都共处在同一平面上, 所以

必然是在这两个平面的交线上. 因此 P、Q、R 是共线的, 这正是我们所要证明的.

这个简单的证明使得我们考虑, 是否也可以用这样的方式在二维中来证明这个定理, 比如说用一个极限过程, 把整个图形压平, 使得两个平面在极限时重合, 而且 O 点和所有其他的点都一起落在这个平面上. 但进行这样一个极限过程有一定的困难, 因为当平面重合时, 交线 PQR 不能唯一确定. 然而图 72 的图形可以看作图 73 空间图形的一个透视图, 这个事实能用来证明平面情形下的这一定理.

　　实际上, 在平面的笛沙格定理和空间的笛沙格定理之间有一个根本性的差别. 在三维情况下我们证明时所用的几何推理, 只是建立在关联概念和点、直线、平面相交的基础上. 而二维定理的证明, 我们可以说明, 如果完全在平面上进行, 就必须要用到图形相似的概念, 它基于长度这个度

量概念,不再是射影的概念.

笛沙格定理的逆定理是:如果两个三角形 ABC 和 $A'B'C'$ 的位置使对应边的交点共线,则连接对应顶点的直线共点. 对两个三角形分别在两个不平行的平面上这一情形,其证明留给读者作为练习.

§3 交 比

1. 定义和不变性的证明

正如线段长度是度量几何的关键一样,射影几何也有一个基本的概念,利用这个概念,图形的所有各种射影性质都可以表示出来.

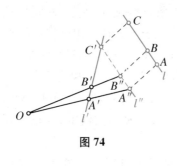

图 74

如果三个点 A,B,C 在一条直线上,一个射影一般说来将不仅改变距离 AB 和 AC,而且也将改变比值 $\dfrac{AB}{AC}$. 实际上,一条直线 l 上的任意三个点 A,B,C,连续作两次射影,总能与另一条直线 l' 上的任意三个点 A',B',C' 相对应. 为此,以 C' 为中心转动直线 l',使之达到平行于 l 的位置 l''(见图 74). 通过一个与 C' 和 C 连线平行的投影,可以把 l 射影到 l'',确定三点 A'',B'',$C''(=C')$. 连接 A',A'' 和 B',B'' 的二直线交于点 O,把它作为第二次射影的中心. 这两个射影实现了我们所要的结果[1].

如同我们刚才看到的,在一条直线上,凡只涉及三个点的量,在射影下都是要改变的. 但是,如果在一条直线上我们有四个点 A,B,C,D,并把它们射影到另一直线上的 A',B',C',D',则这时有某个量——称为这四个点的交比——在射影下不变. 这是射影几何具有

———————————

[1] 如果连接 A',A'' 和 B',B'' 的直线是平行的,这将怎样呢?

决定意义的发现. 直线上四个点的这一数学性质在射影下保持不变,
从而在这直线的任何象中都可以找到. 交比既不是长度, 也不是两个
长度的比值, 而是两个这种比值的比: 如果我们考虑比值 $\dfrac{CA}{CB}$ 和 $\dfrac{DA}{DB}$,
则它们的比值

$$x = \frac{CA}{CB} \bigg/ \frac{DA}{DB},$$

定义为四个有序点 A, B, C, D 的交比.

我们现在说明四个点交比在射影下是不变的, 即如果 A, B, C,
D 和 A', B', C', D' 是两条直线上与一射影相关的对应点, 则

$$\frac{CA}{CB} \bigg/ \frac{DA}{DB} = \frac{C'A'}{C'B'} \bigg/ \frac{D'A'}{D'B'}.$$

我们可用初等的方法来证明. 我们知道一个三角形的面积等于底
乘高的一半, 或等于两边及其夹角的正弦的乘积的一半. 在图 75
中, 有

$$OCA \text{ 的面积} = \frac{1}{2} h \cdot CA = \frac{1}{2} OA \cdot OC \cdot \sin \angle COA,$$

$$OCB \text{ 的面积} = \frac{1}{2} h \cdot CB = \frac{1}{2} OB \cdot OC \cdot \sin \angle COB,$$

$$ODA \text{ 的面积} = \frac{1}{2} h \cdot DA = \frac{1}{2} OA \cdot OD \cdot \sin \angle DOA,$$

$$ODB \text{ 的面积} = \frac{1}{2} h \cdot DB = \frac{1}{2} OB \cdot OD \cdot \sin \angle DOB.$$

得出

$$\frac{CA}{CB} \bigg/ \frac{DA}{DB} = \frac{CA}{CB} \cdot \frac{DB}{DA} = \frac{OA \cdot OC \cdot \sin \angle COA}{OB \cdot OC \cdot \sin \angle COB}$$

$$\cdot \frac{OB \cdot OD \cdot \sin \angle DOB}{OA \cdot OD \cdot \sin \angle DOA} = \frac{\sin \angle COA \cdot \sin \angle DOB}{\sin \angle COB \cdot \sin \angle DOA}.$$

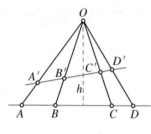

因此 A，B，C，D 的交比仅仅依赖于 O 点与 A，B，C，D 的连线所成的角. 由于对从 O 射影 A，B，C，D 而得到的任意四个点 A'，B'，C'，D' 来说这些角都是相同的,所以在射影下交比保持不变.

图 75 中心投影下，交比的不变性

由相似三角形的初等性质可知,在平行投影下仍不改变四个点的交比. 证明留给读者作练习.

至今我们把直线 l 上的四个点 A，B，C，D 的交比理解为取正值的长度的比. 对定义作如下修改会更方便一些. 选择 l 的一个方向为正向,规定沿这方向测量的长度是正的,而沿相反方向测量的长度是负的,则有序点 A，B，C，D 的交比定义为

$$（ABCD）= \frac{CA}{CB} \Big/ \frac{DA}{DB}. \tag{1}$$

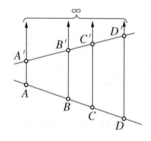

图 76 平行投影下，交比的不变性

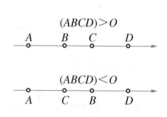

$(ABCD) > 0$

$(ABCD) < 0$

图 77 交比的符号

这里量 CA，CB，DA，DB 理解为带有特定的符号. 由于改变 l 的正方向,只是改变这比的每一项符号,所以 $(ABCD)$ 这值将不依赖于方向的选择. 容易看到,$(ABCD)$ 是负还是正,根据 A，B 这一对点是否被 C，D 这一对点分开而定. 由于这分开的性质在射影下是

不变的,所以带符号的交比$(ABCD)$也是不变的. 如果在 l 上选一固定点 O 作为原点,且把 l 上每一点到 O 点的有向距离当作它的坐标 x,设 A,B,C,D 的坐标相应为 x_1,x_2,x_3,x_4,则

$$(ABCD) = \frac{CA}{CB}\bigg/\frac{DA}{DB} = \frac{x_3 - x_1}{x_3 - x_2}\bigg/\frac{x_4 - x_1}{x_4 - x_2}$$

$$= \frac{x_3 - x_1}{x_3 - x_2}\cdot\frac{x_4 - x_2}{x_4 - x_1}.$$

如果 $(ABCD) = -1$,即 $\dfrac{CA}{CB} = -\dfrac{DA}{DB}$,则 C 和 D 以相同的比例在线段 AB 的内外分开. 在这种情况下,我们说 C 和 D 调和分割线段 AB,并说 C,D(关于 A,B 对)是调和共轭的. 如果 $(ABCD) = 1$,则点 C 和 D(或 A 和 B)重合.

应当记住,A,B,C,D 取的次序是交比 $(ABCD)$ 定义中的一个不可少的部分. 例如,若 $(ABCD) = \lambda$,则交比 $(BACD)$ 是 $\dfrac{1}{\lambda}$,而 $(ACBD) = 1 - \lambda$,这些读者

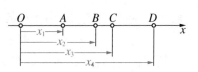

图 78　用坐标描述交比

很容易验证. 四个点 A,B,C,D 能用 $4\cdot3\cdot2\cdot1 = 24$ 种不同方式排次序,每一种都给出其交比的值. 这些排列中有一些将和原来排列 A,B,C,D 有相同的交比,例如 $(ABCD) = (BADC)$. 对这些点的 24 种不同排列,仅有六个不同的交比,即

$$\lambda,\ 1 - \lambda,\ \frac{1}{\lambda},\ \frac{1 - \lambda}{\lambda},\ \frac{1}{1 - \lambda},\ \frac{\lambda}{1 - \lambda}.$$

这个证明留给读者作为练习. 这六个量一般是不同的,但其中两个可以相等,例如当 $\lambda = -1$ 时的调和分割情形就是如此.

也可以把四条共面(即在同一平面上)且共点的直线 1,2,3,4 的交比定义为:这些直线与另一条在同一平面上的直线交成的四个交点的交比. 这第五条直线的位置是无所谓的,因为在射影下这交比

是不变的. 与这等价的定义是

$$(1234) = \frac{\sin{(1,3)}}{\sin{(2,3)}} \Big/ \frac{\sin{(1,4)}}{\sin{(2,4)}},$$

取正号或负号按一对直线是否被其他直线分开而定(在这公式中,例如(1,3)的意思是指直线 1 和直线 3 之间的夹角). 最后,我们可以定义四个共轴平面(空间中四个平面交于一条直线 l,即它们的轴)

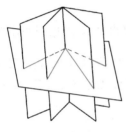

的交比. 如果一条直线交这些平面于四个点,则不论这条线的位置如何,这些点总有同样的交比(这个事实的证明留给读者作练习). 因此我们可以指定这个值为这四个平面的交比. 与此等价地,可以把四个共轴平面的交比定义为:它们与第五个平面相交而得到的四条直线的交比(见图 79).

图 79 共轴平面的交比

四个平面的交比的概念,自然引起了这样的问题:能否定义三维空间到它自身的射影变换. 用定义中心投影的方法,不能直接从二维推广到三维. 但可以证明,一平面到它自身的每一连续变换,其中点与点,直线与直线一一对应的方式相联系时,它是一射影变换. 这定理使我们对三维射影变换作如下的定义:空间中的射影变换是一个使直线保持不变的一一对应的连续变换. 可以证明这样的变换使交比保持不变.

对上面所讲的我们再作一些补充. 假设在一直线上有三个不同的点 A,B,C,其坐标为 x_1,x_2,x_3. 我们要找出第四个点 D,使交比 $(ABCD) = \lambda$,这里 λ 是预先给定的.(对 $\lambda = -1$ 的特殊情形,问题归结为作第四个调和点,其详细作法见下一节.)一般地说,这问题有一个解且仅有一个解;因为如果 x 是所求的点 D 的坐标,则方程

$$\frac{x_3 - x_1}{x_3 - x_2} \cdot \frac{x - x_2}{x - x_1} = \lambda \tag{2}$$

恰好有一个解. 如果 x_1,x_2,x_3 是给定的,我们命 $\frac{x_3 - x_1}{x_3 - x_2} = k$ 来简

化方程(2),则我们求出这方程的解为 $x = \dfrac{kx_2 - \lambda x_1}{k - \lambda}$. 例如,如果三个点 A,B,C 是等距离的,其坐标依次为 $x_1 = 0$,$x_2 = d$,$x_3 = 2d$,则 $k = \dfrac{2d - O}{d - O} = 2$,而 $x = \dfrac{2d}{2 - \lambda}$.

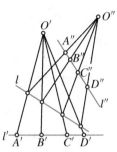

如果我们从两个不同的中心 O' 和 O'' 出发,把同一条直线 l 射影到两个不同的直线 l',l'' 上,则在 l 和 l' 上的点之间得到一个对应 $P \leftrightarrow P'$ 并在 l 和 l'' 上的点之间得到一个对应 $P \leftrightarrow P''$. 这样就确立了 l' 的点和 l'' 的点之间的一个对应 $P' \leftrightarrow P''$. 它有这样的性质:l' 上任意四个点 A',B',C',D' 和 l'' 上对应的点 A'',B'',C'',D'' 有相同的交比. 在两条直线的点之间,任意一个具有这种性质

图 80 两条直线上的点的射影对应

的一一对应,不论它是如何确定的,都称为**射影对应**.

习题: ① 证明:给定二直线以及它们的点之间的一个射影对应,我们能用平行移动的办法把一条直线移到这样一个位置:使这给定的射影对应可由一个简单的投影得到(提示:使这两条直线的某一对对应点重合).

② 在上面结果的基础上,说明如果二直线 l 和 l' 的点能从任意投影中心通过有限次的一连串投影,投影到中间直线而表示出来,则仅用两个投影就能得到同样的结果.

2. 在完全四边形上的应用

作为交比不变性的一个有趣的应用,我们来建立一个射影几何的简单然而重要的定理. 这涉及**完全四边形**,即一个由任意四条直线组成的图形,它们其中任意三条都不共点,且它们相交于六个点. 如图 81,这四条线是 AE,BE,BI,AF. 经过 AB,EG,IF 的直线是这四边形的对角线. 任意取一条对角线,例如 AB,在上面标出与其

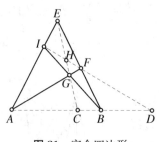

图81 完全四边形

他两条对角线的交点 C 和 D，则我们有定理：$(ABCD)=-1$，即一条对角线与其他两条对角线的交点，调和地分开这条对角线的顶点. 为了证明这一点，我们只须注意，由 E 点投影有

$$x=(ABCD)=(IFHD),$$

由 G 点投影有

$$(IFHD)=(BACD).$$

但我们知道 $(BACD)=\dfrac{1}{(ABCD)}$；所以 $x=\dfrac{1}{x}$，$x^2=1$，$x=\pm1$. 由于 C，D 分开 A，B，所以交比 x 是负的，因而必须是 -1. 证毕.

完全四边形的这个引人注目的性质，使我们有可能仅用直尺求出 C 点（对 A，B 来说）的调和共轭点，这里 C 是和 A，B 共线的任意一点. 我们只需在直线外选一点 E，画出 EA，EB，EC，在 EC 上标出一点 G，令 AG 交 EB 于 F，BG 交 EA 于 I，连 I，F，则 IF 和 A，B，C 所在的直线的交点就是所求的第四个调和点 D.

习题：在平面上给出一线段 AB 和一区域 R，如图 82 所示. 希望延长 AB 到 R 的右边. 只许用直尺，但在作图中直尺不许通过 R. 如何做到这一点？（提示：在线段 AB 上任选两点 C，C'，然后利用以 A，B 为顶点的完全四边形，相应地标出 C，C' 的调和共轭点 D，D'.）

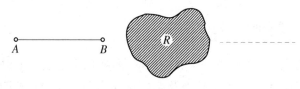

图82 越过障碍物作一直线

§4　平行性和无穷远

1. 作为"理想点"的无穷远点

检查一下前一节将会发现,如果在作图中我们要求某些直线相交,而实际上它们却是平行的,这时有些讨论就将失效. 例如在上述作图中,如果 IF 平行于 AB,则第四个调和点 D 将不存在. 两条平行线不相交的事实,使几何推理在每一步似乎都遇到障碍,以至于在涉及两条直线相交的任何讨论中,平行线这种例外情形都必须分开来加以考虑和阐述. 同样,中心射影必须和平行射影区分开来,并要对后者另行处理. 如果我们真的必须对每一个这样的例外情形进行细致的讨论的话,那么射影几何将变得非常庞杂. 因此我们试图改变一下,把基本概念作某种推广,使得能去掉这例外情况.

在这里,几何直观指出了这样的方法:如果与另一直线相交的直线逐渐地旋转到平行位置,则二直线的交点将退到无穷远处. 直觉上我们可以说,二直线在"无穷远点"相交. 这时,关键是要对这含糊的说法给出一个明确的意义,使得无穷远点(有时称为理想点)能够像平面上或空间中的普通点那样来讨论. 换句话说,我们需要的是:即使这些几何元素是理想的元素,但涉及点、直线、平面等等的所有规则不变. 要做到这一点,我们既可以用直观的方法,也可以用形式化的办法,正如我们在扩充数系时所作过的那样. 在那里,一种作法是从测量的直观思想出发,而另一种作法则是从算术运算的形式规则出发.

首先,我们要看到,在综合几何中,即使是"普通"的点和直线这样一些基本概念,在数学上也是没给出定义的. 在初等几何课本中,关于这些概念,经常能找到的所谓定义只是启发式的描述而已. 对于普通的几何元素,我们的直觉使我们很容易感到它们的"存在". 但在几何中——作为一个数学体系来考虑——我们实际所需要的只是某些正确的规则. 借助于它们,我们能运用这些概念,例如连接各点、求直线交点等等. 从逻辑上考虑,一个"点"不是"自在之物",对它,需要用能体现它与其他对象的关系的所有命题来完全描述. 只要能以一种清晰而不矛盾的方式阐述"无穷远点"的数学性质,即它们与"普通"点的关系以及它们彼此之间的关系,则这个新的实体在数学上就有存在的意义了. 普通的几何公理(例如欧几里得的公理),是从物理世界中的铅笔和粉笔线、拉紧的弦、光线、硬杆等抽象出来的. 这些公理所赋予数学上点和直线的性质,是对应的物理对象的性态的高度简化和理想化的描述. 通过任意两个用铅笔标出的实际的点能画出许多条直线而不只是一条. 如果这点的直径变得越来越小,则所有这些直线将近似地相同. 当我们说到"通过任意两点有一条且仅有一条直线"这个几何公理时,我们心里所指的就是这种状况. 我们现在指的不是物理的点与直线,而是几何上抽象的、概念化的点与直线. 几何的点和直线有着本质上比任何物理对象更为简单的性质,而且这样的简化是把几何发展成为一个演绎科学的根本条件.

如我们已指出的,与点和直线有关的普通几何,由于一对平行直线没有交点这一事实而被大大复杂化了,因此我们在几何的结构中作进一步的简化. 通过扩大几何点的概念来消除这个例外,正如我们扩大数的概念来消除减法和除法的限制一样. 在这里我们的指导思想始终是:希望在原来范围内通行的规律,在扩大的范围内仍然可行.

因此我们规定,在每条直线上除普通点以外再加上一个"理想点". 这个点属于与给定直线平行的所有直线而不属于其他直线. 这样一来,平面上每一对直线将交于一点;如果这对直线不平行,它们交于一普通点,而如果这对直线平行,则它们交于这二直线所共有的那个理想点上. 由于直观的原因,一条直线的理想点称为这直线的无穷远点.

直线上一点退到无穷远处的直观概念,可能启发我们给每条直线加上两个理想点,沿着这直线的每一个方向有一个. 其所以只加一个点(如我们上面所作),是由于我们希望保持这样一个规律:过任意两点有一条且仅有一条直线.如果一条直线与每条平行线共同包含两个无穷远点,则通过这两个"点"将有无穷多条平行线.

我们还将约定,除了平面上的普通直线以外,再加上一条"理想"直线(也称平面上无穷远直线),它包含平面上所有理想点而不包含其他点.显然,如果我们希望既保持原来过任意两点可作一直线的规律,又要得到任意二直线交于一点的新规律的话,就不得不作这个规定.为了说清这一点,让我们任意选择两个理想点,这时唯一通过这两点的直线不可能是一条普通直线,因为按照规定,任何普通直线仅包含一个理想点.而且这条直线不能包含任意普通点,因为一普通点和一理想点决定一普通直线.最后,这条直线必须包含所有理想点,因为我们希望它与每一条普通直线有一个公共点.因此这条直线必须很明确地具备我们对平面上理想直线所假设的那些性质.

按照我们的规定,一个无穷远点被一族平行直线所确定,或者说由一族平行直线表示.正如一个无理数被有理端点区间套序列所确定一样.两条平行直线相交于无穷远点,这一命题没有神秘的含义,只不过是描述直线平行的一个约定方式.用这种方式表示平行(在语言上,原来它是针对直观上不同的对象用的),唯一的目的就是不必一一列举例外的情形;现在它们自然可用同一种语言来表示,或者说包括在用于"普通"情形的其他符号中.

综上所述,无穷远点是这样规定的:关于普通的点和直线之间的关联性的规律,在扩大的点范围内继续成立;求二直线交点的作法,先前仅当直线不平行时才可能,现在则可以去掉这个限制.这样一种考虑——使得关联关系的性质在形式上得到简化——看起来似乎比较抽象,但读者在后面将会看到,这样做是很合适的.

2. 理想元素和射影

在平面上引进无穷远点和无穷远直线,使我们能以更为令人满意的方式来处理一个平面到另一个平面的投影.让我们考虑以 O 为

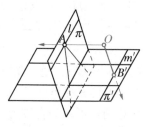

图 83 投影到无穷远

中心,平面 π 到平面 π′ 的投影(图 83). 这投影确立了 π 上的点和直线与 π′ 上的点和直线之间的一个对应. π 上每一点 A 唯一对应 π′ 上的一点 A′. 但是有下面的例外:如果过 O 的投影线平行于平面 π′,则它与平面 π 的交点 A,在 π′ 上将没有普通点与之对应. π 的这些特殊点在直线 l 上,这条直线 l 在 π′ 上没有普通直线与之对应. 但是,如果我们规定,π′ 上对应于 A 的点是直线 OA 方向上的无穷远点,而对应于 l 的是 π′ 上的无穷远直线,则这例外情形就消除了. 同样,对 π′ 上直线 m′(从 O 出发,所有通过它的投影线都平行于平面 π)上任一点 B′,规定对应 π 上一无穷远点,m′ 本身对应 π 上无穷远直线. 这样,通过在平面上引进无穷远点和无穷远直线,一个平面到另一个平面的射影在两个平面的点之间和直线之间确立了一个对应,它是一一对应的关系,没有例外.(在第 186 页末注中提到过对例外情形的处理.)而且容易看到这个规定使得:一点在一直线上必须而且只须这点的射影在这直线的射影上. 因此可以看出,关于共线点、共点线等等这些只涉及点、线和关联关系的所有命题,在这推广的意义下,在射影下是不变的. 这样,在把 π 变为 π′ 的射影变换下,处理平面 π 上的无穷远点,只须简单地处理 π′ 上相应的普通点.

  * 对平面 π 上无穷远点的解释(即它是从外面一点 O 射影到另一平面 π′ 上的普通点),可以对这扩充平面给出一个具体的欧几里得"模型". 为此,只须抛开平面 π′ 而着眼于 π 和过 O 的直线就行了. π 上每一普通点对应一条过 O 而不平行于 π 的直线;π 上每一无穷远点对应一条过 O 且平行于 π 的直线. 因此 π 的所有点,不论是普通的还是理想的,都对应着过 O 的直线,而且这种对应是一一的,没有例外. π 上一直线上的所有点对应着过 O 的一平面上的所有直线. π 上一点和一直线关联必须而且只需相应的过 O 的直线和平面关

联. 因此在扩充平面上点和直线的关联几何, 完全等价于通过空间一固定点的普通直线和平面的关联几何.

* 在三维空间中情况也类似, 虽然我们不能再通过射影从直观上加以解释, 仍然对每一族平行线引进一无穷远点, 在每一个平面上引进一条无穷远直线. 其次, 必须引进一个新元素, 即无穷远平面, 它由空间的所有无穷远点组成且包含所有无穷远直线. 每一个普通平面和无穷远平面交于它的无穷远直线.

3. 含有无穷远元素的交比

必须对涉及无穷远元素的交比作一点说明. 用符号 ∞ 表示直线 l 上的无穷远点. 如果 A, B, C 是 l 上的三个普通点, 则可以按下述方式指定符号 $(ABC\infty)$ 的值: 取 l 上一点 P, 则当 P 沿 l 退到无穷远处时, $(ABCP)$ 的极限应为 $(ABC\infty)$.

$$(ABCP) = \frac{CA}{CB} \Big/ \frac{PA}{PB},$$

而当 P 退到无穷远处时, $\frac{PA}{PB}$ 趋于 1. 因此我们定义

$$(ABC\infty) = \frac{CA}{CB}.$$

特别, 如果 $(ABC\infty) = -1$, 则 C 是线段 AB 的中点; 中点和无穷远点在这线段的方向上调和地分割这线段.

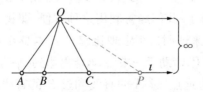

图 84 含有无穷远点的交叉比

习题: 如果四条直线 l_1, l_2, l_3, l_4 是平行的, 它们的交比是什么? 如果 l_4 是无穷远直线, 交比又是什么?

§5 应　用

1. 初步说明

由于引进了无穷远元素，当两条或多条直线平行时，不必再注明

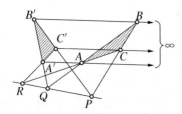

图 85　中心在无穷远处的
笛沙格图形

在作图和定理中出现的例外情况.
我们只需记住，当一点是无穷远点
时，所有通过它的直线都是平行
的. 无须再把中心投影和平行投影
区分开来，因为后者只意味着是从
一个无穷远点投影. 在图 72 中点 O
和直线 PQR 可以在无穷远处（图 85
表明了前一种情形）；用"有限"的
语言叙述相应的笛沙格定理，这留给读者作为练习.

引用无穷远元素不仅使射影定理的叙述简单，而且也常常使它
的证明比较简单. 一般的原理是这样的. 对一个几何图形 F，把通过
射影变换变成 F 的全体图形称为 F 的"射影类"，因为根据定义射影
性质是在射影下不变的，因此，F 的射影性质将和它的射影类中任一
图形的射影性质相同. 于是，任意一个对 F 成立的射影定理（它只涉
及射影性质），对 F 的射影类中的任一图形也成立. 反之亦然. 因此
为了证明任何一个关于 F 的这种定理，只需对 F 的射影类中的任一
图形来证明就够了. 我们经常利用这种方便，即找出 F 射影类中特
殊的一个，对它来证明这个定理比起对 F 本身要简单. 例如平面 π
上任意两点 A, B，借助于一中心 O，能射影到（平行于 OAB 平面的）
平面 π' 上的无穷远点，过 A 的直线和过 B 的直线将变成两族平行
线. 在这一节，对那些凡是要加以证明的射影定理，我们都预先作这
样的变换.

有一个关于平行线的简单事实，下面将要用到：设两条交于 O

点的直线和一对直线 l_1，l_2 交于点 A，B，C，D，如图 86. 如果 l_1 和 l_2 平行，则

$$\frac{OA}{OC} = \frac{OB}{OD}.$$

反过来，如果 $\frac{OA}{OC} = \frac{OB}{OD}$，则 l_1 和 l_2 平行. 其证明只须用到相似三角形的初等性质，留给读者去证.

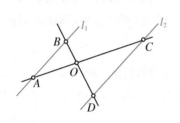 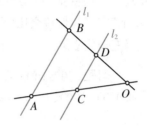

图 86

2. 平面上笛沙格定理的证明

　　现在我们对图 72 所示的平面上两个三角形 ABC 和 $A'B'C'$ 给出这个证明. 在那里，通过对应顶点的直线交于一点，则对应边的交点 P，Q，R 应当在同一直线上. 为了证明这一点，首先投影该图形使 Q，R 变到无穷远处. 投影之后，AB 将平行于 $A'B'$，AC 将平行于 $A'C'$，其图形如图 87 所示. 如同在这一节的第一小节所指出的那样，为了证明一般的笛沙格定理，只要

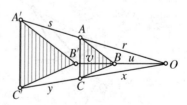

图 87　笛沙格定理的证明

对这个特殊的图形加以证明就行了. 这样，只须说明 BC 和 $B'C'$ 的交点也在无穷远处，即 BC 平行于 $B'C'$，则 P，Q，R 一定是共线的（因为它们同在无穷远直线上）. 现在由

$$AB \,/\!/\, A'B' \quad \text{推出} \, \frac{u}{v} = \frac{r}{s},$$

由 $\qquad AC \,/\!/\, A'C' \quad \text{推出} \, \frac{x}{y} = \frac{r}{s},$

因此 $\frac{u}{v} = \frac{x}{y}$，从而 $BC = B'C'$，这就是我们所要证明的.

注意，笛沙格定理的这个证明用到了线段长度这个度量的概念. 因此我们是用度量的方法证明了一个射影定理. 而且如果射影变换 "本质上" 定义为保持交比（见第 189 页）的平面变换，则这证明在平面上仍完全成立.

习题：用类似的方式证明笛沙格定理的逆定理：如果三角形 ABC 和 $A'B'C'$ 具有使 P, Q, R 共线的性质，则直线 AA', BB', CC' 是共点的.

3. 帕斯卡定理[①]

本定理叙述如下：如果六边形的顶点交错地位于相交的一对直线上，则六边形相对的边的交点 P, Q, R 是共线的（图 88）.（六边形的边可以相交，"相对" 的边可以从图 89 中辨认出来.）

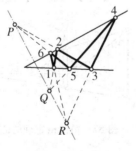 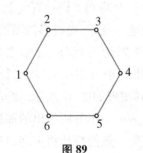

图 88　帕斯卡图形　　　　　　　　图 89

[①]　在第 221 页我们将讨论同类型的更一般的定理. 目前这个特殊情形人们也称为帕普斯定理，它是由亚历山大城的帕普斯（Pappus）（公元三世纪）发现的.

因为可以预先作一射影变换,我们不妨假设 P,Q 是在无穷远处.于是只须证明 R 也在无穷远处.图 90 表明了这种情形,其中 $12 /\!/ 45$,$23 /\!/ 56$.我们必须说明 $16 /\!/ 34$.我们有

$$\frac{a}{a+x} = \frac{b+y}{b+y+s}, \quad \frac{b}{b+y} = \frac{a+x}{a+x+r}.$$

因此

$$\frac{a}{b} = \frac{a+x+r}{b+y+s}.$$

从而 $16 /\!/ 34$.这就是所要证明的.

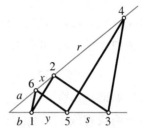

图 90　帕斯卡定理的证明

4. 布利安桑定理

该定理叙述如下:如果六边形的边交替地通过两个定点 P 和 Q,则连接六边形相对的顶点的三条对角线是共点的(见图 91).通过一个射影可以把 P 和两条对角线(例如 14 和 36)的交点送到无穷远处.这情形如图 92 所示.由于 $14 /\!/ 36$,我们有 $\frac{a}{b} = \frac{u}{v}$.但是 $\frac{x}{y} = \frac{a}{b}$,且 $\frac{u}{v} = \frac{r}{s}$,因此 $\frac{x}{y} = \frac{r}{s}$,且 $36 /\!/ 25$,从而所有三条对角线平行,因而是共点的.这足以证明在一般情况下定理成立.

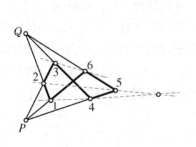

图 91　布利安桑图形

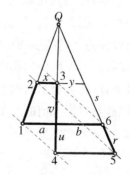

图 92　布利安桑定理的证明

5. 对偶性简介

读者可能注意到,在帕斯卡(1623～1662)和布利安桑(Brianchon,1785～1864)的定理之间有异乎寻常的相似之处. 如果把这两个定理并排写出,其相似变得特别明显:

帕斯卡定理	布利安桑定理
如果一六边形的顶点交替地位于两条直线上,则相对的边的交点是共线的.	如果一六边形的边交替地通过两个点,则连接相对的顶点的边是共点的.

不仅帕斯卡定理和布利安桑定理成对出现,而且射影几何中的所有定理都是成对出现的,其中一个类似于另一个,可以说结构是同一的. 这个关系称为对偶. 在平面几何中,点和直线称为对偶元素. 画一条直线通过一个点和在一条直线上标出一个点,这是对偶操作. 两个图形,如果只要把其中一个的每一元素及操作都用它的对偶元素及对偶操作来代替就能得到另一个图形的话,我们就说这两个图形是对偶的. 两个定理,如果只要把其中一个的所有元素及操作都用它们的对偶来代替就变成另一个的话,我们说这两个定理是对偶的. 例如,帕斯卡和布利安桑的定理是对偶的. 而笛沙格定理的对偶显然是它的逆定理. 对偶现象使得射影几何有一个与初等度量几何极不相同的特点,因为在初等几何中这种对偶是没有的(例如,说一个 37° 的角或长为 2 的线段的对偶是没意义的). 在许多射影几何的教科书中,像我们上面所做的那样,把对偶定理及其对偶证明并排地列在同一页上,以此来显示对偶原理:任何一个正确的射影几何定理的对偶,同样是射影几何的一个正确的定理. 对偶的基本原因将在下一节考虑(也见第 227 页).

§6　解　析　表　示

1. 初步说明

在射影几何的早期发展中,有这样一种强烈的倾向:把一切都建立在综合的和"纯几何"的基础上,而避免用数和代数方法. 但是这种企图碰到了很大的困难,因为总有些地方看来是不可避免地需要某些代数的陈述. 直到 19 世纪末才完全成功地建立起一个纯综合的射影几何. 但是代价比较高,因为这样一来把问题搞得相当复杂. 而解析几何的方法在这方面却一直是比较成功的. 在近代数学中,总的趋势是把一切都建立在数的概念的基础上. 在几何中,由费马和笛卡儿开始的这种努力已经取得了决定性的胜利. 解析几何,从仅仅是几何推理中的一种工具发展成这样一门学科:在这里,对运算及其结果的直观的几何解释,不再是最终的、唯一的目标. 几何直观更主要是起着引导的作用,帮助启发和理解分析上的结果. 几何的含义的这种变化是在历史的进程中逐渐出现的,它大大地扩大了经典几何的范围,同时引起了几何和分析几乎是有机的结合.

在解析几何中,一个几何对象的"坐标"是唯一标志该对象的一组数. 例如,对一个点,我们用它的直角坐标 x, y 或它的极坐标 ρ, θ 来描述,而一个三角形则可以用它的三个顶点的坐标(共六个数)来描述. 我们知道在 x, y 平面上,一条直线是这样的点 $P(x, y)$(这个记法见第 89 页)的几何轨迹,它的坐标满足某个线性方程

$$ax + by + c = 0. \tag{1}$$

因此我们可以称 a, b, c 三个数是这条直线的"坐标". 例如 $a = 0$, $b = 1$, $c = 0$ 确定了直线 $y = 0$,这是 x 轴;$a = 1$, $b = -1$, $c = 0$ 确定了直线 $x = y$,它平分正 x 轴和正 y 轴之间的夹角. 同样地,二次方程定义了"圆锥曲线":

$$x^2 + y^2 = r^2 \qquad \text{以原点为中心,} r \text{ 为半径的圆,}$$
$$(x-a)^2 + (y-b)^2 = r^2 \qquad \text{以} (a, b) \text{为中心,} r \text{ 为半径的圆,}$$
$$\frac{x^2}{a^2} + \frac{y^2}{b^2} = 1 \qquad \text{椭圆,}$$

等等.

对解析几何来说,最自然的办法是从纯几何的概念——点、直线等——出发,然后把它们翻译成数的语言.但现代的观点则相反.我们从所有有序数对 x, y 的集合出发,而且称每一个这样的数对为点,因为如果选了这样一个数对,我们就能用熟悉的几何点的概念来解释它或使它具体化.类似地,一个 x 和 y 的线性方程定义了一条直线.这样一种从强调几何直观到强调几何的分析方面的转变,为简单而又严格地处理射影几何中的无穷远点开辟了一条道路,而且对更深刻地理解整个这门学科是不可缺少的.我们将把这个方法说明一下,但这是针对那些具有一些初步训练的读者来说的.

*2. 齐次坐标 对偶性的代数基础

通常在解析几何中,平面上一点的直角坐标是指这点到一对互相垂直的轴的(带有正负符号的)距离.在扩充了的射影几何的平面上,无穷远点把这个坐标系破坏了.因此,如果我们希望把解析方法应用于射影几何的话,就需要找一个既包括普通点又包括理想点的坐标系.引进这样一个坐标系,最好的描述方法是:假设把给定的 X, Y 平面 π 嵌入一个引进了直角坐标 x, y, z 的三维空间中,坐标 (x, y, z) 是一个点到由 x, y, z 轴决定的三个坐标平面的(带有正负符号的)距离.让平面 π 平行于 x, y 坐标平面,且位于其上方距离为 1 处,使得 π 的任意点有三维坐标 $(X, Y, 1)$.取这坐标系的原点 O 为射影中心,我们注意每一点 P 确定经过 O 的唯一一条直线,反之亦然(见第 198 页,经过 O 且平行于 π 的那些直线对应于 π 的那些无穷远点).

现在我们对平面 π 上的点建立一个"齐次坐标"系. 为了求出 π 上任一普通点 P 的齐次坐标,取经过 O 和 P 的直线,并且在这直线上选取任意一个异于 O 的点 Q(见图 93). 于是 Q 的普通三维坐标 x,y,z 称为点 P 的**齐次坐标**. 特别地,P 本身的坐标(X,Y,1)是 P 的一个齐次坐标. 而且任何其他数组(tX,tY,t),其中 $t \neq 0$,也是 P 的齐次坐标,因为在直线 OP 上所有异于

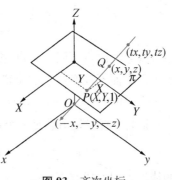

图 93　齐次坐标

O 的点的坐标都有这个形式(我们排除了点(0,0,0)是由于它位于所有经过 O 的直线上,而不能借此把它们区分开来).

在平面上引进这样的坐标,要求用三个数而不是两个数来确定一个点的位置,而且这方法还有一个不便之处,那就是一个点的坐标并不是唯一确定的,而是带着一个任意因子 t. 但是它有很大的好处. 现在包括 π 上的无穷远点在内,都可以用这种坐标来表示了. π 上的一个无穷远点 P,由一条经过 O 而平行于 π 的直线所确定. 这条直线上任意一点 Q 有形如(x,y,0)的坐标. 因此 π 上无穷远点的齐次坐标的形式是(x,y,0). 如果我们注意连接 O 和一条直线上的点的那些直线都在通过 O 的一个平面上,那么,π 上一条直线在齐次坐标中的方程也是容易建立的. 在解析几何中已经证明了这样一个平面的方程形如

$$ax + by + cz = 0.$$

因此这是 π 上一直线在齐次坐标中的方程.

我们已经把通过 O 的直线当作 π 上的点的几何模型,如今可以撇开它而给出下述扩充平面的纯分析的定义:

点是不全为零的有序三元实数(x,y,z). 如果对两个这样的三元数(x_1,y_1,z_1)和(x_2,y_2,z_2),有某个 $t \neq 0$,使

$$x_2 = tx_1,$$
$$y_2 = ty_1,$$
$$z_2 = tz_1,$$

则认为它们决定了同一个点. 换句话说,任意点的坐标可以乘上任意非零因子而不改变这点的位置. (这就是它们称为齐次坐标的原因.)一个点,如果 $z \neq 0$,是普通点;如果 $z = 0$,是无穷远点.

π 上一直线是由满足一个形如

$$ax + by + cz = 0 \tag{1'}$$

的线性方程的所有点 (x, y, z) 组成的,其中 a, b, c 是任意三个不全为零的常数. 特别地,π 上的无穷远点都满足线性方程

$$z = 0, \tag{2}$$

按定义这是一条直线,称为 π 上的**无穷远直线**. 由于一条直线是由形如 $(1')$ 的一个方程所决定的,我们称三元数 (a, b, c) 是**直线 $(1')$ 的齐次坐标**. 由此可见,对任意 $t \neq 0$,(ta, tb, tc) 也是直线 $(1')$ 的坐标,因为方程

$$(ta)x + (tb)y + (tc)z = 0 \tag{3}$$

和 $(1')$ 都为同样的坐标三元数 (x, y, z) 所满足.

在这些定义中,我们看到点和直线之间是完全对称的:每一个都由三个齐次坐标 (u, v, w) 所决定. 点 (x, y, z) 落在直线 (a, b, c) 上的条件是

$$ax + by + cz = 0,$$

这和坐标为 (a, b, c) 的点落在坐标为 (x, y, z) 的直线上的条件是同样的. 例如算术等式

$$2 \cdot 3 + 1 \cdot 4 - 5 \cdot 2 = 0,$$

可将其含义等价地解释为:点 $(3, 4, 2)$ 落在直线 $(2, 1, -5)$ 上,或者点 $(2, 1, -5)$ 落在直线 $(3, 4, 2)$ 上. 这种对称性是射影几何中点

和直线之间的对偶的基础,因为点和直线的任何关系,如果对坐标重新作适当解释的话,就会变成直线和点之间的一个关系. 在这新的解释中,原来的点和直线的坐标,现在被认为是相应地代表直线和点. 所有代数运算及其结果仍然是相同的,但是从它们的新解释中却得出了与原来定理相对偶的定理. 必须注意,这对偶性在两个坐标 X, Y 的普通平面中并不成立,因为在普通坐标里,直线方程

$$aX + bY + c = 0$$

中的 X, Y 与 a, b, c 不是对称的. 仅仅在包括了无穷远点和无穷远直线以后,对偶原则才完全确立.

要从平面 π 上普通点 P 的齐次坐标过渡到普通直角坐标,我们只需简单地令 $X = \frac{x}{z}$, $Y = \frac{y}{z}$. 这时 X, Y 表示点 P 到 π 上两条平行于 x 轴、y 轴的直角坐标轴的距离,如图 93 所示. 我们知道一个形如

$$aX + bY + c = 0$$

的方程表示 π 上一直线. 作代换 $X = \frac{x}{z}$, $Y = \frac{y}{z}$, 两边乘以 z, 我们得到了同一直线在齐次坐标中的方程,如在第 207 页叙述的那样,为

$$ax + by + cz = 0.$$

如,直线方程 $2x - 3y + z = 0$ 在直角坐标 X, Y 中是 $2X - 3Y + 1 = 0$. 当然,后一个方程对直线上的无穷远点不适合,该无穷远点的一个齐次坐标是$(3, 2, 0)$.

有一件事还要说一下. 我们已成功地对点和直线给出了纯分析的定义,但是,与此同样重要的射影变换的概念在分析里怎么表示呢? 可以证明,如第 185 页所定义的一个平面到另一个平面的射影变换,在分析上由一个线性方程组给出:

$$
\begin{aligned}
x' &= a_1 x + b_1 y + c_1 z, \\
y' &= a_2 x + b_2 y + c_2 z, \\
z' &= a_3 x + b_3 y + c_3 z.
\end{aligned}
\tag{4}
$$

它把平面 π 上的点的齐次坐标 x, y, z 和平面 π' 上的点的齐次坐标 x',

y',z'联系起来. 从现在的观点来看,我们可以把射影变换定义为由形如
(4)的任一线性方程组给出的一个变换. 这时射影几何的定理成了三元数
(x,y,z)在这种变换下的定理. 例如,证明在一条直线上四个点的交比在
这样的变换下不变,这样的问题现在成了代数中线性变换的一个简单练
习. 我们不能继续深入到这个分析过程的细节中去,而将回到射影几何的
更为直观的方面上来.

§7 只用直尺的作图问题

在下面的作图中,应理解为只许用直尺作工具.

问题 1 至 18 包含在施泰纳的一篇文章中,在那里他证明了,如果给了
一个固定的圆和它的圆心,那么在几何作图中就可以不用圆规了(见第三
章,第 171 页). 建议读者按如下次序解这些问题.

通过 P 点的四条直线 a,b,c,d,如果交比 $(abcd)=-1$,就说它们是
调和的,并且说 a 和 b 对 c 和 d 是共轭的,反之亦然.

(1) 证明:如果在四个调和直线 a,b,c,d 中,射线 a 平分 c 和 d 之间
的夹角,则 b 垂直于 a.

(2) 对过一点的三条给定直线,作出第四条调和直线(提示:应用完全
四边形定理).

(3) 对一条直线上的三个给定点,作出第四个调和点.

(4) 如果一个给定的直角和一个给定的任意角有共同顶点及一公共
边,试作一角使其为给定的任意角的两倍.

(5) 给定一角及其分角线 b,过该角的顶点 P,作 b 的垂线.

(6) 证明:如果过点 P 的直线 l_1,l_2,l_3,$\cdots$,l_n 与直线 a 交于点 A_1,
A_2,A_3,$\cdots$,A_n,与直线 b 交于点 B_1,B_2,B_3,$\cdots$,B_n,则所有的线段对
A_iB_k 和 $A_kB_i(i\neq k,i,k=1,2,\cdots,n)$ 的交点在一条直线上.

(7) 证明:给定三角形 ABC,如果一条平行于 BC 边的直线交 AB 于
B',交 AC 于 C',则 $B'C$ 和 $C'B$ 的交点 D 使 A,D 的连线二等分 BC.

(7a) 叙述并证明(7)的逆命题.

(8) 在一条直线 l 上给定三个点 P,Q,R,其中 Q 是线段 PR 的中点,

过给定点 S 作平行于 l 的直线.

(9) 给定二平行线 l_1,l_2,二等分 l_1 上一给定线段 AB.

(10) 过给定点 P 作一直线平行于给定的两条平行线 l_1 和 l_2[提示：用(8)把(9)化为(7)].

(11) 给定一直线 l 平行于已知线段 AB,施泰纳对线段 AB 放大一倍的问题给出了如下解法：通过既不在 l 上也不在直线 AB 上的一点 C,作 CA 交 l 于 A_1,CB 交 l 于 B_1,然后[见(10)]过 C 作一平行于 l 的直线,交 BA_1 于 D.若 DB_1 交 AB 于 E,则 $AE = 2 \cdot AB$.

证明最后一句话.

(12) 给定一平行于 AB 的直线 l,分线段 AB 为 n 等分[提示：首先用(11)在 l 上作任一线段的 n 倍].

(13) 给定一平行四边形 $ABCD$,过一点 P 作一条平行于直线 l 的平行线[提示：把(10)用到平行四边形的中心并用(8)].

(14) 给定一平行四边形,将一给定线段乘 n 倍[提示：用(13)和(11)].

(15) 给定一平行四边形,把一给定线段 n 等分.

(16) 给定一个圆和它的圆心,过一给定点作一给定直线的平行线[提示：用(13)].

(17) 给定一个圆和它的圆心,将一给定线段乘 n 倍和分成 n 等分[提示：用(13)].

(18) 给定一个圆和它的圆心,过一给定点作一给定直线的垂线(提示：作这给定圆的内接矩形,使这矩形有两个边平行于给定直线,然后化为前面的练习).

(19) 如果你的工具是带有两个平行边的直尺,用问题(1)～(18)的结果,你能解决哪些基本作图问题?

(20) 二给定直线 l_1,l_2 交于你所用的这张纸外边的一点 P.作给定点 Q 与 P 的连线(提示：作出满足平面上笛沙格定理的图形,使得 P 和 Q 成为笛沙格定理中两个三角形对应边的交点).

(21) 二给定点的距离大于你所用的直尺的长度,作连接这两点的连线[提示：用(20)].

(22) 位于所用的纸张以外的两点 P、Q,相应地由过 P 和 Q 的两对直线 l_1,l_2 和 m_1,m_2 所决定.试作直线 PQ 在纸上的部分(提示：为了得到 PQ 上的一点,作出满足笛沙格定理的图形,使得一个三角形有两个边在 l_1

和 m_1 上,而另一个三角形相应的两边在 l_2 和 m_2 上).

(23) 用帕斯卡定理(第 202 页)解决(20)[提示:作出满足帕斯卡定理的图形,使得 l_1,l_2 为六边形的一对相对的边,Q 为另一对相对的边的交点].

(24) 两条完全处于所用纸张外的直线,每一条直线都由纸上的两对直线确定.这两对直线中每一对的交点都在纸外的这条直线上.确定这两条(纸外的)直线的交点(用过这交点的一对直线来确定它).

§8　二次曲线和二次曲面

1. 二次曲线的初等度量几何

直到现在,我们仅仅涉及点、直线、平面和由它们所组成的图形.如果射影几何除了研究这样的"直线"图形以外再没有别的,那它就不怎么会令人感兴趣了.从根本上说来,一个重要的事实是,射影几何所研究的不限于直线图形,而是包括圆锥曲线的整个领域以及它们在高维空间中的推广.圆锥曲线——椭圆、双曲线和抛物线——的阿波罗尼斯度量处理,是古代伟大的数学成就之一.圆锥曲线对纯数学和应用数学的重要性(例如行星及氢原子中电子的轨道是圆锥曲线)是怎么估计也不过分的.有点奇怪的是,关于圆锥曲线的古典希腊理论至今仍然是数学教程中不可缺少的部分.然而希腊几何决不是已经到顶,两千年后,圆锥曲线的重要射影性质被发现了.尽管这些性质简单而优美,但是学院式的惰性却一直阻碍着把它们引进高中课程.

首先我们回忆一下圆锥曲线的度量的定义.这种定义有好几种,在初等几何中可以看到它们是等价的.常见的一种是涉及焦点的.一个椭圆定义为平面上这样的点 P 的几何轨迹:它到两个固定点 F_1,F_2(即焦点)的距离 r_1,r_2 之和是一常量(如果两个焦点重合,图形是一个圆).双曲线定义为平面上这样的点 P 的轨迹:对它来说,差 r_1-r_2 的绝对值是一固定常量.抛物线定义为这样的

点 P 的几何轨迹:它到一固定点 F 的距离 r 等于到一给定直线 l 的距离.

用解析几何的语言来说,这些曲线都能用坐标 x, y 的二次方程来表示.反之,不难证明,用任意一个二次方程

$$ax^2 + by^2 + cxy + dx + ey + f = 0$$

解析地定义的任何曲线,或是这三种圆锥曲线之一,或是一条直线,或是一对直线,或是一个点,或是虚的.要证明这个事实,通常是引进一个新的适当的坐标系,这在任何解析几何课本中都能找到.

圆锥曲线的这些定义本质上是度量的,因为它们用到了距离的概念.但是还有另一种定义,它确立了圆锥曲线在射影几何中的地位:圆锥曲线是一个圆在平面上的投影.如果从一点 O 投影一个圆 C,则投影线将成为一对无限的锥面,这锥面与平面 π 的交线是 C 的投影.这交线是一椭圆或双曲线,将根据这平面和这锥面一叶或两叶相截而定.当 π 平行于过 O 的一条直线时,出现了抛物线这种中间情形(见图 94).

这射影的锥面并不一定是正圆锥,即顶点 O 不一定在通过圆心垂直于圆面 C 的直线上.它也可以是斜的.在所有这些情形中,我们将不加证明地在这里承认以下事实:锥面与一平面的交线是其方程为二次的曲线;反之,每一个二次曲线可从一个圆通过这样一个射影来得到.这就是把二次曲线称为圆锥曲线的原因.

当平面仅与正圆锥的一叶相交时,我们断言交线 E 是一椭圆.可以证明 E 满足上述用焦点给出的那种通常用的椭圆定义.有一个简明而优美的证法是比利时数学家丹德林(G. P. Dandelin)在 1822 年给出的.这个证明是在引进两个球 S_1 和 S_2 的基础上进行的(图 95),它们和 π 分别相切于点 F_1 和 F_2,并且相应地沿着两个平行的圆 K_1,K_2 和圆锥相接触.把 E 上任意点 P 和 F_1,F_2 连接起来,并画出从 P 到圆锥顶点 O 的连线.这条线整个地落在圆锥的表面上,

且依次交 K_1 和 K_2 于点 Q_1 和 Q_2. 现在 PF_1 和 PQ_1 是从 P 到 S_1 的两条切线,所以

$$PF_1 = PQ_1.$$

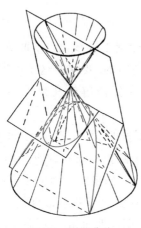 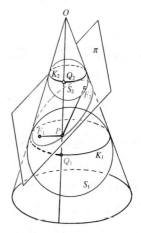

图 94　圆锥曲线　　　　图 95　丹德林的球

类似地,有

$$PF_2 = PQ_2.$$

把这两个等式加起来,得到

$$PF_1 + PF_2 = PQ_1 + PQ_2.$$

但是 $PQ_1 + PQ_2 = Q_1Q_2$ 恰好是平行圆 K_1 和 K_2 之间沿着圆锥表面的距离. 因此它与 E 上点 P 的选择无关. 这最后一个等式

$$PF_1 + PF_2 = 常数$$

对 E 的所有点 P 成立,这正是用焦点作的椭圆定义. 因此 E 是一椭圆,F_1,F_2 是它的焦点.

　　习题:若平面截割圆锥的两叶,则交线是双曲线. 试在这圆锥的每一叶都作一个球以证明这个事实.

➤ 2. 二次曲线的射影性质

在上节叙述的事实的基础上,我们将采用这样一个尝试性的定义:
圆锥曲线是圆在平面上的投影. 这个定义比通常用焦点的定义更多地保
留了射影几何的精神,因为后者完全依赖于距离这度量概念. 但是,即使
现在的这个定义也没有完全避免这个缺陷,因为"圆"也是度量几何的一
个概念. 下面我们将给出圆锥曲线的一个纯粹射影定义.

由于我们已经接受了一个圆锥曲线只是一个圆的射影这样的定
义[词"$conic$"(圆锥曲线)的意思是指圆的射影类(见第 200 页)中的
任一曲线],由此可知,圆在射影下不变的任何性质,也将为任意二次
曲线所具备. 现在圆有一个众所周知的(度量)性质:一给定圆弧所
对的每个圆周角相等. 在图 96 中弧 AB 所对着的角 AOB 是和 O 的
位置无关的. 如果考虑圆上四个点 A, B, C, D,而不是圆上两个点
A, B 的话,这个事实就和交比这个射影概念有关了. 连接这四个点
和圆上第五个点 O 的四条直线 a, b, c, d 将有交比$(abcd)$,它只依
赖于弧 CA, CB, DA, DB 所对着的圆周角. 如果把 A, B, C, D 和
圆上另一点 O' 连接起来,得到四条直线 a', b', c', d'. 从刚才提到
的圆的性质可知,这两组四条直线是"相合的"①. 因此它们具有相同
的交比: $(a'b'c'd') = (abcd)$. 现在如果把圆射影成任意二次曲线
K,将得到 K 上的四个点,仍记为 A, B, C, D,还有另外两个点 O,
O',以及两组四条直线 a, b, c, d 和 a', b', c', d'. 这两组四条直线
不一定相合,因为相等的角经过射影一般是不会相等的. 但是由于交
比在射影下是不变的,等式 $(abcd) = (a'b'c'd')$ 仍然成立. 这就引出
一个基本定理:把圆锥曲线 K 上任意四点 A, B, C, D 和 K 上第五
个点 O 用直线 a, b, c, d 连接起来,交比$(ab\,cd)$与 K 上点 O 的位

---

　　① 给定共点的四条直线 a, b, c, d 和另外共点的四条直线 a', b', c', d',如果前面
的每对直线之间的夹角和后面相应直线之间的夹角相等且符号相同,就称这两组直线是
相合的.

置无关(图 97).

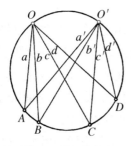 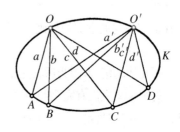

图 96　圆上的交比　　　　　图 97　椭圆上的交比

这确实是惊人的结果. 我们已经知道在一直线上任取的四个点与平面上任何第五个点 O 的交比是一样的. 这个关于交比的定理是射影几何的一个基本事实. 现在我们知道,这个事实对二次曲线上的四个点同样是成立的,但有一个重要的限制: 这第五个点不能在平面上任意移动,但仍然可以在给定的二次曲线上自由移动.

不难证明这个结果的逆命题: 如果一曲线 K 上有两点 O, O', 使得 K 上任意四点 A, B, C, D 从 O 和 O' 出发有同样的交比,则 K 是二次曲线(因此 A, B, C, D 和 K 上任意第三点 O'' 有同样的交比). 在这里我们就不讲这个证明了.

二次曲线的这些射影性质,启发我们对这些曲线的作图采用一种一般的方法. 我们称平面上过给定点 O 的所有直线为一线束. 现在考虑通过在二次曲线 K 上选定的两点 O 和 O' 的线束. 在 O 的线束和 O' 的线束之间我们可以建立这样的一一对应: 对 O 的一直线 a 和 O' 的一直线 a',只要 a 和 a' 交于二次曲线 K 上一点 A,就把它们配为一对. 这时 O 的线束中任意四条直线 a, b, c, d 和 O' 中四条相应的直线 a', b', c', d' 将有相同的交比. 在二线束之间,任意一个具有这种性质的一一对应称为射影对应(这个定义显然是在第 193 页给出的两条直线上点与点之间的射影对应的对偶定义). 存在着射影对应的线束我们称为是射影相关的. 根据这个定义我们现在可以断言：二次曲线 K 是两族射影相关的线束的相应直线的交点的轨迹. 这个定理为二次曲线的纯粹射影定义提供了基础：二次曲线是两族射影相关的线束中相应直线交点的轨迹①. 可以试图以这个定义为起点去发展二次曲线的理论，但是在这里我们只限于作一些说明.

射影相关的线束可以这样得到：从两个不同的中心 O 和 O'' 射影一直线 l 上的所有点 P，在这些射影线束中使得交于 l 上的直线 a 和 a'' 彼此对应，则这两族线束是射影相关的. 现在取线束 O''，把它像刚体似地移动到任一位置 O'，则所得的线束 O' 将和 O 射影相关. 而且二线束之间的任何射

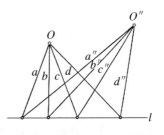

图 98　射影相关束的作图预备

影对应都可以这样得到（这个事实是和第 193 页习题 1 相对偶的事实）. 如果线束 O 和 O' 是相合的，我们得到一个圆. 如果角相等，但符号相反，这二次曲线是**等边双曲线**（见图 99）.

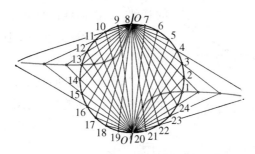

图 99　由射影产生的圆和等边双曲线

注意二次曲线的这个定义可以产生一条直线的轨迹，如图 98. 在这种情形，直线 OO'' 对应它本身，它的所有点都被认为属于这轨

---

① 在某些情况下，这轨迹可能退化成一直线，见图 98.

迹.因此这二次曲线退化成一对直线,它们与下列事实相符:一个圆锥存在着由两条直线组成的截线(由通过顶点的平面与它相截而得到).

习题:① 用射影线束画椭圆、双曲线和抛物线(要求读者极力通过这样的作图来作试验,它将大大有助于读者的理解).

② 已知五个点 O, O', A, B, C 位于一未知的二次曲线 K 上,求作过 O 的一条给定直线 d 和 K 的交点 D(提示:考虑由 OA, OB, OC 给出的过 O 射线 a, b, c,和类似地过 O' 的射线 a', b', c',过 O 画射线 d,且过 O' 作射线 d',使 $(abcd) = (a'b'c'd')$,则 d 和 d' 的交点必然是 K 上的一点).

3. 二次曲线看作线曲线

二次曲线的切线,这个概念是射影几何的概念,因为二次曲线的切线是一直线,它和二次曲线仅在一点接触,而这个性质在射影下是不变的.以下基本定理是二次曲线切线的射影性质的基础:二次曲线的任意四个固定切线与第五个切线的交点的交比,不论第五个切线的位置如何都是相等的.

图 100 圆看作其所有切线的集合

这个定理的证明是很简单的.因为一个二次曲线是圆的一个射影,而且这个定理只涉及在射影下不变的性质.因此,为了在一般情形下证明这个定理,只需对圆的情形加以证明就够了.

对于圆来说,证明这个定理是初等几何的问题.设 P, Q, R, S 是圆上任意切线 a, b, c, d 的四个切点,T 是另一切线 o 的切

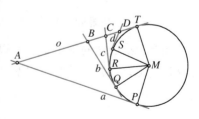

图 101 圆的切线性质

点,切线 o 交 a，b，c，d 于点 A，B，C，D. 如果 M 是圆心,则显然有 $\angle TMA = \frac{1}{2}\angle TMP$，$\frac{1}{2}\angle TMP$ 等于弧 TP 所对的 K 上的圆周角. 类似地,$\angle TMB$ 等于弧 TQ 所对的 K 上的圆周角. 于是 $\angle AMB = \frac{1}{2}\overset{\frown}{PQ}$，这里 $\frac{1}{2}\overset{\frown}{PQ}$ 等于弧 PQ 所对的圆周角. 因此点 A，B，C，D 是从 M 出发的四条射线的投影,这四条射线的角是由 P，Q，R，S 的固定位置给出的. 由此推出交比 $(ABCD)$ 仅依赖于四条切线 a，b，c，d，而不依赖于第五条切线 o 的特殊位置. 这正是我们要证明的定理.

在上一小节,我们看到一个二次曲线可以用两个射影相关的线束中对应直线的交点来表示.刚才证明的这个定理使我们可以使用这个作图法的对偶方

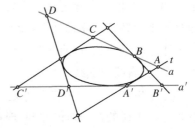

图 102 椭圆的两条切线上的射影点类

法.取一个二次曲线 K 的两条切线 a 和 a'，第三条切线 t 将相应地交 a 和 a' 于点 A 和 A'. 如果允许 t 沿着这二次曲线运动,则这将在 a 的点和 a' 的点之间建立一个对应：

$$A \longleftrightarrow A'.$$

在 a 的点和 a' 的点之间的这个对应将是射影对应,因为由定理,a 的任意四个点和 a' 的四个对应点有相同的交比. 因此它表明一个二次曲线 K(看作它的切线族),是由 a 和 a' 上两个射影相关的点类[①] 的对应点的连线组成的.

这个事实可以用来给出二次曲线的一个射影定义,即把它作为"直线束曲线". 让我们把它和上一小节给出的二次曲线的射影定义作一比较：

---

① 我们把一条直线上的点称为点类,它是一线束的对偶.

I	II
一个二次曲线是由点集组成的：它是两个射影相关的线束中对应直线的交点.	一个二次曲线是由直线集组成的：它是两个射影相关的点类中连接对应点的直线.

如果把二次曲线上一点的切线，看成是这点本身的对偶元素，而且把一个"直线束曲线"（即二次曲线的所有切线）作为一个"点曲线"（即二次曲线的所有点）的对偶来考虑，则显而易见这两个命题是完全对偶的. 在把一个命题翻译成另一个命题时，是把每一个概念用它的对偶来代替，"二次曲线"这个词仍不变；在一种情况下，它是由它的全体点所决定的"点曲线"；在另一种情况下，它是由它的全体切线所决定的"直线束曲线"（见第 218 页图 100）.

这个事实的一个重要后果是：在平面射影几何中，原来只是就点和直线来说的这个对偶原理，现在可以扩充到包括二次曲线在内. 如果在涉及点、直线和二次曲线的任一定理的叙述中，将每一元素用它的对偶代替（记住，二次曲线上的点的对偶是二次曲线的切线），其结果仍是一个正确的定理. 这一节的第四小节将举出应用这个原理的一个例子.

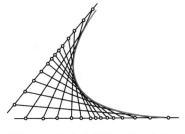

图 103　相合点类定义的抛物线

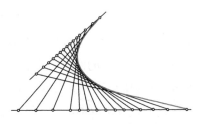

图 104　相似点类定义的抛物线

把二次曲线作为直线束曲线的作图方法，如图 103、104 所示. 如果在两个射影相关的点类上，两个无穷远点彼此对应（这必须是相合点类或相似①点类的情形)则二次曲线是抛物线,反之亦然.

　　习题: 证明逆定理:在一个抛物线的任意两个固定的切线上,一个运动切线割出两个相似点类.

4. 关于二次曲线的帕斯卡和布利安桑的一般定理

　　对二次曲线来说,对偶原理的一个最好的解释是,帕斯卡的一般定理和布利安桑的一般定理之间的关系. 前者是在 1640 年发现的,而后者直到 1806 年才发现. 其中一个是另一个的直接推论,因为任何一个只涉及二次曲线、直线和点的定理,如果换成它的对偶命题必然仍然成立.

　　§5 中在同一名字下叙述的定理是下述更一般的定理的退化情形:

　　帕斯卡定理: 内接于二次曲线的六边形的相对的边交于三个共线的点上.

　　布利安桑定理: 外切于二次曲线的六边形连接相对顶点的三条对角线共点.

　　显而易见,两个定理都具有射影的特性. 如果把它们叙述如下,它们的对偶性质将变得很明显:

　　帕斯卡定理: 在一个二次曲线上,给定六个点 1, 2, 3, 4, 5, 6.用直线(1, 2)、(2, 3)、(3, 4)、(4, 5)、(5, 6)、(6, 1)依次连接这些点.分别标出(1, 2)与(4, 5),

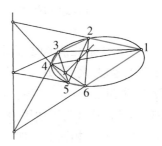

图 105　帕斯卡的一般图形
说明两种情形:
一个六边形是 1, 2, 3, 4, 5, 6.
一个六边形是 1, 3, 5, 2, 6, 4.

---

　　①　二点类之间"相合"或"相似"对应,这意思是显然的.

$(2,3)$ 与 $(5,6)$，$(3,4)$ 与 $(6,1)$ 的交点，则这三个交点在同一直线上.

布利安桑定理：在一个二次曲线上，给定六条切线 1，2，3，4，5，6. 切线依次相交于点 $(1,2)$，$(2,3)$，$(3,4)$，$(4,5)$，$(5,6)$，$(6,1)$. 分别画出连接 $(1,2)$ 与 $(4,5)$，$(2,3)$ 与 $(5,6)$，$(3,4)$ 与 $(6,1)$ 的直线，则这三条直线相交于一点.

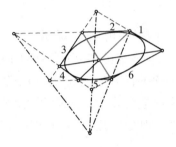
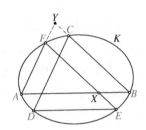

图 106 布利安桑的一般图形
（仍说明两种情形）

图 107 帕斯卡定理的证明

用类似于退化情形时所用的特殊方法能对此给予证明. 为了证明帕斯卡定理，设 A，B，C，D，E，F 是二次曲线 K 的内接六边形的顶点. 通过射影，我们能使 AB 平行于 ED 且 FA 平行于 CD，得到如图 107 的图形（为了便于表示，这六边形作成与自身相交，但并不一定要这样作）. 帕斯卡定理的结论现在简化为：CB 平行于 FE，换句话说，六边形相对的边所在的直线与无穷远直线相交. 为了证明这一点，让我们考虑点 F，A，B，D. 我们知道，它们是从 K 的任意其他点，例如，从 C 或 E 出发，用具有常数交比 k 的射线投影而得来的. 从 C 射影这些点，则射影线交直线 AF 于四点 F，A，Y，∞，其交比为 k. 因此，$YF : YA = k$（见第 199 页）. 现在，如果同样的点从 E 投影到直线 BA，得到

$$k = (XAB\infty) = BX : BA,$$

从而有

$$BX : BA = YF : YA.$$

它表明 YB 和 FX 平行. 帕斯卡定理证毕.

布利安桑定理, 或从对偶原理推出, 或直接从上述证明的对偶推理得出. 读者将发现, 详细地作出这个证明是一个很好的练习.

5. 双曲面

在三维空间中, 与平面上二次曲线相应的是"二次曲面". 球面和椭球面是它的特殊情形. 这些曲面比二次曲线有更多的变化, 处理起来也困难得多. 在这里, 我们将不加证明地讨论一下一种比较有趣的二次曲面:"单叶双曲面".

这曲面可用如下方式定义. 在空间选择任意三条处于一般位置上的直线 l_1, l_2, l_3. 这个意思是指这些直线中没有两条是在同一平面上, 它们也不同时平行于任一平面. 一个比较令人惊奇的事实是: 在空间中有无穷多条直线, 其中每一条都和这三条给定的直线相交. 要看清这一点, 取过 l_1 的任一平面 π, 则 π 将交 l_2 和 l_3 于两点, 连接这两点的直线 m 和 l_1, l_2, l_3 相交. 当平面 π 绕着 l_1 旋转时, 直线 m 将随之变动, 但总是和 l_1, l_2, l_3 相交, 并且生成一个无限延伸的曲面. 这曲面是单叶双曲面. 它包含无穷多条 m 型的直线. 这些直线中的任意三条 m_1, m_2, m_3 也将在一般位置上, 而且空间中所有与这三条直线相交的直线也在这双曲面上. 关于双曲面的基本事实是, 它是由两族不同的直线构成的, 同族的任意三条直线都在一般位置上, 而一族的每一条直线与另一族的所有直线相交.

双曲面的一个重要射影性质是, 一族中任意给定的四条直线与另一族中一给定直线相交所得的四点的交比, 是和后一直线的位置无关的. 利用旋转一个平面来作双曲面的方法, 可以直接导出这一点, 读者可把它作为一个练习.

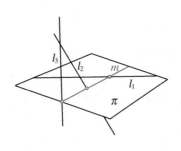

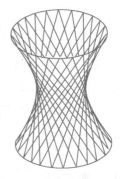

图 108　与一般位置上三条固定
直线相交的直线的作图

图 109　双曲面

　　双曲面的最引人注目的性质之一是,虽然它包含两族相交的直线,这些直线并没有使曲面成为僵直的. 如果这曲面的模型是用金属丝做成的,并且每一根都能绕着交点自由旋转的话,那么整个图形就可以连续地变化成各种形状.

§9　公理体系和非欧几何

1. 公理方法

　　数学中的公理方法至少要追溯到欧几里得时代. 当然决不是说,希腊的数学都无例外地以《原本》的严格命题形式来表示和发展. 但是这本书对以后的世世代代产生了如此巨大的影响,以至于它成为数学中一切严格证明的一个典范. 有时甚至哲学家,例如斯宾诺莎(Spinoza)在他的《伦理学——附几何论证》(*Ethica, more geometrico demonstrata*)中,也试图采用由定义和公理推导定理的形式来论证. 在 17、18 世纪数学一度背离了欧几里得的传统,但从那以后,在近代数学中公理方法一直不断地渗透到每一个领域. 数理逻辑这门新的学科的诞生就是最近的成果之一.

用通常的话来说,**公理体系**的观点可以描述如下:在一个演绎系统中,证明一个定理就是表明这个定理是某些先前业已证明过的命题的必然逻辑结果;而这些命题的证明又要利用另一些已证明的命题,这样一直逆推上去. 所以数学证明的过程是一个无限逆推的不可能完成的任务,除非允许在某一点停下来. 因此,必须有一些称为**公设**或**公理**的命题,把它们当作真的事实接受下来,而无须加以证明. 从它们出发,我们可以设法用纯粹的逻辑论证,推导出所有其他定理. 如果一个科学领域中的事实能被纳入这样一个逻辑次序,使得所有的事实都能从一些选择好的(最好是少量的、简单的、直观上明显合理的)命题出发来证明,则称这个领域已被表示为公理体系. 选择哪些命题作为公理,这有很大的**任意性**. 但是,除非这些公理简单而且数目不太多,否则运用公理方法是很少获益的. 另外,这些公理必须是**相容的**,就是说,从它们出发推导出来的任意两个定理都不会相互矛盾;而且这些公理必须是**完备的**,就是说,这个系统中的每一个定理都能由它们导出. 为了经济起见,也希望这些公理是**独立的**,就是说,其中没有一个公理是其他公理的逻辑推论. 一组公理的相容性和完备性问题一直是有很多争论的课题. 由于对人类知识的最终根源有着不同的哲学见解,在数学的基础这一问题上产生了显然彼此矛盾的观点. 如果数学的实体被认为是"纯粹直觉"领域中实实在在的对象,与定义及人类思维的个别活动无关,那么当然这里就不可能存在矛盾,因为数学的事实是那种客观上真实地描述现实的命题. 从康德(Kant)的这个观点来看,不存在相容性的问题. 然而不幸的是,数学的实体不可能被纳入这样一个简单的哲学模式. 近代数学的直觉主义者,在广义的康德主义意义上不依赖于纯粹的直觉. 他们把无限可数性作为正常的儿童所具有的直观感觉而接受下来,而且他们只承认可构造的性质;可是这样一来像数的连续统这样的基本概念被抛弃了,真正的数学的重要部分被排除了,并且剩下的部分几乎没有办法,只能弄得十分复杂.

形式主义者采用另一种很不同的观点. 他们不把直觉的现实作

为数学的对象,他们也不主张公理所表示的只是那些与纯粹直觉的现实有关的明显真理;他们所关心的只是在公理基础上进行推理的形式逻辑程序.和直觉主义比,这个态度有一定的好处,因为它为数学提供了在理论和应用上所需要的一切自由.但它却迫使形式主义者必须证明他的公理(现在看来是人类思维的任意创造)不可能引出矛盾.近二十年来,至少在算术和代数公理以及数的连续统概念方面,人们曾作了巨大的努力来寻找这种相容性的证明.这些结果有很大的意义,然而离成功还很遥远.实际上,最近的结果表明,这样的努力在下述意义下是不可能完全成功的:在概念的严格封闭系统中,证明相容性和完备性是不可能的.很值得注意的是,所有这些关于基础的讨论,所用的方法本身却完全是构造性的、是在直觉模式指引下产生的.

直觉主义者和形式主义者之间的分歧〔为集合论的悖论(见第101页)所加剧〕,曾被这些学派的热心成员广为宣传.数学界响起了"基础危机"的呼喊.但是人们没有把它看得太严重,而且也不需要把它看得过于严重.鉴于澄清基础的斗争取得了这些成功,反认为这些意见分歧以及(在无约束地追求漫无边际的一般性的过程中所特有的)悖论还威胁着富有生命力的数学机体,这是完全不公正的.

抛开哲学的因素和对基础的兴趣,对于数学学科来说,公理方法是剖析各种事实之间的相互联系以及展示这结构的基本逻辑梗概的最自然的方法.有时候,形式结构之如此集中,比概念的直观意义更易于推广和应用,而这些推广和应用在一些比较直观的方法中往往是被忽视的.但是,凡是重要的发现或者具有实质性内容的见解,很少是由单纯的公理程序得到的.在直觉指引下的构造性思想是数学动力的真正源泉.虽然公理化是理想的形式,但是,相信公理体系构成了数学的精髓,这是一个危险的错误.数学家的构造性直觉,给数学带来一个非演绎且非理性的要素,可以拿它同音乐与艺术相比拟.

从欧几里得时代以来,几何学就成了公理化原则的一个原型.过去几百年来,欧几里得的这组公理曾经一直是人们热心研究的对象.

但是,直到最近人们才弄清楚,如果初等几何中的一切事实都要从他的公理推导出来,则这些公理必须加以修改和完备化. 迟至 19 世纪,例如,帕什(Pasch)发现,一条直线上点的次序——这"之间"的概念——要求有一个专门的公理. 帕什把下面的命题作为一个公理:与三角形的一边相交于任意点(不是顶点)的直线,一定也和三角形的另一边相交[对这个细节缺乏认识,将会产生许多明显的悖论,这时荒谬的结果似乎能从欧几里得公理严格推导出来——例如,人们都知道的关于任意三角形都是等腰三角形的"证明",就是由于证明是建立在一个画得不适当的图形基础上的,在某个三角形或圆的内部或外部,实际上不相交的直线画成相交的样子].

希尔伯特在他的名著《几何学基础》(第一版在 1901 年出版)中,给出一组对几何来说是令人满意的公理,同时对它们的相互独立性,相容性和完备性作了透彻的研究.

任何一组公理中,必定有某些不加定义的概念,例如几何中的"点"和"直线". 它们的"意义"或者它们与物理世界的对象的联系,在数学上并不是实质性的. 它们可以看作是纯粹抽象的实体,它们在一个演绎系统中的数学性质,完全由用公理表述的(存在于它们之间的)那些关系给出. 例如,在射影几何中,我们可以从未加定义的"点"、"直线"和"关联"的概念以及从两个对偶公理("每两个不同点与唯一一条直线关联","每两条不同直线与唯一一个点关联")出发. 从公理体系的观点来看,这种对偶形式的公理正是射影几何中对偶原理的来源. 任何一个定理,如果在它的叙述和证明中仅包含与对偶公理有关的元素,则必定能对偶化. 因为原来定理的证明是某些公理的连续应用,而以同样次序应用对偶公理时,就给出其对偶定理的一个证明.

几何公理的全体,对诸如"直线"、"点"、"关联"等等"不加定义"的几何术语提供了一个隐含的定义. 对应用来说重要的是,对那些"真的"、可感知的对象,从物理上得到证实的命题要和几何的概念和公理很好地对应着. 隐藏在"点"的概念背后的物理实体是很小的物体,例如铅笔点;而"直线"是拉紧的弦或光线的一个抽象. 由经验知道,这些物理上的点和直线的性质或多或少是与几何的形式公理一致的. 很容易想到,如果一些更精确的实验能很好地描述物理现象,这些实验可能要求修正这些公理. 而且,如果形式公理不是或多或少地与物理对象的性质相吻合,那么几何就难于引起人们的兴趣. 因此即使对形式主义者来说,决定数学思想的方向的权威也不是人的思维.

2. 双曲非欧几里得几何

在欧几里得几何中,有一条对应于拉紧的琴弦或一束光线的公理,其"真实性",并非显然. 这就是有名的平行线唯一性公设. 它断言:通过不在给定直线上的任一点,能画一条且只能画一条直线平行于该给定直线. 这个公理引人注目的特点是,想象一条直线向两边无限延伸,然后作出关于这条直线整个范围的论断. 因为,说两条直线平行,就是说不论它们延伸多么远,它们绝不相交. 不用说,在任何固定的有限距离内,不论多么大,过一点都有许多直线不与一给定直线相交. 由于一个实际的尺子、线,甚至望远镜所可能看到的光线的最大长度肯定是有限的,然而由于在任何有限圆内,过一给定点有无穷多条直线不与这圆内的一给定直线相交,可见这公设绝不能用经验来验证. 然而欧几里得几何的所有其他公理都具有有限性. 在那里,它们处理的是直线的有限部分和有限范围内的平面图形. 平行公理不能通过经验加以验证,这个事实引起了这样的问题:它究竟是不是独立于其他公理. 如果它是其他公理的必然逻辑推论,那就可以不把它作为公理,而用其他欧几里得公理加以证明. 过去几百年来,数学家试图找出这样一个证明. 因为在几何研究者当中普遍感到平行公设有一个本质上和其他公设不同的特点,即缺乏那种令人信服的明显合理性,而这是几何公理所应当具备的. 最初探讨这问题的是普罗克鲁斯(Proclus)(公元 4 世纪),他是欧几里得著作的一个注解者. 他试图去掉这特殊的平行公设,而把给定直线的平行线定义为,到这条直线保持一固定距离的点的轨迹. 在这里他没有看到, 困难只是移到了另一个地方, 因为这时候必须证明, 这样的点的轨迹事实上是一直线. 由于普罗克鲁斯不能证明这一点, 他必须把它作为一个公设来接受以代替平行公设, 因而毫无所获. 因为容易看出这二者是等价的. 萨干里 (J. Saccheri, 1667～1733) 和稍后的朗伯 (Lambert, 1728～1777) 试图用反证法来证明平行公设, 假定相反而后引出荒谬的结果. 但这些结果绝不荒谬, 他们的结论实际上相当于后来发展起来的非欧几里得几何的定理. 如果他们当时不认为这些是荒谬的, 而认为是自身相容的一些命题的话, 他们就会成为非欧几何的发现者.

在那时候, 任何几何系统, 如果不是绝对与欧几里得几何一致的话, 都将被看成是毫无意义的. 这个时期最有影响的哲学家康德曾用如下的话表示了这种态度: 欧几里得几何是人类心灵内在固有的, 因而对于"现实"空间客观上是合理的. 相信欧几里得的公理——它存在于纯粹直觉的领域中——是不可改变的真理, 这是康德哲学的基本教义之一. 但是在一个漫长的发展过程中, 无论是旧的思想习惯, 还是哲学家的权威都不能压制这样的信念: 在寻求平行公设的证明中无数次的失败记录, 并非缺乏天才, 而是由于平行公设实际上是和其他公理独立的 (在几乎同样的道路上, 证明一般的五次方程能用根式求解的失败, 使人怀疑要得到这样的解是不可能的, 后来这一点被证实了). 匈牙利的波约伊 (Bolyai, 1802～1860) 和俄国的罗巴契夫斯基 (Lobachevsky, 1793～1856) 详细地构造出一个平行公理不成立的几何学解决了这个问题. 当热情的青年天才波约伊把他的文章提交给高斯这位数学大师, 殷切地盼望得到肯定时, 他被告知, 他的工作早已被高斯本人讨论过, 但是高斯不敢发表他的结果, 因为他怕引起喧闹的公众舆论.

平行公设的独立性意味着什么? 简单地说, 我们可以建立一个有关点、线等等的相容的"几何"体系, 其中的命题是由一组公设演绎导出的, 但该组的平行公设是用和它相反的一个公设来代替的. 这样的体系称为非欧几里得几何. 能认识到建立在非欧几里得公理系统的这样一种几何是完全相容的,这要求高斯、波约伊和罗巴契夫斯基具备智慧和勇气.

需表明这新的几何的相容性,我们不必像波约伊和罗巴契夫斯基那样去造出非欧几里得定理的一个广泛体系. 我们只需造这样一个简单的几何"模型",使它满足除了平行公设外的所有欧几里得公理. 最简单的这种模型是由克莱茵给出的,他在这方面的工作是受了英国几何学家凯莱(Cayley, 1821~1895)的思想的启发. 在这模型中,过给定直线外一点可以画出无穷多条"直线""平行于"这直线. 这样的几何称为**波约伊–罗巴契夫斯基几何**或"**双曲几何**"(后一个名称的起因见第 235 页).

克莱茵模型是这样建立的:首先考虑普通欧几里得几何的对象,然后用产生非欧几何的方式重新命名其中某些对象和它们之间的关系. 这样它必然和原来的欧几里得几何一样是相容的,因为这对我们来说,只是普通欧几里得几何的事实整体,从另一个观点来看和用另一种语言来描述而已. 借助于某些射影几何的概念,这模型可以很容易地被人理解.

如果我们做的是一个平面到另一个平面的射影变换,最好是到这平面本身(即使得像平面和原来平面一致),则一般地说,一个圆和它的内部将变到圆锥曲线中去. 但是很容易表明(这里证明从略),存在无穷多个这种平面到它自身的射影变换,使得一给定圆和它的内部变成它自身. 用这样的一些变换,内部或边界的点一般要移到别的位置,但是仍然在这圆的内部或边界上(实际上人们可以把圆心移到圆内的任意其他点上). 让我们考虑这种变换的全体. 它们肯定将不能使图形的形状保持不变,因而它们不是通常意义下的刚体移动. 但是我们现在采取一个决定性的步骤,在我们所建立的几何中称这些变换为"非欧几里得平移". 借助于这些"平移",我们能定义迭合的概念——两个图形,如果存在一个非欧几里得平移把其中一个变成另一个,就说它们是迭合的.

这时双曲几何的克莱茵模型如下："平面"仅仅由圆的内点组成，而外边的点则丢开不管. 圆内的每一个点称为一非欧几里得"点"，圆的每一条弦称为非欧几里得"直线". "平移"和"迭合"是上述那样定义的. 在非欧几里得几何意义下，求"点"的连线和"直线"的交点仍然和在欧几里得几何中一样. 容易说明这新的系统满足欧几里得几何的所有公设，仅平行公设例外. 平行公设在新的系统中不成立，因为通过不在"直线"上的任一"点"能画出无穷多条"直线"与给定"直线"没有公共"点". 第一条"直线"是圆上的欧几里得弦，而第二条"直线"可以是经过给定"点"而与第一条"直线"在圆内不相交的任意一条弦. 这个简单的模型完全解决了引起非欧几何的那个基本问题，它证明了平行公设不能从欧几里得

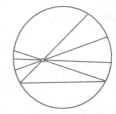

图 110　克莱茵的非欧几里得模型

几何的其他公理推导出来. 因为如果它能这样推导出来，那么在克莱茵模型的几何中它将是一个正确的定理，而我们已经看到它并不如此.

　　严格地说，这个论证是建立在克莱茵模型的几何是相容的这一假定的基础上的，从而使一个定理和它的反命题不能同时被证明. 而克莱茵模型的几何肯定和普通欧几里得几何一样是相容的，因为在克莱茵模型中关于"点"、"直线"等的命题仅仅是叙述欧几里得几何的某些定理的不同方式. 但是，关于欧几里得几何公理的相容性却一直未能得到一个令人满意的证明，除非把它归结为解析几何的概念，因而最终归于数的连续统，但数的连续统的相容性也是一个未解决的问题.

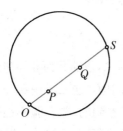

图 111　非欧几里得距离

　　这里应提一下一个超出了直观的细节，即如何在克莱茵模型中定义一个非欧几里得"距离". 这"距离"必须在任意非欧几里得"平移"下不变，因为平移应使距离保持不变. 我们知道交比是在射影下不变的. 如果延长线段 PQ 使之交圆周于 O 和 S，就有了一个包括圆内任意两点 P 和 Q

的交比. 这四个点的交比$(OSQP)$是一正数,可以希望把它取作 P 和 Q 之间"距离"$\overline{PQ}$的定义. 但是这个定义必须稍作修改才能使用. 因为如果 P, Q, R 三点在一条直线上,则应有$\overline{PQ}+\overline{QR}=\overline{PR}$. 现在一般说来

$$(OSQP)+(OSRQ)\neq(OSRP).$$

但我们有关系式

$$(OSQP)(OSRQ)=(OSRP),\qquad(1)$$

这从如下等式可以看出

$$(OSQP)(OSRQ)=\frac{QO/QS}{PO/PS}\cdot\frac{RO/RS}{QO/QS}=\frac{RO/RS}{PO/PS}=(OSRP).$$

鉴于等式(1)的结果,不用交比本身,而用交比的对数来给出一个令人满意的、具有可加性的"距离"定义:

$$\overline{PQ}=从 P 到 Q 的非欧几里得距离$$
$$=\log(OSQP).$$

这个距离将是一个正数,因为如果 $P\neq Q$,则有$(OSQP)>1$. 利用对数的基本性质(见第 457 页),由(1)知$\overline{PQ}+\overline{QR}=\overline{PR}$. 对数的底如何选取并不重要,因为底的变化仅改变这测量的单位. 附带指出,如果在这些点中有一个,例如 Q,趋近于圆周,则非欧几里得距离$\overline{PQ}$将无限增大. 这表明非欧几里得直线是具有无穷非欧几里得长度的直线,虽然在普通欧几里得意义下,它仅仅是直线上的有限线段.

3. 几何与现实

克莱茵模型表明,从一个形式演绎系统看来,双曲几何和经典欧几里得几何一样地相容. 于是产生了这样的问题:这二者中哪一个才是物理世界的几何描述呢? 正如我们已经看到的,靠经验不能决定过一点究竟只有一条还是有无穷多条直线平行于一给定直线. 但

在欧几里得几何中,任意三角形内角的和是 180°,而在双曲几何中
可以证明这个和小于 180°.高斯于是作了一个实验来解决这个问
题.他准确地测量了由三个相当远的山顶形成的三角形的内角,结果
在实验误差范围内这些角的和仍是 180°.如果这结果是小于 180°的
话,那么双曲几何将更适合描述物理的现实.但是实验过后,什么也
没有解决.因为在双曲几何中对于边长只有几英里长的小三角形来
说,它的内角和与 180°的偏差很小,用高斯的仪器是测不出来的.虽
然实验没有作出结论,但它表明了欧几里得几何和双曲几何只有在
大范围内才有所不同,而对相对小的图形来说是如此吻合,以至于是
和实验一致的.因此,只要所考虑的纯粹是空间的局部性质,那么在
这两个几何之间进行选择完全视其简单和方便而定.由于欧几里得
体系处理起来比较简单,只要所考虑的是相当小的距离(几百万英
里!)我们就可以应用它.但是我们不能指望,当把宇宙作为一个整体
来描述时,它在各方面都是合适的.这一点类似于物理学中存在着牛
顿(Newton)和爱因斯坦的系统,它们对小的距离和速度给出了同样
的结果,但是涉及很大的数量时就有差别了.

非欧几里得几何的发现,其革命性意义在于它摧毁了这样的观
念:欧几里得公理是我们关于物理现实的实验知识必须适应的始终
不变的数学模式.

4. 庞加莱的模型

数学家可以随意地考虑一种"几何",用
任何一组关于"点"、"直线"等等的相容公理
来定义它;然而只有当这些公理与现实世界
的某些具体对象的物理状态相符时,他的研
究对物理学家才是有用的.从这个观点出发,
我们希望检查一下"光线沿一直线运动"这句
话的意义.如果把它作为"直线"的物理定义,
则几何公理的选择必须和光线的性质一致.

图 112　庞加莱的非欧
几里得模型

让我们像庞加莱那样,把一个世界想象成是由圆 C 的内部组成的,使得光线在圆内任一点的速度等于该点到圆周的距离. 可以证明,这时光线将取圆弧的形式,并在它们的端点垂直于圆周 C. 在这样的世界中,(用光线定义的)"直线"的几何性质将不同于欧几里得的直线性质. 特别是平行公设将不成立,因为过任意点将有无穷多条"直线"与一给定"直线"不相交. 事实上,这个世界上的"点"和"直线",恰有克莱茵模型中"点"和"直线"的几何性质. 换句话说,我们将有双曲几何的另一个模型. 但是,欧几里得几何也将适用于这个世界;因为不用非欧几里得"直线"这一名词的话,这光线将是垂直于 C 的欧几里得圆. 因此我们看到不同的几何体系能描述同样的物理状态,只要这物理对象(这里是光线)能与这两个体系中各自的概念相联系

$$光线 \rightarrow "直线" \rightarrow 双曲几何,$$

$$光线 \rightarrow "圆" \rightarrow 欧几里得几何.$$

由于欧几里得几何中的直线概念相当于均匀介质中光线的性质,我们说圆 C 内部区域的几何是双曲的,这只意味着,在那世界上光线的物理性质相当于双曲几何的"直线"性质.

5. 椭圆几何或黎曼几何

不仅在欧几里得几何,而且在双曲几何(或称波约伊-罗巴契夫斯基几何)中,都作了直线是无限的这一隐含假定(直线的无限延伸本质上是与"之间"的概念和公理联系在一起的). 但是,在双曲几何开创了一条自由构造几何的道路之后,人们很自然要问,究竟能不能造一种别的非欧几何,其中直线不是无限的,而是有限且封闭的. 当然在这样的几何中,不仅平行公设不成立而且有关"之间"的公理也必须抛弃. 现代的发展使这些几何显现出它们在物理上的重要性. 这个想法首先是黎曼在 1851 年被授予哥廷根大学名誉讲师时,他在就职演讲中提出的. 具有封闭的有限直线的几何能以一种完全相容的方式给出. 让我们想象一个由球 S 的表面形成的二维世界,在这里,

我们把"直线"定义为球的大圆. 为了描述一个领航员的世界,这是一个很自然的方式,因为大圆的弧是球面上两点之间长度最短的曲线,而这是平面上直线的一个特征. 在这样的世界中,每两条"直线"相交,因此过给定"直线"外一点不能作出与之平行(即不相交)的"直线". 这世界中的几何称为椭圆几何. 在这几何中,两点间的距离用连接这两点的大圆上较短的弧长来度量. 角的度量和欧几里得几何一样. 我们一般把平行线不存在这一事实认为是椭圆几何的特征.

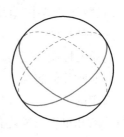

图 113　在黎曼几何中的"直线"

按照黎曼的想法,我们可以推广这种几何如下:让我们考虑一个世界,它是由空间中一个曲面组成的,不一定是球面. 我们把连接任意两点的"直线"定义为连接这两点的长度最短的曲线或"测地线". 曲面上的点可分为两类:(1)该点邻域内的曲面与球面相似,且全部在这点的切平面的一侧;(2)该点邻域内的曲面是马鞍形的,且在这点的切平面的两侧. 第一类点称为这曲面的椭圆点,因为如果切平面稍微平行移动一下,它与这曲面交成一椭圆曲线. 第二类点称为双曲点,因为如果切平面稍微平行移动一下,它与这曲面交成一个类似于双曲线的曲线. 在曲面上一点的邻域内,测地"直线"的几何是椭圆几何还是双曲几何,是按照该点是椭圆点还是双曲点而定的. 在这样一个非欧几何模型中,角按它的普通欧几里得的值来度量.

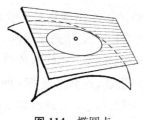

图 114　椭圆点

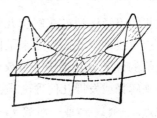

图 115　双曲点

黎曼发展了这种思想,他考虑了一种类似于这种曲面几何的空间几何. 在这种空间几何中,空间每一点的"曲率"能改变其几何性质. 在黎曼几何中"直线"是测地线. 在爱因斯坦的广义相对论中的空间几何就是黎曼几何,光线沿着测地线运动,空间的曲率是由充满它的物质的性质决定的.

非欧几何起源于公理体系的研究,它已发展成为对物理世界极为有用的工具. 在相对论、光学和波的传播的一般理论中,对现象进行非欧几里得的描述有时比欧几里得描述更为合适.

附录 * 高维空间中的几何学

1. 引言

"现实空间",这个我们现实经验的环境,是三维的. 平面是二维的而直线是一维的. 我们的空间直觉,在通常的意义上,肯定只限于三维. 但是,在许多情况下,讨论四维或更高维的"空间"将会带来很多便利. 一个 n 维空间,当 n 大于 3 时,是什么意思呢? 它有什么用处呢? 这不仅从解析的观点而且从纯几何的观点都能得到答案. n 维空间这个术语可以看作是,对那些没有普通几何直观的数学思想,给出一种启发性的几何语言. 这个简单的想法促成了这种语言的形成并使之得到公认,对此我们将给以简短的说明.

2. 解析的方法

我们曾经谈到过在解析几何发展的过程中出现这种转化的意思. 点、直线、曲线等等,原来是作为纯粹"几何"实体来考虑的,而解析几何的任务只是提供一组数或方程来描述它们,用代数或解析的方法来解释或发展几何理论. 随着时间的进展,逐渐出现了一种相反的观点. 一个数 x,或一对数 x,y,或三个数 x,y,z,被看作基本对象,然后,这些实体被"具体化"为一条直线上的点、或一个平面上的点、或空间中的点. 从这个观点来看,几何语言仅仅用来叙述数与数之间的关系. 我们可以把几何对象的根本的、甚至独立的特性先放在一边, 而直接说一对数 x, y 是平面上的一点, 所有满足线性方程 $L(x, y) = ax + by + c = 0$ (其中 a, b, c 是固定数) 的数对 x, y 是一直线等等. 在三维空间也可以作出类似的定义.

即使我们最初感兴趣的是一个代数问题, 也可能借助于几何的语言给它一个恰当的简明描述. 而且几何的直观能启发我们去考虑适当的代数步骤. 例如, 如果我们希望解一组带有三个未知数 x, y, z 的三个联立的线性方程:

$$L(x, y, z) = ax + by + cz + d = 0,$$

$$L'(x, y, z) = a'x + b'y + c'z + d' = 0,$$

$$L''(x, y, z) = a''x + b''y + c''z + d'' = 0.$$

可以把它形象地化为这样的问题: 在三维空间 R_3 中求由方程 $L = 0, L' = 0, L'' = 0$ 所定义的三个平面的交点. 又如, 如果考虑的只是 $x > 0$ 的那些数对 x, y, 那么可以把它们形象化为 x 轴右边的半平面. 更一般地说, 凡满足

$$L(x, y) = ax + by + d > 0$$

的所有数对 x, y, 可以形象地化为在直线 $L = 0$ 的一侧的半平面. 而满足

$$L(x, y, z) = ax + by + cz + d > 0$$

的三元数 x, y, z 的全体, 则可以形象化为在平面 $L(x, y, z) = 0$ 的一侧的"半空间".

引进"四维空间"或其至"n 维空间", 现在是很自然的了. 让我们考虑四个数 x, y, z, t. 我们说这样的四个数可以用四维空间 R_4 中的一个点来表示, 或简单地说是四维空间 R_4 中的一个点. 更一般地说, n 维空间 R_n 的一个点简单地定义为 n 个有序实数组 $x_1, x_2, \cdots, x_n$. 我们不能把这样的点形象化, 这不要紧. 几何的语言对涉及四个或 n 个变量的代数性质仍有启发性. 其原因在于线性方程等等的许

多代数性质在本质上是和所涉及的变量个数无关的,也可以说,和变量空间的维数无关. 例如,我们称 n 维空间 R_n 中满足一个线性方程

$$L(x_1, x_2, \cdots, x_n) = a_1 x_1 + a_2 x_2 + \cdots + a_n x_n + b = 0$$

的点 $x_1, x_2, \cdots, x_n$ 的全体为"超平面". 于是解一组含 n 个未知量的 n 个线性方程

$$L_1(x_1, x_2, \cdots, x_n) = 0,$$

$$L_2(x_1, x_2, \cdots, x_n) = 0,$$

$$\cdots \quad \cdots \quad \cdots$$

$$L_n(x_1, x_2, \cdots, x_n) = 0.$$

这样的基本代数问题,用几何的语言可以表述为求 n 个超平面 $L_1 = 0, L_2 = 0, \cdots, L_n = 0$ 的交点.

　　这种几何表达方式的优点只在于它强调了某些与 n 无关的代数特点,而这些特点对 $n \leqslant 3$ 是可以形象化的. 在许多应用中,使用这样的术语有助于对那些实质上是解析的思想进行简化,使之易于接受,并起指导作用. 例如在相对论中,我们可以把空间坐标 x, y, z 和"事件"的时间坐标 t 联合成为一个四元数 x, y, z, t 的四维"空间-时间"流形. 由于在非欧双曲几何中引进了这种解析模式,这就把许多本来很复杂的情况描述得相当简单. 类似的优越性不仅表现在力学和统计物理中,而且也表现在纯数学的领域中.

　　这里再举一些数学上的例子. 在平面上,所有的圆形成一个三维流形,因为一个以 x, y 为圆心,t 为半径的圆能用坐标 x, y, t 的一个点来表示. 由于圆的半径是正数,因此表示圆的点的全体充满一个半空间. 同样地,普通三维空间中所有的球形成一个四维流形,因为每一个球心为 x, y, z,半径为 t 的球能用坐标为 x, y, z, t 的一个点来表示. 在三维空间中棱长为 2,棱平行于坐标平面且中心在原点的立方体,是由所有满足 $|x_1| \leqslant 1, |x_2| \leqslant 1, |x_3| \leqslant 1$ 的点 x_1, x_2, x_3 组成的. 同理,在 n 维空间 R_n 中,边长为 2,边平行于坐标平

面,中心在原点的"立方体",是定义为同时满足

$$|x_1| \leqslant 1, \ |x_2| \leqslant 1, \cdots, \ |x_n| \leqslant 1$$

的点 x_1, x_2, $\cdots$, x_n 的全体. 这立方体的"表面"是由至少有一个等号成立的所有点组成的. $n-2$ 维曲面元素是由这些至少两个等号成立的点组成的,等等.

习题: 在三维、四维和 n 维的情形描述这种立方体的表面.

* 3. 几何的方法或组合的方法

解析的方法对 n 维几何是简单的,而且在大多数应用中也是很合适的;此外还有另一种办法,其特点是纯几何的. 它的基本思想是把 n 维数据归结为 $n-1$ 维数据,使我们能用数学归纳法在更高维中定义几何.

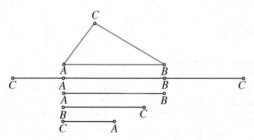

图 116　用标出端点的线段确定三角形

让我们从一个二维的三角形 ABC 的边界开始. 在点 C 切开这封闭的多边形,然后把 AC 和 BC 旋转到直线 AB 上,我们得到简单的直线图形如图 116,在那里,C 点出现两次. 这一维的图形完全表示了二维的三角形的边界. 把线段 AC 和 BC 在平面上折过来,我们可以使两个 C 点又重合在一起. 可是,重要的一点是我们不必这样折. 我们只须约定图 116 中的两个 C 点是"同一"的,即它们没有区别,虽然它们就几何实体的本来意义而言,实际上是不重合的. 甚至可以更进一步,把三条线段在点 A 和 B 处分开,得到三条线段 CA,

AB，BC,若把同一的一对点重合起来,就能把它们放在一起而又形成一个"真实"的三角形. 这种把一组线段中不同的点"同一"起来而形成一个多边形(在这里是一个三角形)的思想有时是很实际的. 如果我们希望用钢棒作出一复杂的架子,例如桥梁的桁架,用单个的钢棒来装配,并且把桁架安装在空间时彼此连接的那些端点标上相同的符号. 这标出端点的钢棒系统完全等价于空间中的桁架. 这个想法启发我们把一个三维空间中的多面体化为低维的图形. 例如取一个立方体的表面(图 117),立刻能把它化为一组六个平面正方形,让它们的边界线段适当地同一,下一步化为一组 12 条直线段,让它们的端点适当地同一.

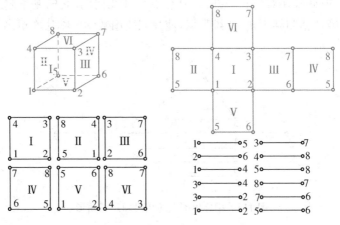

图 117 标出顶点和边来定义立方体

一般地,在三维空间 R_3 中任一多面体都能用这种方式或者化为一组平面多边形,或者化为一组直线段.

习题：对所有正多面体(见第 245 页)进行这样的分解.

现在就清楚了,我们可以把推理颠倒过来:用一组直线段去定义平面上的一个多边形,用 R_2 中一组多边形,或更进一步用一组直线段来定义 R_3 中一多面体. 因此,也可以用 R_3 中一组多面体,让它带有适当同一的二维面,来定义四维空间 R_4 中的一个"多面体";用 R_4 中一组多面体来定义 R_5 中多面体等等.最终我们能把 R_n 中每一个多面体化为一组直线段.

当然,在这里不可能更进一步地讨论这个论题,我们仅仅不加证明地添加一些说明而已.在 R_4 中的立方体以 8 个三维立方体为边界,每一个立方体与"相邻"的一个有一个同一的二维面.在 R_4 中的立方体有 16 个顶点,每一个顶点都是 32 条直线棱中的 4 条的交点.在 R_4 中有六个正多面体.除了这个"立方体"外,有一个是以 5 个四面体为边界的;一个是以 16 个四面体为边界的;一个是以 24 个八面体为边界的;一个是以 120 个十二面体为边界的;一个是以 600 个四面体为边界的.对 $n>4$ 维的情况,已经证明只可能有 3 个正多面体:第一个有 $n+1$ 个顶点,以 $n+1$ 个在 R_{n-1} 中的多面体为边界,这些作为边界的多面体,每一个由 n 个 $n-2$ 维的边组成;第二个有 2^n 个顶点,以 $2n$ 个 R_{n-1} 中的多面体为边界,这些作为边界的多面体,每一个有 $(2n-2)$ 个边;第三个有 $2n$ 个顶点,以 2^n 个 R_{n-1} 中的多面体为边界,这些作为边界的多面体,每个有 n 个边.

习题:比较第二小节给出的 R_4 中的立方体的定义和这小节给出的定义,并说明第二小节的立方体的表面的"解析"定义和这小节的"组合"定义是等价的.

从构造或"组合"的观点来看,0,1,2,3 维的最简单的几何图形分别是点、直线、三角形和四面体.为了统一写法,我们相应地用符号 T_0,T_1,T_2,T_3 来表示这些图形(下标表示维数).这些图形中每一个的构造可以这样来描述:每一个 T_n 包含 $n+1$ 个顶点,T_n 的任意 $i+1$ $(i=0,1,2,\cdots,n)$ 个顶点决定一个 T_i.例如三维的四面体包含 4 个顶点,6 个线段和 4 个三角形.

如何进行这个过程是很清楚的.我们定义四维"四面体" T_4 为一个 5 个顶点的集合,使得每 4 个顶点决定一个 T_3,每 3 个顶点决定一个 T_2,等等.T_4 的示意图见图 118.我们看到 T_4 包含 5 个顶点、10

条线段和 10 个三角形及 5 个四面体.

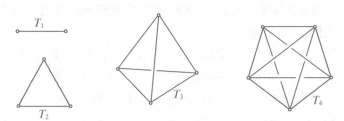

图 118 在一、二、三、四维中最简单的元素

这个过程可以直接推广到 n 维. 从组合理论可知,从给定 r 个对象中,取 i 个对象组成的不同子集恰有

$$\mathrm{C}_i^r = \frac{r!}{i!(r-i)!}$$

个[①]. 因此一 n 维"四面体"包含

$$\mathrm{C}_1^{n+1} = n+1 \text{ 个顶点(即 } T_0),$$

$$\mathrm{C}_2^{n+1} = \frac{(n+1)!}{2!(n-1)!} \text{ 个线段(即 } T_1),$$

$$\mathrm{C}_3^{n+1} = \frac{(n+1)!}{3!(n-2)!} \text{ 个三角形(即 } T_2),$$

$$\mathrm{C}_4^{n+1} = \frac{(n+1)!}{4!(n-3)!} \text{ 个 } T_3,$$

$$\cdots$$

$$\mathrm{C}_{n+1}^{n+1} = 1 \text{ 个 } T_n.$$

习题: 画出 T_5 的图形且求出它所包含的不同的 $T_i (i = 0, 1, 2, \cdots, 5)$ 的个数.

----

① 记号 C_i^r 的意义见第 24 页. ——译注

第5章

拓 扑 学

引　言

在19世纪中叶,几何学开始了一个新的发展,它很快地变成了现代数学中的一股巨大力量.这门新的学科称为**位置解析**或**拓扑学**.它所研究的是几何图形的这样一些性质,这些性质在图形经受剧烈的变形,以致所有度量性质和射影性质都失去之后,仍然存在着.

莫比乌斯(A. F. Moebius,1790～1868)是那个时代伟大的几何学家之一,然而,缺乏主见却使他一生只能在德国的第二流的天文台里当一个不知名的天文学家.他在68岁时向巴黎科学院提交了一篇关于"单侧"曲面的论文,其中包括了这种新型几何学的一些最惊人的事实.这篇文章在公之于世之前它就像以前其他一些重要贡献一样,在科学院的文件堆里被埋没了许多年.哥廷根的天文学家李斯庭(J. B. Listing,1808～1882)独立于莫比乌斯作出了类似的发现,而且他接受高斯的建议在1847年出版了一本小书《拓扑学的初步研究》(*Vorstudien zur Topologie*).当黎曼(1826～1866)作为一个学生来到哥廷根时,他发现这个大学城对这种新奇的几何思想具有强烈的兴趣.他立刻认识到,这是理解复变量解析函数最深刻的性质的关键.黎曼的函数理论极大地促进了拓扑学后来的发展,而且,在黎曼的理论中,拓扑的概念则是最基本的东西.

最初,这个新领域中的方法之所以新奇就在于,它使数学家无法把他们的结果表示为初等几何的传统公理形式. 于是,像庞加莱那样的先驱者不得不依赖于几何直观. 甚至今天拓扑学的研究者也会发现,过多地坚持严格的形式表述,容易使他在大量的形式细节中看不到几何内容的本质. 尽管如此,把拓扑学纳入严格的数学模式仍然是最近工作的一大功绩,在那里,直观仍然是真理的源泉,而不是检验真理的最终标准. 在这个过程中由于布劳威尔(L. E. J. Brouwer)的开创,拓扑学对几乎整个数学的重要性一直在不断地增长着. 美国数学家,尤其是维布林(O. Veblen)、亚历山大(J. W. Alexander)、莱夫切茨(S. Lefschetz)对这门学科作出了重要的贡献.

虽然,拓扑学肯定是近百年来的创造,但是早期已有了一些个别的发现,后来在近代的数学系统发展中找到了它们的位置. 其中最重要的一个是关于简单多面体的顶点数、棱数和面数之间的关系的公式. 这个关系式,笛卡儿早在 1640 年就已经注意到,1752 年欧拉又重新发现并加以应用. 这个关系式是一个典型的拓扑性质的定理,只是后来当庞加莱认识到"欧拉公式"和它的推广是拓扑学的中心定理之一后,才弄清了这一点. 由于历史的及其本身的原因,我们将以欧拉公式作为讨论拓扑学的开端. 在我们刚刚踏入这个不熟悉的领域时,完全严格的概念既不是必要的,也不是我们所希望的,因此,我们将毫不犹豫地一次又一次求助于读者的几何直观.

§1　多面体的欧拉公式

虽然多面体的研究在希腊几何中占据中心的地位,然而下列事实却仍然是由笛卡儿和欧拉发现的:在一个简单多面体中,设 V 表示顶点数,E 表示棱数而 F 表示面数,则总有

$$V - E + F = 2. \tag{1}$$

一个多面体是一个表面由一些多边形的面组成的立体图形. 而正多面体是指所有这些多边形全等且所有交于顶点的角相等, 如图 119. 一个多面体, 如果上面没有"洞", 使得它的表面能连续地变形为一个球面, 就称它是简单多面体. 图 120 表示一个简单多面体, 但不是正多面体, 而图 121 所示的多面体不是简单多面体.

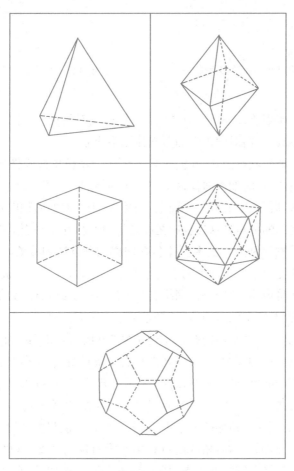

图 119 正多面体

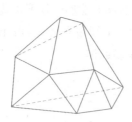 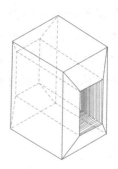

图 120 简单多面体 **图 121** 非简单多面体

$$V - E + F = 9 - 18 + 11 = 2$$ $$V - E + F = 16 - 32 + 16 = 0$$

读者应当验证一下如下事实：**欧拉公式**对图 119 和图 120 的简单多面体成立，而对图 121 的多面体则不成立.

为了证明欧拉公式，我们想象一个表面用橡皮薄膜做成的空心简单多面体. 这时如果剪掉这个空心多面体的一个面，就能把剩下的表面变形、展开、平放到一平面上. 当然，这个表面的面积以及多面体棱与棱之间的夹角在这过程中是改变了. 但是，在这平面上由顶点和边形成的网络和原来的多面体包含同样的顶点数和棱数，只是多边形的个数比原来多面体上的多边形少了一个，因为一个面被剪掉了. 我们现在将说明，这个平面网络有 $V - E + F = 1$. 这样，如果加上剪掉的面，则对原来的多面体，结果是 $V - E + F = 2$.

首先，把这个平面网络按下述方式"分成三角形"：对网络的某个不是三角形的多边形，我们画出它的一条对角线. 这样做的效果是使 E 和 F 同时增加 1，因此保持 $V - E + F$ 的值. 继续画出连接这些点的对角线（图 122），直到图形完全由三角形组成为止——最终必然会如此. 在这三角形的网络中，$V - E + F$ 的值与被分为三角形之前的值一样，因为做对角线的过程中并没有使它改变. 这里，有些三角形的边是平面网络的边界. 其中有的三角形，例如 ABC，只有一条边在边界上，而另一些三角形可以有两条边在边界上. 取一个边界三角形,去掉不属于其他三角形的那些部分. 因此从 ABC 中去掉边 A C 和面,剩下顶点 A, B, C, 以及 AB 和 BC 两条边;而从 DEF 中去掉两条边 DF、FE 及顶点 F 和面. 去掉一个像 ABC 这种类型的三角形,将使 E 和 F 减少 1 而 V 不受影响,所以 $V-E+F$ 保持不变. 去掉一个像 DEF 这种类型的三角形,将使 V 减少 1, E 减少 2 而 F 减少 1, 所以 $V-E+F$ 仍然不变. 适当地采取一系列这种作法,就能去掉边界上有边的三角形(每次去掉这种三角形,边界都跟着改变),直到最后只剩下一个三角形. 它有三个边、三个顶点和一个面. 对这简单的网络有 $V-E+F=3-3+1=1$. 但是我们已经看到,不断地消去三角形,不会改变 $V-E+F$ 的值. 所以,原来的平面网络 $V-E+F$ 也必须等于 1, 对消去了一个面的多面体也是等于 1. 我们得出结论,对完整的多面体有 $V-E+F=2$. 这就完全证明了欧拉公式.

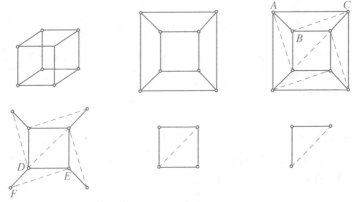

图 122 欧拉定理的证明

在欧拉公式的基础上,很容易说明最多只存在五种正多面体. 因为假设一个正多面体有 F 个面,每个面是正 n 边形,且 r 条棱交于每个顶点. 用面和顶点来计算棱数,我们有

$$nF = 2E, \tag{2}$$

因为每条棱属于两个面,因此在乘积 nF 中重复算了两次;又因为每条棱

有两个顶点

$$rV = 2E, \tag{3}$$

因此由(1)得到等式

$$\frac{2E}{n} + \frac{2E}{r} - E = 2,$$

或

$$\frac{1}{n} + \frac{1}{r} = \frac{1}{2} + \frac{1}{E}. \tag{4}$$

我们知道必须有 $n \geqslant 3$，$r \geqslant 3$，因为一个多边形至少有三条边，而在每个多面体的角上至少有三条棱相交. 但是 n 和 r 不能同时大于 3，因为这样一来等式(4)的左端就不能超过 $\frac{1}{2}$，而不论 E 为任何正值这都是不可能的. 因此，我们看看 $n=3$ 时，r 可能取什么值，而 $r=3$ 时 n 可能取什么值. 由这两种情况给出的全体多面体，就是所有可能的正多面体.

对 $n=3$，等式(4)变成

$$\frac{1}{r} - \frac{1}{6} = \frac{1}{E}.$$

r 因此能等于 3，4，5（6 或任意更大的数显然是不行的，因为 $\frac{1}{E}$ 总是正的）. 对 n 和 r 的这些值，得到 $E=6$，12，30，与之相应的分别是正四面体、正八面体和正二十面体. 同样对 $r=3$，得到等式

$$\frac{1}{n} - \frac{1}{6} = \frac{1}{E}.$$

由此得到 $n=3$，4，5，相应地 $E=6$，12，30. 这些值分别对应着正四面体、正立方体和正十二面体. 在等式(2)和(3)中将这些值代入 n、r、E 中，得到相应多面体的顶点数和面数.

§2 图形的拓扑性质

1. 拓扑性质

我们已经证明了欧拉公式对任意的简单多面体都成立. 然而，这个公式成立的范围远远超出了初等几何中这种面为平面、棱为直线

的多面体. 刚才的证明同样适用于带有曲面和曲边的简单多面体,也适用于把球面任意划分成曲线弧所围成的区域. 更有甚者,我们想象一个用橡皮薄膜做成的多面体表面或球面,若将橡皮折弯或拉长,使表面变为任意其他形状,只要在这过程中橡皮不被撕破,则欧拉公式仍然成立. 因为这个公式只涉及顶点、棱和面的个数,而与长度、面积、直或弯、交比以及通常初等几何和射影几何的概念均无关.

我们回忆一下,初等几何所处理的量(长度、角度和面积)在刚体运动中是不变的,而射影几何所涉及的概念(点、直线、关联和交比)在更广的射影变换群下是不变的. 但是刚体运动和射影变换都是如下所谓拓扑变换的特例:一个几何图形 A 到另一个图形 A' 的拓扑变换是指,在 A 的点 p 和 A' 的点 p' 之间任意一种这样的对应

$$p \leftrightarrow p',$$

它满足下述两个性质:

(1) 对应是一对一的. 这意味着 A 的每一个点 p 恰好对应着 A' 的一个点 p',反之亦然.

(2) 对应是双方连续的. 这意味着,任取 A 的两个点 p,q,移动 p,使它和 q 之间的距离趋于零,则 A' 中相应的点 p',q' 之间的距离也趋于零,反之亦然.

几何图形 A 的任意一个性质,如果在每一个拓扑变换下都保持不变,就称之为 A 的一个拓扑性质,而拓扑学是仅仅处理图形的拓扑性质的几何分支. 设想有一个图形是由一个仔细但笨手笨脚的绘图员“凭手画”复制而成的. 他把直线画弯了,而且改变了角度、距离和面积,这时虽然丧失了原来图形的度量性质和射影性质,但是拓扑性质仍然不变.

一般拓扑变换最直观的例子是形变. 设想一个像球或三角形这样的图形,它是由橡皮薄膜做成的,或是画在橡皮薄膜上的. 我们以任意方式拉伸和扭转它,但不能把它撕破也不能使不同的点真正重合起来(使不同的点重合就会破坏性质(1);撕破橡皮薄膜就会破坏

性质(2).因为在原来图形中沿着薄膜上被撕开的线的两侧趋于重合的两点,在被撕开的图形中就不能趋于重合了).这样,图形的最终位置将是原来图形的一个拓扑映象.一个三角形能形变为任意其他三角形或一个圆或一个椭圆,因此这些图形有相同的拓扑性质.但人们不能把一个圆形变为一条直线,也不能把一个球面形变为一个有洞的曲面.

拓扑变换的一般概念比形变的概念更广.例如,如果一个图形在形变中被切开了,形变后再把切开的边用和以前同样的方式又缝在一起,则这过程仍然定义为原来图形的一个拓扑变换,虽然它不是形变.因此图134(第263页)的两条曲线是彼此拓扑等价的,或都拓扑等价于圆,因为可以把它们切开,解开,再缝上.但是如果不先把曲线切开,要从一条曲线形变成另一条曲线,或变成圆,是不可能的,如图123和图124.

图 123　拓扑等价曲面

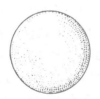

图 124　拓扑不等价曲面

图形的拓扑性质(例如由欧拉定理给出的性质和本节要讨论的其他性质),在许多数学研究中十分吸引人并且很重要.就某种意义上说,它们是所有几何性质中最深刻和最根本的,因为它们是图形在最剧烈的变化之下,仍然不变的性质.

2. 连通性

作为两个拓扑不等价的图形的另一个例子,我们可以考虑图
125 所示的平面区域.其中第一个是由一个圆的所有内点组成的,而
第二个是由包含在两个同心圆之间的全体点组成的.区域 a 中的任
一封闭曲线都能连续变形或"收缩"成这区域内的一个点.具有这种
性质的区域称为单连通的.区域 b 不是单连通的.例如与这两个边界
圆同心而在它们之间的一个圆,就不能收缩成这区域内的一个点.因
为在这过程中,曲线必须越过圆心,而圆心不是这区域的点.不是单
连通的区域称为多连通的.多连通的区域 b,如果沿半径切开(如
图 126)得到的区域将是单连通的.

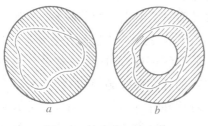

图 125　单连通和双连通

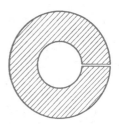

图 126　切开一个双连通区域,
使它成为单连通区域

更一般地,我们能作出带有两
个、三个或更多个"洞"的区域,例
如图 127 的区域.为了把这区域变
成一个单连通区域,必须切开两
次.如果必须作 $(n-1)$ 次彼此不相
交的、从边界到边界的切割,才能
把给定的多连通区域 D 化为单连
通区域,那么这个区域 D 就称为 n
重连通的.平面上一个区域的连通

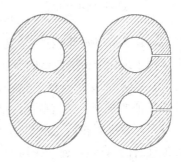

图 127　三连通区域的缩减

性的重数是这个区域的一个重要的拓扑不变量.

§3 拓扑定理的其他例子

1. 若当曲线定理

在平面上画一条简单闭曲线(它是本身不相交的曲线). 如果把平面看作一片可以任意地变形的橡皮,那么这图形能保持什么性质? 曲线的长和它所包围的面积在变形下是可以改变的. 但是这图形有一个拓扑性质,它简单到以至于似乎可以认为是显然的;平面上一条简单闭曲线 C 恰好把平面分成两个区域,一个是内部,一个是外部.

图 128 平面中哪些点是这多边形的内点?

这意味着,平面上的点分为两类——在曲线外部的 A 和曲线内部的 B——使得同一类中的任意一对点能用一条不与 C 相交的曲线相连,而连接一对属于不同类的点的任意曲线必须和 C 相交. 这个命题对圆和椭圆显然是对的,但是如果看一下图 128,对这样一条复杂的盘绕曲折的多边形曲线,就不那么显然了.

这个定理首先由若当(C. Jordan, 1838～1922)在他有名的《分析教程》(*Cours d'Analyse*)里叙述过. 这个教程曾经使整整一代的数学家从中学到了现代分析中严格的概念. 说来也够奇怪的,若当给出的证明又长又复杂. 而更加奇怪的是,后来发现,若当的证明有缺陷并且为了补足他的推理中的这些漏洞必须作出相当大的努力. 这个定理的第一个严格证明相当复杂,即使对许多训练有素的数学家来说,也是很难理解的. 直到最近才找到了一个比较简单的证明. 问题之所以困难,其中一个原因就在于"简单闭曲线"这个概念的一般性,它不只限于多边形或"光滑"曲线,而是包括了作为圆的拓扑映象的所有曲线.

另一方面,许多概念,例如"内部"、"外部"等等,虽然直观上很清楚,但是为了给出一个严格的证明,就必须先把它们弄确切.以最充分的一般性来分析这些概念,这具有极大的理论上的重要意义,现代拓扑学的大部分工作是致力于这个任务的.但是人们不应当忘记,对研究具体几何现象时的大多数情况来说,由于极端一般化的概念会产生不必要的困难,因此应用这样的概念就不能抓住问题的要点.事实上,在大多数重要问题中出现的曲线形状都是相当好的,例如,多边形或者带有连续转动切线的曲线.对这样的曲线来说,若当曲线定理的证明是相当简单的.在这一章的附录中,我们将针对多边形的情形来证明这个定理.

2. 四色问题

看了若当曲线定理这个例子后,人们可能会认为拓扑学是专门对那种无可置疑的明显论断给出严格的证明.但实际上并非如此,有许多拓扑问题,其中有一些在形式上还相当简单,单凭直觉对它们是不能给出满意的回答的.有名的"四色问题"就是其中的一个例子.

在给地图着色时,习惯上是,对任意两个有一段共同边界的国家使用两种不同的颜色.经验表明,任何地图不论它包括多少国家,也不论它们的位置如何,要这样给它上色,只用四种不同的颜色就够了.容易看出,少于这个数目的颜色对一般情况来说是不够的.图 129 表示海里的一个岛,对它来说,少于四种颜色肯定是不能够恰当地上色的,因为它包括四个国家,每一个都和其他三个相邻.

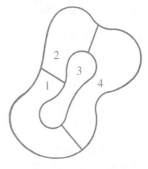

图 129 给地图上色

至今还没有发现一个地图要求用多于四种的颜色来着色,这使人们想到可能有如下的数学定理:把平面划分成任意个互不重叠的区域,总能够用数 1, 2, 3, 4 之一来标示这些区域,使得任意两个相邻的区域都不是同一个数. 所谓"相邻"的区域是指带有整段共同边界的区域；如果两个区域只在一点或在有限个点相遇（例如科罗拉多州和亚利桑那州），它们就不算是相邻，因为用同样颜色上色将不至于引起混淆.

要证明这个定理似乎首先是由莫比乌斯在 1840 年提出来的，后来在 1850 年德·莫尔根（De. Morgan）及 1878 年凯莱也提出过. 1879 年开姆玻（Kempe）发表了一个"证明"，但在 1890 年黑伍德（Heawood）在开姆玻的推理中发现了一个错误. 对开姆玻的证明加以修改，黑伍德能够证明五种颜色总是足够的（在这章附录中给出了五色定理的一个证明）. 尽管有许多著名的数学家作过不少努力，这个问题本质上仍然处于这样一个阶段：业已证明五种颜色对所有地图都够了但是认为四种颜色同样是足够的，仍还只是一个猜想，这同著名的费马大定理一样（见第 50 页），这个猜想既没有得到证明，也没有出现同它矛盾的反例. 它仍然是数学上悬而未决的重大问题之一. 四色定理对少于三十八个区域的一切地图都已经得到证明. 从这事实来看，即使一般定理不成立，看来也不能用任何简单的例子来否定它.

在四色问题中，地图可以画在平面上，也可以画在球面上，这两种情况是等价的. 任何球面上的地图都可以在平面上表示. 办法是在一个区域 A 的内部挖一个小洞，然后把这挖了洞的球面变形为一个平面，如同在欧拉定理的证明中那样. 这时所得到的这个平面地图是由区域 A 组成的"海"包围着一个由其余区域组成的"岛". 反过来，逆转这个过程，任何平面上的地图可以在球面上来表示. 因此我们只要讨论球面上的地图就行了. 其次，由于区域及其边界的变形对问题不产生影响，我们可以假设每一个区域是其边界由圆弧组成的简单闭多边形. 即使这样"规范化"之后，问题仍未解决；这里的困难，不像若当曲线定理中所涉及的那样，不在于区域和曲线这些概念的一般性.

　　与四色定理相联系的一个引人注目的事实是,在比平面或球
面更为复杂的曲面上,相应的定理实际上已经得到证明. 所以,十
分奇怪的是,在更复杂的几何表面上作分析,比在最简单的曲面上
更容易. 例如对一个形如面包圈或膨胀的车轮内胎的环面(见图
123),已经证明,在它上面的任何地图都可以只用七种颜色上色,
而且可以造出包含七个区域的地图,使其中每一个区域和其他六
个相邻.

*3. 维的概念

　　如果只是处理简单的几何图形,例如,点、线、三角形和多面体,那么,
对于维的概念就不会有多大困难. 一个点或任何有限点集是零维的;一条
直线是一维的;而一个三角形的面或一个球的表面是二维的;一个实立方
体内的点集是三维的. 但是当我们试图把这个概念推广到更一般的点集
上去时,就需要一个明确的定义了. 对 x 轴上用有理数表示的全体点集 R
应当给予什么维数呢? 有理点集在直线上是稠密的,因而可能被看作和直
线一样是一维的;另一方面,在任何一对有理点之间都有无理点,与一个有
限点集任意两点间有无理点一样,因而集 R 的维数也可能被认为是零.

　　如果人们试图指出下述由康托
首先考虑的奇怪的点集的维数,就
会遇到一个更难解决的问题. 从单
位线段中去掉中间的三分之一,即
去掉所有使 $\frac{1}{3} < x < \frac{2}{3}$ 成立的 x.
称剩下的点集为 C_1,它包含两个线
段. 现在从 C_1 的每一个线段中去掉
中间的三分之一,剩下的集叫做 C_2,
它包含四个线段. 重复这个过程,从

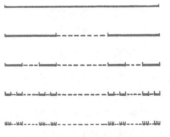

图 130　康托点集

C_2 的每一个线段去掉中间的三分之一,剩下集 C_3,按这种方式进行下去,
便作成集 C_4,C_5,C_6,…. 用 C 表示从单位线段中去掉所有这些区间之后
剩下的点集,即 C 是无穷序列集 C_1,C_2,…的公共点集. 由于第一步去掉
了一个长为 $\frac{1}{3}$ 的区间,第二步去掉了两个长各为 $\frac{1}{3^2}$ 的区间,等等,因此去
掉的线段的总长为

$$1 \cdot \frac{1}{3} + 2 \cdot \frac{1}{3^2} + 2^2 \cdot \frac{1}{3^3} + \cdots = \frac{1}{3}\left[1 + \left(\frac{2}{3}\right) + \left(\frac{2}{3}\right)^2 + \cdots\right].$$

括号内的无穷级数是一个等比级数,它的和是

$$\frac{1}{1 - \frac{2}{3}} = 3,$$

因此去掉的线段总长为 1. 但是 C 中仍然包含着点,例如三等分那一系列
线段的分点

$$\frac{1}{3},\ \frac{2}{3},\ \frac{1}{9},\ \frac{2}{9},\ \frac{7}{9},\ \frac{8}{9},\ \cdots.$$

事实上,容易说明 C 恰好是由所有这样的 x 组成的,它的无穷三进位小数
展式可以写成

$$x = \frac{a_1}{3} + \frac{a_2}{3^2} + \frac{a_3}{3^3} + \cdots + \frac{a_n}{3^n} + \cdots$$

的形式,其中 a_i 或为 0 或为 2. 而被去掉的任意点,其三进位表达式中至
少有一个 a_i 等于 1.

那么,集 C 的维数是多少呢? 用来证明所有实数集不可数的对角线
方法,若稍加修改,就能用以证明集 C 也是不可数的. 因此集 C 似乎是一
维的. 但是任何完整的区间,不论它多小,也不包含在 C 中,所以 C 也可以
看成像有限点集那样,是零维的. 用同样的方式,我们可以问,在每个有理
点上或康托集 C 的每个点上竖立一单位长线段,这样得到的平面点集是
一维的还是二维的.

正是庞加莱首先(在 1912 年)注意到应该给予维的概念以更深刻的
分析和明确的定义. 庞加莱观察到直线是一维的,因为我们可以通过剪开
它的一个点(这是零维的),使它上面的任意两点分开;而平面是二维的,
因为要分开平面上的一对点,必须切开整条(一维的)闭曲线. 这暗示了维
数的归纳性质:一个空间,如果通过去掉一个 $(n-1)$ 维的子集的办法能把
它的任意两点分开;而去掉较低维的子集时,不一定能做到这一点,就称
这空间是 n 维的. 在欧几里得的《原本》中也暗含地有一个维数的归纳定
义,在那里,一维图形是以点为其边界的,二维图形的边界是由曲线组成
的,三维图形的边界则是曲面.

近年来,推广维的理论获得了发展. 要给出维的一个定义,首先要把

"0 维点集"的概念弄清楚.任何有限点集都有这样的性质,它的每一个点都能被包围在一个任意小的空间区域内,且使这区域的边界上不包含该集合的点.这个性质现在作为 0 维的定义.为方便起见,我们说不包括任何点的空集是 −1 维的.一个点集 S,如果它不是 −1 维的(即 S 至少包含一个点),且 S 的每一个点都能被任意小的区域所包围,而这个区域的边界和 S 的交集是 −1 维集(即边界不包含 S 的点),则称它是 0 维的.例如直线上的有理点集是 0 维的,因为每一个有理点都能作为以无理数为端点的任意小的区间的中点.康托集也是 0 维的,因为和有理点集一样,它是从直线中去掉一稠密点集而得到的.

至此我们只定义了 −1 维和 0 维的概念.一维的定义立刻就可以给出来,一个点集 S,如果它不是 −1 维和 0 维的,且 S 的每一个点都能围在任意小的区域内,而这区域的边界与 S 的交是一个 0 维的集,就称它是一维的.直线段有这个性质,因为任一区间的边界是一对点,按照上述定义,这边界是 0 维集.用同样的方式,进而能依次定义 2,3,4,5,⋯维的概念,每一个都依赖于前一个定义.因此,一个集 S 是 n 维的,这是指,如果它不是任何更低维的,且 S 的每一个点都能被围在任意小的区域内,而这个区域的边界和 S 的交是一个 $(n-1)$ 维的集.例如,平面是二维的,因为平面的每个点都能用任意小的圆来包围,而圆周是一维的[①].在普通空间中不存在维数大于三的点集,因为空间中的每个点都能作为任意小的球的中心,而球的表面是二维的.但是在现代数学中,"空间"一词是用来表示定义了"距离"或"邻域"概念的任意一组对象(见第 327 页),而这些抽象"空间"的维数可以大于三.一个简单的例子是 n 维笛卡儿空间,它的"点"是有序排列的 n 个实数:

$$P = (x_1, x_2, x_3, \cdots, x_n),$$
$$Q = (y_1, y_2, y_3, \cdots, y_n),$$

P 与 Q 之间的"距离"定义为

———————

① 在这里,并不是对平面是二维的这个论断,按照我们的定义给出了一个严格的证明.因为这里假定了已知圆周是 1 维的,而且平面不是 0 维和 1 维的.但是,对这些事实以及更高维中的类似情况是能够给予证明的.这些证明表明,一般点集的维的定义和简单集合的维数的通常用法是不矛盾的.

$$d(P, Q) = \sqrt{(x_1 - y_1)^2 + (x_2 - y_2)^2 + \cdots + (x_n - y_n)^2}.$$

可以证明这个空间是 n 维的. 一个空间如果对任意正整数 n 来说, 都不是 n 维的, 就称它是无穷维的. 这种空间的例子已经知道不少了.

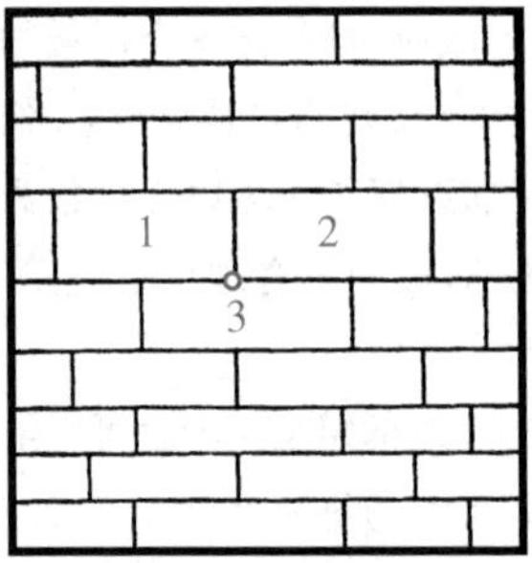

图 131　铺瓦定理

维理论最有趣的事实之一是, 2 维、3 维或一般 n 维图形有如下特性. 首先考虑 2 维的情形. 如果任意简单的 2 维图形被分割为充分小的区域 (每个区域都认为包括它自己的边界), 则不论这些区域形状如何, 必然有这样一些点使三个或更多个区域在那里相遇. 另外, 一定存在图形的这样一种剖分, 使得每个点至多同时属于这剖分的三个区域. 因此, 如果 2 维图形是一个正方形, 如图 131, 有一个点将同时属于 1, 2 和 3 这三个区域. 而对这个特殊的剖分来说, 没有一个点同时属于多于三个的区域. 类似地, 对 3 维的情况可以证明, 如果一个立体被充分小的一些立体所覆盖, 总存在至少同时属于四个小立体的公共点, 而对一个适当选择的剖分来说, 任意多于四个的小立体都没有公共点.

从这里产生了下述归功于勒贝格 (Lebesgue) 和布劳威尔的定理: 如果一个 n 维图形以任意方式被充分小的子区域覆盖, 则将存在至少同时属于 $(n+1)$ 个子区域的点; 而且总可以找到用任意小区域做成的一个覆盖, 使得没有一个点同时属于多于 $(n+1)$ 个的区域. 由于这里所考虑的覆盖方法, 这个定理称为 "铺瓦" 定理. 它刻划了任意几何图形的维数的特征: 使得定理成立的那些图形是 n 维的, 而所有其他图形不是 n 维的. 由于这个原因, 可以把这个定理作为维数的定义, 有些作者就是这样做的.

集的维数是集的拓扑特性, 两个不同维数的图形不能是拓扑等价的. 这就是著名的 "维的不变性" 这一拓扑定理. 把它与第 99 页所叙述的事实比较, 就可以看出它的重要意义了, 在那里, 正方形点集和直线段点集有着相同的基数. 那里的定义的对应不是拓扑性的, 因为连续性的条件被破坏了.

*4. 不动点定理

在拓扑学对其他数学分支的应用中, "不动点" 定理起了重要的作用. 一个典型的例子是下面的布劳威尔定理. 比起大多数拓扑事实来,它在直观上是不那么明显的.

我们考虑平面上一个圆盘,这是由某个圆的内部和它的圆周组成的区域. 假设这个盘子的点经过任意的连续变换(甚至不一定是一对一的),使得每一点虽然位置有所变动,但仍在圆内. 例如一块薄橡皮圆盘可以被压缩、转动、折皱、拉长或以任意方式变形,不过这圆盘的每个点的最终位置仍在它原来的周界以内. 又如,搅动一杯液体,使液体表面上的质点仍在表面上,只是绕到表面上另一个位置. 这时,在任意给定的一瞬间,液体表面上质点的位置确定了质点原来分布的一个连续变换. 现在布劳威尔定理断言:每一个这样的变换至少使一个点不动;即至少存在一个点,它变换后的位置和它原来的位置一样(在液体表面的例子中,一般说来不动点将随时间而变动,虽然对简单的圆周转动来说,中心总是不动的). 不动点的存在性的证明是用以建立许多拓扑定理的一个典型推理方法.

考虑圆盘在变换前后的情况,假设与定理的结论相反,没有一个点保持不动,也就是说,每一个点在变换后都移动到圆内或圆上的另一处. 对原来圆盘上的每一点 P 都附上一个指着 PP' 方向的小箭头或"向量",这里 P' 是 P 在变换后的象. 圆盘上每一点都有这样一个箭头,因为根据假设每一点都移动了. 现在考虑圆边界上

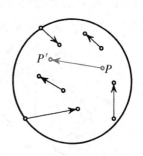

图 132 变换向量

的点以及与之相连接的向量. 所有这些向量都指向圆内,因为根据假设,没有一个点变到圆外去. 从边界上某个点 P_1 开始,并且按逆时针方向沿着这个圆走. 这样走时,向量的方向将改变,因为对于边界上的不同点带着各种指向不同的向量. 这些向量的方向可以用由平

面上一点画出的平行箭头来表示. 注意, 沿着圆从 P_1 又走回到 P_1 时, 向量也转回到它原来的位置. 把向量旋转一整周的次数称为圆上这些向量的"指标"; 更确切地说, 把指标定义为这些向量的角的各种变化的代数和, 每一个顺时针旋转部分取负号, 而每个逆时针旋转部分作为正的. 这个指标是这些量正负相抵消最后剩下的值, 显然它是数 0, ± 1, ± 2, ± 3, … 中的一个, 分别对应于角的总变化为 $0°$, $\pm 360°$, $\pm 720°$, $\pm 1080°$, …. 现在我们断言指标等于 1, 即箭头方向的总变化恰好相当于正旋转一周. 为了说明这一点, 我们回顾一下圆上任一点 P 的变换向量总是指向圆的内部而决不会沿着切线方向. 如果变换向量转过的总角度不同于切向量转过的总角度(它是 $360°$, 因为切向量明显地旋转一周), 则切向量转过的总角度与变换向量转过的总角度的差将是 $360°$ 的某个非零倍数, 因为它们都旋转了整数周. 因此从 P_1 绕一圈又回到 P_1 时, 变换向量至少必须绕着切线旋转一周, 而且由于切线和变换向量是连续转动的, 在圆周的某个点上, 变换向量必须指着和切线同样的方向. 但是, 我们已经知道这是不可能的.

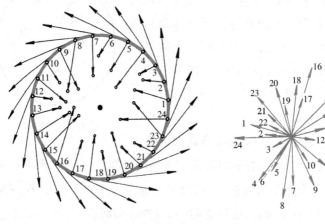

图 133

现在如果我们考虑任意一个与圆盘的周界同心而且包含在这圆盘内的圆,以及这个圆上相应的变换向量,那么,这个圆上的变换向量的指标也必须是 1. 这是因为当我们连续地从圆周到达任何一个同心圆时,指标必须连续地变化,因为变换向量的方向在圆盘内是从一点到一点连续变化的. 但是指标只能取整数值,因此必须永远等于它原来的值 1,因为从 1 跳到某个其他的整数将造成指标变化的不连续性(一个连续变化的量如果只能取整数值,它必须是一个常量. 这个结论是在许多定理的证明中经常出现的典型的数学推理). 因此我们能够找到任意小的同心圆,对于它来说相应的变换向量的指标是 1. 但这是不可能的,因为根据变换连续性的假设,在一个充分小的圆上的向量的方向全都近似于在圆心的向量的方向. 因此可以使它们的角的总变化任意地小,比如说取一个足够小的圆,使它的变化小于 10°. 因此必须取整数值的这个指标将为零. 这个矛盾表明,我们原来所作的在变换下没有不动点的假设是不成立的,至此证明完毕.

刚才证明的定理,不仅对圆盘成立,而且对三角形和正方形,以及任何其他是圆盘的拓扑变换的象的图形都成立. 因为如果 A 是任意一个用一对一的连续变换与一圆盘相对应的图形,则 A 到它自身的没有不动点的连续变换,将确定圆盘到它自身的没有不动点的连续变换,但是我们已证明这是不可能的. 这定理对三维中的实心球或立方体也成立,但其证明就不那么简单了.

虽然布劳威尔关于圆盘不动点的定理在直观上不是很明显的,但是容易表明,它是下述事实的直接推论,而这个事实在直观上是显然的:不可能把一个圆盘连续变换成它的圆周而使圆周上的每个点保持不动. 现在我们说明,如果存在圆盘到它自身的没有不动点的变换,将会和这个事实矛盾. 假设 $P \to P'$ 就是这样的变换,对这圆盘上的每个点 P,以 P 为起点画一箭头,连续地经过 P' 一直到达圆周上的某个点 P^*,则变换 $P \to P^*$ 将是整个圆盘到它圆周的一个连续变换并且使圆周上的每一个点保持不动,但是已经假设这样的变换为不可能,这样便产生了矛盾.

类似的推理方法可以用来在三维中对实心球或立方体建立布劳威尔定理.

容易看出,某些几何图形可以经过没有不动点的连续变换变成它自身.例如对两个同心圆之间的环状区域,把它围绕圆心旋转一个不是 360° 的倍数的任意角度,这是没有不动点的连续变换.球面上可以取这样一个没有不动点的连续变换:把每个点变成关于球心对称的点.但是用类似于我们对圆盘用过的推理方法可以证明,如何任何一个点都没有变到其对称位置,则这种连续变换(例如任意小变形)有一个不动点.

这样一些不动点定理提供了一个有力的方法来证明数学上许多"存在性定理",虽然初看起来,这些存在性定理似乎没有什么几何特征.有一个著名的例子是庞加莱在 1912 年,在他死前不久,所猜测的一个不动点定理.这定理有一个直接推论:在限制三体问题中,有无穷多个周期性轨道存在.庞加莱没有能够证实他的猜测,过了几年,伯克霍夫(G. D. Birkhoff)成功地给出了证明,这是美国数学界的一个主要成就.从此拓扑方法被用来研究动力系统的定性理论,并取得了巨大的成功.

5. 纽结

作为最后一个例子,可以指出,纽结的研究提出了一些具有拓扑特性的数学难题.一个纽结是这样做成的:先把一段绳子打上结,然后把两个端点接起来.这样得到的封闭曲线表示这样一种几何图形,即使经过拉或扭,只要绳子不断,这图形本质上仍不变.但是怎么才能给出一个内在的特征,用它来区分空间中打结的闭曲线和没有打结的曲线(例如圆)呢?要回答这个问题并不简单,而且对各种类型的结以及它们之间的区别至今还很少有完整的数学的分析.即使对于最简单的情形,这也是一个相当大的任务.考虑图 134 中两个三叶形的纽结.这两个纽结彼此间是完全"镜像"对称的,而且是拓扑等价的,但不全同.问题是,究竟能不能把这些纽结中的一个连续地变形为另一个.回答是否定的,但是要证明这个事实需要了解比我们这里更多的拓扑学和群论的知识.

图 134　拓扑等价纽结,但不能由一个形变为另一个

§4　曲面的拓扑分类

1. 曲面的亏格

　　许多简单然而重要的拓扑事实都来自二维曲面的研究. 例如,将一个球面和一个圆环面作比较. 从图 135 看得很清楚,这两个曲面有根本的区别:和平面上一样,球面上任何一条简单闭曲线,例如 C,把曲面分成两部分. 但在圆环面上存在这样的闭曲线,例如 C',它没有把曲面分成两部分. 我们说 C 把球面分成两部分,意思是指,如果把球面沿着 C 切开,它将分成两个不连接的曲面片,或者说,能在球面上找到两个点,使得球面上连接它们的任意曲线必定和 C 相交. 另一方面,如果把圆环面沿着闭曲线 C' 切开,得到的曲面

图 135　切割球和圆环

仍连接在一起,曲面上任意一点能够通过一条不和 C' 相交的曲线与另外任意一点相连. 球面和圆环面之间的差别指出了两类在拓扑上不同的曲面,而且说明了不可能从其中一种连续地变形为另一种.

其次,我们考虑图 136 表示的带有两个洞的曲面. 在这曲面上能画出两个不相交的闭曲线 A 和 B,而它们没有把曲面分开. 对圆环面来说,任意两个这样的曲线总是把它分为两部分. 另一方面,三个不相交的闭曲线总能把带有两个洞的曲面分开.

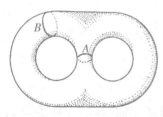

图 136 　一个亏格为 2 的曲面

这些事实启发我们把曲面的亏格定义为:能在曲面上画出而又不把曲面分割开的互不相交简单闭曲线的最多个数.球面的亏格是 0,圆环面的亏格是 1,图 136 中的曲面的亏格是 2.类似地,带有 p 个洞的曲面的亏格是 p.亏格是曲面的一个拓扑性质,当曲面变形时,它仍保持不变. 反之可以说明(证明从略),如果两个闭曲面有相同的亏格,则可以把其中一个变形为另一个. 所以从拓扑的观点来看,一个闭曲面的亏格 $p=0,1,2,\cdots$ 完全刻画了这个闭曲面的特征(假设所考虑的曲面是普通的"双侧"闭曲面,在这节的第三小节我们将考虑"单侧"曲面). 例如,两个洞的面包圈和图 137 中带有两个"环柄"的球面都是亏格为 2 的闭曲面;显然,这些曲面中的任一个都可以连续地变形为另一个. 由于带有 p 个洞的面包圈,或者与它等价的带有 p 个环柄的球面的亏格为 p,所以我们可以把这些曲

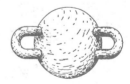

图 137 　亏格为 2 的曲面

面中的任意一个作为所有亏格为 p 的闭曲面的拓扑代表.

*2. 曲面的欧拉示性数

对一个亏格为 p 的闭曲面 S,在 S 上标出一些顶点并用曲线弧把它们连接起来,这样,曲面 S 被分成若干个区域. 我们将表明

$$V-E+F=2-2p, \tag{1}$$

这里 $V=$ 顶点个数,$E=$ 弧的个数,$F=$ 区域个数. 数 $2-2p$ 称为这曲面的欧拉示性数. 我们已经看到,对于球面来说,$V-E+F=2$;这和(1)式是一致的,因为对球面来说,$p=0$.

为了证明一般的公式(1),假设 S 是带有 p 个环柄的球面. 因为,如同我们已经说过的那样,任意一个亏格为 p 的曲面可以连续地变形为这样的一个曲面,而且在变形中 $V-E+F$ 和 $2-2p$ 将保持不变. 我们将选择这样一个变形,它使球和环柄连接处的闭曲线 A_1, A_2, B_1, B_2, …是由给定的剖分的弧所组成(参看图 138,这说明了对 $p=2$ 的情形的证明).

图 138

现在把曲面 S 沿曲线 A_2, B_2, …切开,并把这些环柄拉直. 每个环柄将有一个以新曲线 A^*, B^*, …为界的自由边界,它们分别与 A_2, B_2, …有同样的顶点数和弧数. 因此 $V-E+F$ 没有变化,因为加上的顶点数恰好和加上的弧数一样,而且没有新的区域出现. 下一步是变形这个曲面,把曲面的环柄压平到它的投影位置,以便使曲面最终成为一个简单的球面. 但是现在这球面上已挖掉了 $2p$ 个区域. 由于整个球面无论如何剖分,$V-E+F$ 都是 2,因此对除去 $2p$ 个区域的球面,我们有

$$V - E + F = 2 - 2p.$$

因而这公式对原来带有 p 个环柄的球面也成立. 这就是我们所要证明的.

图 121 说明了公式 (1) 应用到由平面多边形组成的曲面 S 的情况. 这曲面可以连续地变形为一个圆环, 使得亏数为 1 且 $2-2p=2-2=0$, 如公式 (1) 所预期的,

$$V - E + F = 16 - 32 + 16 = 0.$$

习题: 把图 137 中带有两个洞的面包圈分成区域并且说明

$$V - E + F = -2.$$

3. 单侧曲面

普通的曲面是双侧的. 这对像球面或圆环面这样的闭曲面, 以及像圆盘或者圆环那样的以曲线为边界的曲面都成立. 这种双侧曲面, 能涂上不同的颜色以区分它的两侧. 如果这曲面是闭的, 两种颜色绝不会相遇. 如果这曲面有边界曲线, 则两种颜色只沿着这些边界曲线相遇. 一个甲虫沿着这样一个曲面爬行时, 如果不越过边界曲线 (如果存在的话), 则它将永远处在这曲面的同一侧.

莫比乌斯有一个惊人的发现: 存在只有一侧的曲面. 最简单的这种曲面称为莫比乌斯带, 它是这样形成的: 取一段矩形长纸条, 把它扭过半圈, 然后把它的两端贴在一起, 如图 139. 如果一个甲虫在这带子的中间沿着这曲面爬, 则将会转回到原来的位置上. 莫比乌斯带只有一个边, 因为它的边界是由一条闭曲线组成的. 把一个矩形纸条不经扭转而粘在一起, 这时做成的普通双侧曲面

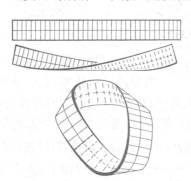

图 139 作一个莫比乌斯带

有两条不同的边界曲线. 如果把后一种曲面沿中心线切开, 它将被分成两个同样类型的纸条. 但如果把莫比乌斯带沿着中心线切开(如图139 所示), 我们发现它仍然是一个曲面. 对任何一个不熟悉莫比乌斯带的人来说, 很难预料到这一点, 它和我们直观上觉得"应该"发生的情形相反. 如果对这个莫比乌斯带沿中心线切开后形成的曲面, 再沿着它的中心线切开, 则将形成两条分开的但互相绕着的带子.

  用这样的带子做如下游戏是很有意思的: 沿着平行于边界曲线而横向距离为 $\frac{1}{2}$, $\frac{1}{3}$ 等等的线, 把它们切开.

  莫比乌斯带的边界是一条简单的不打结的闭曲线, 它能变形为一条平面曲线, 例如一个圆. 但在变形时可以允许这带子自身交叉. 这时, 所得到的这个自交而且单侧的曲面(如图140)称为交叉帽. 自交的轨迹可以看成是两条不同的线, 各属于在那里交叉的曲面的两部分之一. 莫比乌斯带的单侧性是不变的, 因为这是拓扑性质; 一个单侧曲面不能连续地变形为双侧曲面. 令人奇怪的是, 甚至存在这样的形变, 它使莫比乌斯带的边界变成一个平面曲线, 例如三角形, 而莫比乌斯带本身却不交叉. 图 141 表明了这样一个模型(这归功于突克曼(B. Tuckermann)). 这个带的边界是一个三角形, 它是一个正八面体的

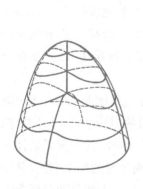

图 140 交叉帽

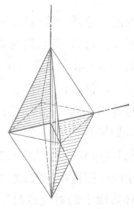

图 141 带有平面曲线边界的莫比乌斯带

对角正方形的一半,而这个带本身是由这八面体的六个面和四个直角三角形组成的(每一个三角形是这个对角平面的四分之一).

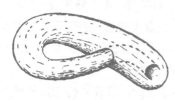

另一个有趣的单侧曲面是"克莱茵瓶".这曲面是闭的,但它没有里外之分,它拓扑等价于一对边界重合的交叉帽.

图 142 克莱茵瓶

我们可以表明,任意一个亏格为 $p=1,2,\cdots$ 的封闭单侧曲面,都拓扑等价于一个去掉 p 个圆盘再换上交叉帽的球面.由此易知,这样的曲面的欧拉示性数 $V-E+F$ 和 p 的关系由下列等式给出:

$$V-E+F=2-p.$$

其证明类似于双侧曲面.首先我们说明一个交叉帽或莫比乌斯带的欧拉示性数是 0.为此我们注意,把一个已经细分为若干区域的莫比乌斯带切开,可以得到 个矩形,它比莫比乌斯带多两个顶点和一条边,区域个数仍然不变.我们在第 247 页已经证明对矩形来说

$$V-E+F=1.$$

因此对莫比乌斯带有 $V-E+F=0$.作为一个练习,读者可以把这个证明做完.

研究诸如这样一些曲面的拓扑性质时,一种比较简单的方法是,借助于平面多边形,让它们的某些对边在想象中合在一起(比较第四章附录第三节).在图 143 中平行箭头在位置上和方向上——实际上或概念上——都是相重合的.

这种等同的方法也可以用来定义类似于二维闭曲面的三维闭流形.例如,如果我们把一个立方体相对的面的对应点等同起来(图144),我们就得到一个闭的三维流形,称为三维环.这个流形拓扑等价于两个同心圆环(一个在另一个里边)表面之间的那个空间,其中两个圆环表面上的对应点是等同的(图145).因为如果两对概念上等同的面合在一起的话,这后一个流形能够从立方体得到.

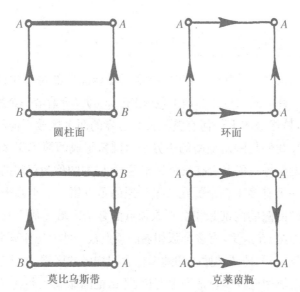

图 143　用平面图形中所标出的边来定义闭曲面

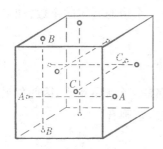

图 144　用边界的同一定义
三维曲面

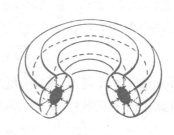

图 145　三维环的另一种表示（切开
图形是为了说明同一）

附　　录

⤷*1. 五色定理

在欧拉公式的基础上,我们能证明在球面上的每一种地图可以用最多五种不同颜色适当地上色(按第 253 页,所谓给一个地图适当地上色,是指地图上任何有整段公共边界的两个区域不能涂上同一种颜色). 我们将限定地图的边界是由圆弧组成的简单闭多边形. 也可以假设在每一顶点恰有三个弧相遇,这样的图称为正规的. 因为如果把每一个有多于三个弧在那里相遇的顶点用一个小圆来代替,并且把这样的圆的内部和相会于该顶点的某个区域连成一片,就得到一个新地图. 在这里,有多个弧相遇的顶点被一些有三个弧相遇的顶点所代替. 新的地图和原来的地图包含同样多的区域. 如果这个正规的新地图能用五种颜色适当地上色,那么把圆缩成一个点,就能使原来的地图获得我们所希望的颜色. 因此只须证明对球面上任一正规地图能用五种颜色适当地上色就可以了.

首先我们证明,每一个正规地图必须至少包含一个边数少于六的多边形. 用 F_n 表示一正规地图中有 n 个边的区域的个数;如果 F 表示总的区域个数,则

$$F = F_2 + F_3 + F_4 + \cdots. \tag{1}$$

由于每个弧有两个端点,而每个顶点都是三个弧的端点,因此如果 E 表示这地图中弧的数目,而 V 表示顶点数,则有

$$2E = 3V. \tag{2}$$

其次,一个以 n 个弧为界的区域有 n 个顶点,每个顶点属于三个区域,所以

$$2E = 3V = 2F_2 + 3F_3 + 4F_4 + \cdots. \tag{3}$$

由欧拉公式,我们有

$$V - E + F = 2, \text{或 } 6V - 6E + 6F = 12.$$

从(2)我们看到 $6V = 4E$,所以 $6F - 2E = 12$. 因此从(1)和(3)有

$$6(F_2 + F_3 + F_4 + \cdots) - (2F_2 + 3F_3 + 4F_4 + \cdots) = 12,$$

或

$$(6-2)F_2 + (6-3)F_3 + (6-4)F_4 + (6-5)F_5 +$$
$$(6-6)F_6 + (6-7)F_7 + \cdots = 12.$$

左边至少有一项必须为正,所以数 F_2,F_3,F_4,F_5 中至少有一个为正,这正是我们所要证明的.

现在证明五色定理. 设 M 是球面上总共带有 n 个区域的一个正规地图. 我们知道这些区域中至少有一个少于六个边.

情形 1. M 包含一个区域 A,它带有 2,3 或 4 个边. 在这种情形,去掉 A 和其相邻的一个区域之间的边界(如果 A 有四个边,可以有一个区域绕过来和 A 的两个不相邻的边相接. 这时,由若当曲线定理可知,与 A 的其他两个边相接触的区域将是不同的,对这种情形我们将去掉后面这种区域中的一个与 A 之间的边界). 这样得到的地图 M' 将是一个带有

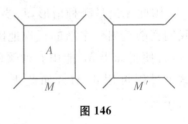

图 146

$n-1$ 个区域的正规地图. 如果 M' 能用五种颜色适当地上色,则 M 也能如此. 因为最多有 M 的四个区域和 A 相邻,总能找出第五种颜色来给 A.

情形 2. M 包含一个有五个边的区域. 考虑与 A 相邻的五个区域,称它们为 B,C,D,E,F. 我们总能在它们之中找出彼此不相接的一对,因为如果比如说 B 和 D 相接,则 C 或者不能与 E,或者不能与 F 相接,因为任意一条从 C 到 E 或 F 的路程(图147)至少一定通

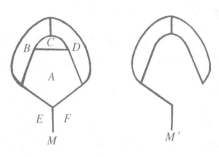

图 147

过 A，B，D 三个区域之一（显然，这个事实本质上也依赖于那个对平面或球面成立的若当曲线定理，例如在圆环面上它就不成立）. 因此我们可以假设，比如说 C 和 F 不相接. 去掉连接 A 与 C 及 A 与 F 的边，形成一个带有 $n-2$ 个区域的新地图 M'，它也是正规的. 如果这新地图能用五种颜色适当地上色，则原来的地图 M 也能如此. 因为把边恢复之后，C 和 F 的颜色相同，A 最多只能同四种不同的颜色相接，我们总能找到第五种颜色给 A.

因此无论是哪种情形，只要 M 是含有 n 个区域的正规地图，我们就能造出一个新的正规地图 M'，它含有 $n-1$ 或 $n-2$ 个区域，且使得如果 M' 能用五种颜色上色的话，对 M 也能这样做. 把这个过程再用于 M'，如此下去我们得到由 M 导出的一个地图序列：

$$M, M', M'', \cdots.$$

由于这一序列地图中所含的区域个数不断地减少，最终必然得到一个只含有五个或更少区域的地图. 这样的地图总能用至多五种颜色上色. 因此一步步地回到 M，我们看出 M 本身也能用五种颜色上色. 证明完毕. 注意这个证明是构造性的，这里它给出了一个虽然烦琐但完全实际可行的方法，用它可以在有限步骤之内对任意含有 n 个区域的地图上色.

2. 多边形的若当曲线定理

若当曲线定理断言：任一简单闭曲线 C 把平面上不属于 C 的点分为两个不同的区域（没有公共点），它们以 C 作为公共边界。我们将对 C 是封闭多边形 P 的情形，给出这定理的一个证明。

我们要说明平面上不属于 P 的点可分成 A 和 B 两类，使得同一类的任意两点能用不与 P 相交的折线相连，而连接 A 的点与 B 的点的任一通路必定和 P 相交。A 类的点形成多边形的"外部"，而 B 为"内部"。

作为证明的开始，我们在平面上选取一固定方向，它和 P 的任意边都不平行。由于 P 只有有限多个边，这样的选择总是可能的。现在我们定义 A 类和 B 类如下：

如果过 p 点沿这个固定方向的射线和 P 的交点有偶数个 0，2，4，6，$\cdots$，则 p 属于 A。如果过 p 点沿这固定方向的射线和 P 的交点有奇数个 1，3，5，$\cdots$，则 p 属于 B。

如果射线交于 P 的顶点，当顶点处 P 的两个边位于射线的同侧，这样的顶点不算作交点；若这两个边位于射线的两侧，则这种顶点算作交点。两个点 p 和 q，如果它们属于同一类，A 或 B，称它们有相同的"奇偶性"。

首先我们注意，任意一个与 P 没有交点的直线段，它上面的所有点都有相同的"奇偶性"。因为沿着这样的线段而运动的点 p 的"奇偶性"，只有当经过 p 而与该固定方向同向的射线通过 P 的一个顶点时才会有变化，然而按上面的规定，不论是哪一种情况，它的"奇偶

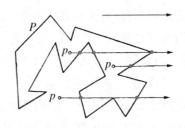

图 148 计算交点的个数

性"实际上都不会有变化。由此可知，如果用折线把 A 的任一点 p_1 和 B 的一点 p_2 连接起来，则这条通路必定和 P 相交。因为不然的话，这条通路上的所有点，特别是 p_1 和 p_2，将有相同的"奇偶性"。进

一步我们能说明,同一类(A 或 B)的任意两点能用一条不与 P 相交的折线连接起来.把这两点记为 p 和 q,如果连接 p 和 q 的直线段 pq

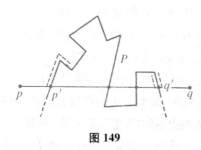

图 149

不和 P 相交,它就是所要求的通路.如果它和 P 相交,设 p' 是这线段和 P 的第一个交点,而 q' 是最后一个交点(图 149).作一条通路以 p 为起点沿着线段 pp' 而行,然后恰在 p' 之前转向而沿着 P 走,直到 P 回到 pq 的 q' 上.如果我们能证明这条通路在 q' 和 q 之间与 pq 相交,而不是在 p' 和 q' 之间与 pq 相交,那么这条通路可以沿着 $q'q$ 延长到 q 而不和 P 相交.显然,任意两个彼此充分接近,然而位于 P 的某个线段两侧的点 r 和 s,必定有不同的"奇偶性",因为过 r 的射线将比过 s 的射线多一个与 P 的交点.因此我们看到当沿着线段 pq 横过 q' 点时,"奇偶性"是有变化的.又因为 p 和 q(从而虚线通路上的每一个点)有相同的"奇偶性",由此可知虚线通路在 q' 和 q 之间和 pq 相交.

这就完成了对多边形 P 的若当曲线定理的证明.现在 P 的"外部"可以和 A 类等同起来,因为如果我们沿着任一射线朝着上述固定方向而行,将达到这样一点,这个点之外再没有与 P 的交点了,从而所有这样的点的"奇偶性"是 0,因此属于 A.这样一来,剩下的 P 的"内部"就与 B 等同了.不论这简单闭多边形 P 如何扭转,只要画一射线,然后数一下它与 P 的交点个数,我们总能确定平面上一给定点 p 究竟是属于 P 的内部还是外部.如果交点个数是奇数的话,则点 p 在 P 的内部,倘若不在某一处穿过 P 它是跑不出来的.如果个数是偶数,则点 p 在 P 的外部(试就图 128 验证这一点).

* 也可以用下述方式对多边形证明若当曲线定理:我们用不通过点 p_0 的任意闭曲线 C 来定义点 p_0 的阶,这是指,连接 p_0 和这曲线上一动点 p,当 p 在曲线上走一回时,箭头 p_0p 旋转的整圈数.设

A＝不在 P 上，对 P 是偶数阶的所有点 p_0，

B＝不在 P 上，对 P 是奇数阶的所有点 p_0.

则这样定义的 A 和 B 相应地形成 P 的外部和内部. 作为一个练习, 请详细证明之.

**3. 代数基本定理

"代数基本定理"是说, 如果

$$f(z) = z^n + a_{n-1}z^{n-1} + a_{n-2}z^{n-2} + \cdots + a_1z + a_0, \qquad (1)$$

其中 $n \geqslant 1$, 且 a_{n-1}, a_{n-2}, $\cdots$, a_0 为任意复数, 则存在一个复数 α, 使 $f(\alpha) = 0$. 换句话说, 在复数域中每一个多项式有一个根[在第 116 页, 我们从这个结论得出 $f(z)$ 能分解成 n 个线性因子:

$$f(z) = (z - \alpha_1)(z - \alpha_2) \cdots (z - \alpha_n),$$

其中 α_1, α_2, $\cdots$, α_n 是 $f(z)$ 的零点]. 引人注目的是, 利用证明布劳威尔不动点定理时所用过的有关拓扑特性, 能够证明这个定理.

读者回顾一下, 复数就是符号 $x + y\mathrm{i}$, 这里 x 和 y 是实数, 而 i 具有性质 $\mathrm{i}^2 = -1$. 复数 $x + y\mathrm{i}$ 可以用平面上的点来表示, 它关于直角坐标轴的坐标是 x 和 y. 如果我们在这平面上引进极坐标, 取原点和 x 轴的正方向为相应的顶点和极轴, 可以写出

$$z = x + y\mathrm{i} = r(\cos\theta + \mathrm{i}\sin\theta),$$

其中 $r = \sqrt{x^2 + y^2}$. 从棣莫弗公式得知

$$z^n = r^n(\cos n\theta + \mathrm{i}\sin n\theta).$$

(见第 111 页)因此, 如果让 z 描出以原点为中心、r 为半径的一个圆, 则当 z 沿着圆周运行一圈时, z^n 将沿着半径为 r^n 的圆运行整 n 周. 我们再回顾一下, z 的模 r(记为 $|z|$)给出了 z 到 O 的距离, 而且如果 $z' = x' + y'\mathrm{i}$, 则 $|z - z'|$ 是 z 和 z' 之间的距离. 有了这些准备之后, 我们可以着手证明这个定理了.

假设多项式(1)没有根, 因而对任意复数 z, 有

$$f(z) \neq 0.$$

在这假设的基础上,如果现在令 z 在 x, y 平面上任意描出一条闭曲线,则 $f(z)$ 将描出一条闭曲线 Γ,它决不会经过原点(图 150). 因此

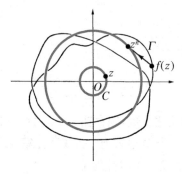

我们可以对任意闭曲线 C 定义原点 O 关于函数 $f(z)$ 的阶数,就是说,当 z 沿着 C 运行一周时,连接 O 点和(作为 $f(z)$ 的轨迹的)曲线 Γ 上的点作成的箭头转过的圈数. 取以 O 为中心、以 t 为半径的圆作为曲线 C,并且定义函数 $\varphi(t)$ 为 O 关于 $f(z)$ 的阶数,它是对以 O 为圆心、以 t 为半径的这个圆而言的.

图 150　代数基本定理的证明

显然 $\varphi(0)=0$,因为半径为 0 的圆是一个点,而且曲线 Γ 蜕化为点 $f(0) \neq 0$. 在下一小段中我们将表明 $\varphi(t)=n$ 对充分大的 t 成立. 但是阶数 $\varphi(t)$ 连续地依赖于 t,因为 $f(z)$ 是 z 的连续函数. 于是我们导出一个矛盾,因为函数 $\varphi(t)$ 只能取整数值,它不能连续地从 0 过渡到 n.

　　以下只须说明对充分大的 t 有 $\varphi(t)=n$. 我们考察一个半径 $|z|=t$ 的圆,t 取得足够大,使得

$$t > 1 \text{ 且 } t > |a_0| + |a_1| + \cdots + |a_{n-1}|,$$

则有不等式

$$
\begin{aligned}
|f(z) - z^n| &= |a_{n-1}z^{n-1} + \cdots + a_0| \\
&\leqslant |a_{n-1}||z^{n-1}| + |a_{n-2}||z^{n-2}| + \cdots + |a_0| \\
&= t^{n-1}\left(|a_{n-1}| + \cdots + \frac{|a_0|}{t^{n-1}}\right) \\
&\leqslant t^{n-1}(|a_{n-1}| + |a_{n-2}| + \cdots + |a_0|) < t^n \\
&= |z^n|.
\end{aligned}
$$

由于左端的表达式是 z^n 和 $f(z)$ 两个点之间的距离,而右端最后一

个表达式是 z^n 到原点的距离. 我们看到只要 z 在以原点为中心, t 为半径的圆上, 连接 $f(z)$ 和 z^n 两点的直线段就不可能通过原点. 于是我们可以把 $f(z)$ 所描述的曲线连续地变形为 z^n 所描述的曲线而不经过原点, 这只要把每个点 $f(z)$ 沿着连接它和 z^n 的线段压缩就行了. 由于原点的阶数是连续变化的, 并且假定在这变形中只能取整数值, 因此对这两条曲线来说, 阶数必须相等. 由于 z^n 的阶数为 n, 所以 $f(z)$ 的阶数也必须是 n. 证明完毕.

第6章

函数和极限

引　言

近代数学的主体,主要围绕着函数和极限的概念. 这一章我们将系统地分析这些概念. 像

$$x^2 + 2x - 3$$

这样一个式子,在 x 的值未给定以前,它没有确定的数值. 我们把这个式子的值称为 x 的值的函数,并写为

$$x^2 + 2x - 3 = f(x).$$

例如,当 $x=2$ 时,有 $2^2+2\times2-3=5$,也就是 $f(2)=5$. 同样,直接把任意的整数、分数、无理数甚至复数代入 x,我们可以求出相应的 $f(x)$ 的值.

小于 n 的素数的个数是整数 n 的一个函数 $\pi(n)$. 虽然,我们不知道计算 $\pi(n)$ 的代数式,但当 n 的值给定时,$\pi(n)$ 的值随着就确定下来. 三角形的面积是它三边长度的函数;这个面积随着边长的变动而变动,但当这些边长固定下来以后,它的值就是完全确定的. 一个平面如果经过一个射影或拓扑变换,那么平面上一个点变换后的坐标,依赖于这个点原来的坐标,也就是该点原来坐标的函数. 只要若干个量之间有一定的物理关系,就会出现函数的概念. 封闭在气缸中的气体的体积,是活塞上的压强及温度的函数. 气球上所观测到的大气压强是海拔高度的函数. 所有的周期现象——潮汐的运动, 弦的振动, 从炽热灯丝发射出的光波——都可以借助于简单的三角函数 $\sin x$ 和 $\cos x$ 来表示.

在莱布尼茨 (1646~1716)(他最先使用函数这个词)以及 18 世纪的许多数学家看来, 函数关系的概念多少是指存在着表示这些关系的正确性质的数学式子. 对于数学及物理上的需要来说, 这种观念已证明是太狭窄了. 经过了一个漫长的时期, 函数概念以及和它密切相关的极限概念才得以明确和一般化. 在这一章里, 我们将对此加以说明.

§1 变 量 和 函 数

1. 定义和例子

数学对象, 常常是由对象组成的整个集合 S 中任意选取的. 我们称这样的对象为变域或定义域 S 内的一个变量. 习惯上, 用英文字母表中后面一部分字母表示变量. 这样, 如果 S 表示所有整数组成的集, 则变域 S 内的变量 X 表示任意一个整数. 我们说, "变量 X 在集 S 上变动". 其意思是可以用符号 X 表示集 S 中的任意一个元素. 当我们需要叙述一个有关整个集中任意选取的对象的事实的时候, 利用变量是很方便的. 例如, 如果 S 是指整数集, 而 X 和 Y 都是变域 S 内的变量, 那么, 用符号

$$X+Y=Y+X$$

就很方便地表示出任意两个整数的和与它们的次序无关这一事实. 常量的等式

$$2+3=3+2$$

只表示了一个特殊情形, 而要表示对于任意的一对数都成立的一般法则, 就需要有变量意义的符号.

一个变量 X 的变域 S 并不要求必须是数集. 例如, S 可以是平面上所有由圆组成的集, 这时 X 表示任意一个圆. S 也可以表示平面上所有的闭多边形组成的集, X 就是任意一个多边形. 也不要求变量的变域一定要有无限多个元素. 例如, X 可以表示某城市一定时期内居民 S 中的任意一员; 或 X 可以表示整数被 5 除后可能出现的任意一个余数, 在这种情形, 变域 S 由五个数 0, 1, 2, 3, 4 组成.

变量的变域 S 为实数轴上的一个区间 ($a \leqslant x \leqslant b$) 是数值变量的最重要的情形. 在这种情形时, 习惯上变量用小写字母 x 表示, 这时我们称 x 是区间内的连续变量. 连续变量变动的范围可以扩展到无穷. 例如, S 可以是所有的正实数集 $x > 0$, 或者甚至是全部实数集. 类似地, 我们可以认为 X 的值是平面上的点或平面上某个给定区域内的点, 如一个矩形或圆内的点. 由于对固定的一对坐标轴, 平面上的点可由它的两个坐标 x, y 确定, 所以在这种情形我们通常说有一对连续变量 x 和 y.

可能有这样的情形: 对于变量 X 的任意一个值, 都存在另一个变量 U 的确定的值与它相联系, 这时 U 就称作 X 的函数. U 和 X 的这个联系方式可以用一个如

$$U = F(X)$$

的符号表示, 如果 X 的变动范围是集 S, 那么变量 U 的变动范围将是另一个集 T. 例如, 如果 S 是平面内所有三角形 X 的集, 那么由每个三角形 X 对应其周长 U, 就可以定义三角形 X 的一个函数, $U = F(X)$; 这时 T 是整个正数集. 这里, 我们注意到两个不同的三角形 X_1 和 X_2 可以周长相等, 也就是虽然 $X_1 \neq X_2$, 但等式 $F(X_1) = F(X_2)$ 可能成立. 一个使平面 S 变为另一个平面 T 的射影变换, 对于 S 内每一个点 X, T 内都有唯一的点 U 按一定的规律和它对应, 这个规律我们可以用函数符号 $U = F(X)$ 来表示. 在这种情形, 只要 $X_1 \neq X_2$, 就有 $F(X_1) \neq F(X_2)$. 这时我们说 S 到 T 上的映射是一一对应的(见第 91 页).

连续变量的函数常用代数式来定义. 例如, 函数

$$u = x^2, \ u = \frac{1}{x}, \ u = \frac{1}{1+x^2}.$$

在第一个式子和最后一个式子中, x 的变化范围可以是整个实数集; 而在第二个式子, x 的变化范围可以是除 0 以外的整个实数集——0 被去掉是因为 $1/0$ 不是一个数.

n 的素数因子的个数 $B(n)$ 是 n 的函数, 这里 n 的变化范围是全部自然数. 更一般地说, 任意一个数列 a_1, a_2, a_3, $\cdots$ 可以认为是函数 $u = F(n)$ 的值的集合, 这里自变量 n 的变域是自然数集. 只是为了简洁, 我们把数列的第 n 项写作 a_n, 而不用比较明确的函数记号 $F(n)$. 第一章讨论过的式子

$$S_1(n) = 1 + 2 + \cdots + n = \frac{n(n+1)}{2},$$

$$S_2(n) = 1^2 + 2^2 + \cdots + n^2 = \frac{n(n+1)(2n+1)}{6},$$

$$S_3(n) = 1^3 + 2^3 + \cdots + n^3 = \frac{n^2(n+1)^2}{4}$$

都是整数 n 的函数.

如果 $U = F(X)$, 则我们常称 X 为自变量, 而 U 称为因变量, 因为它的值依赖于 X 所取的值.

有时也可能对于所有的 X 的值, U 都取同一个值, 这时集合 T 就只由一个元素组成. 对这种特殊情形, 函数的值 U 实际没有变化. 也就是说, U 是常数. 一般的函数概念将包括这种特殊情形, 虽然对初学者来说, 这似乎是奇怪的; 在他们心目中, 自然地会强调当 X 变化时 U 是跟着变化的. 但是, 把常数看作是变量 (其 "变动范围" 只由一个元素组成) 的特殊情形并没什么坏处, 而且事实上是有用的.

不仅在纯数学上, 而且在实际应用中, 函数概念都是非常重要的. 物理规律不是别的, 只是这样一些命题, 这些命题说明了某些量中有一些变动时, 其他一些量如何跟着变动. 例如, 弦的音调的高低

依赖于弦的长度、重量和张力,大气压强依赖于高度,枪弹的能量依赖于它的质量和速度.物理学家的任务就是精确或近似地确定这些函数关系.

函数概念可以给运动以确切的数学描述.如果一个运动的质点集中在空间一点,其坐标是 x, y, z,并且用 t 表示时间,那么,质点的运动完全由作为时间 t 的函数的它的坐标 x, y, z 来描述,

$$x = f(t), \ y = g(t), \ z = h(t).$$

这样,如果一个质点只在重力的作用下,沿垂直的 z 轴自由下落,那么

$$x = 0, \ y = 0, \ z = -\frac{1}{2}gt^2,$$

这里,g 是重力加速度.如果质点在 x, y-平面内的一个单位圆上匀速转动,这个运动就可用函数

$$x = \cos \omega t, \ y = \sin \omega t$$

描述,这里 ω 是常数,即所谓的运动的角速度.

数学上的函数,只不过是变量之间相互依赖的一个规律.函数不意味着变量之间存在着任何"因果"关系.虽然在普通的语言中"函数"一词往往带有后者的含义,但我们将避免一切这类哲学解释.例如,对在常温下一个封闭容器内的气体,波义耳定律叙述为压强 p 和体积 v 的乘积是一个常数 c(这个值和温度有关):

$$pv = c.$$

用这个关系可把 p 或 v 解出来.使 p 和 v 中的任何一个可看作是另一个变量的函数,如

$$p = \frac{c}{v} \ \text{或} \ v = \frac{c}{p}.$$

这里并不含有体积的变化是压强变化的"原因"的意思,正如不含有压强变化是体积变化的"原因"的意思一样.函数只是数学家所关心

的两个变量间联系的方式.

有时候,数学家和物理学家对函数概念强调的地方是有所不同的. 前者通常强调的是对应规律,即应用在自变量 x 上,就得到因变量 u 的数学运算. 就这个意思来说,$f(\ )$ 是一个数学运算的符号;值 $u=f(x)$ 是把运算 $f(\ )$ 应用于 x 的结果. 另一方面,物理学家通常更感兴趣的,是量 u 而不是(通过 x 能)计算出 u 的值的任何数学程序. 例如,空气对运动物体的阻力 u 和速度 v 有关,并且可以通过实验求出来,而不管是否有一个已知的可以计算的明显的数学公式 $u=f(v)$. 物理学家最感兴趣的是实际的阻力而不是任何具体的数学公式,除非研究这样的公式能够有助于分析量 u 的性质. 当人们把数学用到物理或工程上的时候,通常就是采用这种态度的. 在用函数作更高等的计算时,有时只有搞清楚人们究竟指的是由 x 得到量 $u=f(x)$ 的运算 $f(\ )$,还是量 u 本身,才可以避免混乱. 因为量 u 本身还可以被认为是用别的方式而依赖于其他的变量 z. 例如,圆的面积可以由函数 $u=f(x)=\pi x^2$ 给定,这里 x 是半径,但也可以由函数

$$u = g(z) = \frac{z^2}{4\pi}$$

给定,这里 z 是圆周长.

也许一元数学函数中最简单的类型就是多项式了,其形式是

$$u = f(x) = a_0 + a_1 x + a_2 x^2 + \cdots + a_n x^n,$$

这里,"系数"a_0,a_1,$\cdots$,a_n 是常数. 其次是有理函数,像

$$u = \frac{1}{x},\ u = \frac{1}{1+x^2},\ u = \frac{2x+1}{x^4+3x+5},$$

它们是多项式的比. 再就是三角函数 $\cos x$,$\sin x$,和

$$\tan x = \frac{\sin x}{\cos x}.$$

定义它们的最好方式是利用 ξ,η-平面的单位圆,其中

$$\xi^2 + \eta^2 = 1.$$

如果点 $P(\xi,\eta)$ 在单位圆周上运动,并且 x 是从正 ξ-轴旋转到和 OP

重合时的方向角,那么 $\cos x$ 和 $\sin x$ 就是 P 点的坐标: $\cos x = \xi$, $\sin x = \eta$.

2. 角的弧度制

为了各种实际上的需要,角的度量单位是把直角分为许多相等部分而得到的. 如果分成的份数为 90,那么单位就是熟知的"度". 分为 100 份,似乎应当更适合于我们的十进制,但是仍旧代表的是同一个度量原则. 对于理论上的目的来说,最好是应用一个本质上不同的方法来刻划角的大小,这就是所谓的弧度制. 有关角的三角函数的许多重要公式,在弧度制中,比用度的形式简单得多.

为了求一个角的弧度,我们以角的顶点为圆心作一个半径为 1 的圆. 一个角在圆周上切割出一段弧 s,我们就定义这段弧的长度作为该角的弧度. 因为半径为 1 的圆周长是 2π,所以周角 360° 就有 2π 弧度. 由此可见若 x 表示一个角的弧度,而 y 是角的度数,那么 x 和 y 之间的关系是

$$\frac{y}{360} = \frac{x}{2\pi}$$

或
$$\pi y = 180 x.$$

于是 90°角($y=90$)的弧度是

$$x = \frac{90\pi}{180} = \frac{\pi}{2},$$

等等. 另一方面,1 弧度的角(弧度 $x=1$ 的角)表示它所切割的弧等于圆的半径,这个角的度数是

$$y = \frac{180}{\pi} = 57.2957\cdots$$

度. 为了得到角的度数 y,我们必须用因子 $180/\pi$ 乘以角的弧度 x.

一个角的弧度 x 也等于该角切割单位圆所得到扇形面积 A 的两倍,因为这个面积和整个圆面积的比等于相应的弧长与整个周长

的比：$x/2\pi = A/\pi$，$x = 2A$.

为避免混淆，今后角 x 就是指角的弧度是 x，而一个度数是 x 的角将写为 $x°$.

在解析运算中，弧度制是很方便的，这一点以后会变得很清楚. 但是，在实用中，弧度制又颇为不便，因为 π 是无理数. 所以如果我们在圆周上把单位角，即 1 弧度的角，一次一次地标出来它决不会回到圆上原来的点. 而在建立普通的角度制时就是让它在 1 度继续标出 360 次后或 90° 继续标出四次后，能回到原来的位置.

3. 函数的图像　反函数

函数的性态，常可用几何图像清楚地显示出来. 如果 x、u 是关于平面上直角坐标系的坐标，那么线性函数

$$u = ax + b$$

可以由直线表示；二次函数

$$u = ax^2 + bx + c$$

可以由抛物线表示；函数

$$u = \frac{1}{x}$$

由双曲线表示；等等. 由定义可知，任何函数 $u = f(x)$ 的图像，是由平面内其坐标 x，u 满足关系 $u = f(x)$ 的所有的点组成的. 函数 $\sin x$，$\cos x$，$\tan x$ 表示成图 151 和图 152 中的曲线. 这些图像能很清楚地显示出，当 x 变化时函数值是如何增加和减少的.

下面是引入新函数的一个重要方法. 由一个已知函数 $F(X)$ 开始，我们对于 X 可以试解方程 $U = F(X)$，使 X 作为 U 的一个函数出现：

$$X = G(U).$$

这时 $G(U)$ 称为函数 $F(X)$ 的**反函数**. 只有函数 $U = F(X)$ 定义了一

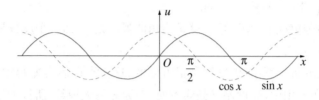

图 151　$\sin x$ 和 $\cos x$ 的图像

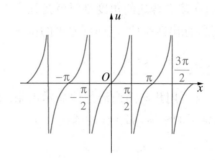

图 152　$u = \tan x$

个由 X 的变域到 U 的变域上的一一对应,也就是由不等式 $X_1 \neq X_2$,总可得到不等式 $F(x_1) \neq F(x_2)$ 的情形,由这个过程导出的结果才是唯一的,因为只有这时每个 U 才对应唯一确定的 X. 以前举过的 X 表示平面上任一个三角形,而 $U = F(X)$ 是它的周长的例子,在这里很能说明问题. 显然,从三角形的集 S 到正实数集 T 的映射不是一一的,因为可以有无穷多个不同的三角形,它们的周长相等. 因此,在这种情形下,由关系式 $U = F(X)$ 不能确定一个唯一的反函数. 另一方面,函数 $m = 2n$,其中 n 的变动范围是整数集 S,m 的范围是偶数集 T,在两个集之间是一一对应的,所以反函数 $n = m/2$ 是唯一确定的. 函数

$$u = x^3$$

是另一个一一对应的例子. 当 x 在整个实数集上变动时,u 也同样地在整个实数集上变动,取每个值一次且仅一次. 这唯一确定的反函数是

$$x = \sqrt[3]{u}.$$

在函数

$$u = x^2$$

的情形,不能唯一地决定一个反函数.
因为

$$u = x^2 = (-x)^2,$$

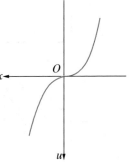

图 153 $u = x^3$

u 的每一个正值有两个原像. 但是, 按习惯, 我们定义符号 $\sqrt{u}$ 是指 u 的正平方根, 所以只要我们限定 x 和 u 都是正值, 那么反函数

$$x = \sqrt{u}$$

存在.

对于一元函数 $u = f(x)$, 只要由它的图像, 就可一望而知其唯一的反函数是否存在. 只有当 u 的每一个值仅和 x 的一个值对应时, 反函数才是唯一确定的. 从图像上来说, 这就是平行于 x 轴的直线与图像最多只交于一点. 如果函数 $u = f(x)$ 是单调的(即当 x 增加时, 函数值一直增加或者一直减少), 那么就一定是这种情形. 例如, 如果 $u = f(x)$ 递增, 那么对于 $x_1 < x_2$, 总有 $u_1 = f(x_1) < u_2 = f(x_2)$. 因此, 对于已知的 u 值, 至多有一个 x 值使 $u = f(x)$, 这时反函数是唯一确定的. 原来图像绕虚线旋转 180°(图 154), 正好得到反函数 $x = g(u)$ 的图像, 这时 x 轴和 u 轴的位置互换. 图像的新位置就把 x 描画为 u 的函数. 在图像的原来位置上, 图中 u 看成是水平 x-轴以上的高度, 而旋转以后的图像, 图中 x 看成是水平的 u-轴以上的高度.

上一段的讨论, 可以用函数

$$u = \tan x$$

的情况作说明. 这个函数当 $-\pi/2 < x < \pi/2$ 时是单调的(图 152). 当 x 增加时, u 的值从 $-\infty$ 一直增加到 $+\infty$, 因此反函数

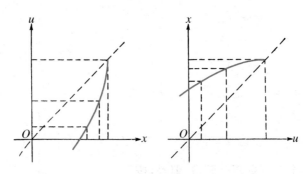

图 154 反函数

$$x = g(u)$$

对所有的 u 值有定义. 这个函数记为 $\tan^{-1} u$ 或 $\arctan u$. 例如 $\arctan(1) = \pi/4$, 因为 $\tan \pi/4 = 1$, 它的图像如图 155 所示.

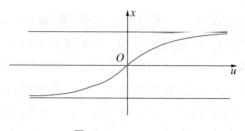

图 155 $x = \arctan u$

4. 复合函数

建立新函数的第二个重要方法是由两个或更多个已知函数进行复合. 例如, 函数

$$u = f(x) = \sqrt{1 + x^2}$$

是从两个比较简单的函数

$$z = g(x) = 1 + x^2, \ u = h(z) = \sqrt{z}$$

"复合"而成的, 并可以写成

$$u = f(x) = h(g[x]).$$

同样，

$$u = f(x) = \frac{1}{\sqrt{1-x^2}}$$

是由三个函数

$$z = g(x) = 1 - x^2 , \ \omega = h(z) = \sqrt{z},$$

$$u = k(\omega) = \frac{1}{\omega}$$

复合成的，因此

$$u = f(x) = k(h[g(x)]).$$

函数

$$u = f(x) = \sin\frac{1}{x}$$

是由两个函数

$$z = g(x) = \frac{1}{x} , \ u = h(z) = \sin z$$

复合成的. 函数 $f(x)$ 在 $x=0$ 处没有定义，因为 $x=0$ 时，表达式 $\frac{1}{x}$ 没有意义. 由正弦函数出发，可以得到这个值得注意的函数的图像. 我们知道，当 $z=k\pi$ 时（其中 k 是任意的正或负整数），$\sin z=0$，而且当 k 是任意整数时

$$\sin z = \begin{cases} 1 & \text{当 } z = (4k+1)\frac{\pi}{2}, \\ -1 & \text{当 } z = (4k-1)\frac{\pi}{2}. \end{cases}$$

因此

$$\sin\frac{1}{x} = \begin{cases} 0 & \text{当 } x = \frac{1}{k\pi}, \\ 1 & \text{当 } x = \frac{2}{(4k+1)\pi}, \\ -1 & \text{当 } x = \frac{2}{(4k-1)\pi}. \end{cases}$$

如果我们依次令

$$k = 1, 2, 3, 4, \cdots,$$

则由于这些分数的分母无限增大,使得函数 $\sin\left(\dfrac{1}{x}\right)$ 取值 1,-1,0 的那些 x,将越来越接近并聚集于点 $x=0$. 在任意一个这样的点与原点之间,函数仍将振动无穷多次. 这函数的图像如图 156 所示.

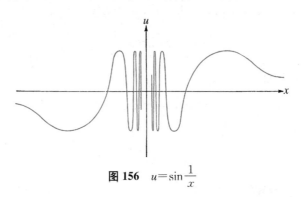

图 156 $\quad u = \sin\dfrac{1}{x}$

5. 连续性

前面讲过的函数图像使我们对连续性有了一个直观观念. 等到极限概念建立在严格的基础上之后,我们还将在 §4 对连续性概念作精确的分析. 粗略地说,如果函数的图像是不断开的曲线,我们就说这个函数是连续的(见第 320 页). 给定一个函数 $u=f(x)$,可以通过下面的方法试验它是否连续,对任意特定的值 x_1,令自变量 x 连续的从右边和从左边向它趋近,那么除非函数 $u=f(x)$ 在 x_1 的邻域是常数,则 $u=f(x)$ 的值将是变化的. 当 x 无论是从左边还是从右边趋于 x_1 时,如果 $f(x)$ 都趋近函数在特定点 $x=x_1$ 的值 $f(x_1)$,并且以它为极限,则说函数 $f(x)$ 在 x_1 处连续. 如果在某个区间内的每一点 x 都是这样,那么就说函数在这区间连续.

虽然不断裂的图像表示的每一个函数都是连续的,但还是很容易举出并非处处连续的函数. 例如,图 157 的函数,令

$$f(x) = 1 + x \qquad \text{当} x > 0,$$
$$f(x) = -1 + x \qquad \text{当} x \leqslant 0.$$

$f(x)$ 对所有 x 值都有定义,但在点 $x = 0$ 处不连续(在那儿它的值是 -1). 如果我们要画这个函数的图像,那么在这一点我们不得不提起铅笔让它离开纸面. 如果从右边趋于值 $x_1 = 0$,那么 $f(x)$ 趋于 $+1$. 而这个值与这个点的实际值 -1 不同. 当 x 从左边趋于零时,$f(x)$ 趋于 -1. 但这一事实并不足以建立连续性. 如果对所有 x,定义函数:

$$f(x) = 0 \text{ 当 } x \neq 0, \text{而 } f(0) = 1,$$

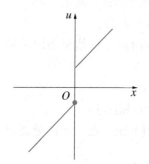

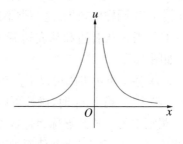

图 157 跳跃的不连续   图 158 无穷的不连续

它在点 $x = 0$ 有另一种不连续性. 当 x 趋于零时,左右两边的极限都存在并且相等,但这个公共极限值不等于 $f(0)$.

  另一类的不连续性可以看图 158 的函数在点 $x = 0$ 的情形.

$$u = f(x) = \frac{1}{x^2},$$

若令 x 从任意一边趋于零,u 都趋于无穷;函数图像在这一点断开了,并且在 $x = 0$ 附近 x 很小的变化都会引起 u 的很大变化. 严格地说,函数值在 $x = 0$ 这一点没有定义. 因为我们不承认无穷大是一个数,因而不能说 $f(x)$ 在 $x = 0$ 是无穷大. 我们只能说当 x 趋于 0 时,函数 $f(x)$ "趋于无穷大".

不连续性的一种更为不同的类型出现在函数 $\sin\dfrac{1}{x}$ 在点 $x=0$ 处,其情况可从函数的图像中显然见到(图 156).

前面这些例子显示出函数在点 $x=x_1$ 处不连续的几种不同的方式:

(1) 通过适当定义或重新定义函数在 $x=x_1$ 的值,可以使函数在 $x=x_1$ 连续. 例如,函数 $u=x/x$ 当 $x\neq 0$ 时总等于 1;它在 $x=0$ 没有意义,因为 $\dfrac{0}{0}$ 是没有意义的符号. 但如果在这种情况下我们规定值 $u=1$ 对应于值 $x=0$,那么这样延拓后的函数就毫无例外地在所有 x 值都是连续的了. 如果对前页中提到的函数重新定义 $f(0)=0$,也会产生同样的效果. 这一类不连续称为可去的.

(2) 当 x 从右边和从左边趋于 x_1 时,函数可以趋于不同的极限,如图 157.

(3) 甚至单边极限可以不存在,如图 156.

(4) 当 x 趋于 x_1 时,函数可以趋于无穷,如图 158.

最后三类不连续点称为是本性的,它们不能在点 $x=x_1$ 处通过适当定义或重新定义函数值而被除去.

习题:

① 画函数 $\dfrac{x-1}{x^2}$, $\dfrac{x^2-1}{x^2+1}$, $\dfrac{x}{(x^2-1)(x^2+1)}$ 的图像,并且求它们的不连续点.

② 作函数 $x\sin\dfrac{1}{x}$ 和 $x^2\sin\dfrac{1}{x}$ 的图像,并且验证如果在这两种情况下对 $x=0$ 都定义 $u=0$,它们在 $x=0$ 是连续的.

③ 说明函数 $\arctan\dfrac{1}{x}$ 在 $x=0$ 有第二类型的(跳跃)不连续点.

*6. 多元函数

让我们回到函数概念的系统讨论上来. 如果自变量 P 是平面上坐标为 x,y 的点,并且如果每一个这样的点 P 对应一个数 u——例

如, u 可以是从原点到 P 的距离——那么我们通常写为

$$u = f(x, y).$$

如果两个变量 x 和 y 开始时就看成是自变量——这是经常遇到的——我们也可用这个记法. 例如, 气体的压强 u 是体积 x 和温度 y 的函数, 三角形的面积 u 是它的三个边的长度 x, y, z 的函数 $u = f(x, y, z)$.

正如图像给出了一元函数的几何表示一样, 三维空间中 (坐标为 x, y, u) 的曲面给出了二元函数 $u = f(x, y)$ 的几何表示. 对于 xy 平面的每一点 x, y, 给出空间中以 x, y, $u = f(x, y)$ 为坐标的一点. 例如, 函数

$$u = \sqrt{1 - x^2 - y^2}$$

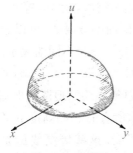

图 159 半球面

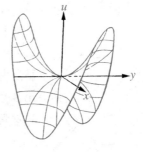

图 160 双曲抛物面

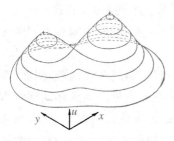

图 161 $u = f(x, y)$ 的曲面

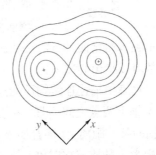

图 162 上图中相应的等高线

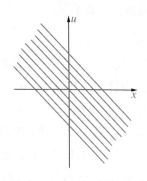

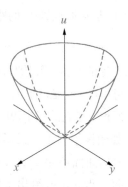

图 163　$u=x+y$ 的等高线　　图 164　旋转抛物面

就由方程是 $u^2 + x^2 + y^2 = 1$ 的球面表示,线性函数

$$u = ax + by + c$$

由一个平面表示,函数 $u=xy$ 由一个双曲抛物面表示,等等.

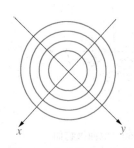

图 165　右上图中相应的等高线

利用 xy 平面内的等高线,可以给出函数 $u=f(x, y)$ 的另一个不同的表示法. 代替所考察的三维"景像"$u=f(x, y)$,我们画出函数的等高线(如在绘制地图情形那样),这些等高线表示所有有相同高度 u 的点在 x, y-平面的投影. 这些等高线就是曲线 $f(x, y)=c$,其中对每条曲线,c 都保持常数. 例如函数 $u=x+y$ 就用图 163 来描述. 球面等高线是一组同心圆. 函数 $u=x^2+y^2$ 表示旋转抛物面,同样是由圆来描述的(图 165),由附在不同曲线上的数可以指出高度 $u=c$.

物理中描述连续物质的运动时,就会遇到多元函数. 例如,假设在 x 轴上两点之间绷紧一条弦,然后使 x 点处的质点移动到垂直于 x 轴的某一距离上. 接着如果放开弦,那么弦就将振动不已,原来的坐标为 x 的质点在时刻 t 与 x 轴有一距离为 $u=f(x, t)$. 当知道了函数 $u=f(x, t)$ 时,这个运动也就完全描述清楚了.

一元函数连续性的定义,可以直接移到多元函数中来. 当 x, y 不论从任意方向,以任何方式趋于 x_1, y_1 时,如果 $f(x, y)$ 总是趋近于 $f(x_1, y_1)$,那么就说函数 $f(x, y)$ 在点 $x=x_1$, $y=y_1$ 是连续的.

然而,一元函数与多元函数之间有一个重要的差别. 在后一种情形,反函数的概念是毫无意义的. 因为我们不能解方程 $u=f(x, y)$,例如 $u=x+y$,而使每个自变量 x 与 y 都由一个量 u 表示. 如果我们把函数概念强调为定义了一个映射或变换,那么一元函数和多元函数的外表差别就消失了.

*7. 函数和变换

一条直线 l 上(具有坐标 x)的点,和另一条直线 l' 上(具有坐标 x')的点之间的一个对应,不过是一个函数 $x'=f(x)$ 罢了. 在一一对应的情况下,有一个反函数 $x=g(x')$. 最简单的例子是射影变换,它——这里只叙述不证明——一般具有 $x'=f(x)=(ax+b)/(cx+d)$ 的函数形式,其中 a, b, c, d 是常数. 在这种情形下,反函数是

$$x = g(x') = (-dx' + b)/(cx' - a).$$

从具有坐标 x, y 的 π 平面到具有坐标 x', y' 的 π' 平面的二维映射,是不能用一个函数 $x'=f(x)$ 表示的,而需要两个二元函数:

$$x' = f(x, y),$$
$$y' = g(x, y).$$

例如,一个射影变换是由函数组

$$x' = \frac{ax + by + c}{gx + hy + k}, \qquad y' = \frac{dx + ey + f}{gx + hy + k}$$

给出的,其中 $a, b, \cdots, k$ 是常数,而 x, y 和 x', y' 分别是在两个平面内的坐标. 由这个看法出发,逆变换的想法就有意义了. 我们只需解这个方程组,用 x', y' 表出 x, y 来. 几何上看,这相当于求由 π' 到

π 的逆变换. 只要两个平面之间的点的对应是一一对应,这解将是唯一确定的.

拓扑中研究的平面变换,不是由简单的代数方程组给出的,而是由定义了一个一一的、双方连续变换的任意函数组

$$x' = f(x, y),$$
$$y' = g(x, y)$$

给出.

习题:

*① 说明单位圆的反演变换(第三章,第 162 页),可由方程

$$x' = \frac{x}{(x^2 + y^2)}, \ y' = \frac{y}{(x^2 + y^2)}$$

解析地给出. 求它的逆变换. 用解析法证明,反演变换把所有的直线和圆变为直线和圆.

② 证明变换 $x' = \frac{(ax+b)}{(cx+d)}$ 能将 x 轴上的四个点变换为 x' 轴上有同样交比的四个点(参看第 190 页).

§2 极 限

1. 序列 a_n 的极限

如 §1 中已看到的,连续函数的描述是建立在极限概念基础上的. 直到现在为止,我们都或多或少地是以直观形式来利用这个概念的. 在这一节以及下几节,我们将对**极限**概念作比较系统的考察. 由于序列比连续变量的函数简单,我们就从序列开始讲起.

在第二章,我们遇到过数列,并且讨论了当 n 无限增加或"趋于无穷大"时它的极限. 例如,第 n 项是 $a_n = 1/n$ 的序列

$$1, \frac{1}{2}, \frac{1}{3}, \frac{1}{4}, \cdots, \frac{1}{n}, \cdots, \tag{1}$$

当 n 增加时极限是 0:

$$\frac{1}{n} \to 0 \ \text{当} \ n \to \infty \ \text{时}. \tag{2}$$

让我们设法确切地说明这是什么意思. 如果我们顺着序列越走越远,那么序列的项变得越来越小. 第 100 项以后的一切项都小于 1/100, 1000 项以后的一切项都小于 1/1000, 等等. 没有一项真正等于 0, 但是如果我们在序列 (1) 中走得**足够远**, 就能保证序列的每一项和 0 之间的差, **小到我们所愿意的程度**.

这个解释的唯一困难是, 上面黑体字的意思不十分清楚. 怎样远才是"足够远", 多么小才是"小到我们所愿意的程度"? 如果我们能给这些词句以确切的意义, 那么也就能给极限关系或 (2) 以确切的意义.

几何解释会有助于使情况搞得更清楚些. 如果用数轴上的点表示序列 (1) 的项, 我们看到序列的项聚集在点 0 周围. 让我们在数轴上任意选择一个以点 0 为心, 整个宽度为 2ε 的区间 I, 在点 0 的每一边, 区间的宽度都为 ε. 如果选择 $\varepsilon = 10$, 那么, 当然序列所有的项 $a_n = 1/n$ 都在区间 I 内部. 如果选择 $\varepsilon = 1/10$, 那么序列最前面几项在区间 I 外部, 而从 a_{11} 起的所有项

$$\frac{1}{11}, \frac{1}{12}, \frac{1}{13}, \frac{1}{14}, \cdots,$$

将在 I 内部. 即使我们选择 $\varepsilon = 1/1000$, 也只是序列的前一千项不在区间 I 内部, 而从 a_{1001} 起所有无穷多项,

$$a_{1001}, a_{1002}, a_{1003}, \cdots$$

将在 I 内部. 显然, 对任意的正数 ε, 这个推理都成立: 只要选定了一个正的 ε, 不管它可能多么小, 我们随即能够找到一个如此大的整数 N, 使得

$$\frac{1}{N} < \varepsilon.$$

从而序列中所有使 $n \geqslant N$ 的项 a_n 都在 I 内部,而只能有有限项 a_1, $a_2, \cdots, a_{N-1}$ 在 I 外部. 要点是:首先随意选择 ε,决定区 I 的宽度,然后可以找到一个适当的整数 N. 首先选定一个数 ε,然后找出一个适当的 N 的这个手续,对于不管多么小的正数 ε 都是可行的,并且给出了以下命题的确切意义:只要在序列(1)中走得足够远,那么序列(1)的所有项与 0 的差就小到我们所愿意的程度.

总结一下:设 ε 是任意一个正数,那么我们能找到一个整数 N,使得序列(1)中 $n \geqslant N$ 的所有项 a_n 都落在以点 0 为心、宽度为 2ε 的区间内. 这就是极限关系式(2)的精确意义.

在这个例子的基础上,现在我们准备给出"实数 a_1, a_2, a_3, $\cdots$ 的序列有极限 a"的说法的确切定义. 我们让 a 含在数轴上一个区间 I 的内部,如果区间很小,那么某些数 a_n 可能在区间外部,但是只要 n 变得足够大,也就是大于或等于某个整数 N 时,那么所有 $n \geqslant N$ 的那些数 a_n 都必须在区间 I 内. 当然,如果区间 I 选得很小,整数 N 可能必须取得很大,但如果序列是以 a 为它的极限,那么不管区间 I 是多么小,这样的一个整数 N 必然存在.

序列 a_n 有极限 a 这个事实,用符号

$$\lim a_n = a \quad \text{当 } n \to \infty \text{ 时}\,[①]$$

表示,或简写为

$$a_n \to a \quad \text{当 } n \to \infty \text{ 时,}$$

(读作:a_n 趋于 a 或收敛于 a)序列 a_n 收敛于 a 的定义可以更简要地阐述如下:如果对于不管多么小的任意正数 ε,总可以找到一个整数 N(依赖于 ε),使得对于所有的

$$n \geqslant N,$$

有 $$|a_n - a| < \varepsilon, \tag{3}$$

---

① 这种记法现已不常用. 现在常用的记法为 $\lim\limits_{n \to \infty} a_n = a$. ——译注

那么就说,当 n 趋于无穷大时序列 a_1,a_2,a_3,…有极限 a.

这是序列极限概念的一个抽象的叙述.初次遇到它时暂时不理解是不足为怪的.遗憾的是某些课本的作者故弄玄虚,他们不作充分的准备,而只是把这个定义直接向读者列出,好像作些解释就有损于数学家的身份似的.

这个定义可以看作两个人 A 和 B 之间的一个竞赛.A 提出的要求是 a_n 趋近于常量 a,其精确程度应比选取的界限 $\varepsilon = \varepsilon_1$ 高;B 对这要求的答复是,指出存在一个确定的整数 $N = N_1$,使元素 a_{N_1} 以后的所有元素 a_n 满足 ε_1 精度的要求.然后 A 可以提得更精确,提出一个新的更小的界限 $\varepsilon = \varepsilon_2$.$B$ 通过找出一个(可能是更大的)整数 $N = N_2$,再次答复这要求.如果不管 A 提出的界限多么小,B 都能满足 A 的要求,那么我们就用 $a_n \to a$ 表示这情况.

在掌握这个极限的精确定义时,有一定的心理上的困难.我们直观上觉得极限是一个"动态"的观念,即极限是一个"运动"过程的结果:我们顺着整数列 1,2,3,…,n,…运动,然后观察序列 a_n 的变动情况.我们觉得 $a_n \to a$ 的趋近过程应该能观察得到.但是,这个"自然"的想法是不能作出明白清楚的数学表达的.要获得精确的定义,必须把步骤的次序颠倒过来.不是先看自变量 n,然后再看因变量 a_n,而是必须以这样的考虑为基础:必须怎样做,才能具体检验 $a_n \to a$ 是否正确.在这样的做法中,我们必须首先在 a 的邻近选择一个任意小的界限,然后决定因变量 n 取得足够大是否能满足这个条件.再后,对词句"任意小的界限"和"足够大的 n"以 ε 和 N 的符号名称,从而引出极限的精确定义.

作为另一个例子,我们考察序列

$$\frac{1}{2},\ \frac{2}{3},\ \frac{3}{4},\ \frac{4}{5},\ \cdots,\ \frac{n}{n+1},\ \cdots,$$

其中 $a_n = \dfrac{n}{n+1}$.我说:$\lim a_n = 1$.如果你选择一个以点 1 为心,

$\varepsilon = \dfrac{1}{10}$ 的区间,那么我选择 $N = 10$,就能满足你的要求(3),因为只要 $n \geqslant 10$,就有

$$0 < 1 - \frac{n}{n+1} = \frac{n+1-n}{n+1} = \frac{1}{n+1} < \frac{1}{10}.$$

如果你用 $\varepsilon = \dfrac{1}{1000}$ 提高你的要求,那么我可以选择 $N = 1000$ 来满足它;类似地,对于任意正数 ε,不管你选择得是多么小,事实上,我只需要选择大过 $\dfrac{1}{\varepsilon}$ 的任意整数 N 就可以了. 指定关于数 a 的任意小的界限 ε,然后证明如果序列走到足够远时,a_n 的所有项都是在以 a 为心,宽度为 2ε 的区间内的这个过程,是 $\lim a_n = a$ 这个事实的详细描述.

如果序列 a_1,a_2,a_3,$\cdots$ 的各个数用十进位无限小数表示,那么 $\lim a_n = a$ 的意义是:对于任意一个正整数 m,倘若 n 选择得足够大,即大于或等于某个值 N(依赖于 m),则 a_n 的前 m 个数码,和定数 a 的十进位无限小数展开式的前 m 个数码一致. 这就是相当于选取 ε 为 10^{-m} 形式.

表示极限概念还有另一个很有启示性的方法. 如果 $\lim a_n = a$,并且如果有一个含有 a 的区间 I,那么不管 I 可能如何小,对 n 大于或等于某个整数 N 的项 a_n,都在 I 内,即序列至多有前面的有限项,即 $N-1$ 项,

$$a_1, a_2, \cdots, a_{N-1}$$

是在 I 的外部. 如果 I 很小,N 可能很大,1 千亿甚至一万亿等;但序列仍然只是有限项在 I 外部,而剩下的无穷多项在 I 内部.

如果无穷序列只有有限多项(不管有多么多)不具有某种性质,我们就说无穷序列"几乎全部"的项具有某种性质. 例如"几乎全部"的正整数大于 1000000000000. 利用这个术语,$\lim a_n = a$ 相当于下述说法:如果 I 是任意以 a 为中心的区间,那么"几乎全部"的 a_n 在 I

内部.

我们在这里顺便指出：不必要求序列所有的项 a_n 都不同，可以允许某些项或无穷多项，甚至所有的项都等于极限值 a. 例如，序列 $a_1=0$，$a_2=0$，$\cdots$，$a_n=0$，$\cdots$ 是一个合法的序列，显然，它的极限是 0.

有极限 a 的一个序列 a_n 称为**收敛的**，没有极限的序列 a_n 称为**发散的**.

> **习题**：证明：
>
> ① 序列 $a_n=\dfrac{n}{n^2+1}$ 极限为 0. $\left(\text{提示：} a_n=\dfrac{1}{n+\frac{1}{n}} \text{ 小于} \frac{1}{n} \text{ 且大于 } 0.\right)$
>
> ② 序列 $a_n=\dfrac{n^2+1}{n^3+1}$ 极限为 0.
>
> $\left(\text{提示：} a_n=\dfrac{1+\frac{1}{n^2}}{n+\frac{1}{n^2}} \text{ 在 } 0 \text{ 与 } \frac{2}{n} \text{ 之间.}\right)$
>
> 3）序列 1, 2, 3, 4, $\cdots$ 和振动序列
>
> 1, 2, 1, 2, 1, 2, $\cdots$,
>
> -1, 1, -1, 1, -1, $\cdots$（即 $a_n=(-1)^n$），
>
> 和 1, $\dfrac{1}{2}$, 1, $\dfrac{1}{3}$, 1, $\dfrac{1}{4}$, 1, $\dfrac{1}{5}$, $\cdots$

都没有极限.

如果序列 a_n 的数值变得很大，最后 a_n 大过事先指定的任意一个数 K，那么我们称 a_n **趋于无穷大**，记为 $\lim a_n=\infty$，或 $a_n\rightarrow\infty$. 例如，$n^2\rightarrow\infty$ 以及 $2^n\rightarrow\infty$. 因为 ∞ 不认为是数，这种叙述也许和以前不十分一致，但却是很有用的. 一个趋于无穷大的序列仍称为是发散的.

> **习题**：证明序列 $a_n=\dfrac{n^2+1}{n}$ 趋于无穷大；同样对
>
> $$a_n=\dfrac{n^2+1}{n+1}, \quad a_n=\dfrac{n^3-1}{n+1}$$

以及

$$a_n = \frac{n^n}{n^2+1}$$

加以证明.

初学者在思想上有时会陷入这样一个错误,认为当 $n \to \infty$ 时的极限,可以简单地在 a_n 的表示式中代入 $n = \infty$ 就行了. 例如,因为 " $\frac{1}{\infty}=0$ ",所以 $\frac{1}{n} \to 0$. 但是符号 ∞ 不是一个数,用它作出表示式 $\frac{1}{\infty}$ 是不合法的. 把序列的极限想象成当 $n = \infty$ 时, a_n 的"最终"或"最后"的项的想法,是不得极限的要领,并且使结果变得模糊不清.

2. 单调序列

在第 298 页的一般定义中,没有要求收敛序列 a_1, a_2, a_3, … 以某种特殊的方式趋于它的极限 a. 序列的最简单的类型是所谓的单调序列. 这样的序列如

$$\frac{1}{2}, \frac{2}{3}, \frac{3}{4}, \cdots, \frac{n}{n+1}, \cdots,$$

这个序列的每一项都大于前面的项. 因为

$$a_{n+1} = \frac{n+1}{n+2} = 1 - \frac{1}{n+2} > 1 - \frac{1}{n+1} = \frac{n}{n+1} = a_n.$$

对 $a_n < a_{n+1}$ 这样的序列,称为单调增加的. 同样, $a_n > a_{n+1}$ 的序列,如 $1, \frac{1}{2}, \frac{1}{3}, \cdots$,称为单调减少的. 这样的序列只能由一边趋近它的极限. 与此相反,存在振动的序列,如序列 $-1, +\frac{1}{2}, -\frac{1}{3}, +\frac{1}{4}, \cdots$, 这个序列是从两边趋近它的极限 0(见第 83 页图 11).

单调序列的特性是特别容易确定的. 这样一个序列可以没有极限,且完全散开,如序列

$$1, 2, 3, 4, \cdots,$$

其中 $a_n = n$，或序列

$$2, 3, 5, 7, 11, 13, \cdots,$$

其中 a_n 是第 n 个素数 p_n. 在这种情形下序列趋于无穷大. 但是，如果单调增加序列的项保持有界——即如果每一项都小于一个预先知道的上界 B——那么在直观上很清楚，序列必趋于某个极限 a，这个 a 小于或至多等于 B. 我们把这一点表述为单调序列原理：任何一个有上界的单调增加序列必收敛于一个极限（对于任何一个有下界的单调减少序列，类似的命题也成立）. 值得注意的是极限 a 的值不需要预先给定，也不需要预先知道；定理所说的是，在规定的条件下极限必存在. 当然，这个定理的成立有赖于引进无理数，否则，就不一定总是对的. 如在第二章已经见到的，任意一个无理数（如 $\sqrt{2}$），是单调增加有界的有理十进位小数序列的极限，这序列是将某个无穷小数截取前有限位数而得到的有理十进位小数所构成的.

图 166 单调有界序列

* 虽然单调序列原理直观上显然是对的，但给出一个近代形式的严格证明仍是有益的. 为了做到这一点，我们必须说明，这个原理是实数和极限定义的逻辑结论.

假设数 $a_1, a_2, a_3, \cdots$ 组成一个单调增加有界序列. 我们能把这个序列的各项表示成十进位无限小数

$$a_1 = A_1. \, p_1 p_2 p_3 \cdots,$$
$$a_2 = A_2. \, q_1 q_2 q_3 \cdots,$$
$$a_3 = A_3. \, r_1 r_2 r_3 \cdots,$$
$$\cdots\cdots$$

其中 A_i 是整数而 p_i，q_i，等等是从 0 到 9 的数码. 现在从上往下考察整数 $A_1, A_2, A_3, \cdots$ 组成的那列. 因为序列 $a_1, a_2, a_3, \cdots$ 是有界的，这些整数不能无限增大，又因为这序列是单调增加的，那么整数序列 $A_1, A_2, A_3, \cdots$ 在达到极大值后将保持不变. 称这个极大值为 A，并假设它在第 N_0

行达到. 现在从上往下考察第二列 p_1, q_1, r_1, ···. 不过只需把注意力集中在第 N_0 行和以后的行上. 如果 x_1 是 N_0 行后出现在这列的最大数码, 我们假定出现在 N_1 行, 其中 $N_1 \geqslant N_c$. 那么 x_1 在它初次出现以后将一直不变. 这是因为如果这个列的数码, 在这以后任意一个时刻减少了, 那么序列 a_1, a_2, a_3, ··· 就不单调增加了. 其次我们考察第三列的数码 p_2, q_2, r_2, ···. 同样的讨论表明, 在某个整数 $N_2 \geqslant N_1$ 后第三列的数码总等于某个数码 x_2. 如果重复这个过程于第 4 列, 第 5 列···, 我们得到数码 x_3, x_4, x_5, ··· 和相应的整数 N_3, N_4, N_5, ···. 很容易看出, 数

$$a = A'. x_1 x_2 x_3 x_4 \cdots$$

是序列 a_1, a_2, a_3, ··· 的极限. 因为如果 ε 选择为 $\geqslant 10^{-m}$, 那么对所有的 $n > N_m$, a_n 的整数部分和小数点后的前 m 个数字与 a 的是一样的, 因此, 差 $|a - a_n|$ 不能超过 10^{-m}. 因为对于不论多么小的任意正数 ε, 通过选取足够大的 m 都能做到这一点, 因而证明了定理.

利用第二章给出的实数的任何一种定义, 例如, 由区间套或戴特金分割的定义, 都能证明这个定理. 这样的证明在绝大多数高等微积分课本中都能找到.

在第二章里, 可以用单调序列原理来定义两个正的十进位无限小数

$$a = A. a_1 a_2 a_3 \cdots,$$
$$b = B. b_1 b_2 b_3 \cdots$$

的和以及乘积. 对这两个表示式用通常的办法——即从右端终点开始运算——不能进行加法和乘法运算, 因为它们不存在这样的终点 (例如, 读者可以试加两个无穷小数 $0.3333\cdots$ 和 $0.989898\cdots$). 但是如果截取 a 和 b 的前 n 个数码, 把像平常那样进行加法得到的十进位有限小数设为 x_n, 那么序列 x_1, x_2, x_3, ··· 将是单调增加的并且有界 (例如取界为整数 $A + B + 2$). 因此这个序列有极限, 并且可以定义

$$a + b = \lim x_n.$$

用类似的步骤也可以定义乘积 $a \cdot b$. 用普通的算术法则, 可以把这些定义推广到 a 和 b 是正的或负的所有情形.

习题: 按这个方法, 证明上面所说的两个无穷小数的和是实数

$$1.323232\cdots = \frac{131}{99}.$$

在数学中极限概念的重要性在于这样一个事实:很多数只能由极限来定义——常常是单调有界序列的极限. 这就是为什么有理数域(在这样的域中极限可能不存在)对数学的需要来说是太狭窄了的缘故.

3. 欧拉数 e

自从欧拉的《无穷分析概要》在 1748 年发表以来,数 e 就和阿基米德数 π 一样,在数学中有了确定的地位. 说明单调序列原理如何用来定义一个新实数,e 提供了一个极好的例子.

用缩写

$$n! = 1 \cdot 2 \cdot 3 \cdot 4 \cdots n$$

表示前 n 个整数的乘积,我们来考察序列 $a_1, a_2, a_n, \cdots$,其中

$$a_n = 1 + \frac{1}{1!} + \frac{1}{2!} + \cdots + \frac{1}{n!}. \tag{4}$$

因为 a_{n+1} 是由 a_n 加上一个正的增量 $\frac{1}{(n+1)!}$ 而来,所以这些项 a_n 形成一个单调递增序列. 再者,a_n 的值是有上界的:

$$a_n < B = 3. \tag{5}$$

这是因为

$$\frac{1}{s!} = \frac{1}{2} \cdot \frac{1}{3} \cdots \cdot \frac{1}{s} < \frac{1}{2} \cdot \frac{1}{2} \cdots \cdot \frac{1}{2} = \frac{1}{2^{s-1}},$$

因而

$$a_n < 1 + 1 + \frac{1}{2} + \frac{1}{2^2} + \frac{1}{2^3} + \cdots + \frac{1}{2^{n-1}}$$

$$= 1 + \frac{1 - \left(\frac{1}{2}\right)^n}{1 - \frac{1}{2}}$$

$$= 1 + 2\left(1 - \left(\frac{1}{2}\right)^n\right) < 3.$$

这里利用了第 19 页给出的等比级数前 n 项的和的公式. 所以由单调序列原理, 当 n 趋于无穷时, a_n 必趋近一个极限, 这个极限就叫做 e. 要表示 $e = \lim a_n$ 这个事实, 我们可以把 e 写为"无穷级数"

$$e = 1 + \frac{1}{1!} + \frac{1}{2!} + \frac{1}{3!} + \cdots + \frac{1}{n!} + \cdots \tag{6}$$

这个尾部带有一串点的"等式", 只是以下两句话的内容的另一个简单表示方法:

$$a_n = 1 + \frac{1}{1!} + \frac{1}{2!} + \cdots + \frac{1}{n!}$$

且 $a_n \to e$, 当 $n \to \infty$ 时.

级数(6)可以把 e 计算到任意精确的程度. 例如, (6)中直到包括 $\frac{1}{12!}$ 的那些项的和(到小数点后九位)是

$$\Sigma = 2.71828183\cdots.$$

(读者应该验证这个结果)"误差", 也就是这个值和 e 的真正值的差, 很容易估计出来. 关于差 $(e - \Sigma)$ 有表示式

$$\frac{1}{13!} + \frac{1}{14!} + \cdots < \frac{1}{13!}\left(1 + \frac{1}{13} + \frac{1}{13^2} + \cdots\right)$$

$$= \frac{1}{13!} \cdot \frac{1}{1 - \frac{1}{13}} = \frac{1}{12 \cdot 12!}.$$

这已小到不能影响 Σ 的小数点后第八位数字了. 所以考虑到上面给出的这个值的最后一位数可能有误差, 那么精确到小数点后第八位数字, 得到 $e = 2.7182818$.

    *e 是无理数. 我们用反证法来证明, 先假设

$$e = \frac{p}{q},$$

其中 p 和 q 是整数, 然后导出一个与假设矛盾的结果. 因为, 我们知道 $2 < e < 3$, e 不能是整数, 所以 q 必然至少等于 2. 现在级数(6)两端同乘以

$q! = 2 \cdot 3 \cdots q$,得到

$$eq! = p \cdot 2 \cdot 3 \cdot \cdots \cdot (q-1)$$
$$= [q! + q! + 3 \cdot 4 \cdot \cdots \cdot q + 4 \cdot 5 \cdot \cdots \cdot q + \cdots + (q-1)q + q + 1]$$
$$+ \frac{1}{q+1} + \frac{1}{(q+1)(q+2)} + \cdots. \tag{7}$$

左端显然是一个整数. 在右端,带方括号的那项同样也是整数. 然而右端其余的项,合起来是一个小于 $\frac{1}{2}$ 的正数,因此不是整数. 这是因为对 $q \geqslant 2$,级数 $\frac{1}{q+1} + \cdots$ 的项分别不超过等比级数

$$\frac{1}{3} + \frac{1}{3^2} + \frac{1}{3^3} + \cdots$$

的对应项,而后者的和是

$$\frac{1}{3\left[\dfrac{1}{\left(1-\dfrac{1}{3}\right)}\right]} = \frac{1}{2}.$$

所以(7)出现了一个矛盾:左端的整数不能等于右端的数;因为后一个数,是一个整数与一个小于 $\frac{1}{2}$ 的正数的和,不是一个整数.

4. 数 π

由中学数学里知道,单位圆的周长,可以定义为当边数增加时,正多边形周长的序列的极限. 这样确定的周长记为 2π. 更精确些说,如果 p_n 记内接正 n 边形的边长,q_n 记外切正 n 边形的边长,那么 $p_n < 2\pi < q_n$. 并且,当 n 增加时,序列 p_n, q_n 都单调趋近 2π,所以,我们在用 p_n 或 q_n 逼近 2π 时,每走一步,都得到一个更小的误差界限.

在第 142 页,我们求得一个表示式

图 167 用多边形逼近圆

$$p_{2^m} = 2^m \sqrt{2 - \sqrt{2 + \sqrt{2 + \cdots}}},$$

它包含了 $m-1$ 个套着的平方根号. 这个公式可以用来计算 2π 的近似值.

    习题: ① 分别用 p_4, p_8 和 p_{16} 求 π 的近似值.

    * ② 求出 q_{2^m} 的公式.

    * ③ 用这个公式求 q_4, q_8 和 q_{16}. 由已知 p_{16} 和 q_{16} 的数值给出 π 所在的界.

数 π 是什么? 由不等式 $p_n < 2\pi < q_n$ 作出的一个退缩于点 2π 的区间套序列,对此给出了完整的回答. 但这个回答仍然留有某些需要解决的问题,因为它没有告诉我们实数 π 的性质的任何内容:它是有理数还是无理数? 代数数还是超越数? 如我们在第 160 页已提及的,π 事实上是一个超越数,因而是无理数. 与 e 的证明相反,π 的无理性的证明是比较困难的. 这是首先由 J·H·拉姆伯特(Lambert)(1728~1777)给出的,这里将不作叙述. 然而,有关 π 的另一些性质,则仍是我们所能了解的. 回想起整数是数学的基本元素这一事实,可以设想数 π 和整数是否有某种简单的关系. π 的十进位小数的展开式,虽然已经计算到了几百位,但仍然没有显示出丝毫规律性来. 这是不足为奇的,因为 π 和 10 之间不存在任何关系. 但在 18 世纪,欧拉和其他人找到了利用无穷级数和无穷乘积建立起 π 和整数之间奇妙联系的表达式. 最简单的这类公式可能是:

$$\frac{\pi}{4} = 1 - \frac{1}{3} + \frac{1}{5} - \frac{1}{7} + \cdots,$$

它把 $\frac{\pi}{4}$ 表示为当 n 增加时部分和

$$S_n = 1 - \frac{1}{3} + \frac{1}{5} - \cdots + (-1)^n \frac{1}{2n+1}$$

的极限. 我们将在第八章推导这个公式. 另一个关于 π 的无穷级数是

$$\frac{\pi^2}{6} = \frac{1}{1^2} + \frac{1}{2^2} + \frac{1}{3^2} + \frac{1}{4^2} + \frac{1}{5^2} + \frac{1}{6^2} + \cdots.$$

英国数学家 J. 威廉斯(J. Wallis)(1616～1703),发现了另一个关于 π 的令人赞赏的公式. 他的公式是：当 $n \to \infty$ 时,

$$\left\{ \frac{2}{1} \cdot \frac{2}{3} \cdot \frac{4}{3} \cdot \frac{4}{5} \cdot \frac{6}{5} \cdot \frac{6}{7} \cdots \frac{2n}{2n-1} \frac{2n}{2n+1} \right\} \to \frac{\pi}{2}.$$

有时它可简写成

$$\frac{\pi}{2} = \frac{2}{1} \cdot \frac{2}{3} \cdot \frac{4}{3} \cdot \frac{4}{5} \cdot \frac{6}{5} \cdot \frac{6}{7} \cdot \frac{8}{7} \cdot \frac{8}{9} \cdots,$$

右端的式子称为一个无穷乘积.

最后两个公式的证明在任何一本详尽的微积分课本中都可以找到(参看第 503 页).

*5. 连分数

某些有趣的极限过程是与连分数相联系的. 一个有限连分数,如

$$\frac{57}{17} = 3 + \cfrac{1}{2 + \cfrac{1}{1 + \cfrac{1}{5}}}$$

表示一个有理数. 在第 61 页已经说明每一个有理数利用欧几里得辗转相除法都能写成这种形式. 然而,对于无理数,这个算法不会在有限步后终止. 相反,它导致一个长度增加的连分数序列,其中每一个分数表示一个有理数. 特别是,所有的二次实代数数(见第 118 页)都可用这个方法表示出来. 例如,考察数 $x = \sqrt{2} - 1$,它是二次方程

$$x^2 + 2x = 1, \text{ 或 } x = \frac{1}{2+x}$$

的根. 如果右端的 x 再次用 $\dfrac{1}{2+x}$ 代替, 就得出

$$x = \cfrac{1}{2+\cfrac{1}{2+x}},$$

然后

$$x = \cfrac{1}{2+\cfrac{1}{2+\cfrac{1}{2+x}}},$$

如此继续下去, 那么在第 n 步以后我们得到方程式

$$\left. x = \cfrac{1}{2+\cfrac{1}{2+\cfrac{1}{2+\cfrac{1}{2+\cdots \cfrac{1}{2+x}}}}} \right\} n \text{ 步}$$

当 n 趋于无穷时, 得"无限连分数"

$$\sqrt{2} = 1 + \cfrac{1}{2+\cfrac{1}{2+\cfrac{1}{2+\cfrac{1}{2+\cdots}}}}.$$

这是一个把 $\sqrt{2}$ 与整数联系起来的绝妙公式, 比 $\sqrt{2}$ 的十进位小数展式更好, 因为 $\sqrt{2}$ 的小数展式其数字的排列是没有规律的.

对形如

$$x^2 = ax + 1, \text{ 或 } x = a + \frac{1}{x}$$

的任意二次方程的正根, 我们有展式

$$x = a + \cfrac{1}{a + \cfrac{1}{a + \cfrac{1}{a + \cfrac{1}{a + \cdots}}}}.$$

例如,令 $a=1$,我们求得

$$x = \frac{1}{2}(1 + \sqrt{5}) = 1 + \cfrac{1}{1 + \cfrac{1}{1 + \cfrac{1}{1 + \cfrac{1}{1 + \cdots}}}}.$$

(参照第 141 页)这些例子是一个一般定理的特例,定理是:整系数二次方程的实根有周期性的连分数展式,恰如有理数有周期性的小数展式一样.

对 π 和 e,欧拉能求得几乎同样简单的无穷连分数展式. 我们不加证明地举出如下:

$$e = 2 + \cfrac{1}{1 + \cfrac{1}{2 + \cfrac{1}{1 + \cfrac{1}{1 + \cfrac{1}{4 + \cfrac{1}{1 + \cfrac{1}{1 + \cfrac{1}{6 + \cdots}}}}}}}};$$

$$e = 2 + \cfrac{1}{1 + \cfrac{1}{2 + \cfrac{2}{3 + \cfrac{3}{4 + \cfrac{4}{5 + \cdots}}}}};$$

$$\frac{\pi}{4} = \cfrac{1}{1 + \cfrac{1^2}{2 + \cfrac{3^2}{2 + \cfrac{5^2}{2 + \cfrac{7^2}{2 + \cfrac{9^2}{2 + \cdots}}}}}}.$$

§3   连续趋近的极限

1. 引言   一般定义

"序列 a_n（即整数变量 n 的函数 $a_n = F(n)$）当 n 趋于无穷大时有极限 a"这个说法，在 §2 第一小节中我们已成功地给出了它的精确表述. 现在我们将给"连续变量 x 的函数 $u = f(x)$ 当 x 趋近于值 x_1 时，有极限 a"的说法以相应的定义. 自变量 x 连续趋近的极限概念，我们在 §1 第五小节判定函数 $f(x)$ 的连续性时，曾以直观的形式用到过.

我们仍然从一个特殊的例子开始. 函数

$$f(x) = \frac{(x + x^3)}{x}$$

定义在除 $x = 0$ 外的所有 x 值上，在 $x = 0$ 时，分母为 0. 如果画出函数 $u = f(x)$ 在 $x = 0$ 的邻域内的图像，很显然 x 无论从哪一边"趋近于"0，对应的 $u = f(x)$ 的值都"趋近于"极限 1. 为了给这个事实以精确的描述，把 $f(x)$ 的值和定数 1 之间的差明确地表示出来.

$$f(x) - 1 = \frac{x + x^3}{x} - 1 = \frac{x + x^3 - x}{x} = \frac{x^3}{x}.$$

如果约定只考虑靠近 0 的 x 值，而不是 $x = 0$ 本身（在这一点 $f(x)$ 甚至没有定义），那么这个等式右端的分子分母可以同除以 x，得到简

单的式子

$$f(x) - 1 = x^2.$$

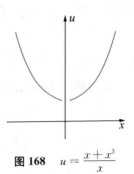

图 168 $u = \dfrac{x + x^3}{x}$

显然,把 x 限制在值 0 的足够小的邻域内,可以使这个差小到我们所愿意的程度.这样对于

$$x = \pm\frac{1}{10}, \ f(x) - 1 = \frac{1}{100};$$

对于

$$x = \pm\frac{1}{100}, \ f(x) - 1 = \frac{1}{10000},$$

等等.一般,如果 ε 是任意正数,不论它多么小,只要 x 与 0 的差小于数 $\delta = \sqrt{\varepsilon}$ 的话,那么 $f(x)$ 和 1 之间的差将小于 ε.因为如果

$$|x| < \sqrt{\varepsilon},$$

那么

$$|f(x) - 1| = |x^2| < \varepsilon.$$

这和我们关于序列极限的定义是完全类似的.在第 298 页我们下的定义是,"如果对于每个不论多么小的正数 ε,都能找到整数 N(依赖于 ε),使得对满足不等式 $n \geqslant N$ 的所有的 n,都有

$$|a_n - a| < \varepsilon,$$

就说序列 a_n 当 n 趋于无穷时有极限 a."在连续变量 x 的函数 $f(x)$ 当 x 趋近于有限值 x_1 的情形,只要把用 N 给出"足够大"的 n,换成用一个数 δ 给出"足够接近"于 x_1 的 x,就可得到下述连续趋近时极限的定义[这是由柯西(Cauchy)在 1820 年左右首先给出的]:如果对于任意一个不论多么小的正数 ε,都能找到正数 δ(依赖于 ε),使得对于满足不等式

$$|x - x_1| < \delta$$

的所有不等于 x_1 的 x,有

$$| f(x) - a | < \varepsilon,$$

那么,就说函数 $f(x)$ 在 x 趋近于值 x_1 时有极限 a.

在这种情形我们记为

$$f(x) \to a \quad 当 \; x \to x_1 \; 时.$$

在函数 $f(x) = \dfrac{x + x^3}{x}$ 的情形,我们上面已经说明,当 x 趋近于值 $x_1 = 0$ 时,函数 $f(x)$ 有极限 1,在此情形,选择 $\delta = \sqrt{\varepsilon}$ 就够了.

2. 极限概念的评述

极限的 (ε, δ) 定义是一百多年探索和挫折的总结;为使极限概念建立在坚实的数学基础之上的持续努力,其结果已包含在这个定义中十分精炼的语句里.只有用极限过程,才能建立微积分——导数和积分——的基本概念.但由于一个表面上似乎难以克服的困难,竟长期阻碍了极限的清晰理解和精确定义.

17 世纪和 18 世纪的数学家,在研究运动和变化中,把一个量 x 在连续流动中持续的趋向一个极限值 x_1 的观念视作当然的事而接受下来.联系到原来就流动的时间或性质像时间的量 x,他们考察随着 x 运动的第二个量 $u = f(x)$.问题是当 x 向 x_1 运动时,要给 $f(x)$ "趋于"或"趋近"一个固定值 a 这个观念以确切的数学意义.

但是,从季诺(Zeno)和他的几个悖论以后,连续运动的直觉的物理观念或形而上学的观念,都避开了作出精确的数学表示的企图.沿着一个离散的序列 a_1,a_2,$a_3 \cdots$ 一步一步走下去是没有困难的,但是在处理数轴上整个区间上的一个连续变量 x 时,就不能说出 x 如何按照区间上所有的值的大小次序一个点一个点地"趋近"固定值 x_1 了.因为直线上的点组成稠密集,在已经到达的已知点后没有"下一个"点.当然,在人们头脑中,连续的直观观念,在心理上是实在的.但是,数学上的不可能性并未因此而解决,因此在直观观念和数学语

言(它是为了以确切的逻辑术语来描述我们直觉上与科学有关的特征的)之间必然存在着不一致的地方. 季诺的悖论尖锐地指出了这个差异.

柯西的成就在于认识到,只要涉及数学概念,任何关于连续运动的先验的直观观念,是能够避免甚至必须避免的. 如经常见到的那样,由于放弃了形而上学方向上的努力,转而只采用那些在原则上相应于"可观测到的"现象的观念,从而开辟了科学进步的途径. 如果我们分析"连续趋近"这个词的真正意思,和在一个特定的情形下必须如何对它进行检验,那么就不得不接受像柯西这样的定义. 这个定义是静态的,它没有预先假定运动的直观观念,相反只有这样一个静态的定义,才可能对时间上的连续运动作精确的数学分析,并且就数学科学来说,解决了季诺的悖论.

在 (ε, δ) 定义中,自变量是不动的;它不以任何物理意义去"趋于"或"趋近"一个极限 x_1. 然而这个词和符号"→"仍然保留,而且没有一个数学家需要或者想忽视它们所表示的具有启示性的直观感觉. 但当打算按真正科学的办法来验证一个极限的存在性时,必须应用这个 (ε, δ) 定义. 究竟这个定义是否令人满意地对应于直观"动态"的趋近的观念,这和几何公理是否满意地提供了空间直观观念的描述是同一类问题. 两方面的表述都丢掉了一些直观认为是真实的东西,但是它们对表示这些概念的内容提供了一个合适的数学结构.

如同在序列极限的情况那样,柯西的定义,关键是把考察变量的"自然"次序颠倒过来. 首先我们把注意力集中在因变量的界限 ε 上,然后确定自变量的一个合适的界限 δ. 语句"当 $x \rightarrow x_1$ 时 $f(x) \rightarrow a$",只是对每个正数 ε 都能这样做的一个简单说法. 特别是,这句话的任何一部分,例如"$x \rightarrow x_1$",本身是没有意义可言的.

还有一点应该强调的是在令 x"趋近于"x_1 时,允许 x 大于或小于 x_1,但却要求 $x \neq x_1$,因而明确地排除了它们相等:x 趋近于 x_1,而永不取值 x_1. 这样,这个定义可以用于 $x = x_1$ 上没有定义,而当 x 趋近于 x_1 时有确定极限的函数,例如第 312 页考察过的函数

$$f(x) = \frac{x + x^3}{x}.$$

要除去 $x = x_1$ 相应于这样的事实, 即当 $n \to \infty$ 时求序列 a_n, 例如 $a_n = \frac{1}{n}$ 的极限, 我们决不把 $n = \infty$ 代入这个式子里.

但是, 当 x 趋近于 x_1 时, $f(x)$ 可以以下述方式趋于极限 a: 即存在值 $x \neq x_1$, 使 $f(x) = a$. 例如, 考虑函数

$$f(x) = \frac{x}{x},$$

当 x 趋于 0 时, 不允许 x 等于零, 但对所有的 $x \neq 0$ 都有 $f(x) = 1$, 所以按照我们的定义, 极限 a 存在且等于 1.

3. $\frac{\sin x}{x}$ 的极限

如果 x 表示一个角的弧度, 那么表达式 $\frac{\sin x}{x}$, 除 $x = 0$ 外, 对所有 x 都有定义, 当 $x = 0$ 时, 上式变为没有意义的符号 $\frac{0}{0}$. 利用三角函数表, 读者可以计算当 x 很小时 $\frac{\sin x}{x}$ 的值. 这些表一般都是用角度制给出的, 我们回忆 §1 第二小节弧度 x 和角度 y 的关系式

$$x = \frac{\pi}{180} y = 0.01745 y$$

(这里到小数点后五位数), 用四位数表, 对以下各角, 我们求出

$$10°, \quad x = 0.1745, \quad \sin x = 0.1736, \quad \frac{\sin x}{x} = 0.9948,$$

$$5°, \qquad 0.0873, \qquad\quad 0.08722, \qquad\qquad 0.9988,$$

$$2°, \qquad 0.0349, \qquad\quad 0.0349, \qquad\qquad 1.0000,$$

$$1°, \qquad 0.0175, \qquad\quad 0.0175, \qquad\qquad 1.0000.$$

虽然这里的数字只精确到四位,但仍可以显示出

$$\frac{\sin x}{x} \to 1 \quad 当 \ x \to 0 \ 时, \tag{1}$$

我们现在对这个极限关系作一个严格证明.

由三角函数单位圆的定义,如果 x 是角 BOC 的弧度,当

$$0 < x < \frac{\pi}{2}$$

时,我们有

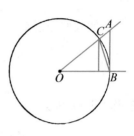

图 169

$$三角形 \ OBC \ 的面积 = \frac{1}{2} \cdot 1 \cdot \sin x,$$

$$扇形 \ OBC \ 的面积 = \frac{1}{2} \cdot x(见第 284 页),$$

$$三角形 \ OBA \ 的面积 = \frac{1}{2} \cdot 1 \cdot \tan x.$$

所以

$$\sin x < x < \tan x.$$

除以 $\sin x$,得到

$$1 < \frac{x}{\sin x} < \frac{1}{\cos x},$$

或

$$\cos x < \frac{\sin x}{x} < 1. \tag{2}$$

又

$$1 - \cos x = (1 - \cos x) \frac{1 + \cos x}{1 + \cos x} = \frac{1 - \cos^2 x}{1 + \cos x}$$

$$= \frac{\sin^2 x}{1 + \cos x} < \sin^2 x,$$

因为 $\sin x < x$,可见

$$1 - \cos x < x^2, \tag{3}$$

或 $$1 - x^2 < \cos x.$$

与(2)合并,得出最后的不等式

$$1 - x^2 < \frac{\sin x}{x} < 1. \tag{4}$$

虽然我们作了 $0 < x < \dfrac{\pi}{2}$ 的假定,这个不等式对

$$-\frac{\pi}{2} < x < 0$$

也仍然正确,因为

$$\frac{\sin(-x)}{(-x)} = \frac{-\sin x}{-x} = \frac{\sin x}{x},$$

并且 $(-x)^2 = x^2$.

极限关系(1)是(4)的直接结果. 因为 $\dfrac{\sin x}{x}$ 与 1 的差小于 x^2,选择 $|x| < \delta = \sqrt{\varepsilon}$ 就能使它小于任意数 ε.

    习题:① 由不等式(3),推导当 $x \to 0$ 时,有极限关系

$$\frac{1 - \cos x}{x} \to 0.$$

求下列函数当 $x \to 0$ 时的极限:

② $\dfrac{\sin^2 x}{x}$; ③ $\dfrac{\sin x}{x(x-1)}$; ④ $\dfrac{\tan x}{x}$; ⑤ $\dfrac{\sin ax}{x}$;

⑥ $\dfrac{\sin ax}{\sin bx}$; ⑦ $\dfrac{x \sin x}{1 - \cos x}$;

⑧ $\dfrac{\sin x}{x}$(如果 x 表示角度);

⑨ $\dfrac{1}{x} - \dfrac{1}{\tan x}$; ⑩ $\dfrac{1}{\sin x} - \dfrac{1}{\tan x}$.

4. 当 $x \to \infty$ 时的极限

    如果变量 x 充分大,那么函数

$$f(x) = \frac{1}{x}$$

变为任意小,或"趋于 0". 事实上,这个函数当 x 增加时的性态,实质上与序列 $\frac{1}{n}$ 当 n 增加时的性态相同. 我们给出一个一般的定义:如果对于不论多么小的正数 ε,都能找到一个正数 K(依赖于 ε),只要 $|x|>K$,就有

$$| f(x) - a | < \varepsilon,$$

那么就说当 x 趋于无穷大时函数 $f(x)$ 有极限 a,记作

$$f(x) \to a \quad \text{当 } x \to \infty \text{ 时.}$$

(比较第 313 页相应的定义.)

在函数 $f(x) = \frac{1}{x}$ 的情形(对它 $a=0$),读者可立即验证,选取 $K = \frac{1}{\varepsilon}$ 就行了.

习题:① 说明先前的定义

$$f(x) \to a, \text{当 } x \to \infty \text{ 时}$$

相当于

$$f(x) \to a, \text{当 } \frac{1}{x} \to 0 \text{ 时.}$$

证明以下各极限关系成立

② $\frac{x+1}{x-1} \to 1$,当 $x \to \infty$ 时. ③ $\frac{x^2+x+1}{x^2-x-1} \to 1$,当 $x \to \infty$ 时.

④ $\frac{\sin x}{x} \to 0$,当 $x \to \infty$ 时. ⑤ $\frac{x+1}{x^2+1} \to 0$,当 $x \to \infty$ 时.

⑥ $\frac{\sin x}{x+\cos x} \to 0$,当 $x \to \infty$ 时. ⑦ $\frac{\sin x}{\cos x}$ 没有极限,当 $x \to \infty$ 时.

⑧ 定义:"$f(x) \to \infty$,当 $x \to \infty$ 时",并举一例.

在函数 $f(x)$ 的情形和序列 a_n 的情形之间有一点不同. 在序列情形,n 只能增加,趋于无穷大. 但对于函数,我们可以让 x 按正的方向或负的方

向趋于无穷大. 如果只想讨论当 x 取很大的正值时的 $f(x)$ 的趋势, 我们用条件 $x > K$ 代替条件 $|x| > K$ 就可以了, 而当 x 取很大的负值时, 用条件 $x < -K$. 分别用符号 $x \to +\infty$ 和 $x \to -\infty$ 表示这两个"单边"趋于无穷的情形.

§4 连续性的精确定义

在 §1 第五小节我们叙述过函数的连续性的判别准则如下: "如果 x 趋于 x_1 时, 函数 $f(x)$ 趋近于 $f(x_1)$, 以 $f(x_1)$ 为极限, 那么就说函数 $f(x)$ 在点 $x = x_1$ 是连续的." 分析这个定义, 我们知道它由两个不同的要求组成:

a. 当 x 趋于 x_1 时, $f(x)$ 的极限 a 必须存在.

b. 这个极限 a 必须等于值 $f(x_1)$.

如果在第 313 页的极限定义中, 令 $a = f(x_1)$, 那么连续性的条件取如下的形式: 如果对于任意不论多么小的正数 ε, 总能找到一个正数 δ (依赖于 ε), 使得对满足不等式

$$|x - x_1| < \delta$$

的所有 x 都有

$$|f(x) - f(x_1)| < \varepsilon,$$

那么就说函数 $f(x)$ 在 $x = x_1$ 是连续的. (极限定义中含有的限制 $x \neq x_1$ 在这里是不必要的, 因为不等式

$$|f(x) - f(x_1)| < \varepsilon$$

自然是满足的.)

作为一个例子, 让我们检验函数 $f(x) = x^3$ 在点 $x_1 = 0$ 的连续性. 我们有

$$f(x) = 0^3 = 0.$$

现在任意指定正值 ε，例如 ε $= \dfrac{1}{1000}$. 那么必须证明当 x 限制在充分

接近 $x_1 = 0$ 时，对应的 $f(x)$ 的值和 0 的差不大于 $\dfrac{1}{1000}$，即在 $\dfrac{-1}{1000}$ 和

$\dfrac{1}{1000}$ 之间. 立即可以看到，如果限制 x 和 $x_1 = 0$ 的差小于

$\delta = \sqrt[3]{\dfrac{1}{1000}} = \dfrac{1}{10}$，那么它就不会超过这个界限；因为如果 $|\,x\,| <$

$\dfrac{1}{10}$，那么

$$| f(x) | = | x^3 | < \frac{1}{1000}.$$

按照同样的方法我们可以用 ε$=10^{-4}$，10^{-5} 或任何需要的界限来代替

$$\varepsilon = \frac{1}{1000};$$

$\delta = \sqrt[3]{\varepsilon}$ 将总能满足要求，因为如果

$$|\,x\,| < \sqrt[3]{\varepsilon}，那么 | f(x) | = | x^3 | < \varepsilon.$$

以连续的(ε，δ)定义为基础，用类似的方法能证明所有的多项式，有理函数和三角函数是连续的，但要除去那些能使函数变为无穷的 x 的个别值.

借助函数 $u = f(x)$ 的图像，连续性的定义可以用如下的几何方式表示出来. 选择任意正数 ε，并画两条高度分别为 $f(x_1) - \varepsilon$、$f(x_1) + \varepsilon$ 且与 x 轴平行的直线. 那么必然可以找到一个正数 δ，使得位于以 x 为中心宽度为 2δ 的竖直带域内的那部分图像，也同样包含在以 $f(x_1)$ 为中心宽度为 2ε 的水平带域内. 图 170 表明函数在 x_1 连续，而图 171 表明函数在 x_1 不连续. 在后一种情形，不论以 x_1 为中心的竖直带域取得多窄，带内总含有一部分图像在对应于所选的 ε 的水平带域之外.

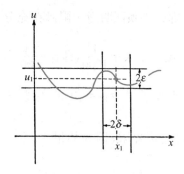 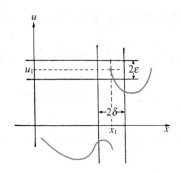

图 170　在 $x = x_1$ 连续的函数　　　　图 171　在 $x = x_1$ 不连续的函数

如果我断言,已知函数 $u = f(x)$ 在值 $x = x_1$ 处是连续的,就是说我准备和你一起履行如下的约定. 你可以选择任意正数 ε, 小到你所要的程度,但必须是固定的. 那么我一定能找到一个正数 δ, 使得当 $|x - x_1| < \delta$ 时,有 $|f(x) - f(x_1)| < \varepsilon$. 我不是一开始先提出数 δ, 来满足你后来任意选择的 ε, 我所选择的 δ 依赖于你所选择的 ε. 如果你能找到一个 ε 使我不能提出一个适当的 δ, 那么就和我的断言矛盾了. 因此为了证明对一个函数 $u = f(x)$ 的任何具体情形都能履行我的约定,通常需要构造一个明显的正函数

$$\delta = \varphi(\varepsilon),$$

它对每个正数 ε 都有定义,用它我能证明当 $|x - x_1| < \delta$ 时,总有 $|f(x) - f(x_1)| < \varepsilon$. 对函数 $u = f(x) = x^3$ 在值 $x_1 = 0$ 的情形,函数 $\delta = \varphi(\varepsilon)$ 就是 $\delta = \sqrt[3]{\varepsilon}$.

习题：① 证明 $\sin x$, $\cos x$ 是连续函数.

② 证明 $\dfrac{1}{1 + x^4}$ 和 $\sqrt{1 + x^2}$ 是连续的.

现在很清楚,连续性的 (ε, δ) 定义,与我们所能看到的有关函数的事实是一致的. 近代科学判别一个概念是否有用,或者一个现象是否在"科学上存在",其标准要看能否观测它(至少在原理上),或能否转化为可观测的事实. 就这一方面来说,连续性的定义是和近代科学的一般原理相一致的.

§5 有关连续函数的两个基本定理

1. 布尔查诺定理

B. 布尔查诺(B. Bolzano)(1781～1848),一个受经院哲学教育的天主教牧师,是最早把严格的近代概念引入数学分析中的人之一.他的重要著作《无穷的悖论》在 1850 年出版. 从这里人们首次认识到,许多有关连续函数的表面上很明显的命题,如果想得到普遍利用,就必须加以证明,而且是能够证明的.下面关于一元连续函数的定理是一个例子.

如果一元连续函数在连续的闭区间 $a \leqslant x \leqslant b$ 上,对 x 的某个值它是正的,而对另一个值它是负的,那么必定有 x 的某个中间值使函数值为零. 这样,若当 x 由 a 变到 b 时 $f(x)$ 是连续的,且 $f(a) < 0$, $f(b) > 0$,那么在 a 和 b 之间存在 x 的一个值 α, $a < \alpha < b$,使 $f(\alpha) = 0$.

布尔查诺定理完全符合连续曲线的直观观念,即如果一条连续曲线要由 x 轴下面的一个点,到 x 轴上面的一个点,那么这条连续曲线必然在某一处穿过 x 轴. 对于不连续函数这就不一定正确,如第 291 页图 157.

*2. 布尔查诺定理的证明

这里将给出这个定理的严格证明(我们可以像高斯和另外一些伟大的数学家那样,不加证明地接受和利用这个事实). 我们的目的是把这个定理化为实数系本身的基本性质. 特别是化为有关区间套的戴特金-康托公理(第 82 页). 为此,考察函数 $f(x)$ 的定义区间 I, $a \leqslant x \leqslant b$,然后取中点 $x_1 = \dfrac{a+b}{2}$,平分这个区间. 如果在这个中点我们发现 $f(x_1) = 0$,那

么就无需再证明了. 如果 $f(x_1) \neq 0$, 那么 $f(x_1)$ 必或大于零或小于零. 无

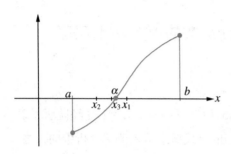

论哪一种情形, 在 I 的两半中有一个仍有下述的性质: $f(x)$ 在它的两个端点符号相反, 我们称这个区间为 I_1. 继续这个过程, 平分 I_1; 那么或者在 I_1 的中点, $f(x) = 0$; 或者可以选择一个区间 I_2, 它是 I_1 的一半, 在这个区间的两个端点, $f(x)$ 的符号相反. 重复这过程,

图 172 布尔查诺定理

或者在有限次平分区间后求得一点 x, 使 $f(x) = 0$, 或者得到一个区间套序列 I_1, I_2, I_3, …. 在后一种情形, 戴特金-康托公理保证在 I 内有一点 α 属于所有这些区间. 我们将断定 $f(\alpha) = 0$, 由于这个点 α 的存在就证明了定理.

直到现在为止还没有用到连续性的假定. 现在要用一点间接推理, 以确定我们的结论. 我们通过反设并引出矛盾来证明 $f(\alpha) = 0$. 假定 $f(\alpha) \neq 0$, 例如 $f(\alpha) = 2\varepsilon > 0$. 因为 $f(x)$ 是连续的, 我们能找到(可能很小)一个以 α 为中点, 长为 2δ 的区间 J, 使得 $f(x)$ 在区间 J 上的所有值与 $f(\alpha)$ 的差都小于 ε. 因为 $f(\alpha) = 2\varepsilon$, 所以我们能保证区间 J 内处处都有 $f(x) > \varepsilon$, 也就是在 J 内 $f(x) > 0$. 但是区间 J 是固定的, 又因为 I_n 是收缩趋于 0 的, 所以如果 n 充分大, 小区间 I_n 必然落到 J 内. 这就产生了矛盾; 因为由选择 I_n 的方法知道, 函数 $f(x)$ 在每个区间 I_n 的两个端点符号相反, 那么 $f(x)$ 在区间 J 内的某些点必是负值. 这样, 由 $f(\alpha) > 0$ 的不合理与 $f(\alpha) < 0$ 的不合理(用同样的方法证明), 就证明了 $f(\alpha) = 0$.

3. 维尔斯特拉斯极值定理

关于连续函数另一个重要而直觉上可信的事实, 是由维尔斯特拉斯(1815~1897)建立的, 在使数学分析趋于更加严格方面, 他的贡献或许比任何人都大. 这个定理叙述如下: 如果函数在一个区间 I,

$a{\leqslant}x{\leqslant}b$ 上连续(包括区间的端点 a 和 b),那么在区间 I 内必然至少存在一点,在这点 $f(x)$ 取得最大值 M,而且有另一个点,使 $f(x)$ 取得最小值 m. 说得直观些,这就是连续函数 $a=f(x)$ 的图像必然至少有一个最高点和一个最低点.

重要的是要了解到:如果函数 $f(x)$ 在 I 的端点不连续,那么这个命题不一定正确. 例如,函数

$$f(x) = \frac{1}{x}$$

在整个区间 $0<x{\leqslant}1$ 内部是连续的,但在此区间上 $f(x)$ 却没有最大值. 一个不连续函数(即使它是有界的)也不一定有最大值或最小值. 例如,在区间 $0{\leqslant}x{\leqslant}1$ 上,定义

$$f(x) = x \quad \text{当 } x \text{ 是无理数,}$$

$$f(x) = \frac{1}{2} \quad \text{当 } x \text{ 是有理数,}$$

考虑这个很不连续的函数 $f(x)$. 这个函数取值总在 0 和 1 之间. 事实上,如果选择 x 为充分接近 0 和 1 的无理数,那么函数值可以任意接近于(只要我们愿意)0 或 1. 但是,$f(x)$ 不能等于 1 或 0,因为对于有理数 x,有 $f(x)=\frac{1}{2}$,而对于无理数,有 $f(x)=x$. 所以 0 和 1 都不能达到.

  *维尔斯特拉斯定理能用证明布尔查诺定理的同样方法证明. 我们把 I 分为两半,且都是闭区间,设为 I' 和 I''. 我们集中考虑可以在其中找到 $f(x)$ 的最大值的区间 I',除非在 I'' 内存在一点 a,使 $f(a)$ 超过 I' 内 $f(x)$ 的一切值;在后一种情形我们选取 I''. 被选取的区间叫做 I_1. 我们用分割 I 的同样方法分割 I_1,得到一个区间 I_2,如此继续下去. 这个过程将确定一个闭区间套序列 I_1, I_2, $\cdots$, $I_n\cdots$,它包含一个点 z. 我们将证明值 $f(z)=M$ 是 $f(x)$ 在区间 I 上取得的最大值,即在 I 内不能有一个点 s,使 $f(s)>M$. 假设有这样一个点 s,使 $f(s)=M+2\varepsilon$,其中 ε 是一个正数(可能很小). 由于 $f(x)$ 的连续性,以 z 为心,在 z 附近可以标出一个小区间 K,使 s

在它的外面，并且在 K 内使 $f(x)$ 的值和 $f(z)=M$ 的差小于 ε，也就是在 K 内一定有 $f(x)<M+\varepsilon$. 但是当 n 充分大时，I_n 将进入 K 内，而 I_n 是这样定义的：I_n 外部的 x 所对应的 $f(x)$ 值不能超过 I_n 内的所有 x 对应的值. 因为 s 是在 I_n 的外面，且 $f(s)>M+\varepsilon$，而在 K 内，因而在 I_n 内，我们有 $f(x)<M+\varepsilon$，于是引出了矛盾.

最小值 m 的存在性可以用同样的方法证明，也可以直接利用刚才证明的结果，因为 $f(x)$ 的最小值是 $g(x)=-f(x)$ 的最大值.

用类似的方法可以证明二元或多元 $x,y,\cdots$ 连续函数的维尔斯特拉斯定理. 代替带有端点的区间，我们考察闭区域，例如，在 x,y 平面上的带有边界的矩形.

习题： 在布尔查诺和维尔斯特拉斯定理的证明中，什么地方用到了 $f(x)$ 在整个区间 $a\leqslant x\leqslant b$ 上（而不是在区间 $a<x\leqslant b$ 或 $a<x\leqslant b$ 上）有定义且是连续的假定？

布尔查诺和维尔斯特拉斯定理的证明有一个明显的非构造性的特点. 它们没有提供一个方法，使得通过有限步骤能实际求出符合指定精确程度的函数零值点、函数最大值点或最小值点. 证明的仅是我们所希望的值的存在性，或者倒不如说，证明了不存在是不合理的. 这是"直觉主义者"所反对的（见第 101 页）另一个重要例子，有些人甚至坚持这样的定理应当从数学中清除掉. 初学数学的人，大可不必像批评家们那样，把这些看得过于严重.

*4. 有关序列的一个定理　紧致集

设 $x_1,x_2,x_3,\cdots$ 是任意一个全部都包含在闭区间 $I,a\leqslant x\leqslant b$ 内的无穷数列；取值可以相同或不相同. 这个序列可能有极限也可能没有极限. 但在任何情况下，总可以从这样的序列中，通过删掉某些项，而抽出一个以区间 I 内某个 y 为极限的无穷子序列 $y_1,y_2,y_3,\cdots$ 来.

要证明这个定理，用 I 的中点 $\dfrac{a+b}{2}$，把 I 分为两个闭子区间 I' 和 I''：

$$I': a \leqslant x \leqslant \frac{a+b}{2},$$

$$I'': \frac{a+b}{2} \leqslant x \leqslant b.$$

这两个区间中,至少有一个含有原序列的无穷多项 x_n,我们称它为 I_1. 在 I_1 内任选 x_n 中的一项,例如 x_{n_1},称它为 y_1. 现在以同样的方法来处理 I_1. 因为在 I_1 内有无穷多项 x_n,那么在 I_1 的两半中至少有一个有无穷多项,称它为 I_2,因此我们一定能在 I_2 内找到 $n>n_1$ 的项 x_n,在这些项中任选一个叫它为 y_2. 这样进行下去,我们能找到一个区间套序列 I_1,I_2,I_3,…,和一个原序列的子序列 y_1,y_2,y_3,…,使得对每个 n,都有 y_n 在 I_n 内. 这个区间套最后退缩到 I 的一点 y,显然序列 y_1,y_2,y_3,…有极限 y. 这就是所要证明的.

以上的讨论,可以按照近代数学的典型方法进行推广. 让我们考察变化范围为 S 的变量 X,其中 S 是定义了某个"距离"概念的一般集. S 可以是平面的或空间的点集,但这不是必须的,例如 S 可以是平面上所有三角形组成的集. 如果 X 和 Y 是两个三角形,A,B,C 和 A',B',C' 分别是它们的顶点,那么我们可以定义两个三角形的"距离"是这样的数

$$d(x, y) = AA' + BB' + CC',$$

其中 AA' 等表示点 A 和 A' 之间的普通的距离. 只要在集 S 上有这样一个"距离"的概念,就可以定义 S 的元素的序列 X_1,X_2,X_3,…趋于(S 内的)极限元素 X 的概念. 这就是指当 $n\to\infty$ 时,$d(X, X_n)\to 0$. 如果从 S 的任意一个元素序列 X_1,X_2,X_3,…中,总能抽出一个趋于某个 S 内的极限元素 X 的子序列来,那么我们就说这个集 S 是紧致的. 在上一段我们已经证明,闭区间 $a\leqslant x\leqslant b$ 在这个意义上是紧致的. 所以紧致集的概念可以认为是数轴上闭区间的推广. 注意整个数轴不是紧致的,因为整数集 1,2,3,4,5… 即不趋于任何极限,它的任意子序列也都没有极限. 不包含端点的开区间,像 $0<x<1$ 也不是紧致集,因为序列 $\frac{1}{2}$,$\frac{1}{3}$,$\frac{1}{4}$,…或它的任一个子序列都趋向极限 0,而 0 不是这个开区间的点. 用同样的方法可

以证明由正方形或矩形内部点组成的平面上的区域不是紧致的,但是如果加上边界点就成为紧致的了.还有,顶点在一个已知圆的内部或圆周上的所有三角形组成的集是紧致的.

如果变量 X 的变域是在任一已定义有极限概念的集 S 上,我们可以把连续性的概念推广到这种情形.函数 $u=F(X)$,其中 u 是实数,如果对于以 X 为极限的任一元素序列 X_1,X_2,X_3,…,对应的数列 $F(X_1)$,$F(X_2)$,…趋于极限 $F(X)$,那么就说该函数在元素 X 处是连续的(也可以给一个对应的 (ε,δ) 定义).对一个定义在任一紧致集上的一般连续函数很容易证明维尔斯特拉斯定理也成立:

如果 $u=F(X)$ 是定义在紧致集 S 上的任一连续函数,那么在 S 中总有一个元素,使 $F(X)$ 取得最大值,也有一个元素,使 $F(X)$ 取得最小值.

掌握住所涉及的一般概念,证明便很简单,但是我们将不进一步讨论这些了.它在第七章中还要出现,在那里,维尔斯特拉斯的普遍定理,在极大和极小值理论中是很重要的.

§6　布尔查诺定理的一些应用

1. 几何上的应用

布尔查诺这个简单而普遍的定理,可以用来证明许多初看不很明显的事实.我们先证明:如果 A 和 B 是平面内的任意两个区域,那么在平面内一定存在一条直线,该直线同时平分 A 和 B.所谓一个"区域",是指平面内一条简单闭曲线所包围的部分.

让我们先在平面上选择某一固定点 P,并且从 P 引出一条射线 PR 当作度量角度的始边.如果作与 PR 的夹角为 x 的任一射线 PS,那么在平面上会有

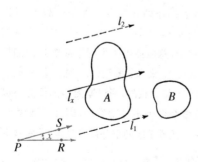

图 173　同时平分两个区域

一条与 PS 同方向且平分区域 A 的有向直线. 因为,如果我们作一条与 PS 同方向的有向直线 l_1,但它整个在 A 的一侧,然后平行地移动这条直线,直到直线处在位置 l_2(见图 173),那么由区域 A 在直线右侧(如果直线指北,则东向是右侧)的面积减去 A 在直线左侧的面积所定义的函数,其值对 l_1 是负的,对 l_2 是正的. 因为这个函数是连续的,由布尔查诺定理,必有某个中间位置 l_x,使它为零,也就是 l_x 平分了 A. 同此,对于 x 由 $x=0°$ 到 $x=360°$ 的每个值 x,平分 A 的直线 l_x 都是唯一确定的.

现在把函数 $y=f(x)$ 定义为 B 在直线 l_x 右侧面积减去 B 在 l_x 左侧的面积. 假设直线 l_0 与 PR 同方向且平分了 A,并且 B 在 l_0 右侧的面积大于左侧,则对 $x=0°$,y 是正的. 如果 x 增加到 $180°$,那么直线 l_{180} 和 RP 平行,它虽然和 l_0 一样地分割 A,但与 l_0 方向相反,右和左互换,因此 y 在 $x=180°$ 时和在 $x=0°$ 时的数值相同,但符号相反,所以是负的. 当 l_x 旋转时,y 是 x 的连续函数,那么在 $0°$ 和 $180°$ 之间,存在 x 的某个值 α,使 y 等于零. 因此方向线 l_a 同时平分 A 和 B. 到此证明完毕.

注意,虽然我们证明了具有所需要的性质的直线的存在,但没有说明怎样真正作出这条直线. 与构造性定理比较,这又一次显示了数学存在性证明的不同之处.

一个类似的问题如下: 在平面内只给出一个区域,要求用两条相互垂直的直线把它分割为四个相等的部分. 为了证明这总是可能的,我们回到前面对任意角 x 定义了 l_x 的情形,但不再去管 B. 我们取 l_{x+90},l_{x+90} 与 l_x 垂直,且也平分 A. 如果 A 的四片如图 174 所示,那么有

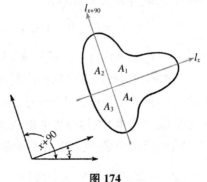

图 174

$$A_1 + A_2 = A_3 + A_4$$

和
$$A_2 + A_3 = A_1 + A_4.$$

由此,由第一个等式减去第二个等式,则

$$A_1 - A_3 = A_3 - A_1,$$

即
$$A_1 = A_3,$$

并因此有
$$A_2 = A_4.$$

所以如果我们能证明存在一个角 α,使得对 l_a,有

$$A_1(\alpha) = A_2(\alpha),$$

那么定理就得到证明,因为对这样的角,四个面积都相等. 为此,通过作 l_x 定义一个函数 $y = f(x)$,设

$$f(x) = A_1(x) - A_2(x).$$

当 $x = 0°$ 时,$f(0) = A_1(0) - A_2(0)$ 可能是正的. 在这种情况下,当 $x = 90°$ 时,

$$A_1(90) - A_2(90) = A_2(0) - A_3(0) = A_2(0) - A_1(0)$$

就将是负的. 因为当 x 由 $0°$ 增加到 $90°$ 时 $f(x)$ 是连续变动的,所以在 $0°$ 和 $90°$ 之间存在某个值 α,使

$$f(\alpha) = A_1(\alpha) - A_2(\alpha) = 0.$$

直线 l_a 和 l_{a+90} 就把这个区域分成了四个相等的部分.

有趣的是这些问题可以推广到三维和更高维空间去. 在三维情形,第一个问题变为:已知空间的三个立体,求同时平分三个立体的平面. 找出这个平面,永远是可能的,它的证明要再次利用布尔查诺定理. 高于三维的情形,定理也是正确的,但其证明需要更高深的方法.

*2. 力学问题上的一个应用

作为本节的结束,我们将讨论一个表面看来很困难的力学问题,但在连续性概念的基础上加以讨论,它却很容易解决(这是惠特尼

(H. Whitney)提出的).

设列车由 A 站沿直线轨道行驶到 B 站. 且其行程不一定是匀速或匀加速的. 列车在到达 B 以前能以任意方式行驶, 或加速, 或减慢, 或暂时停止, 甚至倒退一会儿. 但是列车的确切的运动情况, 假定事先已经知道, 即函数 $s=f(t)$ 是已知的, 其中 s 是列车与 A 站的距离, t 是时间, 它由起动的瞬间开始计算. 在一车厢的底板上, 用枢轴装置一杆, 假定在倒在底板上以前它可以在无摩擦力的情况下或前或后地转动(如果杆一碰到底板, 就假定以后它总停留在底板上; 也就是假定杆不会弹跳起来). 试问能否把杆置于某一位置, 在列车开动的瞬间把杆放开, 让它只在重力和列车运动的影响下移动, 使在由 A 到 B 的整个行程中, 这杆不倒落在底板上?

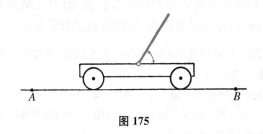

图 175

对任一已知的运动过程, 在重力和反作用力的作用下, 只靠适当选择杆的初始位置这一条件, 就能使杆保持这种平衡, 这一点似乎是不可能的. 但我们马上将说明这样一个位置总是存在的.

这个论断初看起来似乎是荒谬的, 但只要集中在事情的主要拓扑性质上就容易证明了. 不需要很多动力学定律的知识; 只需要承认如下一个物理性质的简单假定: 杆的运动连续依赖于它的初始位置. 设用杆与底面的初始夹角 x 来刻画杆的初始位置, 且用 y 表示在行程终了时, 即列车到达 B 点时杆与底面的夹角. 假如杆落在底面上, 则 $y=0$ 或 $y=\pi$. 对一个已知初始位置 x, 那么根据我们的假设, 终点位置 y 由一个函数 $y=g(x)$ 唯一确定, 这个函数是连续的并且当 $x=0$ 时, $y=0$; 当 $x=\pi$ 时, $y=\pi$. (这后面的断言, 简单的表示为如果杆一开始就在底面上,那么就保持平放在底面上.)现在作为区间 $0 \leqslant x \leqslant \pi$ 的连续函数 $g(x)$,它的全部取值在 $g(0)=0$ 和 $g(\pi)=\pi$ 之间;结果是对任意 y 值,例如 $y=\frac{\pi}{2}$,必有 x 的特定的值,使得 $g(x)=y$,特别是,必存在一个初始位置,使到 B 站时杆的终点位置垂直于底面.(注意:在这个论证中,不要忘记列车的运动一经确定就不再改变.)

当然,推理完全是理论性的.如果行程是很长的过程,或列车运行(表示为 $s=f(t)$)是很不规律的,那么对于那些使最终位置 $g(x)$ 与 $0,\pi$ 不同的初始位置 x 来说其范围是很小的,任何试图使针在可以感觉到的时间内,保持和板垂直的人们是都会明白这一点的.我们的推理即使对讲实用的人来说仍然有价值,因为它说明了如何无需技巧性的处理,只是用简单推理,就能得到动力学中定性的结果.

习题:① 利用第 326 页的定理,说明上面的推理可以推广到行程时间是无限的情形.

② 推广到列车沿平面上任一曲线运动,杆可以向任何方向下落的情形(提示:使圆周上每一点都不动的映射把一圆盘连续映射到它的圆周上是不可能的(见第 261 页)).

③ 证明当车是平稳的,而且杆是在与垂直位置的夹角为 ε 时放开的条件下,当 ε 趋于零时,杆落在底面上所需要的时间趋于无穷.

第6章补充

极限和连续的一些例题

§1 极限的例题

1. 一般说明

在很多情形中,序列 a_n 的收敛性能用下面一类推理证明. 我们找另外两个序列 b_n 和 c_n,它们的项的结构比原来的序列简单,且对每个 n 有

$$b_n \leqslant a_n \leqslant c_n. \tag{1}$$

这时,如果能证明序列 b_n 和 c_n,都收敛于同一个极限 α,那么 a_n 也就收敛于极限 α,我们把这个命题的证明留给读者.

很清楚,若要运用这个方法,就要用到不等式. 所以最好复习一下不等式的算术运算应遵循的几个基本法则.

1. 如果 $a > b$,那么 $a + c > b + c$(不等式两边可以同时加上任意一个数).

2. 如果 $a > b$ 且数 c 是正的,那么 $ac > bc$(一个不等式可以同乘以任意一个正数).

3. 如果 $a < b$,那么 $-b < -a$(两端同乘以 -1,则不等式反号).例如 $2 < 3$,但 $-3 < -2$.

4. 如果 a 和 b 有同样的符号,并且 $a < b$,那么

$$\frac{1}{a} > \frac{1}{b}.$$

5. $|a+b| \leqslant |a| + |b|$.

2. q^n 的极限

如果 q 是大于 1 的数,那么 q^n 将无限增大,即能超过任意大的界限,像 $q=2$ 的序列 $2, 2^2, 2^3, \cdots$ 就是这样.这样的序列"趋于无穷大"(见 301 页).一般情况下的证明是根据一个重要的不等式(第 22 页已证过)

$$(1+h)^n \geqslant 1+nh > nh, \tag{2}$$

其中 h 是任意正数.令 $q=1+h$,其中 $h > 0$;那么

$$q^n = (1+h)^n > nh.$$

如果 k 是任意一个正数,不论它多么大,那么对所有 $n > \dfrac{k}{h}$,就有

$$q^n > nh > k,$$

所以 $q^n \rightarrow \infty$.

如果 $q=1$,那么序列 q^n 的项都等于 1,因此 1 是这个序列的极限.如果 q 是负的,那么 q^n 将交错变为正值和负值,并且如果 $q \leqslant -1$,它没有极限.

习题:对最后的一句话给出严格证明.

在第 78 页我们已说明,如果 $-1 < q < 1$,那么 $q^n \rightarrow 0$.我们可以对这个事实给出另一个非常简单的证明.首先考察 $0 < q < 1$ 的情形.这时数 $q, q^2, q^3 \cdots$ 组成一个以 0 为下界的单调减少的序列.所以,按照第 303 页,这个序列必趋于一个极限:$q^n \rightarrow a$.这个关系式的两端同乘以 q,得到 $q^{n+1} \rightarrow aq$.

但 q^{n+1} 和 q^n 应有同一个极限,因为增加的指数用 n 或 $n+1$ 表示是没有关系的.所以 $aq=a$,或 $a(q-1)=0$.因为 $1-q \neq 0$,这就推出 $a=0$.

如果 $q=0$,命题 $q^n \rightarrow 0$ 是显然的.如果 $-1 < q < 0$,那么

$0 < | q | < 1$；所以由前面的讨论,有 $| q^n | = | q |^n \to 0$. 由此可见当 $| q | < 1$,总有 $q^n \to 0$. 至此证明完毕.

习题：证明当 $n \to \infty$ 时：

① $\left(\dfrac{x^2}{1 + x^2} \right)^n \to 0$；

② $\left(\dfrac{x}{1 + x^2} \right)^n \to 0$；

③ $\left(\dfrac{x^3}{4 + x^2} \right)^n$ 当 $x > 2$ 时趋于无穷,当 $| x | < 2$ 时趋于 0.

3. $\sqrt[n]{p}$ 的极限

对任意固定的正数 p,序列 $a_n = \sqrt[n]{p}$,即序列 p, $\sqrt{p}$, $\sqrt[3]{p}$, $\sqrt[4]{p}$, … 有极限 1：

$$\sqrt[n]{p} \to 1, \quad n \to \infty. \tag{3}$$

符号 $\sqrt[n]{p}$ 是指正 n 次根. 对于负数 p,当 n 是偶数时,没有实的 n 次根.

要证明关系式(3),我们首先设 $p > 1$：那么 $\sqrt[n]{p}$ 也将大于 1. 这样可以令

$$\sqrt[n]{p} = 1 + h_n,$$

其中 h_n 是依赖于 n 的正量. 由不等式(2)知

$$p = (1 + h_n)^n > n h_n.$$

两边除以 n,得

$$0 < h_n < \frac{p}{n}.$$

又因为序列 $b_n = 0$ 和 $c_n = \dfrac{p}{n}$ 都以 0 为极限,由第一小节的讨论知道,当 n 增加时,h_n 也以 0 为极限. 因此,当 $p > 1$ 时,就证明了我们的论断. 这里我们得到这样一个典型的例子,即：要了解一个极限关系,这里是 $h_n \to 0$,就把 h_n 夹在两个界限之间,而这两个界限比 h_n 更

容易求得极限.

附带地,我们已经导出了 $\sqrt[n]{p}$ 和 1 之间的差 h_n 的一个估计值,这个差必定总小于 $\dfrac{p}{n}$.

如果 $0 < p < 1$,那么 $\sqrt[n]{p} < 1$,可以令

$$\sqrt[n]{p} = \frac{1}{1+h_n},$$

其中 h_n 仍是依赖于 n 的正数. 由上面得到

$$p = \frac{1}{(1+h_n)^n} < \frac{1}{nh_n},$$

从而

$$0 < h_n < \frac{1}{np}.$$

从这里我们断定当 n 增加时,h_n 趋于 0. 所以,由

$$\sqrt[n]{p} = \frac{1}{1+h_n},$$

求得 $\sqrt[n]{p} \to 1$.

开 n 次方有等值化的效果. 当 n 增加时,任一个正数开 n 次方趋于 1,它的效果甚至更强,即如果被开方数不是一个常数,在某些情况下也能使极限是 1. 我们将证明序列

$$1, \sqrt{2}, \sqrt[3]{3}, \sqrt[4]{4}, \sqrt[5]{5}, \cdots$$

趋于 1,即当 n 增加时

$$\sqrt[n]{n} \to 1.$$

用一点技巧,利用不等式(2)就可以证明这个事实. 代替 n 的 n 次方根,我们来讨论 $\sqrt{n}$ 的 n 次方根. 如果我们令

$$\sqrt[n]{\sqrt{n}} = 1+k_n,$$

其中 k_n 是依赖于 n 的正数,那么由不等式得出

$$\sqrt{n} = (1 + k_n)^n > nk_n,$$

从而
$$k_n < \frac{\sqrt{n}}{n} = \frac{1}{\sqrt{n}},$$

所以 $1 < \sqrt[n]{n} = (1 + k_n)^2 = 1 + 2k_n + k_n^2 < 1 + \frac{2}{\sqrt{n}} + \frac{1}{n}.$

不等式右端当 n 增加时趋于 1，从而 $\sqrt[n]{n}$ 也必趋于 1.

4. 不连续函数当作连续函数的极限

我们可以考察这样一种序列 a_n 的极限，其中 a_n 不是固定数，而是依赖于变量 x 的函数：$a_n = f_n(x)$. 如果当 $n \to \infty$ 时，这个序列收敛，那么它的极限也是 x 的函数，

$$f(x) = \lim f_n(x).$$

这种把函数 $f(x)$ 当作另一些函数的极限的表示方法，在把"高等"函数 $f(x)$ 化为初等函数 $f_n(x)$ 时，常常是有用的.

特别，在用显式表示不连续函数时就很有用. 例如，让我们考察序列 $f_n(x) = \frac{1}{1 + x^{2n}}$. 当 $|x| = 1$ 时，有 $x^{2n} = 1$，因此对每个 n，有

$$f_n(x) = \frac{1}{2},$$

从而

$$f_n(x) \to \frac{1}{2}.$$

当 $|x| < 1$，有 $x^{2n} \to 0$，因此 $f_n(x) \to 1$；而当 $|x| > 1$，有 $x^{2n} \to \infty$，因此 $f_n(x) \to 0$. 总的概括为

$$f(x) = \lim \frac{1}{1 + x^{2n}} = \begin{cases} 1 & \text{当 } |x| < 1, \\ \dfrac{1}{2} & \text{当 } |x| = 1, \\ 0 & \text{当 } |x| > 1. \end{cases}$$

这里,不连续函数 $f(x)$ 被表示为一列连续的有理函数的极限了.

另一个有趣的有类似特点的例子由序列

$$f_n(x) = x^2 + \frac{x^2}{1+x^2} + \frac{x^2}{(1+x^2)^2} + \cdots + \frac{x^2}{(1+x^2)^n}$$

给出. 当 $x = 0$ 时,$f_n(x)$ 的值都是零,因此

$$f(0) = \lim f_n(0) = 0.$$

当 $x \neq 0$ 时,表达式

$$\frac{1}{1+x^2} = q$$

是正的且小于 1;利用等比级数的结果可以保证当 $n \to \infty$ 时 $f_n(x)$ 是收敛的. 它的极限,即无穷等比级数的和,是

$$\frac{x^2}{1-q} = \frac{x^2}{1 - \frac{1}{1+x^2}},$$

等于 $1+x^2$. 这样我们看出,当 $x \neq 0$ 时,$f_n(x)$ 趋于函数 $f(x) = 1 + x^2$,而当 $x = 0$ 时,$f(x) = 0$. 这个函数在 $x = 0$ 有一个可去的不连续点.

*5. 极限的叠代求法

有的序列的项常常是以这样的方式得到的: 由 a_n 得到 a_{n+1} 和由 a_{n-1} 得到 a_n 的法则是一样的;按同样的法则,无限次的重复作下去,可从一个已知的首项开始,产生一个序列. 这种情形我们叫做"叠代"求法.

例如,序列

$$1, \sqrt{1+1}, \sqrt{1+\sqrt{2}}, \sqrt{1+\sqrt{1+\sqrt{2}}}, \cdots,$$

有这样一个形成的法则,第一次以后的每一项,都是 1 加上前一项后的平方根. 这样,公式

$$a_1 = 1, \quad a_{n+1} = \sqrt{1 + a_n}$$

确定了整个序列. 让我们求它的极限, 显然对 $n > 1$, 有 $a_n > 1$, 并且 a_n 是单调增加序列, 因为

$$a_{n+1}^2 - a_n^2 = (1 + a_n) - (1 + a_{n-1}) = a_n - a_{n-1},$$

所以只要 $a_n > a_{n-1}$, 就有 $a_{n+1} > a_n$. 但我们知道

$$a_2 - a_1 = \sqrt{2} - 1 > 0,$$

因此利用数学归纳法, 可知对所有 n, 都有 $a_{n+1} > a_n$, 即序列是单调增加的. 再者, 它是有界的, 因为由前面的结果我们有

$$a_{n+1} = \frac{1 + a_n}{a_{n+1}} < \frac{1 + a_{n+1}}{a_{n+1}} = 1 + \frac{1}{a_{n+1}} < 2.$$

由单调序列原理, 知当 $n \to \infty$ 时, $a_n \to a$, 其中 a 是 1 与 2 之间的某个数. 我们易知这个 a 是二次方程, $x^2 = 1 + x$ 的正根. 因为当 $n \to \infty$ 时, 方程 $a_{n+1}^2 = 1 + a_n$ 成为 $a^2 = 1 + a$. 解这个方程, 我们求得正根是

$$a = \frac{1 + \sqrt{5}}{2}.$$

这样我们可以用一个叠代过程解这个二次方程, 只要叠代过程继续足够长, 它就能够以任意接近的程度给出根的值.

用类似的方法, 通过叠代法可以解很多其他的代数方程. 例如, 我们可以把三次方程 $x^3 - 3x + 1 = 0$ 改写为

$$x = \frac{1}{3 - x^2}.$$

任意选择 a_1 的值, 例如 $a_1 = 0$, 并且定义

$$a_{n+1} = \frac{1}{3 - a_n^2}.$$

得到序列

$$a_2 = \frac{1}{3} = 0.3333\cdots, \quad a_3 = \frac{9}{26} = 0.3461\cdots,$$

$$a_4 = \frac{676}{1947} = 0.3472\cdots,$$

等等. 可以证明这种方式得到的序列 a_n 收敛于极限

$$a = 0.3473\cdots,$$

这就是给定的这个三次方程的一个解. 像这样的叠代法在纯数学和应用数学中都很重要, 在纯数学中, 它能给出"存在性的证明", 而在应用数学中, 它对许多类型问题的求解提供了近似方法.

习题: 当 $n \to \infty$ 时,

① 证明 $\sqrt{n+1} - \sqrt{n} \to 0$.

$$\left[\text{提示: 把差改写为如下形式} \frac{\sqrt{n+1}-\sqrt{n}}{\sqrt{n+1}+\sqrt{n}} \cdot (\sqrt{n+1}+\sqrt{n}) \right].$$

② 求 $\sqrt{n^2+a} - \sqrt{n^2+b}$ 的极限.

③ 求 $\sqrt{n^2+an+b} - n$ 的极限.

④ 求 $\dfrac{1}{\sqrt{n+1}+\sqrt{n}}$ 的极限.

⑤ 证明 $\sqrt[n]{n+1}$ 的极限是 1.

⑥ 如果 $a > b > 0$, $\sqrt[n]{a^n+b^n}$ 的极限是什么?

⑦ 如果 $a > b > c > 0$, $\sqrt[n]{a^n+b^n+c^n}$ 的极限是什么?

⑧ 如果 $a > b > c > 0$, $\sqrt[n]{a^n b^n + a^n c^n + b^n c^n}$ 的极限是什么?

⑨ 我们在以后将见到(见第 464 页) $e = \lim \left(1+\dfrac{1}{n}\right)^n$, 那么

$$\lim \left(1+\frac{1}{n^2}\right)^n \text{ 是什么?}$$

§2 连续性的例题

为了对函数的连续性作严格的证明需要对第 320 页的定义作确切的验证. 有时这是一个很冗长的手续, 然而幸运的是(我们在第八

章中将见到），连续性是可微性的必然结果. 因为以后我们将对所有
的初等函数系统地证明其可微性，所以我们可以按通常的进程省去
连续性的乏味的证明. 但为进一步解释一般定义，我们将再分析一个
例子，函数

$$f(x) = \frac{1}{1+x^2}.$$

限制 x 在一个固定区间 $|x| \leqslant M$ 内，其中 M 是任意选择的一个数.
写下

$$f(x_1) - f(x) = \frac{1}{1+x_1^2} - \frac{1}{1+x^2} = \frac{x^2 - x_1^2}{(1+x^2)(1+x_1^2)}$$

$$= (x - x_1) \frac{(x + x_1)}{(1+x^2)(1+x_1^2)},$$

对 $|x| \leqslant M$, $|x_1| \leqslant M$, 我们有

$$|f(x_1) - f(x)| \leqslant |x - x_1| \, |x + x_1| \leqslant |x - x_1| \cdot 2M.$$

因此，很清楚，只要 $|x_1 - x| < \delta = \dfrac{\varepsilon}{2M}$，左端的差将小于任意正数 ε.

应当指出，我们所作的估计是很宽裕的. 对于 x 和 x_1 的较大的
值，读者很容易看到取一个更大的 δ 就行了.

第7章

极大与极小

引　言

直线段是它的端点间的最短连线. 球面上大圆的一段弧是球面上连接两点的最短曲线. 在所有等长的平面闭曲线中, 圆所包围的面积最大, 在所有等面积的闭曲面中, 球面所包围的体积最大.

这一类的极大与极小性质, 希腊人已经发现了, 不过他们常常只是提到这些结果, 而并未真正证明过. 希腊的一个最有意义的发现, 要归功于公元一世纪亚历山大的科学家赫伦 (Heron). 人们很早就知道, 由点 P 发出的一条光线, 碰到平面镜 L 上的点 R, 会朝 Q 点的方向射去, 使得 PR 和 QR 对此镜面成等角. 赫伦发现, 如果 R' 是镜面上任意其他的一点, 那么距离 $PR' + R'Q$ 必大于距离 $PR + RQ$. 我们目前要证明的定理就是: 光线所走的实际路径 PRQ, 是由 P 经镜面再到 Q 的所有可能路径中的最短路径. 这一发现可以看作是几何光学理论的萌芽.

很自然地, 数学家对这一类的问题将会感到兴趣. 在日常生活中, 常常会发生极大与极小、"最好"与"最坏"的问题. 很多重要的实际问题都是以这种形式表现出来的. 例如: 小船应怎样造形, 才能使其在水中遇到的阻力最小? 数量一定的材料作成怎样的圆柱形容器才能获得最大容积?

从 17 世纪以来, 极值的一般理论——极大与极小——已成为科学上系统的完整的原理之一. 费马微分法的第一步就是希望能用一般的方法研究极大和极小问题. 17 世纪以后, 由于"变分法"的发明, 使这些方法的范围大大扩展了, 同时逐渐了解到自然界的物理规律很适于用极小原理来表示; 这个极小原理提供了一个很自然的方法, 使我们差不多能完全解决各种特殊问题. 近代数学最显著的成就之一就是平稳值理论, ——这是极值概念的一种推广, 它把分析和拓扑结合在一起了. 不过我们要讨论的全部内容都是很初等的.

§1 初等几何中的问题

1. 两边给定求面积极大的三角形

给定两条线段 a 和 b, 要找出一个以 a 和 b 为边的面积极大的三角形. 解答很简单, 就是以 a 和 b 为直角边的直角三角形. 考虑任意一个以 a 和 b 为边的三角形, 如图 176. 如果 h 是底边 a 上的高, 那么三角形的面积是

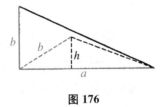

图 176

$$A = \frac{1}{2}ah,$$

很明显, 当 h 取最大值时, $\frac{1}{2}ah$ 也最大, 这只有当 h 与 b 重合时才能发生, 而这时就是一个直角三角形. 因此最大面积是 $\frac{1}{2}ab$.

2. 赫伦定理 光线的极值性质

给定一条直线 L, 以及 L 同侧的两点 P 和 Q, 试问 L 上的哪一点 R 能使 $PR+RQ$ 是由 P 经 L 再到 Q 的最短路径? 这就是赫伦的光线问题. (如果 L 是小溪的河岸, 有一个人要到 L 打一桶水从 P 尽

可能快地走到 Q, 那么他要解决的恰好是这个问题). 为了解决这个问题, 我们把 L 当作一面镜子, 然后求出 P 在 L 中的反影点 P', 这样就使 L 垂直平分 PP', 直线 $P'Q$ 与 L 的交点 R 就是所求的点. 对 L 上的其他任意点 R', 要证明 $PR + RQ$ 小于 $PR' + R'Q$ 是很简单的. 因为 $PR = P'R$, 以及 $PR' = P'R'$, 所以,

$$PR + RQ = P'R + RQ = P'Q,$$

并且 $PR' + R'Q = P'R' + R'Q$, 但是 $P'R' + R'Q$ 比 $P'Q$ 大(因为三角形两边之和大于第三边), 因此, $PR' + R'Q$ 比 $PR + RQ$ 大, 这就是所要证的. 在下面的讨论中我们假设 P 和 Q 都不在直线 L 上.

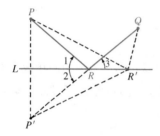

图 177 赫伦定理

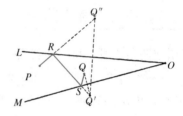

图 178 两镜面之间的反射

由图 177 可以看出, $\angle 3 = \angle 2$, 并且 $\angle 2 = \angle 1$, 所以 $\angle 3 = \angle 1$. 换句话说, R 是使 PR、QR 与 L 成等角的点. 由此可见, 光线在 L 反射的时候(由实验知, 入射角与反射角相等), 实际上要走由 P 经 L 到 Q 的最短路径. 这和引言中所提过的一样.

这个问题可以推广到包含若干条直线 L、M、$\cdots$的情形上去. 例如, 假设有两条直线 L、M 和两个点 P、Q, 如图 178 所示, 试求由 P 经 L, 然后经 M, 最后到达 Q 的最短路径. 设 Q' 是 Q 对于 M 的反影点, Q'' 是 Q' 对于 L 的反影点. 画 PQ'' 交 L 于 R, 画 RQ' 交 M 于 S; 那么 R 和 S 就是所求的点, 它们使 $PR + RS + SQ$ 是由 P 经 L, 再经 M, 最后到 Q 的最短路径. 这个事实的证明, 和前一个问题的证明很相似, 我们把它留给读者作练习. 如果 L 和 M 是两面镜子, 由 P 发

出经 L 反射到 M 再经 M 反射到 Q 的光线,将和 L 交在 R,和 M 交在 S;因此,光线仍然是最短路径.

人们或许要找出由 P 先经 M,再经 L,到 Q 的最短路径.这也给出一条路径 $PRSQ$(见图 179),确定它和确定前一条路径的方法类似.第一条路径的长度可以大于、等于或小于第二条路径.

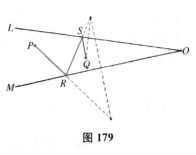

图 179

*习题: 证明如果 O 和 R 在直线 PQ 的同一侧,那么第一条路径的长度小于第二条路径.又在什么条件下,两条路径的长度相等?

3. 三角形问题上的应用

利用赫伦定理,下面两个问题很容易解决.

(1) 给定三角形的面积 A 和一边 $c = PQ$;在所有这样的三角形中,试求其他两边 a、b 的和为最小的三角形. 因为 $A = \frac{1}{2}hc$, 所以给定三角形的边 c 和面积 A,与给定边 c 以及 c 上的高 h 是一样的. 看一下图 180 就能知道,问题是求一个点 R,使 R 到直线 PQ 的距离等于已知的 h,并且要使总和 $a+b$ 为最小. 由第一个条件,可知 R 必在与 PQ 距离为 h 的平行直线上. 把赫伦定理应用于 P 和 Q 与 L 等距的这种特殊情形就得出了答案:所求的三角形 PRQ 是等腰三角形.

(2) 在三角形中,设给定一边 c 以及其他两边的和 $a+b$;在所有这样的三角形里,求面积为最大的三角形. 这刚好是(1)的逆问题,这个

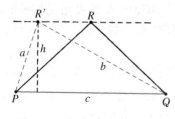

图 180 给定底和面积,周长最短的三角形

问题的答案仍然是 $a = b$ 的等腰三角形. 因为刚才已经证明,在等面积三角形中,这个等腰三角形使 $a + b$ 为最小;也就是说,任何其他以 c 为底具有同样面积的三角形,$a + b$ 都较大. 并且由(1)显然知道,任意以 c 为底的三角形,面积若大于这个等腰三角形的话,$a + b$ 的值也较大. 因此,任何其他具有相同的 $a + b$ 和 c 的三角形,必然面积较小,所以在给定 c 以及 $a + b$ 的条件下,这个等腰三角形是具有最大面积的三角形.

4. 椭圆和双曲线的切线性质　相应的极值性质

赫伦问题和某些重要的几何定理有着密切的关系. 我们已经证明过,若 R 是 L 上使 $PR + RQ$ 为极小的点,那么 PR 和 RQ 与 L 成等角. 下面我们把这个极小总距离记作 $2a$. 设 p 和 q 分别表示平面上任一点到 P 和 Q 两点的距离,我们考虑平面上所有使 $p + q = 2a$ 的点的轨迹. 这个轨迹是一个椭圆,它以 P 和 Q 为焦点,并且过直线

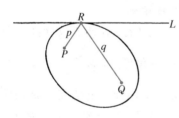

图 181　椭圆的切线性质

L 上的 R 点. 另外,L 还必须在 R 点和椭圆相切. 如果 L 除 R 外,还交椭圆于另一点 R',那么 L 有一段应在椭圆内部;因为容易知道,对于椭圆内部的点,$p + q$ 小于 $2a$,外部的点,大于 $2a$,所以这段上的每一点的 $p + q$,要小于 $2a$. 又因为我们已知 L 上的点有 $p + q \geqslant 2a$,因此 L 与椭圆另有交点是不可能的. 所以 L 必在 R 与椭圆相切. 但我们知道,PR、RQ 与 L 的夹角是相等的;因此我们附带的证明了一个重要的定理:椭圆的切线与切点和焦点的两条连线成等角.

下面一个问题和上面的讨论密切有关:给定一条直线 L 和它两侧的两点 P 和 Q(见图 182),求 L 上的一点 R,使量 $|p - q|$ 即由 P、Q 到 R 的距离之差的绝对值为极大.(我们将假定 L 不是 PQ 的垂直平分线;因为这时对 L 上的任意点 R 都使 $p - q$ 等于 0,问题

没有意义.)要解决这个问题,首先求 P 对 L 的反影点,得到与 Q 同一侧的点 P'. 对于 L 上任意点 R',我们有 $p = R'P = R'P'$, $q = R'Q$. 因为 R',Q 和 P' 可以看作一个三角形的顶点,所以量 $|p-q| = |R'P' - R'Q|$ 决不会比 $P'Q$ 大,这是由于三角形两边之差不大于第三

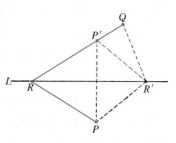

图 182　$|PR - QR|$ = 极大值

边的缘故. 如果 R',P' 和 Q 都在一条直线上,如图所示,$|p-q|$ 应等于 $P'Q$,所以所要求的点 R 是过 P' 与 Q 的直线和 L 的交点. 和前面的情况一样,很容易知道 RP、RQ 与 L 成等角,因为三角形 RPR' 和 $RP'R'$ 是全等的.

　　这个问题还和双曲线的切线性质有关,正如上一问题和椭圆有关一样. 如果差的极大值 $|PR - QR|$ 是 $2a$,我们可以考察平面上所有使 $|p-q|$ 为 $2a$ 的点的轨迹. 这是以 P 和 Q 为焦点,通过 R 点的双曲线. 容易知道,就双曲线两支之间的区域内的点来说,$p-q$ 的绝对值是小于 $2a$ 的,而对焦点所在的双曲线两侧的区域内的点来说,$p-q$ 的绝对值是大于 $2a$ 的. 用与椭圆情形相同的论证,可知 L 一定和双曲线在 R 点相切. 究竟 L 与两支中的哪一支相切,要看 P 和 Q 哪一点更接近 L 而定;如果 P 较近,P 附近的那一支将与 L 相切,同样,对 Q 也是如此(见图 183). 如果 P 和 Q 与 L 的距离相等,那么 L 与双曲线的任一支都不相切,取而代之的情形是 L 成为双曲线的一个渐近线. 只要我们注意到在这种情况下,前面的作图中因为直线 $P'Q$ 将平行于 L,所以不会产生(有限)点

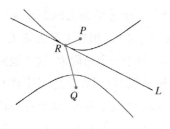

图 183　双曲线的切线性质

R,就会觉得这个结果是有道理的了.

和前面一样,以上讨论已证明了如下的熟知的定理:双曲线任一点的切线,平分这个切点和双曲线两焦点连线所张成的角.

使人们有点奇怪的是,如果 P 和 Q 在 L 的同侧,我们要解决的是一个极小问题,而如果 P 和 Q 在 L 的异侧,却要考虑极大问题. 但是立刻可以看到这是很自然的. 在第一个问题里,如果 L 向两端(不论哪个方向)无限延伸的话,那么每一个距离 p 和 q,因而 $p+q$,将无限制地增大. 因此无法求 $p+q$ 的极大值,而只可能讨论极小问题. 第二种情形就大不相同了,这里 P 和 Q 在 L 的两侧,在这里为了避免混淆,我们把差 $p-q$,它的负值 $q-p$,以及绝对值 $|p-q|$ 区分开来;对于绝对值,可以有极大问题. 这种情形最好这样理解:如果令 R 沿直线 L 运动,并通过不同的位置,R_1,R_2,R_3,…. 于是必有一点使差 $p-q$ 是零. 这就是 P,Q 的垂直平分线与 L 的交点. 这个点就给出了绝对值 $|p-q|$ 的极小值. 但是,在这个点的一边,p 比 q 大,而在这个点的另一边,p 比 q 小;因此,量 $p-q$ 在这个点的一边,是正的,而在另一边则是负的. 所以在 $|p-q|=0$ 的这个点,既不是 $p-q$ 的极大值也不是 $p-q$ 的极小值. 可是,使 $|p-q|$ 取得极大值的点实际上是 $p-q$ 的极值. 如果 $p>q$,得到的是 $p-q$ 的极大值;如果 $q>p$,得到的是 $q-p$ 的极大值,因而是 $p-q$ 的极小值. $p-q$ 的极大值或极小值能否求得,要看两个给定点 P、Q 对直线 L 的位置而定.

我们已经知道,如果 P,Q 与 L 等距离,上述的极大问题是无解的,因为那时图 182 中的直线 $P'Q$ 将平行于 L. 这相当于 R 无论沿 L 的哪个方向趋于无穷远时,数量 $|p-q|$ 趋于一个极限值. 这个极限值等于 PQ 在 L 上的垂直投影 s 的长度(读者可以作为练习来证). 如果 P、Q 和 L 等距离,那么 $|p-q|$ 总小于这个极限,而不存在极大值,这是因为对每一点 R,我们总能找到更远的点,使 $|p-q|$ 更大,但它仍然不等于 s.

＊5. 到给定曲线的距离的极值

首先,我们来确定由定点 P 到给定曲线 C 的最短和最长距离. 为了简单起见,假设 C 是每一点都有切线的简单闭曲线,如图 184 所示(这里在直观基础上承认了曲线的切线概念,这个概念将在下一章进行分析). 答案是很简单的:如果曲线 C 上的一点 R 使距离 PR 是极小值或极大值,则必然使得直线 PR 垂直于 C 在 R 点的切线;换句话说, PR 垂直于 C. 证明如下:以 P

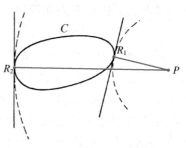

图 184 到曲线的极值距离

为圆心并过 R 点的圆必与曲线相切. 因为如果 R 是具有最短距离的点, C 必然全部在圆外,那么曲线不能在 R 点穿过圆,而如果 R 是具有最长距离的点, C 必然全部在圆内,曲线也不能在 R 点穿过(这是由于下面明显的事实:任意在圆内部的点,到 P 的距离小于 RP,而如果点在圆的外部,它到 P 的距离一定大于 RP). 因此圆和 C 相接于 R 并在 R 有同一切线. 现在直线 PR 是圆的半径,它垂直于圆在 R 点的切线,所以必在 R 点垂直于曲线 C.

附带指出,这样一个闭曲线的直径,即它最长的弦,必然在它的两个端点垂直于 C. 这个证明留给读者作练习. 在三维空间中有类似的命题和证明.

> **习题**:证明连接两个不相交的闭曲线的最短和最长线段在其端点处垂直于这两条曲线.

第四小节中有关距离的和或差的问题现在可以作推广了. 代替直线 L,现在考虑一条每点都有切线的简单闭曲线 C,并且给出两个不在 C 上的点 P、Q. 设 p 和 q 分别表示曲线 C 上任意点到 P 和 Q 的距离,我们打算在 C 上求出使和 $p+q$ 以及差 $p-q$ 具有极值的特定点. 为解决现在的问题, 用在 C 是直线时所用过的反射作图的简单方法就不行了. 但是我们可以用椭圆和双曲线的性质来解决现在的问题. 因为 C 是闭曲线, 不再是延伸到无穷远的直线, 所以极大和极小问题在这里都有意义. 这是因为我们把下面事实看作是当然的: 在一条曲线的任意有限曲线段上, 特别是在闭曲线上, 量 $p+q$ 和 $p-q$ 有最大值和最小值(见 §7).

对于和 $p+q$ 的情形, 设 R 是 C 上使 $p+q$ 为极大值的点, 并且记 $2a$ 为 R 点的 $p+q$ 的值. 考虑焦点在 P、Q 处的椭圆, 它是满足 $p+q=2a$ 的点的轨迹. 这个椭圆在 R 必与 C 相切(这个证明留给读者作练习). 但我们已知直线 PR、QR 在 R 处与椭圆成等角; 因为椭圆与 C 切于 R, 所以直线 PR 和 QR 在 R 处与 C 也必成等角, 如果 $p+q$ 在 R 是极小值, 同样的方法可知 PR、QR 在 R 处与 C 成等角. 因此我们得到定理: 给定一条闭曲线 C, 以及 C 同侧的两点 P 和 Q; 那么若 R 是 C 上使和 $p+q$ 取得最大值或最小值的点, 则直线 PR 和 QR 在 R 处与曲线 C(即与它的切线)成等角.

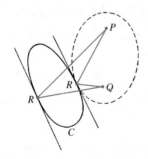
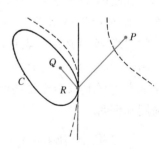

图 185　$PR+QR$ 的最大值和最小值　　图 186　$PR-QR$ 的最小值

如果 P 在 C 的内部而 Q 在外部, 这个定理对 $p+q$ 的最大值也是成立的, 但对最小值不成立, 因为这时椭圆退化为一条直线了.

以双曲线的性质代替椭圆, 那么用完全类似的方法, 读者可以证

明下面的定理：给定闭曲线 C 以及 C 异侧的两点 P 和 Q；若 C 上的点 R 是使 $p-q$ 取得最大值或最小值的点，那么直线 PR、QR 与 C 成等角. 我们再一次强调，闭曲线的问题和无限长的直线不同，后一个问题要找的是绝对值 $|p-q|$ 的最大值，而前一个问题中 $p-q$ 的最大值（以及最小值）是存在的.

§2　基本极值问题的一般原则

➤ 1. 原则

前面所讲的那些问题，是那种能用分析语言很好地描述的一般问题的特例. 在求 $p+q$ 的极值问题中，如果我们用 x，y 表示点 R 的坐标，x_1，y_1 表示定点 P 的坐标，x_2，y_2 是 Q 点的坐标，那么

$$p = \sqrt{(x-x_1)^2 + (y-y_1)^2},$$

$$q = \sqrt{(x-x_2)^2 + (y-y_2)^2}.$$

于是问题就变成求函数

$$f(x,\,y) = p+q$$

的极值了. 这是平面内处处连续的函数，但具有坐标 x，y 的点是限制在给定曲线 C 上的. 这条曲线可由一个方程 $g(x,\,y) = 0$ 来表示；例如，如果曲线是一个单位圆，则方程是 $x^2 + y^2 - 1 = 0$. 于是我们的问题是，在 x，y 被条件 $g(x,\,y) = 0$ 所限制的情况下，求 $f(x,\,y)$ 的极值，我们将考虑这种一般形式的问题.

为了了解解的特性，我们考虑方程为 $f(x,\,y) = c$ 的一族曲线；也就是对任意的常数 c，所有以这种方程所定义的曲线，而对于族中任意一条曲线的所有点来说，c 是相同的. 我们假设对平面上每一

点,曲线族 $f(x,y)=c$ 中有一条且仅有一条曲线通过它(至少在曲线 C 的邻近是这样的),那么当 c 变动时,曲线 $f(x,y)=c$ 将扫过平面的一部分,并且这部分中没有一个点在扫的过程中被扫过两次(曲线 $x^2-y^2=c$,$x+y=c$,和 $x=c$ 都是这样的曲线族). 特别,族中有一条曲线会通过 R_1 点,这里 R_1 点是在曲线 C 上使 $f(x,y)$ 取到最大值的地方,同时另一条曲线将通过 C 上使 $f(x,y)$ 取到最小值的点 R_2. 设最大值记为 a,最小值记为 b. 在曲线 $f(x,y)=a$ 的同一侧,$f(x,y)$ 的值将小于 a,而在另一侧则大于 a. 因为在 C 上各点 $f(x,y) \leqslant a$,C 必全部在曲线 $f(x,y)=a$ 的一侧;因此它必和曲线在 R_1 处相切. 类似,C 必和曲线 $f(x,y)=b$ 在 R_2 处相切. 这样我们就得到一个一般性的定理:如果曲线 C 上的一点 R,使函数 $f(x,y)$ 具有极值 a,那么曲线 $f(x,y)=a$ 切曲线 C 于 R.

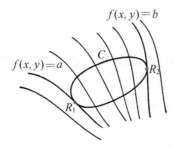

图 187 函数在曲线上的极值

2. 例题

容易看出,前一节所述的那些结果,是这个一般性定理的特殊情形. 假若 $p+q$ 要有极值,函数 $f(x,y)$ 是 $p+q$,并且曲线族 $f(x,y)=c$ 是以 P、Q 为焦点的共焦点椭圆. 由这个一般性定理可知,过在 C 上使 $f(x,y)$ 取得极值的点的椭圆,要在这些点与曲线 C 相切. 而在求 $p-q$ 的极值的情形,函数 $f(x,y)$ 是 $p-q$,曲线族 $f(x,y)=c$ 是以 P、Q 为焦点的共焦点双曲线,并且过 $f(x,y)$ 的极值点的双曲线是和 C 相切的.

另一个例子如下:给定直线段 PQ,和另一条与它不相交的直线 L. 试问对着 L 上的哪一点,PQ 所张的角最大?

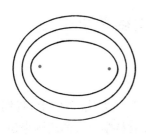

图 188　共焦点椭圆　　　　图 189　共焦点双曲线

这里要找极大值的函数是 PQ 对 L 上各点所张的角 θ. 对于顶点为平面上的任一点 R，PQ 所张的角是点 R 的坐标的函数 $\theta = f(x, y)$. 由初等几何学，我们知道曲线族 $\theta = f(x, y) = c$ 是过 P、Q 的圆族. 这是因为在弦同一侧的所有圆周角都相等的缘故. 在一般情况下，如图 190 所示，这些圆中两个圆与 L 相切，它们的圆心在 PQ 的两侧. 其中一个切点给出 θ 的绝对最大值，而另一个切点产生"相对"最大值（即在这点的某个邻域内，任一点的值小于该点的 θ 值）. 给出两个最大值中较大的一个，即绝对最大值的切点位于 PQ 延

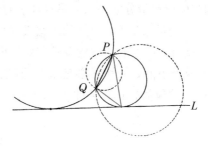

图 190　L 上使 PQ 所张的
角为最大的点

长线与直线 L 组成的锐角内；而给定另一个较小最大值的切点，位于这两条直线组成的钝角内（线段 PQ 的延长线与 L 的交点给出 θ 的极小值，等于零）.

作为这个问题的推广，我们可以用曲线 C 代替 L，并且求 C 上的点 R，使对着这一点，给定与 C 不相交的直线段 PQ 所张的角最大或最小. 跟以前一样，过 P、Q 以及 R 的圆必和 C 相切于 R.

§3 驻点与微分学

1. 极值和驻点

在前面的讨论中,没有用到微分学的方法. 事实上,我们的初等方法比起微积分来更为简单而直接. 就科学思维的法则来说,尽管直接考虑问题的各自特征比只依靠一般方法要更好些,但是每一个问题都应以能说明其所用的特殊方法的含义的一般原理为指导. 这就是微分学在极值问题上的真正作用. 追求一般化的近代研究只表示事情的一个方面,因为数学的活力主要来自各个问题的特色及其方法.

在微分学的历史演变中,有一些极大、极小问题曾给它以很大影响. 极值和微分学的联系是这样引起的. 第八章我们将详细研究函数 $f(x)$ 的导数 $f'(x)$ 及其几何意义. 简单地说,导数 $f'(x)$ 是 $y = f(x)$ 在点 (x, y) 处的切线的斜率. 从几何上看,光滑曲线 $y = f(x)$ 在极大或极小值处的切线必是水平的,也就是说,其斜率必等于 0. 这样,$f(x)$ 的极值必具有条件 $f'(x) = 0$.

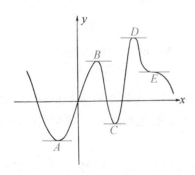

图 191 函数的驻点

为搞清 $f'(x)$ 等于零的定义,让我们来考察图 191 中的曲线. 这里有五个点,A, B, C, D, E,曲线在这些点的切线都是水平的;设 $f(x)$ 在这些点的值分别是 a, b, c, d, e. 在所画的区间内,$f(x)$ 的极大值在 D,极小值在 A. 虽然靠近 D 的那些点的 $f(x)$ 的值要比 b 来得大,但 b 却比 B 的邻域内其他所有点的

$f(x)$ 值要大,在这个意义下,点 B 也是极大点. 由此,我们称 B 为相

对极大, D 表示绝对极大, 类似地, C 表示相对极小, A 表示绝对极小. 最后, 我们观察 E, 在 E 点虽然 $f'(x) = 0$, 但 $f(x)$ 既不是极大值, 也不是极小值. 由此可见, $f'(x)$ 等于零是光滑函数 $f(x)$ 有极值的必要条件, 而不是充分条件; 换句话说, 任何一个极值, 不论是相对极值或绝对极值, 都有 $f'(x) = 0$, 但不是任何使 $f'(x) = 0$ 的点定有极值. 导数等于零的点, 不论它有极值还是没有, 都叫做驻点. 通过更精密的分析, 用比较复杂的以 $f(x)$ 的高阶导数表示的条件, 可以完全显示出极大、极小以及驻点的其他特征来.

2. 多元函数的极大和极小　鞍点

有一些极值问题是不能用一元函数 $f(x)$ 来表述的. 其中最简单的情形就是求二元函数 $z = f(x, y)$ 的极值.

我们可以把 $f(x, y)$ 解释成一个曲面在 xy 平面上的高度 z. 比方说我们可以把它解释成像一座山那样. $f(x, y)$ 的极大对应山顶; 极小对应谷底或湖底. 在这两种情形下, 只要曲面是光滑的, 其切平面就是水平的. 但除了山顶和谷底外; 还有另外的点, 其切平面也是水平的: 这就是两山峰中间的隘口对应的点. 让我们更详细地考察这些点. 考察如图 192 所示的两座山 A 和 B 的山脊以及山脊异侧的两点 C 和 D, 假设我们希望由 C 走到 D. 首先考察过 C 和 D 的平面截此曲面而得到那些由 C 到 D 的路径. 每一条这样的路径都有一个最高点. 若改变截平面的位置, 路径也就随之改变. 这些路径中有一条路径, 其最高点在所有路径的最高点中是最低的. 这条路径的最高点 E 是山的一个隘口, 数学上叫做鞍点. 显然, E 既不是极大值也不是极小值, 因为我们可随意在 E 的邻近的地方找到比 E 高以及比 E 低的点. 刚才我们把路径限制在平面内, 去掉这个限制我们可以同样的去考虑任意路径, 鞍点的性质仍是相同的.

类似地, 如果我们要由山顶 A 到山顶 B, 那么任意一条特殊的路径都有一个最低点; 如果我们仍只考虑截平面, 那么存在一条 AB

路径,其最低点在所有路径的最低点中是最高的.这条路径的极小值处仍是上面所找到的 E 点.这样,鞍点 E 具有最高极小或最低极大的性质;也就是一个极大极小值或极小极大值.在 E 处的切平面是水平的;因为 E 是 AB 的极小点,那么 AB 在 E 点的切线一定是水平的,类似的,因为 E 是 CD 的极大点,CD 在 E 处的切线也必是水平的.所以由这些切线所确定的切平面也是水平的.这样,我们找到了有水平切平面的三种不同类型的点:极大点,极小点和鞍点,相应这些点,我们有 $f(x,y)$ 的不同类型的平稳值.

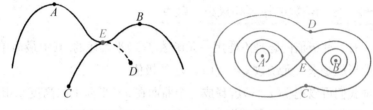

图 192   山的隘口   图 193   相应的等高线地图

表示函数 $f(x,y)$ 的另一个方法是画等值线,就像地图中用以表示高度的等高线一样(见第 293 页).等值线是 x,y 平面内使函数具有一定值的曲线;这样,这些等值线与曲线族 $f(x,y)=c$ 是一样的,平面上任一寻常点恰有一条等值线通过,极大点或极小点是由很多的闭等值线围绕着,而在鞍点则有若干条等值线在此交叉.图 193 的等值线表示了图 192 的图像,这里明显看出 E 的极大-极小性质:联结 A 和 B 且不经过 E 的任意一条路径,必须通过 $f(x,y)<f(E)$ 的区域,而图 192 的路径 AEB 在 E 点为极小.同样可以看出,$f(x,y)$ 在 E 点的值是所有联结 C,D 路径中的最小的极大.

3. 极小极大点和拓扑学

驻点的一般理论和拓扑概念之间有着密切的联系.我们这里只能举一个简单的例子对这种思想作一简短的介绍.

让我们考虑在边界为 C 和 C' 的一个环形岛 B 上的山脉.如果我

们仍用 $u = f(x, y)$ 表示海拔高度,在 C 和 C' 上 $f(x, y) = 0$,而在 B 的内部 $f(x, y) > 0$,那么这个孤岛上必须至少存在一个山的隘口,如由图 194 中等值线的交点所表示. 从直观上看,这好像一个人试图从 C 走到 C' 而尽可能不去爬高所必须经过的点. 由 C 到 C' 的每一条路径必有一个最高点,如果我们选择的是使其最高点尽量低的路径,那么这条路径的最高点就是 $u = f(x, y)$ 的一个鞍点(一座环绕此岛的山脉的山顶有一水平切平面的情形,是一个简单的例外).

图 194

一般来说,以 p 条曲线为界的区域必定至少存在 $p-1$ 个极小极大型的驻点. 莫尔斯(M. Morse)发现,在更高维空间内也成立着类似的关系,在高维空间内有更多的拓扑可能性以及更多种类型的驻点. 这些关系形成了近代驻点理论的基础.

4. 点到曲面的距离

对一点 P 到一条闭曲线的距离来说,(至少)有两个平稳值:极小值和极大值. 如果我们考虑的只是与球拓扑等价的曲面 C,例如一个椭球面,把这个结果推广到三维空间就不会出现什么新现象. 但如果是有较高亏格的曲面,例如环面,就会产生新的现象. 由 P 到环面 C 仍然有最短距离和最长距离,而且这两条线段垂直于 C. 现在增加的是,我们找出不同类型的极值表示极小极大或极大极小. 为了找到它们(如图 195 所示),我们在环面上画一条闭"子午线",即圆 L,并且我们找出 L 上最接近 P 的点 Q. 然后,我们移动 L,使距离 PQ 成为:(1) 最小. 这个 Q 就是 C 上最接近 P 的点;(2) 最大. 这就得到了另一个驻点. 我们可以像刚才那样,在 L 上找到距 P 最远的点,然后移动 L 使这个最大距离成为:(3) 最大,这就

得到 C 上距 P 最远的点.(4)最小.这样我们就得到了距离函数的四个不同的平稳值.

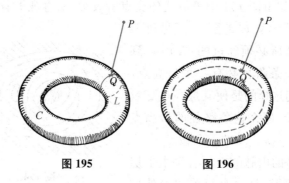

图 195　　　　　　　　图 196

*习题:如图 196 所示,用 C 上另一类不能收缩为一个点的线 L',重复上文的推理.

§4　施瓦茨的三角形问题

1. 施瓦茨的证明

施瓦茨(H. A. Schwarz)(1843~1921)是柏林大学的杰出数学家,是一位在近代函数论和分析方面有巨大贡献的学者.但他并不轻视初等的题目,他有一篇论文讨论过下面的问题:给定一个锐角三角形,求内接于它且周长最短的三角形(内接三角形的意思是指它的顶点分别在原三角形的每一边上).我们将看到,确实只存在一个这样的三角形,并且它的顶点是给定三角形的高线在边上的垂足.我们叫这个三角形为垂足三角形.

施瓦茨利用反射法和初等几何学中的下述定理证明了垂足三角形的极小性质(见图 197):在每个顶点,P,Q,R 处,垂足三角形两条边和原三角形的那条边的两个夹角相等,且等于原三角形中这个边所对的顶角.例如,角 ARQ 和角 BRP 都等于角 C,等等.

为了证明这个预备定理. 我们注意 $\angle OPB$ 和 $\angle ORB$ 都是直角, 所以四边形 $OPBR$ 可以内接于一个圆. 于是 $\angle PBO = \angle PRO$, 这是因为它们对着外接圆的同一弧 PO 的缘故. 因为 CQB 是直角, 因此 $\angle PBO$ 是 $\angle C$ 的余角, 又 $\angle PRO$ 是 $\angle PRB$ 的余角, 所以 $\angle PRB$ 等于 $\angle C$. 用同样的方法, 利用四边形 $QORA$, 可知 $\angle QRA = \angle C$; 等等.

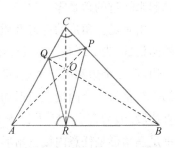

图 197　标明了等角的垂足三角形 ABC

这个结果使我们能够说明垂足三角形的反射性质如下: 例如, 因为 $\angle AQR = \angle CQP$, 则 RQ 对 AC 边的反射映像是 PQ 的延长线, 反过来也对; 而其他的边也是如此.

我们现在来证明垂足三角形的极小性质. 设在三角形 ABC 中, 除了垂足三角形之外, 还有任意另一个内接三角形 UVW. 整个图形首先对 ABC 的 AC 边进行反射, 所得到的三角形再对它的 AB 边反射, 然后同样对 BC 反射, 再对 AC, 最后对 AB 反射. 用这个方法, 我们总共得到了六个全等三角形, 且每个三角形中都有垂足三角形和另外那个内接三角形. 最后那个三角形的 BC 边平行于原三角形的 BC 边. 因为在第一次反射中, BC 顺时针旋转了一个角 $2C$. 然后再顺时针转一个角 $2B$; 第三次反射对它没有作用, 在第四次中它反时针旋转一个角 $2C$, 在第五次中它反时针旋转一个角 $2B$. 这样

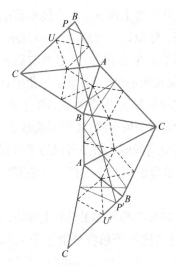

图 198　施瓦茨对垂足三角形具有最小周长的证明

总起来转过的角是零.

由垂足三角形的反射性质可知,线段 PP' 等于垂足三角形周长的两倍;因为 PP' 是六条线段组成的,它们依次是这个三角形的第一个边,第二个边和第三个边,且每一边出现两次. 类似地,由 U 到 U' 的折线是另一个内接三角形周长的两倍,这条折线不短于 UU' 间的直线段. 因为直线 UU' 平行于 PP',UU' 间的折线不短于 PP',所以垂足三角形是任意内接三角形中周长最短的. 这就是我们要证明的. 这样我们同时证明了存在一个极小值,且它由垂足三角形给出. 我们将马上看到再没有其他的(内接)三角形其周长等于垂足三角形了.

2. 另一种证法

也许施瓦茨问题的最简单的解法是下面这种方法. 方法的基础是本章早先证明过的一个定理: 设 P,Q 为不在直线 L 上且在 L 的同侧的两点,在 L 上使 P 经 L 到 Q 的距离为最短的点 R,必在该处使 PR、RL 与 L 成等角. 我们假定三角形 PQR 内接于三角形 ABC,且是这个极小问题的解. 那么 R 必是 AB 边上使 $p+q$ 为极小值的点,因而 $\angle ARQ$ 和 $\angle BRP$ 必相等;类似, $\angle AQR = \angle CQP$, $\angle BPR = \angle CPQ$. 这样,最小的三角形如果存在的话,必具有施瓦茨证法中所用到的等角性质. 剩下需要证明的是,只有垂足三角形具有这个性质. 此外,因为证明依据的定理是假定 P、Q 不在 AB 上的,所以当 P、Q、R 中有一点是原三角形的一个顶点时,证明不能成立. (在这种情形,最小三角形将退化为对应高线的二倍.)所以为了得到完整的证明,我们还必须证明垂足三角形的周长小于任意一条高线的二倍.

为了解决第一点,我们注意,一个内接三角形如果具有上面指出的等角性质的话,那么在 P,Q 和 R 处的这些等角将分别等于 $\angle A$,$\angle B$ 和 $\angle C$. 不然的话,比如假设,

$$\angle ARQ = \angle C + \delta.$$

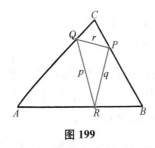

图 199

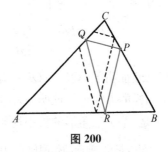

图 200

那么,因为三角形内角和等于$180°$,为了使三角形 ARQ 和 BRP 的三个内角和都等于$180°$,则在 Q 处的角必为 $B-\delta$,在 P 处的角为 $A-\delta$. 于是,三角形 CPQ 的内角和是

$$A-\delta+B-\delta+C=180°-2\delta;$$

另一方面,这个和又必须是$180°$. 因此 δ 应该等于 0. 我们已经知道垂足三角形有这个等角性质. 因此任意一个具有这种性质的三角形的边应当平行于垂足三角形的对应边;换句话说,两个三角形相似,且取向相同. 读者可以自己证明: 没有其他这样的三角形能够内接于原来给定的三角形(见图 200).

最后,我们将证明,假若原三角形的内角都是锐角的话,垂足三角形的周长小于任意高线的二倍. 我们延长 QP 和 QR,并且由 B 向 QP, QR 和 PR 作垂线,这样得到点 L、M 和 N. 这时 QL 和 QM 分别是高线 QB 在直线 QP 和 QR 上的投影. 所以 $QL+QM<2QB$. 现在 $QL+QM$ 等于 p,这里 p 是垂足三角形的周长. 因为角 MRB 和 NRB 相等,且在 M 和 N 处的角是直角,所以三角形 MRB 和 NRB 全等. 于是 $RM=RN$,所以 $QM=QR+RN$. 同理,可知 $PN=PL$,因此

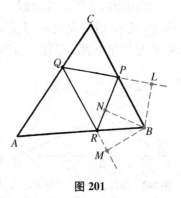

图 201

$QL = QP + PN$. 所以我们有

$$QL + QM = QP + QR + PN + NR$$
$$= QP + QR + PR = p,$$

但我们已经证明了 $2QB > QL + QM$. 所以 p 小于高线 QB 的二倍,由完全同样的方法可以证明 p 小于任意高线的二倍. 这就是所要证明的. 于是,垂足三角形的极小性质就完全证明了.

附带指出,前面的作图使我们可以直接计算 p. 已知 $\angle PQC$ 和 $\angle RQA$ 等于 $\angle B$,所以 $\angle PQB = \angle RQB = 90° - \angle B$,因而

$$\cos(PQB) = \sin B.$$

根据初等三角学,$QM = QL = QB \sin B$,并且有 $p = 2QB \sin B$. 按同样方法,可以证明 $p = 2PA \sin A = 2RC \sin C$. 由三角学,我们知道 $RC = a \sin B = b \sin A$,等等,由此得到

$$p = 2a \sin B \sin C = 2b \sin C \sin A = 2c \sin A \sin B.$$

最后,因为 $a = 2r \sin A$,$b = 2r \sin B$,$c = 2r \sin C$,其中 r 是外接圆的半径,我们得到对称表达式,

$$p = 4r \sin A \sin B \sin C.$$

3. 钝角三角形

前面的两个证明都是假定角 A、角 B 和角 C 全是锐角. 如果如图 202 所示,设 C 是钝角,则点 P 和 Q 将落在三角形的外部. 严格地说,垂足三角形将不是原三角形的内接三角形,除非我们将内接三角形的含义推广为:一个三角形的顶点在原三角形的边或边的延长线上. 不管怎样,现在垂足三角形不能给出最小的周长,这是因为 $PR > CR$,且 $QR > CR$;所以 $p = PR + QR + PQ > 2CR$ 的缘故. 由第二个证明的第一部分中的推理知道,如果最短周

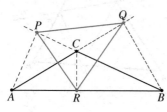

图 202　钝角三角形的垂足三角形

长不由垂足三角形给出,必是某条高线的二倍,于是我们得出结论,就钝角三角形来说.具有最短周长的"内接三角形"是最短高线的二倍,虽然这并不是真正的三角形.不过,人们可以找到真正的三角形,其周长与最短高线的二倍之差可以任意的小.对于锐角三角形和钝角三角形的分界,即直角三角形的情形,这两个解(二倍最短高线和垂足三角形)是一致的.

关于钝角三角形的垂足三角形是否有某种类型极值性质这个有趣的问题,我们这里不能讨论了,而仅能指出:垂足三角形不给出边之和$(p+q+r)$的最小值,但却给出表达式$(p+q-r)$的极小极大型的平稳值,这里 r 表示内接三角形中对着钝角的边.

4. 由光线形成的三角形

如果三角形 ABC 代表一间三面墙壁都能反射光线的房子,那么垂足三角形是房内光线行进的唯一可能的三角形路径.当然可能有另外闭的多边形路径,如图 203 所示,但垂足三角形是唯一有三个边的这种多边形.

我们可以把这个问题推广为:在由一条或几条光滑曲线所围成的任意区域内,求可能的"光线三角形";也就是,所求的三角形的顶点都在边界曲线上,并且它的相邻两边分别与曲线的夹角相等,在 §1 中,我们已知,角的相等性是两边之和为极大或极小的条件,由此我们可以根据不同情况,找出不同类型的光线三角形.例如,如果我们考察的是一简单光滑

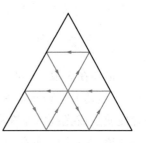

图 203　三角形镜内的
封闭光线路径

曲线 C 的内部,那么极小周长的内接三角形必是光线三角形.或者像 M·莫尔斯建议作者的那样,考察三条光滑闭曲线的外部.一个光线三角形 ABC 的特点是它的长度有平稳值;这个值可以对于所有三点 A、B、C 都是最小;也可以对任意一组点,例如 A 和 B 是最

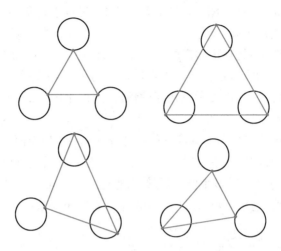

图 204～207　三圆之间光线三角形的四种类型

小,而对于第三点 C 是最大;也可以是对于一个点是最小,而对于其他两个点是最大;最后也可以对于所有的三个点都是最大.因为这三个点中每一点都可以独立的取最大或最小,所以总起来至少保证存在 $2^3 = 8$ 种光线三角形.

*5. 有关反射和遍历运动的说明

描述在无限长的时间里质点在空间的"轨线"或光线的运动路径,这是动力学和光学中比较感兴趣的一个问题.如果用某种物理装置使质点或光线限制在空间的有限范围内,一个特别有趣的问题是要知道,在极限的时候,轨线能否以几乎是相等的分布来充满这一范围.这样一种轨线叫做遍历的.遍历线存在的假定,是近代力学和原子论中统计方法的基础.但是,能给出"遍历假设"以严格数学证明的有关例子,现在还知道得很少.

最简单的例子,是关于平面曲线 C 的内部的运动.这里 C 假设为能起完全反射作用的一面墙,而自由质点碰到它的表面时,以等角反射出去.例如,一个长方形箱子(一个理想化的能够完全反射的台球桌子,质点就像台球.)一般都能引出一条遍历线;除了对某些特殊的初始位置的方向外,这个理想化的永远继续运动的台球,将到达每一点的附近.虽然从原则上讲证明并不困难,但是我们还是略去了它.

特别有趣的是,以 F_1 和 F_2 为焦点的椭圆桌面的情况.因为椭圆的切线和切点与两焦点的连线成等角,每一条过一个焦点的轨线反射后将经过另一焦点,如此继续不停.不难看出,不管初始方向怎样,反射几次后的轨线,随 n 的增加,必逐渐接近于长轴 F_1F_2.如果初始射线不通过焦点,则将有两种可能.如果它穿过焦点之间,则所有的反射线也将穿过焦点之间,而且全都和以 F_1,F_2 为焦点的某个双曲线相切.如果初始射线不分隔 F_1 和 F_2,则没有一条反射线把 F_1F_2 分开,它们将全和以 F_1、F_2 为焦点的另一个椭圆相切.因此就椭圆整体而论,没有任何一种情况使运动是遍历的.

*习题:① 证明:如果初始射线通过椭圆的一个焦点,则当 n 增加时初始光线经 n 次反射后将趋近于主轴.

② 证明:如果初始光线通过两个焦点之间,则所有的反射线也都如此,并且它们全将和以 F_1,F_2 为焦点的某个双曲线相切.类似地,如果初始光线不通过焦点之间,则所有的反射线也将如此,且它们全将和以 F_1,F_2 为焦点的某个椭圆相切(提示:先证明在 R 点,反射前和反射后的光线分别与直线 RF_1 和 RF_2 成等角,然后证明共焦点的二次曲线的切线具有这种特性).

§5 施 泰 纳 问 题

1. 问题及解答

19 世纪初叶,柏林大学几何方面的著名学者施泰纳,研究了一个非常简单但却很有启示性的问题:将三个村庄用总长为极小的道路连接起来. 从数学上来说, 就是在平面内给定三个点 A、B、C 找出平面内第四个点 P, 使得和数 $a+b+c$ 为最短, 这里 a、b、c 分别表示 P 到 A、B、C 的距离. 问题的答案是: 如果三角形 ABC 的每个内角都小于 $120°$, 那么 P 就是使边 AB、BC、CA 对该点所张的角都是 $120°$ 的点. 但是如果 ABC 有一个角, 例如 C 角, 大于或等于 $120°$, 那么点 P 和顶点 C 重合.

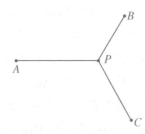

图 208 到三点的距离之和最小

利用前面有关极值的那些结果, 这个解是很容易得到的. 假设 P 是所求的最小点, 则只能有两种可供选择的不同情况, 或者 P 与顶点 A、B、C 中的某一个重合, 或者 P 与这些顶点都不同. 在第一种情形, 显然 P 必是 ABC 的最大角 C 的顶点, 因为 $CA+CB$ 比三角形 ABC 的任意其他两边的和都小. 这样, 要完成我们命题的证明, 就必须分析第二种情形. 设 K 是一个以 C 为圆心 c 为半径的圆. 那么 P 必须是 K 上使 $PA+PB$ 为最小的点. 如果 A 和 B 在 K 外, 如图 209 所示, 那么, 根据 §1 的结果, PA 和 PB 与圆 K 的夹角应该相等, 因此与半径 PC 所夹的角相等, 这里半径 PC 是垂直于 K 的. 用以 a 为半径 A 为圆心的圆, 对 P 作同样的推理, 就得到, PA、PB、PC 所成的三个角都相等且等于 $120°$, 正如前面所述的一样. 这个论证基于 A 和 B 同时在 K 外的假设, 而这

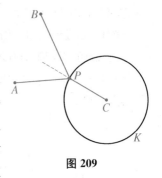

图 209

一点还需要证明. 现在, 如果 A、B 中至少有一点, 比如 A, 是在 K 上或在 K 内, 那么因为假设 P 不与 A 或 B 相重合, 我们应该有 $a+b \geqslant AB$. 但 A 不在 K 外, 知 $AC \leqslant c$. 因此

$$a + b + c \geqslant AB + AC.$$

这就是说,当 P 与 A 重合时,我们才得到最短的距离和,而这与假设矛盾. 这就说明 A 与 B 是同时在圆 K 外的. 用其他组合(B,C 对于以 a 为半径 A 为圆心的圆,以及 A,C 对于以 b 为半径 B 为圆心的圆)同样地可以证出其他的相应结果.

2. 两种不同情况的分析

要想知道 P 实际在两种情形中的哪一种情形出现,就必须考查 P 的作图法. 为了找到 P,我们只需画两个圆 K_1, K_2,使两个边(比如 AC 和 BC)对着 $120°$ 的弧. 这时,AC 把 K_1 分割成两部分,对 K_1 短弧上任意一点,AC 所张的角都是 $120°$,但对长弧上任一点,AC 所张的角都是 $60°$. K_1, K_2 的两个短弧的交点如果存在,那么它就是所求的点 P,因为这时不只是 AC 和 BC 对 P 所张的角是 $120°$,而且 AB 所张的角也是 $120°$. 这是因为这三个角的总和等于 $360°$ 的缘故.

如图 210 所示,若三角形 ABC 中没有一个角大过 $120°$,则两个短弧的交点在三角形内部. 另一方面,如果三角形 ABC 中的一角,例如 C,大于 $120°$,那么 K_1 和 K_2 的两个短弧将不相交,如图 211 所示. 在这种情形,不存在使三个边所对的角都是 $120°$ 的点 P. 然而,K_1 和 K_2 确定一个交点 P',对于该点,AC 和 BC 所张的角各都是 $60°$,而钝角的对边 AB 所张的角却是 $120°$.

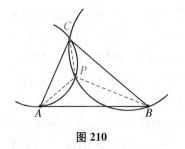

图 210

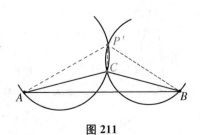

图 211

三角形若有一角大于$120°$,那么就没有使每个边所张的角都是$120°$的点.因此具有最小值的点P必和一个顶点重合,由于这是仅能有的另一种情形,所以它必定是钝角的顶点.从另一方面来看,若三角形所有的角都小于$120°$,我们能够作出点P而使每边对P所张之角为$120°$.但是为了完成定理的证明,还必须证明这个$a+b+c$确实比P与任意一个顶点重合时要小,因为我们以前只证明了如果不能从顶点之一得到最短总长的话,则P给出最小值.因此,我们必须证明$a+b+c$小于任意两边的和,比如$AB+AC$.为了做到这一点,延长BP,并且把A投影在这条直线上,得到点D(图 212).因为$\angle APD=60°$,射影PD的长度是$\frac{1}{2}a$.现在BD是AB在过B和P的直线上的射影,所以$BD<AB$.但$BD=b+\frac{1}{2}a$,所以$b+\frac{1}{2}a<AB$.同理,投影A于PC延长线上,我们知道$c+\frac{1}{2}a<AC$,加起来,得到不等式$a+b+c<AB+AC$.因为我们已经知道,如果最小点不是一个顶点,它必定是P,所以最后看出这个P确实是使$a+b+c$为最小值的点.

3. 一个补充问题

数学上的形式方法往往会使人得到出乎意料的结果.例如,角C如果大于$120°$,上述的几何作图作出的不是解P(在此情况,解

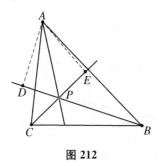

图 212

就是点C本身)而是另一点P'.对着P',三角形ABC的大边AB所张的角为$120°$,并且两个较小的边所张的角为$60°$.P'当然不解决我们的极小问题,但我们可以猜想它和这个问题有某种联系.其实P'是下述问题的解:求使表达式$a+b-c$为最小的点.这个证明和上面对于$a+b+c$所给出的证明完全类

似,这里要用到 §1 第五小节的结果,我们把它作为练习留给读者.
结合前面的结果,我们得到一个定理:

如果三角形 ABC 的角都小
于 120°,那么使分别到 A,B,C 的
距离 a,b,c 之和为最小的点是在
使得三角形的每一边所张的角是
120° 的地方,而 $a+b-c$ 在顶点 C
处最小. 如果三角形有一个角,设

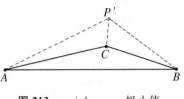

图 213 　$a+b-c=$ 极小值

为 C,大于 120°,那么在顶点 C 处,$a+b+c$ 最小,而使 $a+b-c$ 为最
小的点使三角形的两个短边所张的角是 60°,长边所张的角是 120°.

这样,这两个极小问题,一个总是可以由圆的作图解决,另一个,
顶点就是解. 当 $\angle C = 120°$ 时,每一个问题的两个解和这两个问题
的解是一致的,因为那时由作图法所得到的点恰好是顶点 C.

4. 说明与习题

如果在等边三角形 UVW 内,由点 P 作三条垂线 PA,PB,PC,
如图 214 所示,于是 A、B、C 和 P 就组成
上面所讨论的图形. 这个说明能用于解决
施泰纳问题:先由点 A,B,C 开始,然后
找 UVW.

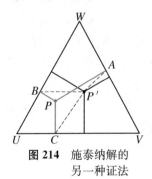

图 214 施泰纳解的
另一种证法

习题:① 等边三角形内任一点到三边的
垂线的和是常数且等于高线,利用这个事实,按
照上面说明的方案,作出问题的解答.

② 利用点 P 在 UVW 之外时相应的事实,
讨论补充问题.

在三维情形,我们可以研究类似的问题:给定四点 A,B,C,D 求第
五个点 P,使得 $a+b+c+d$ 是极小值.

*习题:利用 §1 中的方法,或利用正四面体,研究这个问题以及它
的补充问题.

⟋5. 推广到道路网问题

施泰纳问题中,给定了三个固定点 A, B, C. 很自然地可以把这个问题推广到给定 n 个点 A_1, A_2, $\cdots$, A_n 的情形;我们要求

图 215 列四个点的距离之和的最小值

出平面内的点 P,使距离和 $a_1 + a_2 + \cdots + a_n$ 为极小,其中 a_i 是距离 PA_i(对如图 215 中所排定的四个点,点 P 就是四边形 $A_1A_2A_3A_4$ 对角线的交点;读者可以当作练习去证明). 施泰纳也处理过这个问题. 但这个问题没有导出什么有趣的结果. 这是在数学文献中不难见到的一种肤浅的推广. 为了求得施泰纳问题真正有价值的推广,必须放弃寻找一个单独的点 P,而代之以具有最短总长的"道路网". 数学上表述成:给定 n 个点 A_1, A_2, $\cdots$, A_n,试求连接此 n 个点,总长最短的直线段连接系统,并且任意两点都可由系统中的直线段组成的折线连接起来.

显然,问题的解与给定点的排列位置有关,读者可以在施泰纳问题的解的基础上,对这问题作有益的研究. 我们在这里将只指出图 216~218 中的典型情况的解答. 在第一种情形,解是由五条线段组成的,其中有两个复接点,在那里有三条线段相交且相互间的交角都为 $120°$. 第二种情形的解含有三个复接点,如果点按另外的方式排列,像这样的解也许是不可能的. 如第三种情形,一个或几个复接点可能退化,或被一个或几个给定的点所代替.

在给定 n 个点的情形,最多将有 $n-2$ 个复接点,在每个交点处都有三条相互夹角为 $120°$ 的线段相交.

这类问题的解并不总是唯一确定的. 对于形成正方形的四个点 A, B, C, D,如图 219~220 所示,我们有两个等价的解. 如果点 A_1, A_2, $\cdots$, A_n 是简单多边形的顶点,多边形的内角又是足够大的,那么多边形本身就给出极小.

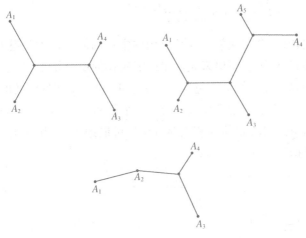

图 216～218　连接三个以上的点的最短网络

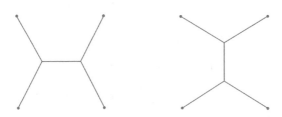

图 219～220　连接四点的两个最短网络

§6　极值与不等式

不等式起着重要的作用是高等数学的特色之一. 从原则上说, 极大问题的解总能导出一个不等式, 这个不等式表示出所考虑的变量小于或最多等于解所给出的极大值. 在许多情况下, 这样的不等式具有独立的意义. 作为一个例子, 我们将考虑算术平均和几何平均之间的一个重要的不等式.

1. 两个正量的算术平均和几何平均

我们由一个在纯数学及其应用中常见的简单极大问题开始. 这个问题用几何语言写出来是: 在指定周长的所有矩形中, 求具有面积最大的一个. 人们可能想到这个解是正方形. 证明这问题的推理如下. 设 $2a$ 是矩形的指定周长. 那么, 两个相邻边的长 x 与 y 的和 $x+y$ 是固定的, 同时要使面积变量 xy 尽可能地大. x 和 y 的"算术平均"就是指

$$m = \frac{x+y}{2}.$$

我们再引进一个量

$$d = \frac{x-y}{2},$$

则

$$x = m+d, \ y = m-d,$$

因此

$$xy = (m+d)(m-d) = m^2 - d^2$$

$$= \frac{(x+y)^2}{4} - d^2.$$

因为除 $d=0$ 外, d^2 大于零, 我们立即得到不等式

$$\sqrt{xy} \leqslant \frac{x+y}{2}, \tag{1}$$

其中的等号仅当 $d=0$, $x=y=m$ 时成立.

因为 $x+y$ 是固定的, 可见 $\sqrt{xy}$(因此面积 xy), 当 $x=y$ 时为极大. 表达式

$$g = \sqrt{xy}$$

（这里表示的是正平方根）就叫做两个正数 x 和 y 的"几何平均"，不等式(1)表示了算术平均和几何平均之间的基本关系。

不等式(1)也可以由

$$(\sqrt{x} - \sqrt{y})^2 = x + y - 2\sqrt{xy}$$

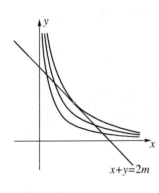

图 221 给定 $x + y$ 时，xy 的极大值

必须是非负的这一事实直接得到（这式子左端是一个平方），并且仅当 $x = y$ 时是零。

用几何方法也可以导出这个不等式。在一个平面内我们考察固定直线 $x + y = 2m$ 和曲线族 $xy = c$，其中 c 对于这些曲线的每一条，即双曲线，都是常数，但要随曲线不同而变。从图 221 中，明显地看出，和给定直线有公共点且使 c 为最大值的曲线，是和直线在 $x = y = m$ 相切的那条双曲线；对于这条双曲线，有 $c = m^2$。所以

$$xy \leqslant \left(\frac{x+y}{2}\right)^2.$$

应该注意的是，对于任意一个不等式

$$f(x, y) \leqslant g(x, y),$$

能够从两方面看，因此它既给出一个极大，也同样地给出一个极小。例如，(1)也可以表示在面积给定的所有矩形中，正方形的周长最小。

2. 推广到 n 个变量

二个正量的算术平均和几何平均之间的不等式(1)可以推广到任意 n 个正量。设 n 个正量为 $x_1, x_2, \cdots, x_n$，我们称

$$m = \frac{x_1 + x_2 + \cdots + x_n}{n}$$

为它们的算术平均值,而

$$g = \sqrt[n]{x_1 x_2 \cdots x_n}$$

是它们的几何平均值,这里 g 是正的 n 次方根. 一般定理叙述为

$$g \leqslant m, \tag{2}$$

并且仅当所有 x_i 相等时才有 $g = m$.

这个一般结果已经有各种巧妙的证明方法. 最简单的方法是把它归结为解决下面提出的极大问题,然后对它应用第一小节已用过的同样的推理,该问题是:把给定的正量 C 分为 n 个正部分, $C = x_1 + x_2 + \cdots + x_n$,要使乘积

$$P = x_1 x_2 \cdots x_n$$

尽可能地大. 我们开始可假设 P 的极大值存在——这是显然的,但在后面 §7,仍将作分析——并且是在一组数值

$$x_1 = a_1, \cdots, x_n = a_n$$

处取得. 我们需要证明的只是: $a_1 = a_2 = \cdots = a_n$,因为在这种情况下就有 $g = m$. 假设这是不对的,例如, $a_1 \neq a_2$. 考虑 n 个量

$$x_1 = s, x_2 = s, x_3 = a_3, \cdots, x_n = a_n,$$

其中

$$s = \frac{a_1 + a_2}{2}.$$

换句话说,用另一组数值来代替 a_i,这组数值只有前两个改变而使之相等,同时总和仍然不变. 可令

$$a_1 = s + d, a_2 = s - d,$$

其中

$$d = \frac{a_1 - a_2}{2}.$$

这个新乘积是

$$P' = s^2 \cdot a_3 \cdot \cdots \cdot a_n,$$

而原来的乘积是

$$P = (s+d)(s-d) \cdot a_3 \cdot \cdots \cdot a_n = (s^2 - d^2) \cdot a_3 \cdot \cdots \cdot a_n,$$

显然,除非 $d = 0$,我们有

$$P < P'.$$

这与 P 是极大值的假设矛盾.因此只能 $d = 0$; $a_1 = a_2$.用同样的方法,可以证明 $a_1 = a_i$,其中 a_i 是这些 a 中的任何一个;可见所有这些 a 都是相等的.因为当所有的 x_i 都相等时,$g = m$,并且我们已证明过仅只在这时 g 取得极大,可见,在其他情形 $g < m$.这正如定理中所述的那样.

3. 最小二乘法

n 个数 $x_1, \cdots, x_n$(在本小节中不需要假定都是正的)的算术平均有一个重要的极小性质.假设 u 是一个未知量,我们需要用某种测量仪器尽可能精确地测定它.为了这个目的,测量 n 次,由于各种实验误差,这 n 个读数可能略有不同,设为 $x_1, \cdots, x_n$,这时问题发生了:u 取什么值才最可信? 习惯上是采用算术平均 $m = \frac{x_1 + \cdots + x_n}{n}$ 为 u 的"真"值或"最佳"值.若要真正地去证明这个真实,我们必须先对概率论加以详细研究.但是,我们至少能够指出 m 具有极小性质,从而是一种合理的选择.令 u 是测量中的任一个可能数值.那么差 $u - x_1, \cdots, u - x_n$ 是这个值和不同读数间的偏差.这些偏差可能一部分是正的,一部分是负的,自然的想法是,就某种意义说使总偏差最小的值为 u 的最佳值.按高斯的想法,习惯上把偏差的平方 $(u - x_i)^2$(不是偏差本身)作为不精确性的适当的度量,并且在

u 的所有可能值中,选取使偏差平方和

$$(u-x_1)^2+(u-x_2)^2+\cdots+(u-x_n)^2$$

尽可能小的 u 作为最佳值. 这个 u 的最佳值恰好是算术平均 m,正是这个事实构成了高斯重要的"最小二乘法"的出发点. 我们可以用一个巧妙的方法来证明加着重点的命题. 把 $u-x_i$ 写成

$$(u-x_i)=(m-x_i)+(u-m),$$

于是有

$$(u-x_i)^2=(m-x_i)^2+(u-m)^2$$
$$+2(m-x_i)(u-m).$$

现在对所有 $i=1,2,\cdots,n$ 把这些等式加起来. 最后一项加起来的结果是 $2(u-m)(nm-x_1-\cdots-x_n)$,由 m 的定义,知道它是零. 最后我们有

$$(u-x_1)^2+\cdots+(u-x_n)^2$$
$$=(m-x_1)^2+\cdots+(m-x_n)^2+n(m-u)^2.$$

这就说明

$$(u-x_1)^2+\cdots+(u-x_n)^2\geqslant(m-x_1)^2+\cdots$$
$$+(m-x_n)^2,$$

并且等号只有当 $u=m$ 时才成立,这恰是我们所要证明的.

在比较复杂的情况,当要在相差很少的不相容的测量值中确定比较合理的结果时,最小二乘法就以这个结果为其指导原则. 例如,假定我们测得一条理论直线上的 n 个点,坐标为 x_i,y_i,并且假设这些测得的点不正好在一条直线上. 怎样画一条直线使它最适合于 n 个观测点呢? 前面的结果提示我们应按如下的步骤(用同样合理的变量来代替,这步骤也是对的). 设 $y=ax+b$ 表示这直线方程,那么问题就是求系数 a 和 b. 这条直线沿 y 方向到点 x_i,y_i 的距离是

$$y_i - (ax_i + b) = y_i - ax_i - b,$$

其正负号要由点是在直线上方或下方而定. 因此这个距离的平方是 $(y_i - ax_i - b)^2$, 而这个方法仅仅就是确定 a, b, 使表达式

$$(y_1 - ax_1 - b)^2 + \cdots + (y_n - ax_n - b)^2$$

取最小值. 这里我们有一个含两个未知量 a 和 b 的极小问题. 这个解的详细讨论虽然很简单, 但这里从略.

§7 极值的存在性 狄利克雷原理

1. 一般说明

在前面的某一些极值问题中, 我们是直接去证实问题的"解"比其他情形给出的结果更好. 一个明显的例子是施瓦茨三角形问题的解, 在那里我们能立刻看出不存在周长比垂足三角形短的内接三角形. 另外, 其解依赖于一个明显的不等式 (例如算术平均和几何平均之间的关系) 的极小或极大问题也是这种情形. 但是在其他一些问题中, 我们采用另一种办法, 首先假定解已经找到, 然后分析这个假定, 并且引出结论, 从而最终得到解的性质和构造. 例如, 施泰纳问题的解以及施瓦茨问题的第二种处理方法, 就是这种情形. 这两种方法在逻辑上是不同的. 第一种方法从方式上来说比较完备, 因为它或多或少地给出了解的构造性的证明. 第二种方法好像更简单些 (如我们在三角形问题中所见). 但是它不那么直接, 并且最主要的是在其构造上是有条件的, 因为一开始就假定了问题的解是存在的. 只有当存在性被承认或被证明了时, 才能得到这个解. 没有这个假定, 它仅只是说, 如果一个解存在, 那么它必有某些性质[①].

---

① 如下的错误命题, 说明了在逻辑上确定极值存在的必要性. 证明 1 是最大的整数. 证: 设 x 为最大整数, 如果 $x > 1$, 那么 $x^2 > x$, 因此 x 不可能是最大整数, 所以 x 必等于 1.

因为在某些问题中解的存在是很显然的,所以直到 19 世纪末,数学家仍然把极值问题中解的存在性的假定视作当然的事,而没有注意其中所涉及的逻辑问题. 19 世纪一些最伟大的数学家——高斯、狄利克雷和黎曼——把这个假定不加考虑地当作数学物理和函数论中某些深奥、难懂的定理的基础. 1849 年,当黎曼发表他的复变函数论基础的博士论文的时候,问题达到了高潮. 这篇写得简洁的论文——近代数学伟大的开拓性成就之一——在处理问题时采取了完全不合传统的方法,以至于很多人都容易忽略它. 维尔斯特拉斯,是当时柏林大学最著名的数学家,并且是建立严格的函数论方面的公认的权威. 他对这篇文章印象很深,但也有某些疑问. 不久他发现论文中有一个逻辑上的漏洞而作者却没有去加以补全. 维尔斯特拉斯的严厉批评虽然没有使黎曼动摇,但却使人们普遍地忽视了黎曼的理论. 几年后黎曼因肺病死去,突然地结束了他彗星般的一生. 但他的理论却一直有一些热心的追随者. 在他的文章发表 50 年后,希尔伯特终于成功地为完全解答黎曼所遗留的未解决的问题开辟了一条道路. 数学和数学物理中的这整个进展,是近代数学分析史中的一个伟大胜利.

在黎曼的论文中,遭到批评和攻击的地方,是极小值的存在性问题. 黎曼把他的理论的大部分建立在他所谓的狄利克雷原理的基础上(狄利克雷是黎曼在哥廷根时的老师,他讲述过这个原理,但从来没有写过有关这原理的文章). 例如,假设平面或任意曲面的一部分铺上锡箔,并且在锡箔上的某两点接上电池的两极,使得在锡箔层上有稳定电流. 毫无疑问,这个物理实验可以得出确定的结果. 但与此对应的数学问题又如何呢? 这个问题在函数论和另一些领域中极为重要. 根据电学理论,这个物理现象可以用"偏微分方程的边值问题"来描述. 与我们有关的就是这个数学问题;由于假想它和一个物理现象一样,它的可解性好像是合理的. 但这决不是数学证明. 黎曼分两步来处理这个数学问题. 首先他证明这个问题等价于一个极小问题:表示电流的能量的某个量,在给定条件下,比起其他的电流来,实际通过的电流使该量为极小. 然后作为"狄利克雷"原理,他说这样的极小问题有解. 对第二个论断,黎曼一点没作证明. 而这正是维尔斯特拉斯所攻击的地方. 不仅极小的存在性完全不是显然的,而且它的提出就是一个极其微妙的问题,这种问题因为当时的数学还未具备条件,所以只有在几十年的努力研究后,最后才得以解决.

2. 例题

我们用两个例子来解释所涉及的这种困难.

(1) 在一条直线 L 上标出距离为 d 的 A、B 两点,要找由 A 点开始,始边垂直 L,而最后到达 B 的最短的折线. 直线段 AB 是联结 A、B 之间所有路径中的最短路程;因此长为 d 的路径只有直线段 AB,而它不符合在 A 点的方向的条件,所以它不在问题所要求的范围之内. 这样我们可以肯定,能进行比较的任意一条路径的长度必大于 d. 另一方面,考察图 222 所示的一条合乎条件的路径 AOB. 如果我们用离 A 足够近的点 O' 代替 O,可以得到另一条

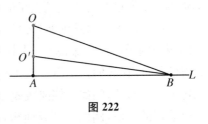

图 222

合于条件的路径,其长度与 d 相差可以任意的小;因此,如果最短合于条件的路径存在的话,其全长不能超过 d,而必须恰好为 d. 但我们已知长为 d 的只有路径 AB,它又是不合条件的. 所以,符合条件的路径中不可能存在最短的. 上述的极小问题没有解.

(2) 如图 223,设 C 是一个圆,并且 S 是在圆心上方距圆心为 1 的一个点. 考虑所有以 C 为下边界的一类曲面:过点 S,在 C 的上方,且曲面上任意不同的两点在 C 所在的平面上有不同的垂直投影. 试问这类曲面中哪个表面积最小? 这个问题看来自然是没有解的:不存在具有最小面积的这种曲面. 如果不指定曲面必须过 S 这个条件,那么这个解显然是以 C 为边界的平面圆盘. 设我们用 A 表

图 223

示圆盘面积. 任何其他以 C 为边界的曲面面积一定比 A 大. 但是我们可以找到一个面积和 A 相差任意小的合于条件的曲面. 为了做到这一点,我们取一个高为 1 的圆锥形曲面,使它很细以至于它的面积小于任意事先指定的界限. 把这个圆锥放在圆盘上,使其顶点在 S,并且考察由圆锥面和圆盘在圆锥底外的部分组成的全曲面. 显然立即可以看出,这个曲面和圆盘平面的差仅是靠近中心的那一部分,超过 A 的那部分面积的值小于事先给定的界限. 又这个界限可以按我们的愿望,选取得任意的小,可见符合条件的曲面面积的最小值如果存在的话只能是圆盘的面积 A. 但在所有以 C 为界的曲面中,只有圆盘本身的面积为 A,而圆盘不通过 S,不符合所要求的条件. 所以问题没有解.

我们不用再举出维尔斯特拉斯给出的那些复杂例子了. 刚才所举的两个例子已经足够说明,最小值的存在性不是数学证明中无关紧要的部分. 让我们再用更一般化和更抽象化的术语解释一下. 考察确定的一类对象,例如一族曲线或曲面,对其中的每一个对象都赋予一个确定的数值,例如长度或面积,它成为这类对象的一个函数. 如果这类对象中只有有限个,显然在对应的数值中必有一个最大的和一个最小的. 但如果在这类对象中有无穷多个,那么即使所有这些数都包含在一定的上下界限之间,也可能既没有最大的数,也没有最小的数. 一般地说,这些数将组成数轴上的一个无限点集. 为简单起见,我们假设所有这些数都是正的,那么这个集有一个"最大的下界"(下确界),即有一点 α,集合中的数没有比它小的,它或者本身是集合的元素,或者不属于该集,但可以由集合中的数以任意的精确度去逼近. 如果 α 属于这个集,它就是该集的最小元素;否则该集显然不含有最小元素. 例如,数集 $1, \frac{1}{2}, \frac{1}{3}, \cdots$ 不含最小元素,因为下界 0 不属于这个集. 这些例子以抽象的方式解释了有关存在性问题的逻辑困难. 所以, 在明确地或暗含地给出与问题有关的数集包含有最小元素这一证明以前, 极小问题的解是不完整的.

3. 初等极值问题

在初等问题研究中, 只需要对解的存在性问题所包含的基本概念作认真的分析就可以了. 在第六章 §5 中讨论过紧致集的一般概念; 定义在紧致集上的连续函数, 总可以在集合内的某处取得最大值与最小值. 在以前讨论过的每一个初等问题中, 进行比较的值都可以被看作是在某个区域上定义的一元或多元函数的值, 而这个区域或者是紧致集, 或者能很容易地使它成为紧致集而不使问题有实质的变化. 在这种情形, 可以保证最大值与最小值的存在. 例如, 在施泰纳问题中, 所考察的量是三个距离之和, 它是连续地依赖于动点的位置的. 由于动点的区域是整个平面, 我们若用一个大圆把图形围起来, 并限制这点只在圆的内部和边界上的话, 对问题的解不会有什么影响. 因为只要动点离这三个给定点足够远, 那么它到这些点的距离的和一定会超过 $AB + AC$, 而 $AB + AC$ 是原函数中的一个容许值. 所以如果点限制在大圆域上有一个最小值, 那么没有这个限制时, 也一定是这个最小值. 但很容易知道, 由圆以及它的内点组成的区域是紧致集; 因此施泰纳问题的最小值是存在的.

自变量的变域是紧致集这个假设的重要性, 可以由下面的例子看出. 给定两条闭曲线 C_1 和 C_2, 在 C_1 和 C_2 上, 总分别存在距离最近的两点 P_1 和 P_2, 以及距离最远的两点 Q_1 和 Q_2. 因为 C_1 上的一点 A_1 和 C_2 上的一点 A_2 之间的距离是一个紧致集上的连续函数, 而这个紧致集是由所考察的有序点对 A_1, A_2 组成的. 但是, 如果两条曲线是无界的, 即可以伸展到无限远的话, 那么问题就可能没有解. 在图 224 所示的情形下, 这两条曲线之间既没有最长距离也没有最短距离. 距离的下界是零, 上界是无穷, 两者都不能达到. 在某些情形, 最小值存在而最大值不存在. 在双曲线的两支之间 (第 90 页图 17), 只能利用 A 与 A' 得到最短距离, 而相距最远的两个点显然是不存在的.

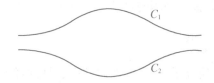

图 224　相互间不存在最长和最短距离的两条曲线

我们可以人为地限制自变量的变域,从而解释这种性质上的差异.选取任意一个正数 R,并只讨论把 x 限制在 $|x| \leqslant R$ 的情形.那么以上两个问题都存在最大值和最小值.在第一个问题中,用这种方法限制边界,保证了最长和最短距离的存在,但两个都是在边界上取得的.如果 R 增加,极值点仍然在边界上取得.因此,随着 R 的增加,这些极值点将趋于无穷而消失.在第二个问题中,极小的距离在内点获得,不管 R 怎样增加,距离极小的两点保持不变.

4. 比较复杂情形中所存在的困难

在含一个、两个或任意有限个自变量的初等问题中,存在性问题并不是太重要的,但对于狄利克雷原理,以及类似的甚至是比较简单的问题,就大不相同了.原因是在这些情形中,或者自变量的区域不是紧致集,或者函数不是连续的.在第二小节第一个例子中,有一系列路径 $AO'B$,其中 O' 是趋于点 A 的,其中每一路径都满足所要求的条件.但路径 $AO'B$ 趋近于直线段 AB 时,这个极限却不再在所要求的范围之内.在这里考虑所有符合条件的路径的集合,就如同区间 $0 < x \leqslant 1$ 一样,而对于这个区间,维尔斯特拉斯的极值定理是不成立的(见第 324 页).在第二个例子中,我们发现有类似的情形:如果圆锥越变越细,那么对应的一系列符合条件的曲面将趋于圆盘加上一个到达 S 的垂线.然而这个极限几何整体是不在所要求的曲面之内的,符合条件的曲面的集合仍然不是紧致集.

作为不连续依赖的一个例子,我们考查一条曲线的长度.因为整个曲线不能由有限个"坐标"来刻画,所以这个长度不再是有限个数值变量的函数,而且曲线长也不是曲线的连续函数.为了看清这一点,我们用锯齿形的折线 P_n,连接相距为 d 的两点 A 和 B,使 P_n 和直线段 AB 组成 n 个等边三角形.由图 225,显然对任意 n,P_n 的总长恰好等于 $2d$.现在考察折线序列 P_1,P_2,$\cdots$.当波数值 n 增加时,这些折线的单个波的高度降低,并且在极限情形,凹凸不平的情形将完全消失于直线 AB,显然折线 P_n 趋近于直线 AB.但不管下标 n 怎样,P_n 的长度,永远等于 $2d$,同时极限曲线的长度,即直线段的长度仅为 d.因此长度不连续依赖于曲线.

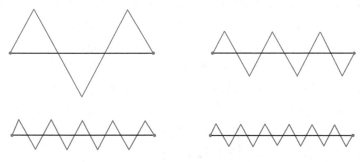

图 225 用二倍于直线段长的折线趋近直线段

所有这些例子进一步说明这样一个事实:在处理结构较复杂的极值问题时,解的存在与否确实是需要讨论的.

§8 等 周 问 题

具有一定长度的所有闭曲线中,以圆所围的面积最大;这是数学中"显而易见"的事实之一,但它只有用近代方法才能得到严密的证明.对这个定理的证明,施泰纳给出了许多高明的方法,我们将只研究其中的一个.

我们首先假设解是存在的.即我们可以设 C 是一条周长 L 一定

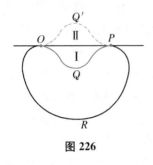

图 226

并且包含有最大面积符合要求的曲线. 那么我们很容易证明 C 必是凸曲线;凸的意思是说连接 C 上任意两点的直线段必全部在曲线上或在曲线围成的区域内. 因为,如果曲线 C 不是凸的,如图 226 所示,那么在 C 上必有某一对点,例如 O 和 P,使直线段 OP 在 C 外. 设弧 OQP 关于直线 OP 的反射映象是弧 $OQ'P$,弧 $OQ'P$

与弧 ORP 一起形成长度为 L 的一条曲线,而它包围的面积比原曲线 C 大,这是因为它包括的面积增加了面积Ⅰ和Ⅱ. 但这与长度为 L 的闭曲线 C 含有最大面积的假设矛盾. 所以 C 必是凸的.

现在选取两点 A 和 B,把作为解的曲线 C 分割为等长的两段弧. 那么直线 AB 必将 C 的面积分割为两个相等的部分,因为不然的话,可以把较大面积的那部分对 AB 反射,就得到另一条长度为 L、比 C 围有更大面积的曲线了(图 227). 可见作为解的曲线 C 的一半必须解决以下的问题:求长度为 $L/2$ 的弧,其端点 A、B 在一条直线上,使它与这条直线之间所围的面积为极大. 现在我们将证明这个新问题的解是半圆,从而等周长问题的解 C 是一个圆. 设弧 AOB 是新问题的解. 只要证明每一个内接角,例如图 228 内的 $\angle AOB$ 是直角就行了,因为这就证明

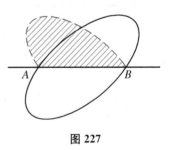

图 227

了 AOB 是半圆. 相反地,假设角 AOB 不是直角. 那么我们可以用图 229 的图形代替图 228,这个新图形中,阴影部分的面积以及弧 AOB 的长度没有改变,而由于使 $\angle AOB$ 等于 $90°$ 或至少接近 $90°$,三角形的面积增大了. 这样,图 229 给出了一个比原图更大的面积(见第 343 页). 但我们开始是假设图 228 是问题的解,因此图 229 不可能有更大的面积. 这个矛盾就证明了对任意点 O,$\angle AOB$ 必是直角,证

明完毕.

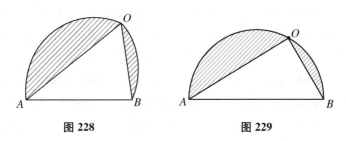

图 228　　　　　　　　图 229

圆的等周的性质也可以用一个不等式表示. 设 L 是圆的周长, 它的面积为 $\dfrac{L^2}{4\pi}$, 因而在任意闭曲线的长度 L 和面积 A 之间必须有等周不等式, $A \leqslant \dfrac{L^2}{4\pi}$, 这里, 等号只在圆时成立.

*由 §7 讨论中我们都知道, 施泰纳的证明是有条件的: "如果存在长度为 L 并有最大面积的曲线, 那么它必是圆." 确立这个假设前提, 需要一个实质上是全新的讨论. 首先我们要证明一个有关偶数 $2n$ 边的闭多边形 P_n 的初等定理: 具有同样长度的所有 $2n$ 个边的多边形中, 正 $2n$ 边形有最大面积. 证明和施泰纳的方法相仿, 但作如下修改. 这里存在性问题没有困难, 因为一个 $2n$ 边多边形以及它的长度和面积, 都连续依赖于顶点的 $4n$ 个坐标, 不失一般性, 我们可以把它们限制在 $4n$ 维空间内的一个紧致点集上. 由此, 对多边形的这个问题, 一开始我们确实可以假设某个多边形 P 是解, 并在这个基础上分析 P 的性质. 和施泰纳的证明完全一样, 可以知道 P 必是凸的. 我们现在证明 P 的 $2n$ 个边必然都长度相同. 因为如果假设两个邻边 AB 和 BC 有不同的长度; 那么我们可以从 P 中切下三角形 ABC, 换上一个等腰三角形 $AB'C$, 使 $AB' + B'C = AB + BC$, 则

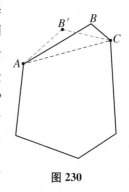

图 230

$\triangle AB'C$ 有较大的面积（见 §1）. 这样，我们得到一个周长相同但面积较大的多边形 P'，这与 P 是最佳 $2n$ 多边形矛盾. 因而 P 的所有的边必有相同的长度. 剩下的是要证明 P 是正多边形；这只要说明 P 的所有顶点都在一个圆上就足够了. 推理和施泰纳的方法相似. 首先，我们证明连接任意一对顶点的一条对角线，例如连接第一个和第 $n+1$ 个顶点的对角线，切割整个面积为相等的两部分. 其次证明任一部分的所有顶点都在同一个半圆上. 详细叙述可以完全照着前面的方式进行，这留给读者作练习.

等周问题的解及其存在性，现在能够用当顶点数无限增多，最佳正多边形趋于圆的极限过程而得到.

施泰纳的推理对于证明三维空间中球面的相应的等周性质并不完全适用. 施泰纳给出了一个略有不同但比较复杂的办法，使三维的问题能和二维一样的处理，但因为不能立即把它用于存在性的证明，因此我们在此把它略去了. 事实上，证明球的等周性质，比起圆来说困难得多；一个完整而严格的证明是在相当一段时期后首先由施瓦茨在一篇颇难理解的文章中给出的. 在任意闭三维体的表面面积 A 和体积 V 之间，三维等周性质可以用不等式

$$36\pi V^2 \leqslant A^3$$

表示，这里等号只有在球面时才成立.

*§9　带有边界条件的极值问题　施泰纳问题和等周问题之间的联系

当变量的变域用边界条件限定时，极值问题可以产生许多有趣的结果. 关于紧致集上连续函数必有最大和最小值的维尔斯特拉斯定理，并不排除在区域边界上取得极值的可能. 函数 $u=x$ 提供了一个简单而且几乎是一目了然的例子. 如果 x 没有限制，变域可以是

由 $-\infty$ 到 $+\infty$，那么自变量的区域 B 是整个数轴；并且由此可以知道函数 $u = x$ 在任何地方都没有最大值和最小值. 但如果用边界限定变域 B，例如 $0 \leqslant x \leqslant 1$，那么存在一个最大值 1，它在右端点得到，并且还有一个最小值 0，它在左端点得到. 然而，这些极值并不出现在函数曲线的"峰"或"谷"处，对于两边完整的邻域来说，它们不是极值. 由于极值总在端点，所以只要区域扩大，极值就要变化. 但对于函数的真正"峰"或"谷"来说，极值特性是针对取得极值的极值点的一个完整邻域而言的；边界稍有变化不会有什么影响. 这一类极值当自变量在区域 B 内自由变化时也仍然保持，至少在充分小的邻域内是如此. 这种"自由"极值和边界上取的极值之间的区别，可以用很多表面上是不同的方式来解释. 当然，对于一元函数，区别仅仅是在单调函数和非单调函数之间，不能引出特别有趣的东西来. 但在多元函数的情形，存在很多颇重要的例子，其极值都在变域的边界上取得.

例如：在施瓦茨三角形问题中就能出现这种情形. 三个自变量的变域是由所有三元点组组成的，在这里三元点组中的每一个点分别在三角形 ABC 的三边上. 问题的解只包括两种可能情况：一种是，极小值的取得是在自变量的三个点 P、Q、R 都在三角形三个边的内部的时候，在这种情形下，最小值是由垂足三角形给出的；另一种极小值是当 P、Q、R 中有两点与它们各自取值区间的公共端点重合时的边界位置取得的，在这种情形下，最小内接"三角形"是该顶点所引高线的二倍. 这样，因这两种情形的不同，解的性质也就不同.

在施泰纳的三村问题中，点 P 的变域是整个平面. 平面内给定的三个点 A、B、C，可以看作边界点. 仍然存在两种可能情况，它们产生两种完全不同类型的解：或者极小值在三角形 ABC 的内部取得，这就是三个等角的情形；或者极小值在一个边界点 C 取得. 它的补充问题也存在类似的两种情况.

作为最后一个例子，我们可以考虑限制边界条件的等周问题. 这样我们将得到等周问题和施泰纳问题之间的惊人的联系,同时,它也许是一种新类型的极值问题的最简单的例子. 在原来的问题中,自变量,即这定长的闭曲线,它可以由圆任意变形,并且任意这种变形所成的曲线都是可以进行比较的,从而使我们有一个真正自由的极小值. 现在让我们考虑下面修改了的问题:"给定三点 P、Q、R,求一曲线 C,使这三个点在其内部,或通过这三个点,包含给定的面积 A,而要使其周长为极小."这表示一个真正的边界条件.

显然,如果预先给定的 A 充分大,那么三个点 P、Q、R 将完全不影响这个问题. 只要三角形 PQR 的外接圆所包围的面积小于或等于 A,问题的解仅仅就是包含三点面积为 A 的一个圆. 但如果 A 比较小将怎样呢? 我们这里将只叙述答案而略去详细的证明,虽然这个证明并没有超出我们的能力范围. 对于 A 递减到零的一系列值,让我们来看看这些解的特点. 当 A 刚小于外接圆所包围的面积时,原来的等周的圆将断裂为三段弧,这些弧有相同的半径,并且它们以 P、Q、R 为顶点组成为一个凸圆弧三角形(图 232). 这个三角形就是问题的解. 我们还可以由给定的值 A,确定其大小. 如果 A 进一步减小,这些圆弧的半径将要增加,而弧将越来越接近于直线,直到 A 恰好是三角形 PQR 的面积时,解就是这三角形本身. 如果现在 A 再小些,那么解仍由三个圆弧组成,它们有同样的半径,并且以 P、Q、R 为顶点组成一个三角形. 然而,这时三角形是凹的,这些弧在三角形 PQR 的内部(图 233). A 再继续减小,将会出现这样的一个时刻:对某个值 A,两个凹弧在一个角顶 R 处彼此相切. A 若再继续减小,就不再可能构作一个以前那种类型的圆弧三角形了. 一种新现象出现了:解仍然由凹弧三角形给出,但它的一个顶点 R' 将与对应的顶点 R 分开,并且现在解将由圆弧三角形 PQR' 加上计算两次的直线段 RR'(因为它要由 R' 走到 R 并且再返回来)组成. 这条直线段与在 R' 处相切的两个弧都相切. 如果 A 继续进一步减小,分离的过程也将在其他顶点处发生. 我们得到的解是一个圆弧三角形,它由等半径的三条圆弧组成,它们彼此相切形成一个等边圆弧三角形

$P'Q'R'$,另外还要加上三条各自计算两次的直线段 $P'P,Q'Q,R'R$（图 234）. 最后,如果 A 收缩为零,那么圆弧三角形退化为一个点,我们就回到了施泰纳问题的解;这样后者可以看作是修改了的等周问题的极限情形.

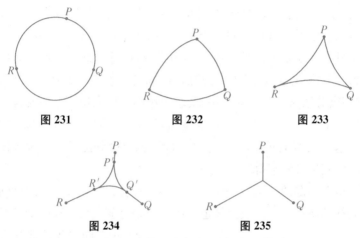

图 231　　　　　图 232　　　　　图 233

图 234　　　　　图 235

图 231～235　逐渐靠近施泰纳问题的解的等周图形

　　如果 P、Q、R 组成一个钝角三角形,其中有一个角大于 $120°$,那么收缩过程将导出相应的施泰纳问题的解,因为那时圆弧缩向钝角的顶点. 广义施泰纳问题的解(第 371 页的图 216～218),可以由类似问题的极限过程得到.

§10　变 分 法

1. 引言

　　等周问题是 1696 年引起约翰·贝努利(Johann Bernoulli)注意的一大类重要问题中可能是最古老的一个例子. 在当时一个有名的科学期刊上,他提出了如下的"捷线"问题:设想一个质点沿连接点 A 和一个更低的点 B 的一条曲线无摩擦力地下滑. 如果质点仅在重力的影响下,那么沿怎样一条曲线才使质点下滑所需的时间最少? 容易看出,质点沿不同路径降落所需时间是不一样的. 直线决不是最快的路径,答案也不是圆弧或其他初等曲线. 贝努利自称已有了一个奇妙的答案,但为了激励当时最伟大的数学家,使他们能在这新类型的数学问题面前,试试自己的才能,不打算马上把答案发表. 特别是,他向他的哥哥雅可比·贝努利(Jacob Bernoulli)挑战,当时他和他的哥哥存在长期激烈的争吵,他公开说他哥哥在解这个问题上是无能为力的. 数学家立即认识到"捷线"问题有着不同的特点. 在那以前,在微分法所处理的问题中,要求极小的量仅依赖于一个或若干个数值变量,而这个问题中所考虑的量,即下降时间,却依赖整条曲线,就因这一根本不同点,致使这个问题不能由微分法以及当时所知道的任何其他方法来解决.

这个问题的新奇性——表面上不容易看到它和圆的等周性问题有同样的特性——以及当知道它的解原来是前不久发现的旋轮线的

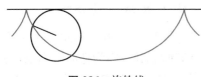

图 236 旋轮线

时候,更把同时代的数学家们强烈地吸引住了. 我们回忆旋轮线的定义:旋轮线是圆沿直线无滑动地滚动时,圆周上一点的轨迹,如图 236 所示. 在此以前已知这个曲线和有趣的力学问题有联系,特别是和理想的钟摆的制作有联系. 惠更斯(Huygens)曾发现:一个理想质点,在没有摩擦力的情况下,受重力影响在铅直的旋轮线上振动时,其振动周期和运动的振幅无关. 而像一个普通摆所走的一条圆弧路径,和振幅无关性只是近似正确,这被认为是用摆制造精确钟表的缺欠. 因此旋轮线被誉为等时性曲线,现在它又获得了捷线这个新头衔.

2. 变分法 费马光学原理

贝努利兄弟和其他人已经找到了解捷线问题的各种不同方法,

而我们现在介绍的是最原始的方法之一. 最初的这些方法是对特殊
问题而采用的,或多或少带有特殊性. 但这些方法没有保持很久,欧
拉和拉格朗日(Lagrange,1736~1813)发展出解这种极值问题(这种
极值问题中自变元不是一个或有限个数值变量,而是整条曲线或函数,
甚至是一组函数)的更一般的方法. 解这种问题的新方法叫变分法.

这里不可能叙述这个数学分支的技术细节或深入讨论各种特殊
问题. 变分法在物理中应用很广. 很早以前人们就注意到,自然现象
常常呈现为某种类型的极大或极小形式. 如我们已看到的,亚历山大
时期的赫伦认识到,光线对平面镜的反射可以用极小原理来描述. 在
17 世纪,费马更进了一步:他观察到,
光线的折射规律也可以借助极小原理
来描述. 大家都知道,光线由一均匀介
质传播到另一介质时,其路径要在交界
处转折. 如图 237,从上面介质的 P 点
出发到达下面介质 R 点的光线(在上面
介质中速度为 v,在下面介质中速度为
w),将按 PQR 的路径传播. 由斯涅尔

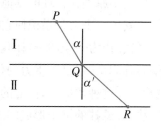

图 237　光线的折射

(Snell)(1591~1626)发现的实验定律,阐明组成路径的两条直线段
PQ 和 QR 与法线的夹角 α、α',由条件

$$\frac{\sin \alpha}{\sin \alpha'} = \frac{v}{w}$$

决定. 利用微积分,费马证明了这路径使光线由 P 到 R 所需的时间
最少,也就是说,其时间比光线沿任何其他的连线传播所用的时间都
少. 这样,赫伦反射定律在 1600 年后,由一个类似的、而且同样重要
的折射律给以补充了.

费马把这个定律所说的关系推广到介质间的分界是弯曲的曲面
的情况,如像透镜中用到的球面. 对于球面透镜的情形,这个关系仍
然成立,即光线实际走的路径所需要的时间,比起光线在相同两点间

走任何其他的路径所需的时间都要少. 最后,费马考察了这样一种任意的光学系统,在这种系统中,光线的速度按一定的方式逐点变化,就如同在大气层中那样. 他把连续的非均匀介质分割成许多薄层,在每一层内光速近似不变,因而设想每片薄层内光速不变. 这样,从任一薄层到下一薄层,他可以逐次应用他的原理. 使薄层趋于零,他得到了普遍的几何光学的费马原理:在非均匀介质中,光线在两点间传播要沿着连接该两点的一切路径中费时最少的一条路径前进. 这个原理不仅是在理论上,而且在几何光学的应用上都是很重要的. 把变分法应用到这个原理上的技巧,提供了计算透镜系统的基础.

极小原理在物理的其他分支中也起着支配的作用. 人们观察到,如果安置一个力学系统使它的"位能"极小,那么这个系统就获得稳定平衡. 作为一个例子,让我们考虑一条柔软的均匀的链子,把它两端悬挂起来,且只受重力的作用,这时链所取的形状,将使它的位能极小. 在这种情形下,位能的大小由重心(在某个固定轴上方)的高度所决定. 悬挂的链子形成的曲线,叫做悬链线,它表面上像抛物线.

不仅平衡的那些规律,而且一些运动的规律也是由极大、极小原理决定的. 第一个对这个原理获得明确概念的人是欧拉,而有着哲学和神秘倾向的"抽象理论家"们,例如牟培尔特(Maupertuis, 1698~1759),却不能把数学命题与"上帝的意志是用最完美的一般原则控制物理现象"这种模糊观念分离开来. 物理学的欧拉变分原理,后来再次由爱尔兰数学家哈密尔顿(W. R. Hamilton, 1805~1865)重新发现,并加以推广,它是力学、光学、电动力学中最有效的工具之一,并且在工程中有许多应用. 在物理学的最新发展中——相对论和量子论——到处都有显示出变分法威力的例子.

3. 贝努利对捷线问题的处理

较早由 J. 贝努利得到的捷线问题的解法,用不着很多专门知识就可以理解. 我们由力学中的这样一个事实开始:一个在 A 静止

的质点从 A 沿任意一条曲线 C 下滑,在任意点 P 时的速度与 $\sqrt{h}$ 成比例,这里 h 是 A 到 P 的垂直距离;就是说,$v = c\sqrt{h}$,其中 c 是一个常数. 现在我们把问题变换成稍微不同的另一问题. 把空间分割为很多水平薄片,每一片的厚度都是 d,并且现在假定运动质点的速度的改变是不连续的,从一片到另一片间有小的跳变,于是在邻接 A 的第一片中速度是 $c\sqrt{d}$,第二片中的速度是 $c\sqrt{2d}$,而第 n 片中是 $c\sqrt{nd} = c\sqrt{h}$,其中 h 是 A 到 P 的垂直距离(见图 238). 如果要考虑的是这个问题,那么实际上只有有限个变量. 在每片中,路径必须是直线段,这时不出现存在性问题,并且问题的解必然是折线,剩下的问题只是如何确定折线的转折点. 根据简单折射律

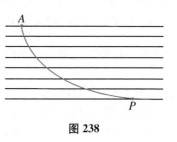

图 238

中的极小性原理,每一对相邻的薄片之内,由 P 经 Q 到 R 的运动路径必须是:当 P 和 R 固定时,Q 是使运动需时最少的点,因此下述的"折射律"必须成立:

$$\frac{\sin\alpha}{\sqrt{nd}} = \frac{\sin\alpha'}{\sqrt{(n+1)d}}.$$

反复使用这个原理,将产生一系列的等式

$$\frac{\sin\alpha_1}{\sqrt{d}} = \frac{\sin\alpha_2}{\sqrt{2d}} = \cdots, \tag{1}$$

其中 α_n 是第 n 薄片中的折线与垂直于薄片的法线间的夹角.

现在贝努利设想厚度 d 变得越来越小,趋近于零. 那么刚才得到的作为近似问题解的折线,将趋近于原问题中所要求的解. 在这个极限过程中,等式(1)不受影响,因此,贝努利下结论说,解必是具有下述性质的曲线 C:如果 α 表示曲线 C 在任意一点 P 处的切线和过该点的垂线之间的夹角,h 表示由 P 到过 A 的水平线的垂直距离,

那么对于 C 上的任意一点 P 来说,$\dfrac{\sin\alpha}{\sqrt{h}}$ 是常数. 人们很容易证明,这个性质是旋轮线的特性.

贝努利的"证明"是数学推理上一个巧妙而有价值的典型例子,但它并不是严密的. 论证中有一些默认的假设,而要证明它们是正确的,比论证这问题本身还更复杂和冗长. 例如,解 C 的存在性,以及近似问题的解趋近于原问题解的事实都是假定的. 像这一类具有启发性的方法的真正价值当然是值得讨论的,但是这会使我们离题太远.

4. 球面上的测地线与极大-极小

在本章的引言中,我们提到过求连接一个曲面上已知两点的最短弧的问题. 在初等几何中已经证明,球面上的这些"测地线"是大圆上的一段弧. 设 P 和 Q 是球面上的两点(不是同一条直径上的两个端点),并且 c 是过 P 和 Q 的大圆上较短的那段弧. 那么现在问题是,同一个大圆的较长的弧 c' 有什么性质? 它当然不是最短曲线,也不能是连接 P 和 Q 曲线中的最长的曲线,因为在 P 和 Q 之间可以作出任意长度的曲线. 答案是,c' 是一个极大——极小问题的解. 设 S 是一个把 P 和 Q 分隔在两侧的某一固定大圆上的点;我们欲求球面上连接 P 和 Q 又通过 S 的最短的曲线. 当然,两条大圆弧上的短弧 PS 和 QS 组成的曲线就是这极小问题的解. 我们现在要找出 S 点的一个位置,使最短距离 PSQ 变得尽可能地大. 答案是:S 必须

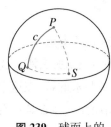

图 239 球面上的
测地线

使得 PSQ 就是过 PQ 的大圆的较长弧 c'. 我们可以变更这个问题如下:首先找由 P 经过球面上指定的 n 个点 S_1,S_2,$\cdots$,S_n 到 Q 的最短路径,然后变动点 S_1,S_2,$\cdots$,S_n 的位置,使这最短距离变得尽可能地大. 这样得到的解是联结 P 和 Q 的大圆上的一条路径,但是这条路径要缠绕球面,而它恰巧经过 P 和 Q 沿

直径所对的另一对端点 n 次.

这个极大极小问题的例子,是变分法中一类广泛问题中的一个典型问题,这些问题用莫尔斯和其他人发展的方法已取得出色的成就.

§11 极小问题的实验解法 肥皂膜实验

1. 引言

用含有给定的基本元素的公式或几何作图明确地解出变分法的问题,通常是很困难的,甚至有时是不可能的. 相反,我们常常先证明在某种条件下的解是存在的,然后再研究解的性质. 在很多情况下,当这样一个存在性的证明变得颇为困难时,就促使人们去用相应的物理装置来实现这个问题的数学条件,或者,干脆把数学问题看作是物理现象的解释. 这时物理现象的存在性就表示这个数学问题的解. 当然,这只是一种大致的考察,而不是数学证明. 因为严格地说,物理事物的这个数学解释是否适当,或者它是否仅给出了物理现实的不充分的表象等等问题依然存在. 有时候,这样的实验,即使它们只是在想象中作的,也能使数学家信服. 在 19 世纪,函数论中的许多基本定理,就是由于黎曼作假想中的薄金属片内电流的简单实验而发现的.

这一节我们打算在实验演示的基础上,讨论变分法中较深的一个问题,这个问题称为普拉图问题,因为比利时物理学家普拉图(Plateau,1801~1883)曾对这个题目作出了有趣的实验. 这个问题本身是很古老的,并且回到了变分法的初期阶段. 这个问题的最简单形式如下:在空间中给定一闭围线,求以这条曲线为边界,具有最小面积的曲面. 我们还将讨论与这个问题有关的一些实验. 利用这些,我们可以发现对前面的一些结果,以及对某些新型的数学问题它也有不少启示.

2. 肥皂膜实验

在数学上,普拉图问题与"偏微分方程",或与偏微分方程组的解有关.欧拉指出,所有不是平面的极小曲面必是鞍形的,并且在每一点的平均曲率①都是零.在上一世纪,对很多特殊情况证明了这类问题的解是存在的.但在一般情形中解的存在性,只是在最近,才由道格拉斯(J. Douglas)和雷多(T. Radò)证明.

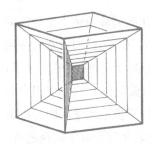

图 240 立方体框架上绷着 13 个近于平面的曲面的肥皂膜

用普拉图的实验,对很一般的闭围线可以立即得到物理解.如果人们把一个金属丝做成的任意闭围线,浸入表面张力较小的液体内,然后再提出来,那么绷在围线上的膜就是具有最小面积的极小曲面.(假设我们可以忽略重力和其他干扰薄膜趋向具有最小面积的平衡位置的力,那么只需考虑表面张力所引起的最小位能值就可以了.)这种液体的一种好配方如下:把 10 克干的纯油酸钠,溶于 500 克的蒸馏水中,再把 15 个立方单位的这种溶液和 11 个立方单位的甘油混合.用这种溶液在黄铜丝架上得到的膜比较稳定.这种框架的直径应不超过 5 或 6 英寸.

用这种方法,很容易"解"普拉图问题,这只需要将黄铜丝作成我们所需的形状就可以了.由一系列正多面体的棱所构成的多边形的黄铜丝框架上可以得到许多美丽的曲面.特别是把整个立方体框架,浸在这种溶液中,更为有趣.最初的结果是,沿每条棱线,一系列不同

① 一个曲面在 P 点的平均曲率是这样定义的:考虑过 P 点的曲面的垂线和所有过这垂线的平面.这些平面和曲面将相交为许多曲线.在一般情形下,这些曲线在 P 点有不同的曲率.现在考虑具有极小曲率和极大曲率的曲线,(一般说来,包含这些曲线的平面将彼此垂直)这两个曲率之和的一半称为这曲面在 P 点的平均曲率.

的曲面彼此以 120°角相交(如果很小心地取出这立方体框架,那么将有 13 个近于平面的曲面).然后我们可以捅破许多这种不同的曲面,最后只剩一个边界为一闭多边形的曲面.用这样的方法可以得到好几个美丽的曲面.对于四面体也可作同样的试验.

3. 普拉图问题的几种新实验

求极小曲面的肥皂膜实验的范围比原来普拉图所示范的要广泛.近年来,这个极小曲面问题的研究,不只限于指定一个闭围线,而且可以指定任意多的闭围线为边界,另外曲面的拓扑结构也更复杂了.例如曲面可以是单侧曲面,或亏格不等于零的曲面.这些更一般的问题产生了使人惊奇的多种几何现象,而这些现象可以用肥皂膜实验来演示.在考察这种联系时,最好把金属丝框架制成能自由弯曲伸缩的,以便于研究给定边界的变形对解的影响.

让我们叙述几个例子.

(1)如果边界是圆,我们得到一个平面圆盘形曲面.如果连续地使边界变形,我们可能会期望极小曲面总能保持圆盘的拓扑性质.但实际并不是这样.如果边界线变形为如图 241 所示的形状,得到的极小曲面不再是像圆盘那样是单连通的,而是单侧的莫比乌斯带.反过来,我们也可以由这个绷有莫比乌斯带样的肥皂膜的框架开始.我们可以拉开焊接在上面的手把,从而使框架变形(图 241).在这个过程中会有那样的一瞬,膜的拓扑性质突然发生变化,使曲面再次成为单连通圆盘的类型(图 242).把这个变形再倒过来,我们还可得到莫比乌斯带.在这个交替的变形过程中,单连通曲面转变为莫比乌斯带的发生于较后的阶段.这表明必存在闭围线的某一种形状,使得莫比乌斯带和单连通曲面两者都是稳定的平衡状态,即两种曲面都具有相对极小.但当框架的变化使得莫比乌斯带的面积大大小于其他曲面时,这后者太不稳定以至于无法形成.

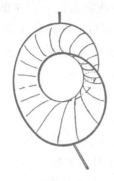

图 241　单侧曲面(莫比乌斯带)

图 242　双侧曲面

(2) 我们考虑在两圆间绷上一个极小回转曲面. 当由溶液中提出这金属丝框架后, 我们发现所得结果不是一片简单的曲面, 而是由相交为 $120°$ 角的三片曲面构成的, 其中的一片是平行于预先给定的边界圆的简单圆盘(图 243). 捅破中间的曲面, 就会产生古典的悬链曲面(悬链面是第 392 页的悬链线围绕一条垂直于其对称轴的直线旋转而成的曲面). 如果两个边界圆逐渐拉开, 那么到一定时刻双连通的极小曲面(悬链面)变得不稳定了. 在此时刻, 悬链面就不连续的跳变为两个分离的圆盘. 当然, 这个过程是不可逆的.

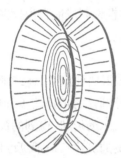

图 243　由三片曲面构成的系统

(3) 图 244~246 的框架给出了另一个重要的例子. 在图中的框架上, 可以绷上三种不同的极小曲面. 每一种都以同样的简单闭曲线作边界; 图 244 是亏格为 1 的曲面, 而另两种是单连通的, 并且它们彼此对称. 如果围线是完全对称的话, 后面的两种曲面就有相同的面积. 但是如果不是这种情形, 只要找的是单连通曲面中的极小值, 那么有一种曲面给出面积的绝对极小, 而另一种给出的是相对极小. 出现亏格为 1 的曲面的可能性取决于如下的事实: 亏格为 1 的曲面比

单连通曲面有更小的面积. 如果这个框架的变形足够彻底, 通过这个
变形我们必会达到这样的一个状况, 在这个状况, 上面所说的曲面不
可能产生了. 在这时候亏格为 1 的曲面将变得愈来愈不稳定, 并且突
然不连续的跃变为如图 245 或图 246 中所描绘的单连通曲面的稳定
形式. 如果我们是从单连通形式中的某一个开始, 例如图 246 开始,
可以将框架变形, 使得另一个单连通形式的曲面(图 245)更加稳定.
结果是在某个时刻, 将发生由一种形式不连续地变换为另一种形式.
缓慢地往回变形使我们回到框架原来的位置, 但是现在它上面带的
是另一种曲面形式. 我们能够按相反方向重复这个过程, 并且照这样
使两种曲面之间的不连续变换来回地进行. 只要很小心地操作, 人们
也可以把任意一个单连通曲面不连续地变形为亏格为 1 的曲面. 为
此, 我们必须让圆盘状的部分彼此靠的非常近, 才能使亏格为 1 的曲
面变得很稳定. 在这个过程中, 有时会先出现中间薄膜片, 在得到亏
格为 1 的曲面以前, 必须弄破它们.

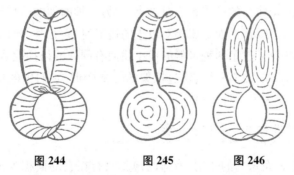

图 244 　　　　　　 图 245 　　　　　　 图 246

框架上绷着亏格为 0 和亏格为 1 的三种不同曲面

这个例子说明, 在一个或相同的框架内, 不仅同样的拓扑类型的
不同解是可能的, 并且也可以有另外的不同拓扑类型的解; 进而它再
次说明, 当问题的条件是连续变化时, 存在由一种曲面形式到另一种
曲面形式的不连续变换的可能性. 容易造出同一类的更复杂的一些
模型, 并且用实验研究它们的性质.

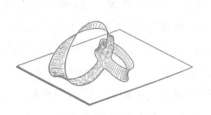 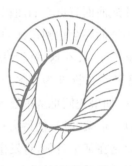

图 247　单围线内具有复杂拓扑结构的　　图 248　钩着的曲线
　　　　 单侧极小曲面

由两条或更多条互钩着的闭曲线为边界的极小曲面是很有趣
的. 由两个互钩着的圆所得的曲面如图 248 所示. 在这个例子中,如
果圆彼此垂直,并且它们所在平面的交线包含两个圆的直径时,则极
小曲面由两片等面积并且对称的曲面组成. 如果这时把两个圆的相
对位置作轻微的改变,曲面形状将连续地变换,不过对于每一位置来
说,只有一种曲面的面积是绝对极小,而另一种曲面的面积是相对极
小. 但是当两圆移动而形成相对极小的情形时,它在某一时刻就将跃
变为绝对极小. 这里两种可能的极小曲面有同样的拓扑性质,就如同
图 245~246 的曲面一样,通过框架的轻微变形,它们中的任一种曲
面可以跃变为另一种曲面.

4. 其他数学问题的实验解法

由于表面张力的作用,液体的薄膜只有在它的面积为极小时才
处于稳定平衡状态. 这是具有数学意义的种种实验的取之不尽的源
泉. 如果膜的一部分边界可以在给定的曲面(例如平面)上自由移动,
那么在这些边界上,这个膜应垂直于这给定的曲面.

我们可以利用这个事实,对施泰纳问题及其推广(见§5)作明显
的演示. 取两块平行玻璃板或透明塑胶板,用三根或更多根短棒垂直
地连接起来. 如果我们把这个系统侵入肥皂水溶液中,然后再提出

来,那么,就可得一组垂直于两平行板且连接诸固定棒的薄膜.它在玻璃板上出现的投影,就是第 370 页讨论的问题的解.

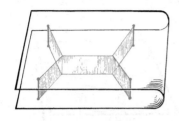

图 249　四点间最短连线的演示

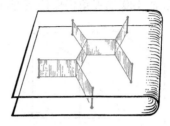

图 250　五点间的最短连线

如果平板不是平行的,棒也不垂直于它们,或者板是曲面的,那么在这些板上薄膜形成的曲线不是直线,但是这将说明新的变分问题.

一个极小曲面中,三片曲面以 120° 角相交于一线的现象,可以看作是有关施泰纳问题现象在更高维空间的推广.通过下面的例子,这一点将变得很清楚.例如,如果我们用三条曲线连接空间中的两点 A,B,而且研究对应的肥皂膜稳定系统.最简单的情形是取一条曲线为直线段 AB,而其他两条曲线是同样的圆弧,其结果显示在图 251 中.如果两个弧所在平面的夹角小于 120°,则所得到的薄膜是三片曲面,两两的夹角为 120°;如果我们转动两条弧线,增大内角,那么这个薄膜将连续的变化成两个平面圆弧片.

现在我们用三条较复杂的曲线来连接 A 和 B. 作为一个例子,我们可以取三条折线,其中每一条都由同一立方体中连接对角线上相对的两个顶点的三条棱组成:我们得到三片全等的曲面,它们在立方体的对角线上相交(从图 240 所示的薄膜中,刺破与选

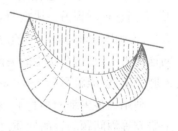

图 251　在连接两点的三条金属丝之间所绷上的三个相交为 120° 的曲面

定的三条边界相邻的薄膜时,我们就可得到这个曲面系统). 如果我们让连接 A 和 B 的三条折线移动,就可以见到这条三重交线变成曲线. 而 $120°$ 的夹角仍保持不变(图 252).

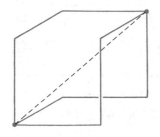

图 252 连接两点的三条折线

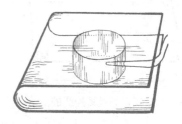

图 253 面积给定后圆有最短周长的演示

在三片极小曲面相交的定直线上的所有现象基本上都有这一类似的性质. 它们是平面上 n 个点间的最短连线问题的推广.

最后,谈一下有关肥皂泡的情形. 球形的肥皂泡表明,在包含一定体积(由内部空气的总量确定)的所有闭曲面中,球有最小面积. 如果我们考虑体积一定、表面积有收缩于极小倾向的肥皂泡,但对它加上某些限制条件,那么所得的曲面将不是球面,而是等平均曲率的曲面. 球面与圆柱面是其中的特例.

例如,在事先用肥皂水弄湿的两块平行玻璃板之间,我们吹入一个肥皂泡. 当这个肥皂泡碰到一块玻璃板时,它马上就变为半球面形. 而当它再碰到另一块板时,就跃变为圆柱形. 这样就以最明显的方式演示出了圆的等周性质. 肥皂泡自身要调整得垂直于边界曲面的这个事实,是这个实验的关键. 如果在由直棒连接的两平板之间吹入肥皂泡,就能解释第 388~389 页所讨论的问题.

利用一很尖细的小管子,来增加或减少泡内空气总量,我们可以来研究等周问题的解的性质. 但是,利用吸出空气,我们不能获得第 389 页图中的彼此相切的圆弧. 随着内部空气体积的减少,圆弧三角形的角,理论上不会小于 $120°$,此时得到的形状如图 254~255 所示. 当面积趋近于 0 时,它也会变为一组如图 235 中所示的直线段. 关于肥皂膜不能形成互切的圆弧,数学上的理由是:当肥皂泡和顶点分离时,连线不能计算两次.对应的实验可由图256和图257解释.

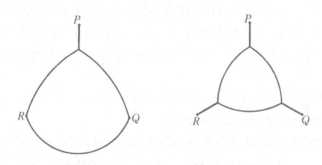

图254~255　在一定边界条件下的等周问题

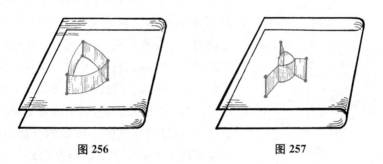

图256　　　　　　　　　　　图257

　*习题:研究相应的数学问题:求包含给定面积的一个圆弧三角形,使它的周长加上它的顶点到已知点的三条直线段,具有极小长度.

　在立体框架内,我们吹一个肥皂泡,如果泡膨胀到框架外的话,将得到一组以二次曲线为底的等平均曲率曲面.如果我们用稻草秆把泡内的空气吸走,我们就能得到一系列美丽的结构,结果如图258所示.不同平衡状态间的转换和稳定现象是使这些实验从数学上看很有启发性的原因.这些实验说明了稳定值理论,因为平衡状态的转换的发生导致曲面经过一个不稳定的平衡状态,这就是所谓的"平稳状态".

　例如,图240所示的立方结构,其中心是一个铅直平面,联结着各棱上的十二片曲面,这是不对称的.因此至少必须还有两个其他的平衡位置,一个中心是铅直的正方形,另一个中心是水平的正方形.事实上,用一个细管对着这个正方形的这些棱吹气,可以迫使结构达到这样的位置:正方形退化为一点,这一点就是立方体的中心;这个不稳定的平衡位置,立刻会转变成另一个稳定位置,这个位置由原来位置旋转 90°后得到.

对于形成正方形的四点间的施泰纳问题(图 219~220),也能用肥皂膜作一个类似实验加以演示.

如果我们要得到像等周问题的极限情形那样的一个问题的解——例如要由图 258 得到图 240——我们必须吸出泡内的空气.

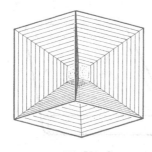

现在图 258 是完全对称的,泡内空气消失时,它的极限形式将是交于中心的 12 个平面的一个对称系统.这是可以具体观察到的.但作为极限而获得的这个位置不处于稳定平衡中.它会很快变成图 240 中的形式.如果利用比前面所说的液体更黏的液体,很容易观察到整个现象的变化.它以实例说明下述事实:甚至在物理问题中,问题的解也未必是随着数量的变动而连续变化的;因为在体积为零的极限情形下,由图 240 给出的解,并不是图 258 的中心当体积 ε 趋于 0 时的极限情形.

图 258

第8章

微积分

引　言

　　有时候人们过于简单地把微积分的"发明"归功于牛顿和莱布尼茨两人,这种看法很不妥当.事实上,微积分是长期演变的结果,既不是从牛顿和莱布尼茨开始的,也不是由他们完成的,但不可否认他们两人在其中起了决定性的作用. 17世纪的欧洲,分散居住着许多有志的科学家,他们多数是在学院的外面,顽强地继续着伽利略和开普勒的数学工作.通过信件往来和旅行,这些人保持着密切的联系.有两个中心问题引起了他们的注意.第一个是切线问题:确定已知曲线的切线,这是微分学的基本问题.第二个是求积问题:确定已知曲线内部的面积,这是积分学的基本问题.牛顿和莱布尼茨的伟大功绩在于他们明确地认识到了这两个问题之间的密切联系.在他们手中,这个新的统一的方法变成了科学的强有力的工具.由于运用莱布尼茨创立的奇妙形式符号人们获得了很多成功,虽然这些符号牵涉了模糊的、站不住脚的观念(这些观念对那些认为神秘比清楚还好的人来说,是永远不会确切了解的).但莱布尼茨的成就并不因此而减色.牛顿是一位更伟大的科学家,他似乎主要是受了他在剑桥大学的老师和前辈巴罗(Barrow,1630~1677)的影响.而莱布尼茨多少是外行,他是一位才华横溢的律师、外交官和哲学家,是他那时代最富活力和多才多艺的人物中的一个. 他在因外交使命而访问巴黎时, 在不可思议的短时间里, 从物理学家惠更斯那里, 学习了这种新数学. 其后不久, 他就发表了他的结果, 其中已包含了近代微积分的核心. 牛顿在这方面的发现要早得多, 但他不愿意发表. 并且, 虽然在他的杰作《自然科学的哲学原理》中有许多原理是用微积分方法得到的结果, 但他宁愿用古典几何的风格来表述几乎没有微积分的痕迹. 只是到后来, 他才发表了"流数"方法的论文. 不久, 他的那些崇拜者和莱布尼茨的朋友之间, 开始了谁有"优先权"的激烈争吵. 前者指责莱布尼茨抄袭; 其实在这新理论的原理已很普遍的环境中, 再没有比"同时"和"独立发现"这事更自然的了. 这个争夺最先"发明"微积分的争吵, 是一个过于强调先后和所有权的不好先例, 这类争吵往往会窒息科学家互相交往的气氛.

在 17 世纪和 18 世纪的大部分时间里, 古希腊清晰和严格推理的方法在数学分析中几乎被抛弃了. "直观"和"本能"在许多重要内容中代替了推理. 这助长了人们盲目相信新方法具有神奇的效果. 当时普遍认为, 明确地表示微积分的结果, 不仅是不必要的而且也是不可能的. 这种新科学, 当时如果不是被少数有杰出才能的人所掌握, 可能会产生严重的错误甚至可能遭到毁灭. 这些先驱者, 被强烈的本能感觉支配着, 从而一直没有走上歧路. 但是法国大革命开辟了极大地发展高级学术的道路, 愿意参加科学研究活动的人大大增加, 新分析的批判改造也就再也不能拖延了. 这个任务在 19 世纪被成功地解决了. 到了今天, 微积分可以讲授得很严密, 不带丝毫的神秘性. 现在, 没有任何理由说, 这个科学的基本工具不能被每一个受教育的人所通晓了.

这一章我们打算对微积分作一概括的介绍, 着重在基本概念的理解上, 而不在于形式的处理. 到处要用到直观语言, 但是, 在方式上常常是和精确的概念以及确切的步骤相一致的.

§1 积 分

1. 面积看作是一个极限

为了计算平面图形的面积,我们选择边长为单位长度的正方形作为面积的单位. 如果单位长度是一英寸,则对应的面积单位将是一平方英寸,即边长为一英寸的正方形. 由此很容易计算矩形的面积. 如果用单位长度度量两个相邻边所得到的长度是 p 和 q,那么矩形面积就是 pq 个单位,或者简单地说,面积等于乘积 pq. 对于任意的 p 和 q,不论是有理数还是无理数,这个结论都是正确的. 如果 p 和 q 是有理数,为了得到这个结论,我们把 p 和 q 表示为

$$p = \frac{m}{n}, \quad q = \frac{m'}{n'},$$

其中 m, n, m', n' 都是整数. 然后,我们求两个边的公共度量 $\frac{1}{N} = \frac{1}{nn'}$,那么 $p = mn' \cdot \frac{1}{N}$, $q = nm' \cdot \frac{1}{N}$. 最后,把矩形分解成许多边长为 $\frac{1}{N}$,面积为 $\frac{1}{N^2}$ 的小正方形. 这些正方形共有 $nm' \cdot mn'$ 个,并且总面积是

$$nm'mn' \cdot \frac{1}{N^2} = nm'mn' \cdot \frac{1}{n^2 n'^2} = \frac{m}{n} \cdot \frac{m'}{n'} = p \cdot q.$$

如果 p 和 q 是无理数,那么我们先用近似的有理数 p_r 和 q_r 分别替换 p 和 q,然后令 p_r 和 q_r 趋于 p 和 q,也得到同样的结果.

三角形的面积等于有相同底 b 相同高 h 的矩形面积的一半,这在几何上是明显的;因而三角形的面积就由熟知的公式 $\frac{1}{2} bh$ 给出. 平面上任何一个边界是由一条或几条折线组成的区域,都可以分解

为若干三角形;因此,它的面积就是这些三角形的面积之和.

当我们求边界不是折线而是曲线的图形的面积时,就必须有一个更为一般的计算面积的方法. 例如,如何确定圆盘或抛物线弓形的面积呢? 早在公元前 3 世纪,阿基米德就研究了这些困难的问题(这种问题是积分学的基础),他用"穷竭"的过程计算了这些面积. 我们可以和阿基米德以及直到高斯时代的那些伟大数学家一样,采取一种"朴素"的态度,即把曲线围成的面积直观上看成是一个实在体,这样,问题就不是定义它们而只是计算它们(见第 482 页的讨论). 我们在这个区域中内接一个多边形,作成一个近似区域,这个近似区域有确定的面积. 通过选择另一个多边形(它包含前一个多边形),我们得到这个区域的更佳近似值. 继续按此方法进行,我们能逐渐"穷竭"整个面积,也就是适当选择区域的一系列内接多边形,当边数无限增加时,把它们面积的极限,作为给定区域的面积. 半径为 1 的圆的面积,就可以用这个方法计算,所得数值,用符号 π 表示.

阿基米德完成了求圆和抛物线弓形面积的一般方法. 在 17 世纪,更多的问题也获得解决. 但在每一种情形,极限的实际计算,都决定于只适合某特定问题的特殊技巧. 微积分的一个主要成就,就是用一个一般的有效方法取代了这些特殊的有局限性的计算面积的办法.

2. 积分

微积分的第一个基本概念是积分. 这一节我们将把积分理解为用极限方法求得的曲线下的面积. 如果已知一个正值连续函数 $y = f(x)$,例如 $y = x^2$ 或 $y = 1 + \cos x$,我们考察这样一个区域,它下边的边界是 x 轴上由 a 到 b 的线段(这里 $b > a$),两边是过这两点垂直于 x 轴的直线,上面是曲线 $y = f(x)$. 我们的目的是计算这个区域的面积 A.

一般来说,这样的区域不能分解为矩形或三角形,因而它的面积 A 就没有一个可以明显计算的直接表达式. 但是,我们可以求 A 的

近似值,并且按下面的方式把 A 描述为一个极限:我们把从 $x = a$
到 $x = b$ 的区间分割为许多小区间,在每个分点上作垂线,并且把曲
线下的每个小长条都用一个矩形代
替,它的高是曲线在小长条中最大
的和最小的高度之间的某个值. 这
些矩形面积的总和 S 给出了曲线下
实际面积 A 的一个近似值. 矩形的
个数越多并且每个矩形的宽度越
小,那么这个近似值就越接近 A. 这

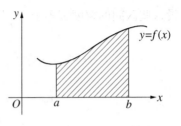

图 259　积分看作是面积

样我们就能用极限来刻划这个准确的面积:如果把(近似于曲线下
的面积的)矩形的面积和组成一个序列:

$$S_1 , S_2 , S_3 , \cdots,\tag{1}$$

使得当 n 无限增加、S_n 中最宽的矩形的宽度趋于零时,序列(1)趋于
极限 A,

$$S_n \rightarrow A,\tag{2}$$

而且这个极限 A,即曲线下的面积,与序列(1)的选择方式无关(例
如,S_n 可以由确定 S_{n-1} 的分点再加上一个或多个分点而产生,也可
以让 S_n 的分点和 S_{n-1} 的分点完全无关). 我们就把由这个极限过程
表示的区域的面积 A 定义为函数 $f(x)$ 由 a 到 b 的积分,用专门的
"积分号"表示,可写成

$$A = \int_a^b f(x) \mathrm{d}x.\tag{3}$$

符号 $\int$,"$\mathrm{d}x$"和名称"积分",都是莱布尼茨为了提示获得极限的方
式而创立的. 为了解释这些符号,我们以后将更细致地重复近似值趋
于面积 A 的过程. 同时,在表示极限过程的这个解析式子中,可以去
掉 $f(x) \geqslant 0$ 和 $b > a$ 的假设. 最后,还可以脱离最初的直观的面积概
念(而在这里,面积却是我们定义积分的基础). 这后一点将在本章补

充的 §1 中讲到.

现在把从 a 到 b 的区间分割为 n 个小区间,为简单起见,我们假设这些区间的宽度都等于 $\dfrac{b-a}{n}$. 于是可令分点为

$$x_0 = a,\ x_1 = a + \frac{b-a}{n},\ x_2 = a + \frac{2(b-a)}{n},\ \cdots,$$

$$x_n = a + \frac{n(b-a)}{n} = b.$$

我们引进记号 Δx 来表示相邻两个 x 值的差 $\dfrac{b-a}{n}$,

$$\Delta x = \frac{b-a}{n} = x_{j+1} - x_j,$$

这里,符号 Δ 的意思就是指"差"(这是一个"运算"符号,而不能误解为数). 把 $y = f(x)$ 在小区间右端点的值选为每个近似矩形的高度,于是,这些矩形的面积之和是

$$S_n = f(x_1)\Delta x + f(x_2)\Delta x + \cdots + f(x_n)\Delta x. \tag{4}$$

这可简写为

$$S_n = \sum_{j=1}^{n} f(x_j)\Delta x, \tag{5}$$

这里符号 $\displaystyle\sum_{j=1}^{n}$ 是指 j 依次取遍 $1,\ 2,\ 3,\ \cdots,\ n$ 所得的所有的式子之和.

下面的例子说明符号 $\displaystyle\sum$ 是表示求和结果的简明形式:

$$2 + 3 + 4 + \cdots + 10 = \sum_{j=2}^{10} j,$$

$$1 + 2 + 3 + \cdots + n = \sum_{j=1}^{n} j,$$

$$1^2 + 2^2 + 3^2 + \cdots + n^2 = \sum_{j=1}^{n} j^2,$$

$$aq + aq^2 + \cdots + aq^n = \sum_{j=1}^{n} aq^j,$$

$$a + (a+d) + (a+2d) + \cdots + (a+nd) = \sum_{j=0}^{n} (a+jd).$$

现在我们作一个近似值 S_n 的序列,其中 n 是无限增大的,使得 (5) 中的每个和 S_n 的项数随之增加,而每项 $f(x_j)\Delta x$,由于含有因子 $\Delta x = \dfrac{b-a}{n}$,趋于零. 当 n 无限增加时,这个和趋于面积 A,

$$A = \lim \sum_{j=1}^{n} f(x_j)\Delta x = \int_a^b f(x)\mathrm{d}x. \tag{6}$$

莱布尼茨用 $\int$ 代替求和符号 $\sum$,并且用符号 d 代替差的符号 Δ,从而把近似的和式 S_n 趋于 A 的极限过程符号化了(在莱布尼茨的时代,经常把求和符号 $\sum$ 写为 S,而符号 $\int$ 就是拉长的 S). 但是我们必须注意,莱布尼茨的符号只是提示了获得积分的方式是有限和的极限,不要给它附带更多的意义,毕竟,这只是如何表示极限的一个约定. 在微积分的早期,极限概念还未研究清楚,人们对它的印

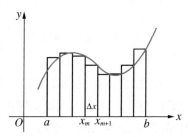

图 260 用小矩形趋近面积

象肯定不深,当时用这样一种说法来解释积分的意义,即“无穷小量 $\mathrm{d}x$ 代替了有限差 Δx,并且积分本身是无穷多个无穷小量 $f(x)\mathrm{d}x$ 的和”. 虽然无穷小对于那些“纯理论家”有一定的吸引力,但它在近代数学中却没有地位,把明确的积分概念用没有意义的术语笼罩起来,不会引起好的效果. 甚至莱布尼茨有时也被他的符号所引起的效用搞迷糊了. 这些符号的作用,好像它们表示了“无穷小”的一个和,它们虽然是无穷小,但在一定范围内又可以像普通的量那样运算. 事

实上,造出积分这个词,就是为了表示全部(或整个)面积 A 是由"无穷小"的部分累积而成的. 等到清楚地认识到只有极限(而不是别的)才是积分的真正基础时,这已经至少是牛顿和莱布尼茨以后约一百年的事了. 只要坚定地站在这个基础上,我们就可以避免积分早期发展中的一切迷惑、困难和混乱.

3. 积分概念的一般说明　一般定义

在把积分看成是一个面积的这个几何定义中,我们显然假定 $f(x)$ 在整个积分区间 $[a, b]$ 内是非负的,就是说图像没有任何一部分是位于 x 轴的下方. 但是在我们关于积分和 S_n 的序列的极限的解析定义中,这个假定是多余的. 简单地说,微小量 $f(x_j)\Delta x$ 组成它们的和,并且取极限;如果有一些或所有的 $f(x_j)$ 是负的,这个手续仍然

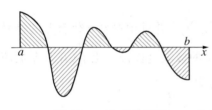

图 261　正和负的面积

完全有效. 利用面积作几何解释时(图 261),我们所求的 $f(x)$ 的积分是图像和 x 轴所包围的那些面积的代数和,x 轴下方的面积,计算时是负的,而其余的是正的.

在应用中,可能在得到的积分 $\int_a^b f(x)\mathrm{d}x$ 中,b 是小于 a 的,这时 $\dfrac{b-a}{n} = \Delta x$ 是负数. 在解析定义中,即如果 $f(x_j)$ 是正的,而 Δx 是负的,那么 $f(x_j)\Delta x$ 是负的. 换句话说,这个积分值是从 b 到 a 的积分值的相反数. 这样,我们有简单的法则

$$\int_a^b f(x)\mathrm{d}x = -\int_b^a f(x)\mathrm{d}x.$$

必须指出,即使在不限定分点 x_j 是等距离,也就是说不限定 x 的差 $\Delta x = x_{j+1} - x_j$ 相等的情况下,积分值仍然是相同的. 我们可以

用另外的方式选择 x_j，使差 $\Delta x = x_{j+1} - x_j$ 不相等（这时必须用不同的下标来区分），然后作和

$$S_n = f(x_1)\Delta x_0 + f(x_2)\Delta x_1 + \cdots + f(x_n)\Delta x_{n-1},$$

以及

$$S'_n = f(x_0)\Delta x_0 + f(x_1)\Delta x_1 + \cdots + f(x_{n-1})\Delta x_{n-1},$$

只要对每一个给定的 n，这些差 $\Delta x_j = x_{j+1} - x_j$ 中的最大值，当 n 增加时趋于零，那么所有的差 $\Delta x_j = x_{j+1} - x_j$ 当 n 增加时也趋于零，所以 S_n 和 S'_n 趋于同一个极限，这个极限就是积分 $\int_a^b f(x)\mathrm{d}x$ 的值.

由此，积分的定义最后可由下式给出

$$(6a) \qquad \int_a^b f(x)\mathrm{d}x = \lim \sum_{j=1}^n f(v_j)\Delta x_j.$$

在这个极限中，v_j 可以是区间 $x_j \leqslant v_j \leqslant x_{j+1}$ 中的任意一点，并且只要求任意分割的最大区间 $\Delta x_j = x_{j+1} - x_j$ 当 n 增加时必须趋于零.

如果我们承认曲线下的面积这一观念，以及这个面积可以用矩形的和来趋近，那么极限（6a）的存在是不需要证明的. 但是，如在后面（第 482 页）较详细的分析所表明的那样，为了对积分概念给出一个逻辑上完备的表示，不仅要求而

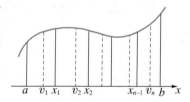

图 262 积分一般定义中的任意分割

且必须证明对任意连续函数，这极限是存在的，而不是利用面积的先验的几何概念.

4. 积分举例 x^r 的积分

直到现在为止我们关于积分的讨论还只是理论性的. 一个困难的问题是究竟有没有组成和式 S_n 的一般范式，然后根据具体情况通过实际取极限得到结果. 当然，对于适合于求积分的特定函数就要增

加一些推理. 两千年前,阿基米德在计算抛物线弓形的面积时,所用的极巧妙的方法,就是我们现在称为函数 $f(x) = x^2$ 的积分;在 17 世纪,近代微积分的先驱者成功地解决了如 x^n 那样的简单函数的积分问题,但用的仍是特殊的技巧. 只是在有了许多由这些特殊情形获得的经验之后,才有了解决一般积分问题的微积分的系统方法,并且使可以解决的个别问题的范围大大扩大. 在本节我们将讨论几个属于"早期微积分"阶段的有启发性的特例. 并且没有别的例子能比它们更好地说明积分是一个极限过程.

a) 我们从一个极简单的例子开始. 设 $y = f(x)$ 是常数,例如 $f(x) = 2$,那么显然积分 $\int_a^b 2\mathrm{d}x$ 可以理解成一个面积,就是 $2(b-a)$,因为矩形的面积等于底乘高. 我们把这个结果和用极限定义的积分(6)作比较. 如果我们对于(5)中所有的 j 值都用 $f(x_j) = 2$ 代入,则对任意的 n 有

$$S_n = \sum_{j=1}^n f(x_j)\Delta x = \sum_{j=1}^n 2\Delta x = 2\sum_{j=1}^n \Delta x = 2(b-a),$$

因为

$$\sum_{j=1}^n \Delta x = (x_1 - x_0) + (x_2 - x_1) + \cdots + (x_n - x_{n-1})$$
$$= x_n - x_0 = b - a.$$

b) 几乎同样简单的一个例子是 $f(x) = x$ 的积分. 这里 $\int_a^b x\mathrm{d}x$ 是梯形的面积(图 263). 由初等几何,这个面积等于

$$(b-a) \cdot \frac{b+a}{2} = \frac{b^2 - a^2}{2},$$

这个结果再次和定积分的定义(6)一致,这一点,不利用几何图形,通过实际取极限就可看出:如果把 $f(x) = x$ 代入(5),那么和式 S_n 成为

$$S_n = \sum_{j=1}^{n} x_j \Delta x = \sum_{j=1}^{n} (a + j\Delta x)\Delta x$$

$$= (na + \Delta x + 2\Delta x + 3\Delta x + \cdots + n\Delta x)\Delta x$$

$$= na\Delta x + (\Delta x)^2 (1 + 2 + 3 + \cdots + n).$$

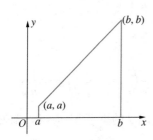

图 263 梯形的面积　　　　**图 264** 抛物线下的面积

利用第 18 页等差级数 $1 + 2 + 3 + \cdots + n$ 的公式(1)可得

$$S_n = na\Delta x + \frac{n(n+1)}{2}(\Delta x)^2.$$

因为

$$\Delta x = \frac{b-a}{n},$$

所以

$$S_n = a(b-a) + \frac{1}{2}(b-a)^2 + \frac{1}{2n}(b-a)^2.$$

令 n 趋于无穷,那么最后一项趋于零,求得

$$\lim S_n = \int_a^b x\,\mathrm{d}x = a(b-a) + \frac{1}{2}(b-a)^2 = \frac{1}{2}(b^2 - a^2),$$

这与把面积看作是积分的几何解释一致.

　　c) 稍繁些的例子是函数 $f(x) = x^2$ 的积分. 阿基米德用几何方法解决了与此相当的求抛物线 $y = x^2$ 的弓形面积的问题. 我们将在定义(6a)的基础上进行分析. 为了简化计算,我们把积分"下限" a 取作零;因而 $\Delta x = b/n$. 由于 $x_j = j\Delta x$,且 $f(x_j) = j^2(\Delta x)^2$,可以得到 S_n 的表达式

$$S_n = \sum_{j=1}^{n} f(j\Delta x)\Delta x = \left[1^2 \cdot (\Delta x)^2 + 2^2 \cdot (\Delta x)^2 + \cdots \right.$$
$$\left. + h^2 \cdot (\Delta x)^2\right] \cdot \Delta x = (1^2 + 2^2 + \cdots + n^2)(\Delta x)^3.$$

现在,可以具体地计算这个极限.利用第 21 页建立的公式

$$1^2 + 2^2 + \cdots + n^2 = \frac{n(n+1)(2n+1)}{6},$$

并且作代换 $\Delta x = b/n$, 得到

$$S_n = \frac{n(n+1)(2n+1)}{6} \cdot \frac{b^3}{n^3} = \frac{b^3}{6}\left(1 + \frac{1}{n}\right)\left(2 + \frac{1}{n}\right).$$

作了这个初步变形后,取极限就是很容易的事了.因为当 n 无限增加时,$1/n$ 趋于零. 这样简单地得到极限

$$\frac{b^3}{6} \cdot 1 \cdot 2 = \frac{b^3}{3},$$

因而得到结果

$$\int_0^b x^2\,\mathrm{d}x = \frac{b^3}{3}.$$

将这个结果应用于从 0 到 a 的面积,则有

$$\int_0^a x^2\,\mathrm{d}x = \frac{a^3}{3}.$$

这两个面积相减,得到

$$\int_a^b x^2\,\mathrm{d}x = \frac{b^3 - a^3}{3}.$$

习题:利用第 22 页公式(5),用同样的方法证明

$$\int_a^b x^3\,\mathrm{d}x = \frac{b^4 - a^4}{4}.$$

利用从 1 到 n 的整数的 k 次幂的和 $1^k + 2^k + \cdots + n^k$ 的一般公式,可以得到下面的结果:对任意正整数 k,有

$$\int_a^b x^k \, \mathrm{d}x = \frac{b^{k+1} - a^{k+1}}{k+1}. \tag{7}$$

* 不按这个方法进行,利用前面的说明(即,可以用不等距的分点来计算积分),可以得到更简单甚至更一般的结果. 我们将证明公式(7)不仅对任意正整数 k 成立,而且对任意正或负的有理数

$$k = \frac{u}{v}$$

也成立,这里 u 是正整数而 v 是正或负的整数. 应排除 $k = -1$ 的情形,因为这时公式(7)没意义. 我们还假定 $0 < a < b$.

为了得到公式(7),我们按等比级数来选择分点 $x_0 = a$, x_1, x_2, $\cdots$, $x_n = b$,由此组成 S_n. 令

$$\sqrt[n]{\frac{b}{a}} = q, \text{则} \frac{b}{a} = q^n.$$

我们规定 $x_0 = a$, $x_1 = aq$, $x_2 = aq^2$, $\cdots$, $x_n = aq^n = b$. 利用这个技巧,我们将看到取极限变得十分容易. 因为 $f(x_j) = x_j^k = a^k q^{jk}$,而且 $\Delta x_j = x_{j+1} - x_j = aq^{j+1} - aq^j$,所以"矩形和" S_n 是

$$S_n = a^k(aq - a) + a^k q^k(aq^2 - aq) + a^k q^{2k}(aq^3 - aq^2) + \cdots$$
$$+ a^k q^{(n-1)k}(aq^n - aq^{n-1}).$$

因为每一项都有因子 $a^k(aq - a)$,所以

$$S_n = a^{k+1}(q-1)\{1 + q^{k+1} + q^{2(k+1)} + \cdots + q^{(n-1)(k+1)}\}.$$

用 t 代换 q^{k+1},我们看到花括号中的表达式是等比级数

$$1 + t + t^2 + \cdots + t^{n-1},$$

它的和如第 19 页所证明的是 $\dfrac{t^n - 1}{t - 1}$. 但

$$t^n = q^{n(k+1)} = \left(\frac{b}{a}\right)^{k+1} = \frac{b^{k+1}}{a^{k+1}}.$$

因此

$$S_n = (q-1)\left\{\frac{b^{k+1} - a^{k+1}}{q^{k+1} - 1}\right\} = \frac{b^{k+1} - a^{k+1}}{N}, \tag{8}$$

这里

$$N = \frac{q^{k+1}-1}{q-1}.$$

以上是当 n 为固定数时的情形. 现在我们令 n 增加, 以确定 N 的极限. 当 n 增加时, n 次根 $\sqrt[n]{\dfrac{b}{a}} = q$ 趋于 1 (见第 335 页), 因而 N 的分子分母同时趋于零, 这是必须注意的地方. 先假定 k 是正整数, 那么可以用 $q-1$ 去除, 得到 (见第 20 页) $N = q^k + q^{k-1} + \cdots + q + 1$. 今若 n 增加, q 趋于 1, 因此 q^2, q^3, $\cdots$, q^k 都趋于 1, 故 N 趋于 $k+1$, 于是显示了 S_n 趋于 $\dfrac{b^{k+1}-a^{k+1}}{k+1}$. 这就是我们要证明的.

习题: 证明对于任意有理数 $k \neq -1$ 有同样的极限公式 $N \to k+1$, 因而公式 (7) 仍然成立. 按照我们的范例, 首先给出负整数 k 的证明. 然后如果

$$k = \frac{u}{v}, \text{记 } q^{1/v} = s,$$

则

$$N = \frac{s^{(k+1)v}-1}{s^v-1} = \frac{s^{u+v}-1}{s^v-1} = \frac{\dfrac{s^{u+v}-1}{s-1}}{\dfrac{s^v-1}{s-1}}.$$

如果 n 增加, s 和 q 同时趋于 1, 因而右端两个比值分别趋于 $u+v$ 和 v, 这就再次得到 N 的极限为

$$\frac{u+v}{v} = k+1.$$

在 §5 中我们将看到, 这个冗长而不太自然的讨论可以用微积分中更简单而有效的方法代替.

习题: ① 当 $k = \dfrac{1}{2}, -\dfrac{1}{2}, 2, -2, 3, -3$ 时, 逐个验证 x^k 的积分.

② 求下列积分值:

a) $\displaystyle\int_{-2}^{-1} x \, \mathrm{d}x$; b) $\displaystyle\int_{-1}^{+1} x \, \mathrm{d}x$; c) $\displaystyle\int_{1}^{2} x^2 \, \mathrm{d}x$; d) $\displaystyle\int_{-1}^{-2} x^3 \, \mathrm{d}x$; e) $\displaystyle\int_{0}^{n} x \, \mathrm{d}x$.

③ 求下列积分值:

a) $\displaystyle\int_{-1}^{+1} x^3 \, \mathrm{d}x$; b) $\displaystyle\int_{-2}^{2} x^3 \cos x \, \mathrm{d}x$;

c) $\int_{-1}^{+1} x^4 \cos^2 x \sin^5 x \mathrm{d}x$; d) $\int_{-1}^{+1} \tan x \mathrm{d}x$.

(提示：考察积分号下的函数图像，注意它们关于 $x=0$ 的对称性，并且把积分解释成面积.)

* ④ 利用代换 $\Delta x = h$ 和第 431 页的公式，求 $\sin x$ 和 $\cos x$ 从 0 到 b 的积分.

⑤ 将区间等分，并令公式(6a)中的

$$v_j = \frac{1}{2}(x_j + x_{j+1}),$$

求 $f(x) = x$ 和 $f(x) = x^2$ 从 0 到 b 的积分.

* ⑥ 利用公式(7)和 Δx 相等时的积分定义，证明极限关系式

$$\frac{1^k + 2^k + \cdots + n^k}{n^{k+1}} \to \frac{1}{k+1} \quad \text{当 } n \to \infty.$$

$\left(\text{提示：令}\dfrac{1}{n} = \Delta x\text{，并且证明这个极限等于} \int_0^1 x^k \mathrm{d}x.\right)$

* ⑦ 证明当 $n \to \infty$ 时，

$$\frac{1}{\sqrt{n}}\left(\frac{1}{\sqrt{1+n}} + \frac{1}{\sqrt{2+n}} + \cdots + \frac{1}{\sqrt{n+n}}\right) \to 2(\sqrt{2}-1).$$

(提示：改写这个和，使得它的极限是一个积分.)

⑧ 计算边界由抛物线 $y = ax^2$ 的弧 P_1P_2 和弦 P_1P_2 组成的抛物线弓形的面积，并用两个点的坐标 x_1 和 x_2 表示出来.

5. "积分运算"的法则

确立了某些一般法则是微积分发展过程中一个重要步骤，这些法则使许多问题可以化简，因而可以用几乎是机械的办法加以解决. 莱布尼茨的符号特别强调了这种算法的特点. 然而，过分集中于问题的机械解法上，会把微积分的教学变为空洞的解题训练.

有些简单的积分法则，可由定义(6)或由积分是面积的几何解释中立刻得到.

两个函数的和的积分等于这两个函数的积分的和. 一个常数 c 和函数 $f(x)$ 乘积的积分等于常数 c 和函数 $f(x)$ 的积分的乘积. 这两个法则可以合并为下面一个公式

$$\int_a^b \left[cf(x) + dg(x) \right] \mathrm{d}x = c \int_a^b f(x) \mathrm{d}x + d \int_a^b g(x) \mathrm{d}x. \qquad (9)$$

由积分看作有限和(5)的极限这一定义, 可以立刻得到上式的证明, 这是因为和 S_n 的相应公式显然是对的. 这个法则马上可以推广到两个以上的函数的和的情形.

作为运用这些法则的例子, 我们考虑多项式

$$f(x) = a_0 + a_1 x + a_2 x^2 + \cdots + a_n x^n,$$

其中系数 $a_0, a_1, \cdots, a_n$ 都是常数. 要求 $f(x)$ 从 a 到 b 的积分. 按照法则我们可以逐项进行. 用公式(7), 求得

$$\int_a^b f(x) \mathrm{d}x = a_0 (b-a) + a_1 \frac{b^2 - a^2}{2} + \cdots + a_n \frac{b^{n+1} - a^{n+1}}{n+1}.$$

另一个由解析定义和几何解释看都是显然的法则, 可由下式给出:

$$\int_a^b f(x) \mathrm{d}x + \int_b^c f(x) \mathrm{d}x = \int_a^c f(x) \mathrm{d}x. \qquad (10)$$

显然当 $a = b$ 时, $\int_a^b f(x) \mathrm{d}x$ 等于零. 第 412 页的法则

$$\int_a^b f(x) \mathrm{d}x = - \int_b^a f(x) \mathrm{d}x \qquad (11)$$

是与上面后两个法则一致的, 因为它相当于 $c = a$ 时的公式 (10).

积分的值与 $f(x)$ 中自变量所选的特殊名称 x 无关. 这个事实有时用起来是很方便的, 例如

$$\int_a^b f(x) \mathrm{d}x = \int_a^b f(u) \mathrm{d}u = \int_a^b f(t) \mathrm{d}t, \text{ 等等.}$$

因为这只改变了(函数图像所参照的)坐标系的轴的名称, 曲线下的

面积并无变化. 甚至坐标系本身作一定的变化, 仍然可以得到同样的结论. 例如, 我们把原点从 O 向右移动一个单位, 到 O', 如图 265, 那么 x 就被新坐标 x' 代替, 即

$$x = 1 + x'.$$

方程为 $y = f(x)$ 的曲线, 在新坐标系中的方程将是

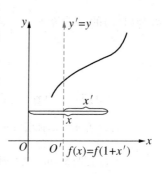

图 265　y 轴的平移

$$y = f(1 + x'). \quad \left(\text{例如 } y = \frac{1}{x} = \frac{1}{1 + x'}.\right)$$

这样, 这条曲线在 $x = 1$, $x = b$ 之间确定的面积 A, 在新坐标系中就是这曲线在 $x' = 0$, $x' = b - 1$ 之间的面积. 因此, 我们有

$$\int_1^b f(x)\mathrm{d}x = \int_0^{b-1} f(1 + x')\mathrm{d}x',$$

或将 x' 改为 u,

$$\int_1^b f(x)\mathrm{d}x = \int_0^{b-1} f(1 + u)\mathrm{d}u. \tag{12}$$

例如

$$\int_1^b \frac{1}{x}\mathrm{d}x = \int_0^{b-1} \frac{1}{1 + u}\mathrm{d}u; \tag{12a}$$

并且关于函数 $f(x) = x^k$, 有

$$\int_1^b x^k \mathrm{d}x = \int_0^{b-1} (1 + u)^k \mathrm{d}u. \tag{12b}$$

类似地, 有

$$\int_0^b x^k \mathrm{d}x = \int_{-1}^{b-1} (1 + u)^k \mathrm{d}u \quad (k \geqslant 0). \tag{12c}$$

因为(12c)的左端等于 $\dfrac{b^{k+1}}{k+1}$，所以得到

$$\int_{-1}^{b-1}(1+u)^k\,\mathrm{d}u = \frac{b^{k+1}}{k+1}. \tag{12d}$$

习题： ① 计算 $1+x+x^2+\cdots+x^n$ 从 0 到 b 的积分.

② 若 $n>0$，证明 $(1+x)^n$ 从 -1 到 z 的积分等于 $\dfrac{(1+z)^{n+1}}{n+1}$.

③ 证明 $x^n\sin x$ 从 0 到 1 的积分小于 $\dfrac{1}{n+1}$.

（提示：后一个值是 x^n 的积分.）

④ 用二项式定理直接证明 $\dfrac{(1+x)^n}{n}$ 从 -1 到 z 的积分是

$$\frac{(1+z)^{n+1}}{n(n+1)}.$$

最后，我们指出两个用不等式表示的重要法则. 这些法则可能粗略一些，但在积分值的估计上很有用.

我们假定 $b>a$，并且在区间内 $f(x)$ 处处都不超过另一函数 $g(x)$，那么有

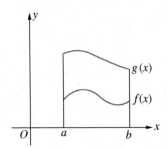

$$\int_a^b f(x)\,\mathrm{d}x \leqslant \int_a^b g(x)\,\mathrm{d}x. \tag{13}$$

图 266　积分的比较

从图 266 或者从积分的解析定义出发，都可以立刻明白这个法则. 特别，若 $g(x)=M$ 是一常数，而 $f(x)$ 的值不超过它，我们有

$$\int_a^b g(x)\,\mathrm{d}x = \int_a^b M\,\mathrm{d}x = M(b-a),$$

可得到

$$\int_a^b f(x)\,\mathrm{d}x \leqslant M(b-a). \tag{14}$$

如果 $f(x)$ 非负,那么 $f(x)=|f(x)|$. 如果 $f(x)<0$,那么 $|f(x)|>f(x)$. 因此,式(13) 中,令 $g(x)=|f(x)|$,我们得到一个很有用的公式

$$\int_a^b f(x)\mathrm{d}x \leqslant \int_a^b |f(x)|\,\mathrm{d}x. \tag{15}$$

因为 $|-f(x)|=|f(x)|$,我们也有

$$-\int_a^b f(x)\mathrm{d}x \leqslant \int_a^b |f(x)|\,\mathrm{d}x.$$

这个公式与(15)合并在一起,得到一个更强的不等式

$$\left|\int_a^b f(x)\mathrm{d}x\right| \leqslant \int_a^b |f(x)|\,\mathrm{d}x. \tag{16}$$

§2 导 数

1. 把导数看作是斜率

虽然积分概念早在古代就已经打下基础,但微积分的另一个基本概念——导数,则是在 17 世纪才由费马及其他人建立起来的. 由于牛顿和莱布尼茨发现了这两个表面上是相反的概念之间的内在联系,从而使数学科学开始了空前的发展.

费马对确定函数 $y=f(x)$ 的极大与极小的问题很感兴趣. 在函数的图像中,极大对应一个峰顶,它比相邻的其他一切点都高,而极小对应谷底,它比相邻的其他一切点都低. 在第 354 页图 191, B 点是极大值, C 点是极小值. 为了刻划极大点和极小点的特征,很自然的要用曲线的切线概念. 我们假定图像没有尖角或其他奇点,并且曲线在每一点的方向,都由切线给出. 在极大和极小点,图像 $y=f(x)$ 的切线必然平行于 x 轴,因为否则曲线在这些点必定上升或下降. 这个说明,使我们产生如下的想法:要在图像 $y=f(x)$ 的任意一点,一般的考察曲线的切线方向.

要刻画 x,y-平面上一条直线的方向,习惯上都是给出它的斜率.所谓斜率,是指从 x 轴的正方向到直线之间的夹角 α 的正切.如果取直线 L 上的任一点 P,然后继续往右到点 R,再上升或下降到直线上的点 Q;那么 L 的斜率 $= \tan\alpha = \dfrac{RQ}{PR}$. 线长 PR 取为正的,而 RQ 可能是正的,也可能是负的,这要看 R 到 Q 是向上还是往下而定.这样,如果我们沿直线从左到右,那么斜率给出的是沿水平方向每经过单位长度,直线上升或下降的值.在图 267 第一条直线的斜率是 2/3,而第二条直线的斜率是 -1.

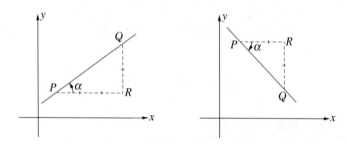

图 267 直线的斜率

至于曲线在点 P 的斜率,指的是曲线在点 P 的切线的斜率.只要我们把曲线的切线,当作是一个直观给出的数学观念,那么剩下的问题就是找出计算斜率的方法.我们暂时接受这个看法,而把其中涉及的问题的严密分析,留待本章后面的补充中去解决.

2. 导数看作是一极限

曲线 $y = f(x)$ 在点 $P(x,y)$ 的斜率,若只考虑点 P 处的曲线,是不能计算出来的.实际上,如同计算曲线下的面积那样,计算曲线斜率也必须用一个极限过程.这个极限过程是微分学的基础.我们取曲线上点 P 邻近的另外一点 P_1,它的坐标是 x_1,y_1.连接 P 和 P_1,得一直线,记为 t_1,它是曲线的割线.当 P_1 趋近于 P 时,这割线就近似于点 P 的切线.自 x 轴到 t_1 的夹角,称为 α_1.现在如果令 x_1 趋于

x, 那么 P_1 将沿曲线向 P 移动, 而且割线 t_1 将逼近极限位置——曲线在 P 点的切线 t. 如果 α 表示自 x 轴到 t 的角, 那么, 当 $x_1 \rightarrow x$ 时[①], 便有

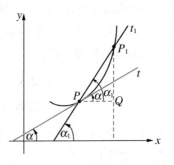

$$y_1 \rightarrow y, \ P_1 \rightarrow P, \ t_1 \rightarrow t, \ \text{及} \ \alpha_1 \rightarrow \alpha.$$

这个切线是割线的极限, 同时切线的斜率是割线斜率的极限.

图 268　导数看作是一极限

　　虽然切线 t 本身的斜率没有明显的表达式, 但是割线 t_1 的斜率由下面的公式给出

$$t_1 \ \text{的斜率} = \frac{y_1 - y}{x_1 - x} = \frac{f(x_1) - f(x)}{x_1 - x}.$$

或者, 如果我们再次用符号 Δ 记作求差的运算,

$$t_1 \ \text{的斜率} = \frac{\Delta y}{\Delta x} = \frac{\Delta f(x)}{\Delta x}.$$

割线 t_1 的斜率是一个"差商"——函数值的差 Δy, 除以自变量的差 Δx. 所以

$$t \ \text{的斜率} = t_1 \ \text{的斜率的极限} = \lim \frac{f(x_1) - f(x)}{x_1 - x} = \lim \frac{\Delta y}{\Delta x},$$

这里是对 $x_1 \rightarrow x$, 即 $\Delta x = x_1 - x \rightarrow 0$ 时计算极限. 曲线的切线 t 的斜率是当 $\Delta x = x_1 - x$ 趋于零时差商 $\Delta y / \Delta x$ 的极限.

　　原来的函数 $f(x)$, 给出了曲线 $y = f(x)$ 在 x 处的高度. 现在我们可以考察曲线在坐标为 x, $y(= f(x))$ 的变动点 P 处的斜率, 把它看作是 x 的一个新的函数, 记作 $f'(x)$, 并且叫做函数 $f(x)$ 的导数. 求导数的极限过程叫做对 $f(x)$ 微分. 这个过程是按照一个确定

---

① 这里的记法和第六章那里有些不同, 那里有 $x \rightarrow x_1$, 而后面的值是固定的. 为了不产生混淆, 把符号互相对换了.

法则,由给定的函数 $f(x)$ 得到另一个函数 $f'(x)$ 的一个运算,恰像按一定的法则给定一个函数 $f(x)$,是指由变量 x 的任何值得到 $f(x)$ 的值的情形一样:

$f(x)$ 是曲线 $y = f(x)$ 在点 x 的高度,

$f'(x)$ 是曲线 $y = f(x)$ 在点 x 的斜率.

"微分"这个词,来源于 $f'(x)$ 是差 $f(x_1) - f(x)$ 除以差 $x_1 - x$ 的极限这个事实:

$$f'(x) = \lim_{x_1 \to x} \frac{f(x_1) - f(x)}{x_1 - x}, \tag{1}$$

另一个常用的记法是

$$f'(x) = Df(x),$$

这个 D 是"……的导数"的简写;莱布尼茨对 $y = f(x)$ 的导数用另一种不同的记法:

$$\frac{\mathrm{d}y}{\mathrm{d}x} \text{ 或 } \frac{\mathrm{d}f(x)}{\mathrm{d}x},$$

这些记法指出了导数是差商

$$\frac{\Delta y}{\Delta x} \text{ 或 } \frac{\Delta f(x)}{\Delta x}$$

的极限这个特性,这一点我们将在 §4 讨论.

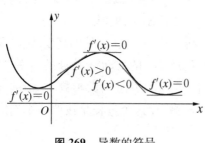

图 269 导数的符号

当 x 的值增加时,我们来描述曲线 $y = f(x)$ 的变化.这时,在一个点有正的导数,即 $f'(x) > 0$,就表示该点曲线上升(y 增加),负的导数,$f'(x) < 0$,就表示曲线下降,而 $f'(x) = 0$,就表示曲线在 x 处是水平方向.在极大或极

小处,斜率必然是零(图 269).因此,对于 x,解方程

$$f'(x) = 0,$$

可以找到极大和极小的位置,这便是费马首先提出的方法.

3. 例题

乍看起来,引入定义(1)似乎没有什么实用价值.一个问题被另一个问题代替了:本来是求曲线 $y = f(x)$ 在点 P 处的切线问题,现在却是计算极限(1)的问题,这个极限表面上看起来是同样困难的.但是,一旦离开普遍的领域,只考虑各种个别函数,我们就能获得确切的结果.

最简单的函数是 $f(x) = c$,其中 c 是常数.函数 $y = f(x) = c$ 的图像是一水平线,它与一切点的切线重合,那么,显然对于 x 的一切值,有

$$f'(x) = 0.$$

这也可从定义(1)推出,因为

$$\frac{\Delta y}{\Delta x} = \frac{f(x_1) - f(x)}{x_1 - x} = \frac{c - c}{x_1 - x} = \frac{0}{x_1 - x} = 0,$$

所以,显然,

$$\lim \frac{f(x_1) - f(x)}{x_1 - x} = 0, \text{当 } x_1 \to x \text{ 时.}$$

其次,我们考察简单的函数 $y = f(x) = x$,它的图像是过原点平分第一象限的直线.从几何上可清楚知道,对于 x 的任意值

$$f'(x) = 1.$$

而从解析定义(1),也可得到

$$\frac{f(x_1) - f(x)}{x_1 - x} = \frac{x_1 - x}{x_1 - x} = 1,$$

所以

$$\lim \frac{f(x_1) - f(x)}{x_1 - x} = 1, \text{当 } x_1 \to x \text{ 时}.$$

一个很简单但又不是显然的例子,是对函数

$$y = f(x) = x^2$$

微分. 这相当于找抛物线的斜率. 这是一个(当结果初看起来并不明显时)教我们如何取极限的最简单的例子. 我们有

$$\frac{\Delta y}{\Delta x} = \frac{f(x_1) - f(x)}{x_1 - x} = \frac{x_1^2 - x^2}{x_1 - x}.$$

如果试图直接取分子分母的极限,那么将得到没有意义的表达式 $\frac{0}{0}$.

但是在取极限前,可把差商改写,使得能消去捣乱的因子 $x_1 - x$,从而避开这个困难(在计算差商的极限时,我们只考虑 $x_1 \neq x$ 的值,因此这种作法是允许的). 这样得到表达式:

$$\frac{x_1^2 - x^2}{x_1 - x} = \frac{(x_1 + x)(x_1 - x)}{x_1 - x} = x_1 + x.$$

现在,在消去 $x_1 - x$ 后,$x_1 \to x$ 取极限就没有任何困难了. 这个极限用"代入法"就可得到;因为差商的新形式 $x_1 + x$ 是连续的,而连续函数当 $x_1 \to x$ 的极限,就是函数在 $x_1 = x$ 处的值,在这个例子中,是 $x + x = 2x$,于是对 $f(x) = x^2$,有

$$f'(x) = 2x.$$

用类似的方法能证明对 $f(x) = x^3$,有 $f'(x) = 3x^2$. 因为这时差商是

$$\frac{\Delta y}{\Delta x} = \frac{f(x_1) - f(x)}{x_1 - x} = \frac{x_1^3 - x^3}{x_1 - x}.$$

利用公式 $x_1^3 - x^3 = (x_1 - x)(x_1^2 + x_1 x + x^2)$ 化简. 消去分母的 $\Delta x = x_1 - x$,便得到表达式

$$\frac{\Delta y}{\Delta x} = x_1^2 + x_1 x + x^2.$$

它是连续函数. 现在如果令 x_1 趋于 x, 这个式子就简单地变成 $x^2 + x^2 + x^2$, 从而得到极限

$$f'(x) = 3x^2.$$

一般情况, 如果

$$f(x) = x^n,$$

其中 n 是任何正整数, 则得到导数

$$f'(x) = nx^{n-1}.$$

习题: 证明上述结果. 用代数公式

$$x_1^n - x^n = (x_1 - x)(x_1^{n-1} + x_1^{n-2}x + x_1^{n-3}x^2 + \cdots + x_1 x^{n-2} + x^{n-1}).$$

作为用简单技巧可以确定导数的又一例子, 我们考察函数

$$y = f(x) = \frac{1}{x}.$$

我们有

$$\frac{\Delta y}{\Delta x} = \frac{y_1 - y}{x_1 - x} = \left(\frac{1}{x_1} - \frac{1}{x}\right)\frac{1}{x_1 - x}$$

$$= \frac{x - x_1}{x_1 x} \cdot \frac{1}{x_1 - x}.$$

仍然可以消去 $x_1 - x$, 求得

$$\frac{\Delta y}{\Delta x} = \frac{-1}{x_1 x},$$

它在 $x_1 = x$ 处是连续的, 因此有极限

$$f'(x) = -\frac{1}{x^2}.$$

当然, 在 $x = 0$ 处不论是导数还是函数本身都没定义.

习题: 用类似的方法, 证明 $f(x) = \frac{1}{x^2}$ 的导数是 $f'(x) = \frac{-2}{x^3}$,

对于 $f(x) = \dfrac{1}{x^n}$，$f'(x) = -\dfrac{n}{x^{n+1}}$，对 $f(x) = (1+x)^n$，$f'(x) = n(1+x)^{n-1}$.

现在，试微分

$$y = f(x) = \sqrt{x}.$$

关于差商，我们有

$$\frac{y_1 - y}{x_1 - x} = \frac{\sqrt{x_1} - \sqrt{x}}{x_1 - x},$$

利用公式

$$x_1 - x = (\sqrt{x_1} - \sqrt{x})(\sqrt{x_1} + \sqrt{x})$$

可以消去一个因子，从而得到连续函数

$$\frac{y_1 - y}{x_1 - x} = \frac{1}{\sqrt{x_1} + \sqrt{x}}.$$

取极限，便得

$$f'(x) = \frac{1}{2\sqrt{x}}.$$

习题：证明：对于

$$f(x) = \frac{1}{\sqrt{x}}, \ f'(x) = -\frac{1}{2(\sqrt{x})^3};$$

对于

$$f(x) = \sqrt[3]{x}, \ f'(x) = \frac{1}{3\sqrt[3]{x^2}};$$

对于

$$f(x) = \sqrt{1-x^2}, \ f'(x) = \frac{-x}{\sqrt{1-x^2}};$$

对于

$$f(x) = \sqrt[n]{x}, \; f'(x) = \frac{1}{n \sqrt[n]{x^{n-1}}}.$$

4. 三角函数的导数

我们现在考察很重要的三角函数的微分问题. 这里无例外地采用角的弧度制.

微分函数 $y = f(x) = \sin x$ 时, 令 $x_1 - x = h$, 即

$$x_1 = x + h,$$

且 $f(x_1) = \sin x_1 = \sin(x + h)$. 用关于 $\sin(A + B)$ 的三角公式

$$f(x_1) = \sin(x + h) = \sin x \cos h + \cos x \sin h.$$

因此

$$\frac{f(x_1) - f(x)}{x_1 - x} = \frac{\sin(x + h) - \sin x}{h}$$

$$= \cos x \left(\frac{\sin h}{h} \right) + \sin x \left(\frac{\cos h - 1}{h} \right). \tag{2}$$

今令 x_1 趋于 x, 那么 h 趋于 0, $\sin h$ 趋于 0, $\cos h$ 趋于 1. 并且由第 317 页、第 318 页的结果

$$\lim \frac{\sin h}{h} = 1 \; \text{及} \; \lim \frac{\cos h - 1}{h} = 0,$$

知 (2) 的右边变为 $\cos x$, 从而得到结果:

函数 $f(x) = \sin x$ 有导数 $f'(x) = \cos x$, 或简单地表示为

$$D\sin x = \cos x.$$

习题: 证明 $D\cos x = -\sin x$.

为了微分函数 $f(x) = \tan x$, 可写为 $\tan x = \dfrac{\sin x}{\cos x}$, 得

$$\frac{f(x + h) - f(x)}{h} = \left(\frac{\sin(x + h)}{\cos(x + h)} - \frac{\sin x}{\cos x} \right) \cdot \frac{1}{h}$$

$$= \frac{\sin(x+h)\cos x - \cos(x+h)\sin x}{h} \cdot \frac{1}{\cos(x+h)\cos x}$$

$$= \frac{\sin h}{h} \cdot \frac{1}{\cos(x+h)\cos x}.$$

（最后的等式是从公式

$$\sin(A-B) = \sin A \cos B - \cos A \sin B$$

中令 $A = x+h$ 及 $B = x$ 而得来的.）如果现在令 h 趋于零,那么 $\frac{\sin h}{h}$ 趋于 1, $\cos(x+h)$ 趋于 $\cos x$,从而断定:

函数 $f(x) = \tan x$ 的导数是 $f'(x) = \dfrac{1}{\cos^2 x}$ 或

$$\mathrm{D}\tan x = \frac{1}{\cos^2 x}.$$

习题: 证明 $\mathrm{D}\cot x = -\dfrac{1}{\sin^2 x}$.

*5. 可微性和连续性

函数的**可微性**蕴涵着函数的**连续性**. 因为如果当 $\triangle x \to 0$ 时, $\dfrac{\triangle y}{\triangle x}$ 的极限存在,那么很容易看到当差 $\triangle x$ 趋于零时函数的改变量 $\triangle y$ 必然是任意小. 所以,函数只要可微分,那么它的连续性就自然得到保证. 因此,除非有特殊理由,本章出现的可微函数的连续性,将不再指出或加以证明.

6. 导数和速度　二阶导数和加速度

上面对导数的讨论,是和函数图像的几何观念相联系的. 但是,导数概念的意义决不只是求曲线切线的斜率的问题. 自然科学中,更重要的问题是计算随时间 t 而变化的某个量 $f(t)$ 的变化率. 牛顿正是从这个方面研究了微分学的. 牛顿特别分析了速度

的现象,他把时间和动点的位置都看成是变量,并把它们称为
"流量".

如果一个质点沿直线(例如沿 x 轴)运动,那么这个运动可用一个函数 $x = f(t)$ 完全描述出来,它给出任何时间 t 时这个质点的位置 x. 一个沿 x 轴以常速度 b 运动的"匀速运动"由线性函数 $x = a + bt$ 表示,其中 a 是质点在 $t = 0$ 时的坐标.

平面上的质点运动由两个函数

$$x = f(t), y = g(t)$$

描述,这两个坐标都被表示成时间的函数. 特别,匀速运动对应一对线性函数:

$$x = a + bt, y = c + dt,$$

其中 b 和 d 是常速度的两个"分量",而 a 和 c 是质点在 $t = 0$ 那个瞬时的坐标. 质点的运动路径是方程为

$$(x - a)d - (y - c)b = 0$$

的直线,这个方程是从上面两个关系式中消去 t 后得到的.

如果质点只受重力作用而在铅垂的 x, y 平面上运动,那么,由初等物理学知道,运动由两个方程

$$x = a + bt, y = c + dt - \frac{1}{2}gt^2$$

表示,其中 a, b, c, d 是依赖于质点初始位置的常数,而 g 是在重力作用下的加速度,如果时间单位是秒而距离单位是米,那么它近似等于 9.8[①]. 这个质点运动的轨迹,可以从两个方程中消去 t 得到,它是抛物线

$$y = c + \frac{d}{b}(x - a) - \frac{1}{2}g\frac{(x - a)^2}{b^2}.$$

---

① 原书用英尺为单位,$g \approx 32$ 英尺 / 秒^2,我们在这里和后面都把它改为我国常用的公制 $g = 9.8$ 米 / 秒^2 ——译注.

其中 $b \neq 0$，否则它是竖直轴的一部分.

如果一个质点限制在平面上一条给定的曲线上运动(如火车沿铁轨运动)；那么它的运动可由弧的长度 s 来描述,这个弧长是从某个固定的初始点 P_0 开始,沿曲线一直度量到质点在时间 t 的位置 P 而得到的,它是 t 的函数 $s = f(t)$. 例如在单位圆 $x^2 + y^2 = 1$ 上,函数 $s = ct$ 表示一个速度为 c 沿圆周的匀速旋转.

> **习题**：* 绘出下列各式表示的平面运动的轨迹.
>
> ① $x = \sin t$, $y = \cos t$; ② $x = \sin 2t$, $y = \sin 3t$;
>
> ③ $x = \sin 2t$, $y = 2\sin 3t$;
>
> ④ 在上面所述的抛物线运动中,假定当 $t = 0$ 时质点在原点,且 $b > 0$, $d > 0$,求轨迹最高点的坐标.求轨迹第二次与 x 轴相交的时间 t 和 x 值.

牛顿最初的目的是要确定变速运动的速度.为简单起见,假定我们考察的质点运动是由函数 $x = f(t)$ 给定的直线运动.如果是匀速运动,那么这个速度可按以下方法求得：取时间的两个值 t 和 t_1,对应的位置是值 $x = f(t)$ 和 $x_1 = f(t_1)$,然后作商

$$v = 速度 = \frac{距离}{时间} = \frac{x_1 - x}{t_1 - t} = \frac{f(t_1) - f(t)}{t_1 - t},$$

便得到速度.例如 t 的单位是小时, x 的单位是里,那么,若 $t_1 - t = 1$, $x_1 - x$ 就是 1 小时经过的里数,而 v 就是每小时若干里的速度.运动的速度是常数的说法,就是简单的指对所有的 t 和 t_1,差商

$$\frac{f(t_1) - f(t)}{t_1 - t} \tag{3}$$

都是一样的.但是,当运动是非均匀的时候,例如对于速度随下落而增加的自由落体运动,商(3)就不能给出在瞬时 t 的速度,它只是从 t 到 t_1 的时间间隔内的平均速度.为了得到恰好在瞬时 t 的速度,必须求平均速度当 t_1 趋于 t 时的极限.这样,照牛顿的方法,我们定义

$$\text{瞬时 } t \text{ 的速度} = \lim \frac{f(t_1) - f(t)}{t_1 - t} = f'(t). \tag{4}$$

换句话说,瞬时速度是距离对于时间的导数,或距离对于时间的"瞬时变化率"(区别于由公式(3)给出的平均变化率).

速度本身的变化率称为加速度. 简单地说,就是导数的导数,通常记作 $f''(t)$,或称作 $f(t)$ 的二阶导数.

伽利略(Galileo)观察到,经过时间 t,自由落体经过的铅直距离 x 由公式

$$x = f(t) = \frac{1}{2} g t^2 \tag{5}$$

给出,其中 g 是重力加速度,是一个常数. 将(5)式微分,可得落体在时间 t 的速度为

$$v = f'(t) = gt, \tag{6}$$

而且加速度是

$$a = f''(t) = g,$$

它是常数.

假设需求落体在下落后 2 秒时的速度. 在从 $t = 2$ 到 $t = 2.1$ 的时间间隔内的平均速度是

$$\frac{\frac{1}{2} g (2.1)^2 - \frac{1}{2} g (2)^2}{2.1 - 2} = \frac{4.9(0.41)}{0.1} = 20.1 (\text{米／秒}).$$

在(6)式中代入 $t = 2$,求得 2 秒末的瞬时速度是

$$v = 19.6.$$

习题:落体在从 $t = 2$ 到 $t = 2.01$ 的时间间隔内的平均速度是多少?从 $t = 2$ 到 $t = 2.001$ 呢?

对于平面运动,两个函数 $x = f(t)$ 和 $y = g(t)$ 的导数 $f'(t)$ 和 $g'(t)$ 定义为速度的分量. 沿固定曲线运动的速度由函数 $s = f(t)$ 的

导数定义,这里 s 是弧的长度.

7. 二阶导数的几何意义

二阶导数在分析和几何中都是重要的,因为表示(曲线 $y = f(x)$ 的斜率)$f'(x)$ 的变化率的 $f''(x)$,给出了曲线弯曲程度的表示方法. 如果 $f''(x)$ 在一个区间是正的,那么 $f'(x)$ 的变化率是正的. 一个函数的变化率是正的是指函数值随 x 的增加而增加. 因此,$f''(x) > 0$ 是指当 x 增加时斜率 $f'(x)$ 增加,于是在 $f'(x)$ 是正的地方函数变陡峭,而在 $f'(x)$ 是负的地方函数变平缓,此时就说曲线是凸的(图 270).

同样道理,如果 $f''(x) < 0$,那么曲线 $y = f(x)$ 是向下凹的(图 271).

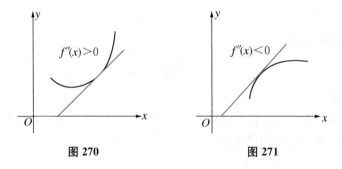

图 270   图 271

抛物线 $y = f(x) = x^2$ 是处处凸的,因为 $f''(x) = 2$ 总是正的. 而对于曲线 $y = f(x) = x^3$,当 $x > 0$ 时是凸的,而当 $x < 0$ 时是凹的(图 153),由 $f''(x) = 6x$,读者很易证明这些. 顺便指出,当 $x = 0$ 时,我们有

$$f'(x) = 3x^2 = 0,$$

(但不是极大和极小!)同时 $f''(x) = 0$. 这个点称为拐点. 这个点的切线(在这个例子中是 x 轴)与曲线相交.

如果 s 表示沿曲线的弧长,而 α 是沿曲线的斜角,那么 $\alpha = h(s)$

是 s 的函数. 当沿曲线移动时, $\alpha = h(s)$ 将变化. 变化率 $h'(s)$ 叫做曲线在弧长是 s 的那个点的曲率. 我们不加证明而写下由曲线 $y = f(x)$ 的一阶和二阶导数表示的曲率 κ 的公式:

$$\kappa = \frac{f''(x)}{\{1 + [f'(x)]^2\}^{3/2}}.$$

8. 极大与极小

我们可以求出已知函数 $f(x)$ 的极大与极小. 方法是首先求 $f'(x)$, 然后求导数等于零的 x 值, 最后讨论在这些值中, 哪些值造成极大, 哪些值造成极小. 如果我们已有二阶导数 $f''(x)$, 后面这个问题是可以确定的, 因为二阶导数的符号表示了图像的凹凸, 而它若为零, 通常表示一个不出现极值的拐点. 观察 $f'(x)$ 和 $f''(x)$ 的符号, 不仅能确定极值, 而且还能看出函数图像的形状. 这个方法能给出具有极值的 x 值, 把这些 x 值代入 $f(x)$ 就能求得对应的 $y = f(x)$ 的值.

作为一个例子, 我们考察多项式

$$f(x) = 2x^3 - 9x^2 + 12x + 1,$$

求得 $f'(x) = 6x^2 - 18x + 12$, $f''(x) = 12x - 18$.

二次方程 $f'(x) = 0$ 的根是 $x_1 = 1$, $x_2 = 2$, 并且

$$f''(x_1) = -6 < 0, \quad f''(x_2) = 6 > 0.$$

因此, $f(x)$ 有极大值 $f(x_1) = 6$, 以及极小值 $f(x_2) = 5$.

习题: ① 作上面所说的函数的草图.

② 讨论并作 $f(x) = (x^2 - 1)(x^2 - 4)$ 的草图.

③ 求 $\dfrac{x+1}{x}$, $\dfrac{x+a^2}{x}$, $\dfrac{px+q}{x}$ (其中 p 和 q 是正的) 的极小值. 这些函数有极大值吗?

④ 求 $\sin x$ 和 $\sin(x^2)$ 的极大值和极小值.

§3 微 分 法

直到现在,我们所作的各种特殊函数的微分,都是先将差商变形,然后再取极限.经过牛顿和莱布尼茨以及他们后继者的工作,这些处理个别问题的技巧,被有效的一般的方法所取代,而这是有决定意义的一步.只要掌握了少数几条简单的法则,以及知道这些法则如何应用,就能用这些方法几乎是毫不费力地微分数学中经常出现的各种函数.这样,微分法就有了计算中"算法"的特性,"微积分"(Calculus①)这个词表示的就是理论的这一方面.

我们在这里不能很详尽地阐述这套方法,只指出几个简单的法则如下.

(a) 和的微分　如果 a 和 b 是常数,并且

$$k(x) = af(x) + bg(x),$$

那么读者很容易验证

$$k'(x) = af'(x) + bg'(x).$$

对于任意多项的和,类似的法则也成立.

(b) 乘积的微分　乘积 $p(x) = f(x)g(x)$ 的导数是

$$p'(x) = f(x)g'(x) + g(x)f'(x).$$

这一点按照下面的方法是很易证明的:我们加上或减去同一个项,

$$p(x+h) - p(x) = f(x+h)g(x+h) - f(x)g(x)$$
$$= f(x+h)g(x+h) - f(x+h)g(x)$$
$$+ f(x+h)g(x) - f(x)g(x),$$

合并前两项和后两项,得到

$$\frac{p(x+h) - p(x)}{h} = f(x+h)\frac{g(x+h) - g(x)}{h} +$$

① "Calculus"是"计算"的意思.——译注

$$g(x)\,\frac{f(x+h)-f(x)}{h},$$

现在令 h 趋于零;因为 $f(x+h)$ 趋于 $f(x)$,所以立即证明了命题.

习题:证明函数 $P(x)=x^n$ 有导数 $P'(x)=nx^{n-1}$. (提示:x^n 写成 $x^n=xx^{n-1}$,并利用数学归纳法.)

利用法则(a)和(b),我们可以微分任意多项式

$$f(x)=a_0+a_1x+\cdots+a_nx^n;$$

其导数是

$$f'(x)=a_1+2a_2x+3a_3x^2+\cdots+na_nx^{n-1}.$$

作为一个应用,我们可以验证二项式定理(比较第 24 页),这只要把式 $(1+x)^n$ 看成多项式就可以了.

(1) $f(x)=(1+x)^n=1+a_1x+a_2x^2+a_3x^3+\cdots+a_nx^n$,式子中的系数由公式

(2) $$a_k=\frac{n(n-1)\cdots(n-k+1)}{k!}$$

给定,当然 $a_n=1$.

我们已经知道(第 430 页的习题)从微分(1)的左端可得到 $n(1+x)^{n-1}$. 这样,由前一节我们得到

(3) $n(1+x)^{n-1}=a_1+2a_2x+3a_3x^2+\cdots+na_nx^{n-1}$.

在此式中,令 $x=0$,求得 $n=a_1$,这也就是(2)式当 $k=1$ 时的情形. 然后再微分(3),得到

$$n(n-1)(1+x)^{n-2}=2a_2+3\cdot2a_3x+\cdots+n(n-1)a_nx^{n-2}.$$

代入 $x=0$,得 $n(n-1)=2a_2$,这与式(2)当 $k=2$ 时的情形一样.

习题:证明(2)式对 $k=3,4$ 成立,并用数学归纳法证明对一般的 k 都成立.

(c) 商的微分　如果 $q(x)=\dfrac{f(x)}{g(x)}$,

那么 $$q'(x) = \frac{g(x)f'(x) - f(x)g'(x)}{(g(x))^2}.$$

请读者作为练习自己证明(当然,必须假定 $g(x) \neq 0$).

> **习题**:利用这个法则,由 $\sin x$ 和 $\cos x$ 的导数,推出 $\tan x$ 和 $\cot x$ 的导数(第 432 页). 证明

$$\sec x = \frac{1}{\cos x} \text{ 和 } \operatorname{cosec} x = \frac{1}{\sin x}$$

的导数分别是

$$\frac{\sin x}{\cos^2 x} \text{ 和 } -\frac{\cos x}{\sin^2 x}.$$

我们现在已能微分那些可以表示为两个多项式的商的任意函数. 例如

$$f(x) = \frac{1-x}{1+x}$$

有导数

$$f'(x) = \frac{-(1+x)-(1-x)}{(1+x)^2} = -\frac{2}{(1+x)^2}.$$

> **习题**:微分
> $$f(x) = \frac{1}{x^m} = x^{-m}. \text{ 其中 } m \text{ 是正整数.}$$
> 结果是
> $$f'(x) = -mx^{-m-1}.$$

(d) **反函数的微分** 如果 $y = f(x)$ 和 $x = g(y)$ 互为反函数 (例如 $g = x^2$ 和 $x = \sqrt{y}$),那么它们的导数互为倒数:

$$g'(y) = \frac{1}{f'(x)} \text{ 或 } Dg(y) \cdot Df(x) = 1.$$

如果我们分别回到相应的差商 $\frac{\Delta y}{\Delta x}$ 和 $\frac{\Delta x}{\Delta y}$,那么这个事实是很容易证明的;它也可从第 287 页给出的反函数的几何解释中见到,这时只要用切线和 y 轴的夹角来代替切线与 x 轴的夹角就可以了.

作为一个例子,我们微分函数

$$y = f(x) = \sqrt[m]{x} = x^{\frac{1}{m}},$$

它是 $x = y^m$ 的反函数 $\Big($ 对于 $m = \frac{1}{2}$ 的情形,一个较为直接的处理见第 430 页$\Big)$. 因为后一个函数有导数 my^{m-1},所以

$$f'(x) = \frac{1}{my^{m-1}} = \frac{1}{m}\frac{y}{y^m} = \frac{1}{m}yy^{-m},$$

作代换 $y = x^{\frac{1}{m}}$ 和 $y^{-m} = x^{-1}$ 后,有 $f'(x) = \frac{1}{m}x^{(\frac{1}{m})-1}$,或

$$D(x^{\frac{1}{m}}) = \frac{1}{m}x^{(\frac{1}{m})-1}.$$

进一步的例子是微分反三角函数(见第 288 页):

$$y = \arctan x,$$

它和 $x = \tan y$ 的意义是一样的. 这里自变量是 y,用弧度表示,并被限制在区间

$$-\frac{1}{2}\pi < y < \frac{1}{2}\pi,$$

这就保证反函数是唯一确定的.

因为我们有(见第 432 页) $D\tan y = \frac{1}{\cos^2 y}$ 且由于

$$\frac{1}{\cos^2 y} = \frac{\sin^2 y + \cos^2 y}{\cos^2 y} = 1 + \tan^2 y = 1 + x^2,$$

所以

$$\text{Darctan } x = \frac{1}{1+x^2}.$$

用同样的方法,读者可以导出以下的公式:

$$\text{Darccot } x = \frac{-1}{1+x^2}, \ \text{Darcsin } x = \frac{1}{\sqrt{1-x^2}},$$

$$\text{Darccos } x = \frac{-1}{\sqrt{1-x^2}}.$$

最后我们转向重要的关于复合函数的微分法则.

(e)复合函数的微分 复合函数是两个(或更多的)较简单的函数复合而成的函数(见第 288 页). 例如,

$$z = \sin(\sqrt{x})$$

是由 $z = \sin y$ 和 $y = \sqrt{x}$ 复合而成;函数

$$z = \sqrt{x} + \sqrt{x^5}$$

是由 $z = y + y^5$ 和 $y = \sqrt{x}$ 复合而成;$z = \sin(x^2)$ 是

$$z = \sin y \ \text{和} \ y = x^2$$

的复合函数;$z = \sin \dfrac{1}{x}$ 是 $z = \sin y$ 和 $y = \dfrac{1}{x}$ 的复合函数.

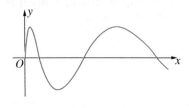

图 272　$y = \sin(\sqrt{x})$

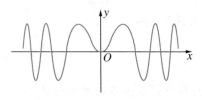

图 273　$y = \sin(x^2)$

如果两个函数

$$z = g(y) \ \text{和} \ y = f(x)$$

已给定,把后一个函数代入到前一个函数中,我们就得到复合函数

$$z = k(x) = g[f(x)],$$

我们确定它的导数是

$$k'(x) = g'(y) \cdot f'(x). \tag{4}$$

如果我们写成

$$\frac{k(x_1) - k(x)}{x_1 - x_1} = \frac{z_1 - z}{y_1 - y} \cdot \frac{y_1 - y}{x_1 - x},$$

其中 $y_1 = f(x_1)$，且 $z_1 = g(y_1) = k(x_1)$，然后令 x_1 趋于 x，左端趋于 $k'(x)$，而右端的两个因子分别趋于 $g'(y)$ 和 $f'(x)$，这就证明了 (4)。

在这个证明中，条件 $y_1 - y \neq 0$ 是必须的。因为我们要除以 $\Delta y = y_1 - y$，所以使 $y_1 - y = 0$ 的值 x_1 不能利用。但即使在包含 x 的一个区间上 Δy 都等于零，公式 (4) 仍然成立；此时 y 是常数，$f'(x) = 0$，$k(x) = g(y)$ 关于 x 也是常数（因为 y 在 x 变化时没有变化），因此 $k'(x) = 0$，如 (4) 中所述。

读者可验证以下各例：

$$k(x) = \sin\sqrt{x}, \qquad k'(x) = (\cos\sqrt{x})\,\frac{1}{2\sqrt{x}},$$

$$k(x) = \sqrt{x} + \sqrt{x^5}, \qquad k'(x) = (1 + 5x^2)\,\frac{1}{2\sqrt{x}},$$

$$k(x) = \sin(x^2), \qquad k'(x) = \cos(x^2) \cdot 2x,$$

$$k(x) = \sin\frac{1}{x}, \qquad k'(x) = -\cos\left(\frac{1}{x}\right) \cdot \frac{1}{x^2},$$

$$k(x) = \sqrt{1 - x^2}, \qquad k'(x) = \frac{-1}{2\sqrt{1 - x^2}} \cdot 2x = \frac{-x}{\sqrt{1 - x^2}}.$$

习题：结合第 429 页和 441 页的结果，证明函数

$$f(x) = \sqrt[m]{x^s} = x^{\frac{s}{m}}$$

有导数

$$f'(x) = \frac{s}{m}x^{\frac{s}{m}-1}.$$

应该注意,所有关于 x 的幂的公式可以归结为如下的一个公式:

如果 r 是任意的正或负的有理数,那么函数

$$f(x) = x^r$$

有导数

$$f'(x) = rx^{r-1}.$$

习题:① 用本节的法则作第 430 页习题的微分运算.

② 微分下列函数:$x\sin x$, $\dfrac{1}{1+x^2}\sin nx$, $(x^3 - 3x^2 - x + 1)^3$,

$$1 + \sin^2 x, \ x^2 \sin\frac{1}{x^2}, \ \arcsin(\cos nx),$$

$$\tan\frac{1+x}{1-x}, \ \arctan\frac{1+x}{1-x}, \ \sqrt[4]{1-x^2}, \ \frac{1}{1+x^2}.$$

③ 求上面的某些函数的二阶导数以及求

$$\frac{1-x}{1+x}, \ \arctan x, \ \sin^2 x, \ \tan x$$

的二阶导数.

④ 微分 $c_1(x-x_1)^2 + y_1^2 + c_2(x-x_2)^2 + y_2^2$,* 并且证明第七章第 344 页和第 393 页阐述的光线反射和折射的极小性质. 反射或折射是对于 x 轴而言,并且路径端点的坐标分别为 x_1, y_1 和 x_2, y_2.(注:函数只有一个使导数为零的点,由于显然有极小无极大,所以不必研究二阶导数.)

更多的极大与极小问题:

⑤ 求下述函数的极值,并绘它们的图像,确定增减及凹凸区间:

$$x^3 - 6x + 2, \ \frac{x}{1+x^2}, \ \frac{x^2}{1+x^4}, \ \cos^2 x.$$

⑥ 讨论函数 $x^3 + 3ax + 1$ 的极大、极小与 a 的依赖关系.

⑦ 双曲线 $2y^2 - x^2 = 2$ 的哪个点最接近点 $x = 0$, $y = 3$?

⑧ 求具有给定面积的所有矩形中对角线为最小的一个.

⑨ 求椭圆 $\dfrac{x^2}{a^2} + \dfrac{y^2}{b^2} = 1$ 内具有最大面积的内接矩形.

⑩ 求具有给定体积的所有圆柱中表面积为最小的一个.

§4 莱布尼茨的记号和"无穷小"

牛顿和莱布尼茨已经懂得如何把积分和导数作为极限来求.但是由于不愿意承认只有极限概念才是这个新方法的根源,致使微积分的真正基础长期被弄得含糊不清.如今极限概念已搞得十分清楚,现在看来当然很简单,然而不论是牛顿还是莱布尼茨都未能有如此明确的认识.他们的方法支配了一百多年的数学发展,在此期间,问题被"无穷小量""微分""最终比"等等说法掩盖着.这些概念的最终放弃是很勉强的,因为它们在当时的哲学观点以及人们天性中是根深蒂固的.有的人可能争辩说:"积分和导数自然可以看作极限,也能通过极限来计算.但是,如果抛开用极限过程来描述它们的特殊方式的话,那么这些对象本身究竟是什么呢? 像面积和曲线的斜率这种直观的概念,本身就有着绝对的含义,而无需内接多边形、割线以及它们的极限这样的辅助概念,这似乎是显然的".确实,把面积和斜率当作"自在之物"而寻求它们的适当定义,这在人们心理上是很自然的.但是,放弃这种愿望,而宁可在极限过程中考察它们在科学上唯一适当的定义,这通常是清除前进中的障碍的一种成熟的态度,而在 17 世纪还不具备能够容纳这种哲学上的激进主义的明智的传统.

莱布尼茨以完全正确的方法试图从函数的差商出发来"解释"导数.函数 $y = f(x)$ 的差商是

$$\frac{\Delta y}{\Delta x} = \frac{f(x_1) - f(x)}{x_1 - x}.$$

它的极限称为导数 $f'(x)$(沿用后来拉格朗日引进的符号),而莱布尼茨的写法是

$$\frac{\mathrm{d}y}{\mathrm{d}x},$$

用"微分符号"d 代替了差的符号 Δ. 只要我们把这符号理解为只是指 $\Delta x \to 0$ 导致 $\Delta y \to 0$ 的极限过程,那就不存在什么困难也没有什么玄妙了. 在取极限以前,商 $\frac{\Delta y}{\Delta x}$ 的分母 Δx 已被消去或已变成使极限过程能顺利完成的形式. 这一点是微分的实际过程中的关键所在. 我们如果试图不预先作这样的简化而取极限的话,得到的将是毫无意义的关系式 $\frac{\Delta y}{\Delta x} = \frac{0}{0}$,而对此我们是根本不感兴趣的. 只有当我们如同莱布尼茨及其许多后继者一样说出如下的话来时,才会引起神秘感和混乱:"Δx 没有达到零,Δx 的'最终值'不是零而是一个'无穷小量',即被称为'微分'的 $\mathrm{d}x$;并且类似地 Δy 也有'最终'无穷小值 $\mathrm{d}y$. 然而这两个无穷小微分的真正的商又是一个普通的数,$f'(x) = \frac{\mathrm{d}y}{\mathrm{d}x}$". 莱布尼茨相应地称导数为"微商". 这样的无穷小量被看作新型的数,它不是零,然而小于实数系中的任意正数. 只有那些具有真正数学才能的人,才能把握这个概念. 而微积分所以被认为非常难懂,正是由于不是人人都能具有这种数学才能或被训练成有这种数学才能的人. 同样的,积分被看成无穷多个"无穷小量" $f(x)\mathrm{d}x$ 的和. 这个和,人们仿佛觉得就是积分或面积. 而它的数值的计算,即有限个普通的数 $f(x_j)\Delta x$ 的和的极限,多少像是附加上去的. 今天,我们已经放弃了"直接"解释的愿望,而把积分定义为有限和的极限. 通过这样的途径,我们就克服了困难,并使微积分得以建立在坚实的基础上.

尽管如此,莱布尼茨的记法,即用 $\frac{\mathrm{d}y}{\mathrm{d}x}$ 表示 $f'(x)$,用

$$\int f(x)\mathrm{d}x$$

表示积分,仍然被保留下来了,并且证明是非常有用的. 如果我们把

符号 d 看作只是取极限的记号,它并没有什么害处.莱布尼茨的记法的优越性在于对商或和的极限能以某种方式"如同"它们是真正的商或和那样来处理.由于这种记号富有启发性,它历来诱使人们赋予这些符号以非数学的意义.如果我们拒绝这种诱惑,那么莱布尼茨的记法至少是表示极限过程的那种繁冗记法的巧妙的简写;事实上,莱布尼茨的记号在较高等的微积分理论中几乎是不可缺少的.

例如,第 440 页对 $y = f(x)$ 的反函数 $x = g(y)$ 的微分法则(d)是 $g'(y)f'(y) = 1$,按照莱布尼茨的记号,它简单地记作

$$\frac{\mathrm{d}x}{\mathrm{d}y} \cdot \frac{\mathrm{d}y}{\mathrm{d}x} = 1,$$

"如同""微分"可以像普通分数那样约分似的.而第 443 页对复合函数 $z = k(x)$(其中 $z = g(y)$, $y = f(x)$)的微分法则(e),现在写作

$$\frac{\mathrm{d}z}{\mathrm{d}x} = \frac{\mathrm{d}z}{\mathrm{d}y} \cdot \frac{\mathrm{d}y}{\mathrm{d}x}.$$

莱布尼茨的记法的优越性还表现在它强调了量 x, y, z 本身,而不是它们的函数关系.函数关系表示一种程序,即从量 x 得到另一个量 y 的一种运算.例如,由函数

$$y = f(x) = x^2$$

得到的量 y 等于量 x 的平方.这个运算(平方)是数学家注意的对象.但是物理学家和工程师,总的来说,最感兴趣的是这些量本身.因此,强调量本身的莱布尼茨记法,对从事应用数学的人们便具有特殊的吸引力.

此外有一点可以再提一下.作为无穷小量的"微分",现在是肯定地而且不光彩地被抛弃了,然而同一个词"微分",又从后门悄悄溜了进来——这时它表示一个完全合理而有用的概念.当 Δx 相对于出现的其他的量是很小的时候,微分可以简单地看作是这个差 Δx.在这里,我们不能讨论这个概念在近似计算中的价值,也不能讨论采用"微分"这个名字的其他一些合理的数学概念,其中有些概念在微积

分及其在几何学的应用中已被证明是很有用的.

§5　微积分基本定理

1. 基本定理

在牛顿和莱布尼茨的工作之前,积分的概念已经相当成形了,在某种程度上微分的概念也是如此. 要使这种新的数学分析有极大的发展,仅仅需要再有一个比较简单的发现. 在函数的积分和微分中所涉及的两个极限过程,表面上看来没有什么联系,而实际上却是密切相关的. 事实上,它们是彼此互逆的,就如同加法和减法,乘法和除法一样. 没有截然分开的微分学和积分学,而只有一个微积分学.

莱布尼茨和牛顿的巨大功绩,就在于他们首先明确地认识到并应用了这个微积分基本定理. 当然他们的发现已处在科学发展的前进道路上,因而有几个人能够几乎在同时独立地清楚地意识到这种状况,这是很自然的.

为了建立这个基本定理,我们考虑函数 $y = f(x)$ 从固定下限 a 到变动上限 x 的积分. 为避免积分上限 x 和出现在符号 $f(x)$ 中的变量 x 相混淆,我们把这个积分写成(见第 420 页)

$$F(x) = \int_a^x f(u)\,\mathrm{d}u, \tag{1}$$

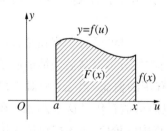

图 274　积分作为上限的函数

它表示我们希望把积分作为上限 x 的一个函数 $F(x)$ 来研究(图 274). 这个函数 $F(x)$ 是曲线 $y = f(u)$ 下面由点 $u = a$ 到点 $u = x$ 的面积. 有时这个具有可变上限的积分 $F(x)$ 称为"不定积分".

现在,微积分基本定理可以表述

为作为 x 的函数的不定积分(1),其导数等于 $f(u)$ 在 x 点的值:

$$F'(x) = f(x).$$

换句话说,由 $f(x)$ 导致 $F(x)$ 的积分过程,可以通过对 $F(x)$ 的微分过程,使之还原或倒回.

在直观的基础上,证明这个定理是很容易的. 办法是把积分 $F(x)$ 作为面积来解释. 如果试图用曲线来表示 $F(x)$,而用曲线的斜率来表示导数 $F'(x)$,就会搞得含糊不清. 我们不用原来关于导数的几何解释,而保留 $F(x)$ 的积分几何解释,但是用分析的方法来求 $F(x)$ 的导数. 差

$$F(x_1) - F(x),$$

在图 275 中就是 x 和 x_1 之间的面积. 可以看出这个面积介于值 $(x_1 - x)m$ 和 $(x_1 - x)M$ 之间,即

$$(x_1 - x)m \leqslant F(x_1) - F(x) \leqslant (x_1 - x)M,$$

其中 M 和 m 分别为函数 $f(u)$ 在 x 和 x_1 之间的最大值和最小值. 这两个乘积分别是包含着曲线面积的矩形面积与包含于曲线面积的矩形面积,因此,

$$m \leqslant \frac{F(x_1) - F(x)}{x_1 - x} \leqslant M.$$

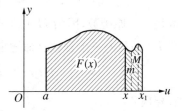

图 275　基本定理的证明

我们将假定函数 $f(u)$ 是连续的,以使若 x_1 趋向于 x,则 M 和 m 同时趋向于 $f(x)$. 因而我们有如上所述的

$$F'(x) = \lim \frac{F(x_1) - F(x)}{x_1 - x} = f(x). \tag{2}$$

直观上,这个式子说明了这样的事实:当 x 增大时,曲线 $y = f(x)$ 下的面积的变化率,等于曲线在点 x 的高度.

在有些课本中,由于专用术语选择得不好,把基本定理的要点搞

得模糊了. 许多作者首先引进导数, 然后简单地定义"不定积分"为导数的逆运算, 即如果

$$G'(x) = f(x),$$

称 $G(x)$ 是 $f(x)$ 的不定积分. 这样, 他们的做法是把微分过程直接和"积分"这个词结合起来. 只是后来才引进作为面积或者和的极限的"定积分"的概念, 而且没有强调这时候的"积分"这个词指的是完全不同的东西. 这个方法是把理论中的主要事实从后门偷偷输入, 因而大大有碍于学生的真正理解. 我们宁愿把满足 $G'(x) = f(x)$ 的 $G(x)$ 叫做 $f(x)$ 的原函数而不叫做"不定积分". 因此, 基本定理可简述如下:

若 $F(x)$ 是 $f(u)$ 由固定下限到可变上限 x 的积分, 则 $F(x)$ 是 $f(x)$ 的一个原函数.

我们说的是"一个"原函数, 而不是原函数, 因为很显然, 如果 $G(x)$ 是 $f(x)$ 的一个原函数, 那么

$$H(x) = G(x) + C \quad (C \text{ 为任意常数})$$

也是一个原函数, 因为 $H'(x) = G'(x)$. 反过来, 两个原函数 $G(x)$ 和 $H(x)$ 只差一个常数这命题也成立. 原因是差

$$U(x) = G(x) - H(x)$$

有导数

$$U'(x) = G'(x) - H'(x) = f(x) - f(x) = 0,$$

所以是常数, 因为处处可以由水平直线表示的函数必然是常数.

由此可以推出在已知 $f(x)$ 的某一个原函数 $G(x)$ 的条件下, 求 a 到 b 之间的积分值的一条至为重要的法则. 根据我们的基本定理,

$$F(x) = \int_a^x f(u)\,\mathrm{d}u$$

也是 $f(x)$ 的一个原函数. 因此 $F(x) = G(x) + C$, 其中 C 是常数. 如果我们记得

$$\int_a^a f(u)\mathrm{d}u = 0,$$

那么这个常数就可以确定出来. 由此给出 $0 = G(a) + C$, 使得 $C = -G(a)$. 那么由 a 到 x 的定积分是

$$F(x) = \int_a^x f(u)\mathrm{d}u = G(x) - G(a),$$

或者如果以 b 代替 x, 则

$$\int_a^b f(u)\mathrm{d}u = G(b) - G(a), \tag{3}$$

它与我们选择的原函数无关, 换句话说,

为了计算定积分 $\int_a^b f(x)\mathrm{d}x$, 我们只需要求一个使得

$$G'(x) = f(x)$$

的函数 $G(x)$, 然后取差 $G(b) - G(a)$ 即可.

2. 初步应用 x^r, $\cos x$, $\sin x$, $\arctan x$ 的积分

关于基本定理的应用范围, 这里还不可能给出一个完整的概念, 但是从下面的解释中我们可以得到一些启示. 在力学、物理学或纯数学遇到的问题中, 经常需要求一个定积分的值. 直接由和的极限求积分往往是困难的. 但另一方面, 正如在 §3 中所见到的, 作各种微分运算则比较容易, 并且在这个领域内积累了丰富的知识. 把每个微分公式反过来看, 都可以给出 $f(x)$ 的一个原函数 $G(x)$. 借助公式(3), 就可用来计算 $f(x)$ 在任意两点之间的积分了.

例如, 要求 x^2 或 x^3 或 x^n 的积分, 现在的方法要比 §1 中的简单得多. 由 x^n 的微分公式, 我们知道 x^n 的导数是 nx^{n-1}, 所以

$$G(x) = \frac{x^{n+1}}{n+1} \ (n \neq -1)$$

的导数是

$$G'(x) = \frac{n+1}{n+1}x^n = x^n.$$

因而 $\frac{x^{n+1}}{n+1}$ 是函数 $f(x) = x^n$ 的一个原函数,因此立即有

$$\int_a^b x^n \mathrm{d}x = G(b) - G(a) = \frac{b^{n+1} - a^{n+1}}{n+1}.$$

比起直接由和的极限来求积分的繁难手续来,这个过程要简单得多.

更一般地,我们在 §3 中已经得到,对于任意有理数 s,不论是正的或是负的,函数 x^s 都有导数 sx^{s-1},因此,对

$$s = r + 1,$$

函数

$$G(x) = \frac{1}{r+1}x^{r+1}$$

有导数 $f(x) = G'(x) = x^r$(我们假定 $r \neq -1$,即 $s \neq 0$). 因而 $\frac{x^{r+1}}{r+1}$ 是 x^r 的一个原函数或"不定积分",而且有(假定 a, b 为正,且 $r \neq -1$)

$$\int_a^b x^r \mathrm{d}x = \frac{1}{r+1}(b^{r+1} - a^{r+1}). \tag{4}$$

在(4)中,我们假定,被积函数 x^r 在积分区间上有定义且连续,即若 $r < 0$ 要除去 $x = 0$. 因此在这里要假定 a 和 b 是正的.

若 $G(x) = -\cos x$,有 $G'(x) = \sin x$. 因而

$$\int_0^a \sin x \mathrm{d}x = -(\cos a - \cos 0) = 1 - \cos a.$$

同样,由于若 $G(x) = \sin x$ 有 $G'(x) = \cos x$,得

$$\int_0^a \cos x \mathrm{d}x = \sin a - \sin 0 = \sin a.$$

由反正切的微分公式 $D \arctan x = \dfrac{1}{1+x^2}$，可以得到一个特别

有趣的结果. 由这个公式可知函数 $\arctan x$ 是函数 $\dfrac{1}{1+x^2}$ 的一个原

函数，并且由公式(3)得到结果

$$\arctan b - \arctan 0 = \int_0^b \frac{1}{1+x^2} \mathrm{d}x.$$

现在我们有 $\arctan 0 = 0$，因为使正切值为 0 的角度的值是 0. 因

而得出

$$\arctan b = \int_0^b \frac{1}{1+x^2} \mathrm{d}x. \tag{5}$$

对于特殊的 $b = 1$，$\arctan b$ 等于 $\dfrac{\pi}{4}$，因为对应于正切值为 1 的角度

是 $45°$，或 $\dfrac{\pi}{4}$ 弧度. 这样便得到一个值得注

意的公式

$$\frac{\pi}{4} = \int_0^1 \frac{1}{1+x^2} \mathrm{d}x. \tag{6}$$

这表明在函数

$$y = \frac{1}{1+x^2}$$

的图像下边，由 $x = 0$ 到 $x = 1$ 的面积等

于半径为 1 的圆面积的 $\dfrac{1}{4}$.

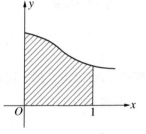

图 276 $\quad y = \dfrac{1}{1+x^2}$

下边由 0 到 1

的面积是 $\dfrac{\pi}{4}$

3. 表示 π 的莱布尼茨公式

上面的最末结果导致了 17 世纪最精彩的数学发现之一——π

的莱布尼茨交错级数

$$\frac{\pi}{4} = \frac{1}{1} - \frac{1}{3} + \frac{1}{5} - \frac{1}{7} + \frac{1}{9} - \frac{1}{11} + \cdots. \tag{7}$$

其中符号$+\cdots$的意思是指由右边式子中前n项作成的有限"部分和"的序列,当n增大时,收敛于极限$\frac{\pi}{4}$.

要证明这个著名的公式,只需回忆有限项等比级数

$$\frac{1-q^n}{1-q} = 1+q+q^2+\cdots+q^{n-1},$$

或

$$\frac{1}{1-q} = 1+q+q^2+\cdots+q^{n-1}+\frac{q^n}{1-q}.$$

在这个代数恒等式中,代入$q=-x^2$,得

$$\frac{1}{1+x^2} = 1-x^2+x^4-x^6+\cdots+(-1)^{n-1}x^{2n-2}+R_n, \quad (8)$$

其中"余项"R_n是

$$R_n = (-1)^n\frac{x^{2n}}{1+x^2}.$$

等式(8)可以由0到1积分. 由§3法则(a),我们在右边取各项积分的和. 由(4),

$$\int_a^b x^m\,\mathrm{d}x = \frac{b^{m+1}-a^{m+1}}{m+1},$$

我们得到

$$\int_0^1 x^m\,\mathrm{d}x = \frac{1}{m+1},$$

因而

$$\int_0^1 \frac{\mathrm{d}x}{1+x^2} = 1-\frac{1}{3}+\frac{1}{5}-\frac{1}{7}+\cdots+$$

$$(-1)^{n-1}\frac{1}{2n-1}+T_n, \qquad (9)$$

其中

$$T_n = (-1)^n \int_0^1 \frac{x^{2n}}{1+x^2} \mathrm{d}x.$$

按照(5)式,(9)式左端等于 $\frac{\pi}{4}$. $\frac{\pi}{4}$ 与部分和

$$S_n = 1 - \frac{1}{3} + \frac{1}{5} + \cdots + \frac{(-1)^{n-1}}{2n-1}$$

的差是 $\frac{\pi}{4} - S_n = T_n$. 剩下要证明的是当 n 增大时, T_n 趋于 0. 现在

$$\frac{x^{2n}}{1+x^2} \leqslant x^{2n}, \text{当} 0 \leqslant x \leqslant 1.$$

回顾 §1 公式(13),那里指出,如果 $f(x) \leqslant g(x)$,且 $a < b$,那么 $\int_a^b f(x)\mathrm{d}x \leqslant \int_a^b g(x)\mathrm{d}x$,由此可见

$$|T_n| = \int_0^1 \frac{x^{2n}}{1+x^2}\mathrm{d}x \leqslant \int_0^1 x^{2n}\mathrm{d}x;$$

因为如我们以前所知(公式(4))右端等于 $\frac{1}{2n+1}$,得

$$|T_n| < \frac{1}{2n+1},$$

因此

$$\left| \frac{\pi}{4} - S_n \right| < \frac{1}{2n+1}.$$

因为 $\frac{1}{2n+1}$ 趋于零,所以当 n 增大时 S_n 趋于 $\frac{\pi}{4}$. 于是莱布尼茨公式得证.

§6 指数函数与对数函数

在中学里的数学教材中,用"初等"的办法得到了指数函数和对

数函数,而微积分学的基本概念,对此提供了圆满得多的理论. 在中学教材里,通常由任意有理数 a 的整数幂 a^n 开始,然后定义

$$a^{\frac{1}{m}} = \sqrt[m]{a},$$

从而对任意有理数 $r = \dfrac{n}{m}$ 得到 a^r 的值. 接着定义任意无理数 x 的 a^x 的值,使 a^x 成为 x 的连续函数. 这一微妙的地方,在初等数学中被省略了. 最后 y 以 a 为底的对数

$$x = \log_a y \tag{1}$$

定义为 $y = a^x$ 的反函数.

下面我们把这些函数的理论建立在微积分学的基础上,讨论的次序,恰与上面相反. 我们先从对数函数开始,然后得到指数函数.

1. 对数的定义和性质　欧拉数 e

我们把对数,或更特殊的"自然对数"$F(x) = \ln x$(它和以 10 为底的常用对数的关系将在第二小节说明)定义为曲线 $y = \dfrac{1}{u}$ 下面由 $u = 1$ 到 $u = x$ 之间的面积,数量上相当于积分

$$F(x) = \ln x = \int_1^x \frac{1}{u} \mathrm{d}u$$

(见第 37 页图 5). 变量 x 可以是任意正数,但是不包括 0,因为 u 趋向于 0 时,被积函数 $\dfrac{1}{u}$ 趋于无穷.

研究函数 $F(x)$ 是很自然的. 因为我们知道,除了 $n = -1$ 之外,任意的幂 x^n 的原函数是同一类型的函数 $\dfrac{x^{n+1}}{n+1}$. 当 $n = -1$ 时,分母 $n+1$ 变为零,从而第 452 页的公式(4)失去意义. 这样我们可以期望 $\dfrac{1}{x}$ 或 $\dfrac{1}{u}$ 的积分会引出一种新型的有趣的函数.

虽然我们把(1)作为函数 $\ln x$ 的定义,但在推导出它的性质,并

找到它的数值计算的方法之前,我们是不"知道"这个函数的. 我们以面积和积分的一般概念作出发点,在此基础上建立像(1)这样的一些定义,然后推导出所定义的对象的性质,只是在最后,才得到用以数值计算的明显表达式,这是现代很典型的研究方法.

$\ln x$ 的第一个重要性质,是 §5 的基本定理的直接推论. 由这个定理得到等式

$$F'(x) = \frac{1}{x}. \tag{2}$$

由(2)可见导数总是正的,于是肯定了这样的事实,当 x 按递增方向变化时函数 $\ln x$ 是单调递增的.

对数的主要性质,可由公式

$$\ln a + \ln b = \ln(ab) \tag{3}$$

表示. 这个公式在对数实际应用于数值计算时的重要性,是众所周知的. 直观上,把 3 个量 $\ln a$, $\ln b$ 和 $\ln(ab)$ 看作三个面积,就可以得到公式(3). 但是我们宁愿用典型的微积分的推理方法来得到它: 与函数 $F(x) = \ln x$ 一起,我们考察第二个函数

$$K(x) = \ln(ax) = \ln w = F(w),$$

其中 $w = f(x) = ax$,a 为任一正的常数. 运用 §3 的法则(e),微分 $K(x)$: $K'(x) = F'(w)f'(x)$. 由(2),且因为 $f'(x) = a$,得

$$K'(x) = \frac{a}{w} = \frac{a}{ax} = \frac{1}{x}.$$

因而 $K(x)$ 与 $F(x)$ 有相同的导数. 根据第 450 页,我们有

$$\ln(ax) = K(x) = F(x) + C,$$

其中 C 是与 x 的特定值无关的常数. 只要把特定的数 1 代入 x,就可以确定常数 C. 由定义(1)可知

$$F(1) = \ln 1 = 0,$$

这是由于所定义的积分,在 $x = 1$ 时上、下限相等. 因而有

$$K(1) = \ln(a \cdot 1) = \ln a = \ln 1 + C = C,$$

由此得 $C = \ln a$,所以对任何 x,有公式

$$\ln(ax) = \ln a + \ln x. \tag{3a}$$

令 $x = b$,便得到我们所希望的公式(3).

特别(对于 $a = x$),现在可依次得到

$$\ln(x^2) = 2\ln x,$$

$$\ln(x^3) = 3\ln x,$$

$$\cdots\cdots$$

$$\ln(x^n) = n\ln x. \tag{4}$$

等式(4)说明当 x 的值递增时,$\ln x$ 的值趋于无穷.因为对数是单调递增函数,我们有,例如,

$$\ln(2^n) = n\ln 2,$$

当 n 趋于无穷时,它也趋于无穷.进而有

$$0 = \ln 1 = \ln\left(x \cdot \frac{1}{x}\right) = \ln x + \ln\frac{1}{x},$$

由此

$$\ln\frac{1}{x} = -\ln x. \tag{5}$$

最后,对于任何有理数 $r = \dfrac{m}{n}$,有

$$\ln x^r = r\ln x. \tag{6}$$

因为,令 $x^r = u$,有

$$n\ln u = \ln u^n = \ln x^{\frac{m}{n} \cdot n} = \ln x^m = m\ln x,$$

由此

$$\ln x^{\frac{m}{n}} = \frac{m}{n}\ln x.$$

因为 $\ln x$ 是 x 的单调连续函数,当 $x = 1$ 时值为 0,并且 x 增大时趋于无穷,这样必然存在一个大于 1 的数,当 x 取此值时 $\ln x = 1$.

按照欧拉的作法,我们称这个数为 e(以后将看到与第 306 页的定义等价). 这样,e 由方程

$$\ln e = 1 \qquad\qquad (7)$$

定义. 根据 e 必然存在这一内在性质引进了数 e,下面我们即将作进一步的分析,以便得到以任意精确程度趋于数 e 的明显公式.

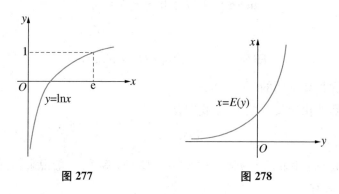

图 277   图 278

2. 指数函数

扼要地叙述一下我们前面的结果. 我们看到函数 $F(x) = \ln x$ 当 $x = 1$ 时值为 0,并且单调递增趋于无穷,而其斜率 $\frac{1}{x}$ 则是递减的. 对于小于 1 的正值 x,$\ln x$ 由 $\ln \frac{1}{x}$ 的负值给定,所以当 $x \to 0$ 时,$\ln x$ 变为负无穷.

由于 $y = \ln x$ 的单调性,我们可以考虑反函数

$$x = E(y),$$

通常按照的方式,它的图像(图 278)是由 $y = \ln x$ 的图像(图 277)得

到的,并且对介于 $-\infty$ 和 $+\infty$ 之间的一切 y 值都有定义. 当 $y \to -\infty$ 时, $E(y)$ 的值趋于 0, 当 $y \to +\infty$ 时, $E(y)$ 趋于 $+\infty$.

这个 E 函数,有如下的基本性质:对任意的一对数 a, b 有

$$E(a)E(b) = E(a+b). \qquad (8)$$

这个法则仅仅是对数法则(3)的另一形式. 因为如果我们令

$$E(b) = x, E(a) = z \ (\text{即 } b = \ln x, a = \ln z),$$

有

$$\ln xz = \ln x + \ln z = b + a,$$

所以

$$E(b+a) = xz = E(b) \cdot E(a),$$

这就是所要证明的.

因为由定义 $\ln \mathrm{e} = 1$,我们有

$$E(1) = \mathrm{e},$$

并且由(8)可知 $\mathrm{e}^2 = E(1) \cdot E(1) = E(2)$, 等等. 一般说来,对任意整数 n,有

$$E(n) = \mathrm{e}^n.$$

同理

$$E\Big(\frac{1}{n}\Big) = \mathrm{e}^{\frac{1}{n}},$$

所以

$$E\Big(\frac{p}{q}\Big) = E\Big(\frac{1}{q}\Big) \cdots E\Big(\frac{1}{q}\Big) = \big[\mathrm{e}^{\frac{1}{q}}\big]^p;$$

因此,令

$$\frac{p}{q} = r,$$

对于任意有理数 r, 我们有

$$E(r) = \mathrm{e}^r.$$

可见,对于任意实数 y, 令 $\mathrm{e}^y = E(y)$, 以此规定数 e 的无理数幂的运算是适宜的. 因为 E 函数对于 y 的所有值是连续的,并且当 y 为有理数时,它和 e^y 的值是一致的. E 函数(通常叫做指数函数)的基本法则(8)现在可以表示为等式

$$\mathrm{e}^a \cdot \mathrm{e}^b = \mathrm{e}^{a+b}. \tag{9}$$

而且它对任意有理数或无理数 a 和 b 都是成立的.

在所有这些讨论中,对数函数和指数函数都是以数 e 为"底",即 e 是对数的"自然底". 由底数 e 到任意正数的变换是容易作出的. 我们首先考虑(自然)对数

$$\alpha = \ln a,$$

则

$$a = \mathrm{e}^\alpha = \mathrm{e}^{\ln a}.$$

现在,我们用复合表达式

$$z = a^x = \mathrm{e}^{\alpha x} = \mathrm{e}^{x \ln a} \tag{10}$$

来定义 a^x. 例如

$$10^x = \mathrm{e}^{x \ln 10}.$$

我们称 a^x 的反函数为以 a 为底的对数. 并且我们立即看到 z 的自然对数是 a 的自然对数的 x 倍. 换句话说,以 a 为底的 z 的对数可由 z 的自然对数除以定数 a 的自然对数而得到,对于 $a = 10$, 这个固定的自然对数为(取四位有效数字)

$$\ln 10 = 2.303.$$

3. e^x, a^x, x^s 的微分公式

因为已经定义了指数函数 $E(y)$ 为 $y = \ln x$ 的反函数,由反函数

的微分法则(§3)得

$$E'(y) = \frac{\mathrm{d}x}{\mathrm{d}y} = \frac{1}{\frac{\mathrm{d}y}{\mathrm{d}x}} = \frac{1}{\frac{1}{x}} = x = E(y),$$

即

$$E'(y) = E(y). \tag{11}$$

自然指数函数与它的导数恒等.

这实际上是指数函数所有性质的来源,并且是它在应用上之所以重要的基本原因,这一点在下几节中将表现得较为明显. 利用第二节引入的记号,我们可以把(11)写成

$$\frac{\mathrm{d}}{\mathrm{d}x}\mathrm{e}^x = \mathrm{e}^x. \tag{11a}$$

比较一般地是微分复合函数

$$f(x) = \mathrm{e}^{\alpha x}.$$

由§3的法则我们得到

$$f'(x) = \alpha\,\mathrm{e}^{\alpha x} = \alpha f(x).$$

因此,对于 $\alpha = \ln a$,我们可知函数

$$f(x) = a^x$$

的导数为

$$f'(x) = a^x \ln a.$$

现在,对于任意实指数 s 和正变量 x,我们令

$$x^s = \mathrm{e}^{s\ln x},$$

用它来定义函数

$$f(x) = x^s.$$

再对 $f(x) = \mathrm{e}^{sz}$, $z = \ln x$ 应用复合函数微分法则,求得

$$f'(x) = s\,\mathrm{e}^{sz} \cdot \frac{1}{x} = sx^s\,\frac{1}{x},$$

因此

$$f'(x) = sx^{s-1}.$$

这同以前 s 为有理数时的结果是一致的.

4. 用极限表示 e, e^x 和 ln x 的表达式

我们将利用指数和对数的微分公式来求这些函数的明显表达式. 因为函数 $\ln x$ 的导数是 $\frac{1}{x}$,由导数的定义我们得到关系式

$$\frac{1}{x} = \lim \frac{\ln x_1 - \ln x}{x_1 - x}, \text{当 } x_1 \to x \text{ 时.}$$

如果我们令 $x_1 = x + h$,并且令 h 历经序列

$$h = \frac{1}{2},\ \frac{1}{3},\ \frac{1}{4},\ \cdots,\ \frac{1}{n},\ \cdots$$

而趋于零,那么应用对数的法则,得到

$$\frac{\ln\left(x + \dfrac{1}{n}\right) - \ln x}{\dfrac{1}{n}} = n\ln \frac{x + \dfrac{1}{n}}{x}$$

$$= \ln\left[\left(1 + \frac{1}{nx}\right)^{n}\right] \to \frac{1}{x}.$$

令 $z = \dfrac{1}{x}$,并且再一次利用对数的法则,得到

$$z = \lim \ln\left[\left(1 + \frac{z}{n}\right)^{n}\right], \text{当 } n \to \infty \text{ 时,}$$

利用指数函数,则当 $n \to \infty$ 时,

$$\mathrm{e}^z = \lim\left(1 + \frac{z}{n}\right)^{n}. \tag{12}$$

这就是用简单极限定义指数函数的著名公式. 特别, 当 $z = 1$ 时, 我们有

$$e = \lim\left(1 + \frac{1}{n}\right)^n, \qquad (13)$$

并且当 $z = -1$ 时,

$$\frac{1}{e} = \lim\left(1 - \frac{1}{n}\right)^n. \qquad (13a)$$

由这些式子立即导致无穷级数形式的展式. 由二项式定理我们求得

$$\left(1 + \frac{x}{n}\right)^n = 1 + n\frac{x}{n} + \frac{n(n-1)}{2!}\frac{x^2}{n^2} +$$

$$\frac{n(n-1)(n-2)}{3!}\frac{x^3}{n^3} + \cdots + \frac{x^n}{n^n},$$

或

$$\left(1 + \frac{x}{n}\right)^n = 1 + \frac{x}{1!} + \frac{x^2}{2!}\left(1 - \frac{1}{n}\right) +$$

$$\frac{x^3}{3!}\left(1 - \frac{1}{n}\right)\left(1 - \frac{2}{n}\right) + \cdots +$$

$$\frac{x^n}{n!}\left(1 - \frac{1}{n}\right)\left(1 - \frac{2}{n}\right)\cdots\left(1 - \frac{n-2}{n}\right)\left(1 - \frac{n-1}{n}\right).$$

在完成当 $n \to \infty$ 取极限的过程中, 以上每一项中的 $\frac{1}{n}$ 都可以用 0 代换, 这一点可以使人信服并且也不难证明它是完全合理的(细节从略). 这就得到了著名的 e^x 的无穷级数展式

$$e^x = 1 + \frac{x}{1!} + \frac{x^2}{2!} + \frac{x^3}{3!} + \cdots, \qquad (14)$$

作为特例, e 的级数为

$$e = 1 + \frac{1}{1!} + \frac{1}{2!} + \frac{1}{3!} + \frac{1}{4!} + \cdots.$$

这证明是与 306 页所定义的数完全相同. 当 $x = -1$ 时,我们得到级数

$$\frac{1}{e} = \frac{1}{2!} - \frac{1}{3!} + \frac{1}{4!} - \frac{1}{5!} + \cdots,$$

这个级数只需很少几项就能给出一个极好的近似值,而如果级数从第 n 项截断后所产生的总误差是小于第 $(n+1)$ 项的数值的.

利用指数函数的微分公式我们可以得到一个有趣的对数的表达式. 当 h 趋于 0 时,我们有

$$\lim \frac{e^h - 1}{h} = \lim \frac{e^h - e^0}{h} = 1.$$

因为这个极限是 e^y 在 $y = 0$ 处的导数值,并且等于 $e^0 = 1$. 在这个式子中,我们用 $\frac{z}{n}$ 代替 h,其中 z 是一个任意的数而 n 取遍正整数序列. 于是得到

$$n \frac{e^{\frac{z}{n}} - 1}{z} \to 1,$$

或

$$n(\sqrt[n]{e^z} - 1) \to z.$$

令 $z = \ln x$ 或 $e^z = x$, 因为当 $n \to \infty$ 时,

$$\sqrt[n]{x} \to 1,$$

我们最后得到,当 $n \to \infty$ 时,

$$\ln x = \lim n(\sqrt[n]{x} - 1). \tag{15}$$

这个式子把对数表示成两个因子的乘积的极限,其中一个因子趋于 0,而另一个趋于无穷.

习题：现在我们已掌握了一大类函数，其中包括指数函数和对数函数，并且应用的途径也增多了.

微分：① $x(\ln x - 1)$，② $\ln(\ln x)$，③ $\ln(x + \sqrt{1+x^2})$，④ $\ln(x + \sqrt{1-x^2})$，⑤ e^{-x^2}，⑥ e^{e^x}（是 e^z 和 $z = e^x$ 的复合函数），⑦ x^x（提示：$x^x = e^{x\ln x}$），⑧ $\ln \tan x$，⑨ $\ln \sin x$；$\ln \cos x$，⑩ $\dfrac{x}{\ln x}$.

求⑪ xe^{-x}，⑫ $x^2 e^{-x}$，⑬ xe^{-ax} 的极大和极小.

*⑭ 求曲线 $y = xe^{-ax}$ 当 a 变动时的极大点的轨迹.

⑮ 证明 e^{-x^2} 的所有逐阶导数，其形式都是 e^{-x^2} 和 x 的多项式的乘积.

*⑯ 证明 $e^{-\frac{1}{x^2}}$ 的 n 阶导数，其形式是 $\dfrac{e^{-\frac{1}{x^2}}}{x^{3n}}$ 和一个 $2n-2$ 次多项式的乘积.

*⑰ 对数微分法. 利用对数的基本性质，有时能以简单的方式来求乘积的微分. 对形如

$$P(x) = f_1(x)f_2(x)\cdots f_n(x)$$

的乘积，我们有

$$D(\ln P(x)) = D(\ln f_1(x)) + D(\ln f_2(x)) + \cdots + D(\ln f_n(x)),$$

从而由复合函数微分法则，有

$$\frac{P'(x)}{P(x)} = \frac{f_1'(x)}{f_1(x)} + \frac{f_2'(x)}{f_2(x)} + \cdots + \frac{f_n'(x)}{f_n(x)},$$

利用这个公式微分

a) $x(x+1)(x+2)\cdots(x+n)$，b) xe^{-ax^2}.

5. 对数的无穷级数展开式　数值计算

(15)式并不能作为对数的数值计算的基础. 对数函数有更适于数值计算的完全不同的且更为有用的表达式. 而且这个表达式在理论上也极为重要. 我们将利用 453 页求 π 的方法以及按照公式(1)给出的对数定义来求这个式子. 需要先作一个简单的准备. 我们不直接讨论 $\ln x$，而是考虑

$$y = \ln(1+x),$$

这是由函数 $y = \ln z$ 和 $z = 1+x$ 组成的复合函数. 我们有

$$\frac{\mathrm{d}y}{\mathrm{d}x} = \frac{\mathrm{d}y}{\mathrm{d}z} \cdot \frac{\mathrm{d}z}{\mathrm{d}x} = \frac{1}{z} \cdot 1 = \frac{1}{1+x},$$

因而 $\ln(1+x)$ 是 $\frac{1}{1+x}$ 的原函数,并且根据基本定理,可知 $\frac{1}{1+u}$ 由 0 到 x 的积分等于

$$\ln(1+x) - \ln 1 = \ln(1+x),$$

用符号可表示为

$$\ln(1+x) = \int_0^x \frac{1}{1+u}\mathrm{d}u. \tag{16}$$

(当然,这个公式也可由把对数看作是面积的几何解释中直观地得到,与 421 页作比较.)

在公式 (16) 中,对于 $(1+u)^{-1}$,像 454 页中一样,我们可把它展为几何级数,

$$\frac{1}{1+u} = 1 - u + u^2 - u^3 + \cdots + (-1)^{n-1}u^{n-1} + (-1)^n \frac{u^n}{1+u}.$$

注意,这里不是无穷级数,而是带有余项为

$$R_n = (-1)^n \frac{u^n}{1+u}$$

的有限级数. 把这个级数代入 (16),我们可以利用有限项和的逐项积分法则. 因为 u^s 由 0 到 x 的积分是 $\frac{x^{s+1}}{s+1}$,所以我们立即得到

$$\ln(1+x) = x - \frac{x^2}{2} + \frac{x^3}{3} - \frac{x^4}{4} + \cdots +$$

$$(-1)^{n-1}\frac{x^n}{n} + T^n,$$

其中余项由

$$T_n = (-1)^n \int_0^x \frac{u^n}{1+u} \mathrm{d}u$$

给出. 现在我们将看到, 只要 x 选为大于 -1 但不超过 $+1$ 的数, 换句话说, $-1 < x \leqslant 1$, 这里 $x = +1$ 包括在内而 $x = -1$ 未包括, 那么 T_n 当 n 递增时趋于零. 根据我们的假定, 在积分区间内, u 大于某一数 $-\alpha$, 这个数可以任意接近 -1, 但至少要大于 -1, 使得 $0 < 1 - \alpha < 1 + u$. 因此在 0 到 x 的区间中有

$$\left| \frac{u^n}{1+u} \right| \leqslant \frac{|u|^n}{1-\alpha},$$

于是

$$|T_n| \leqslant \frac{1}{1-\alpha} \left| \int_0^x u^n \mathrm{d}u \right|,$$

或

$$|T_n| \leqslant \frac{1}{1-\alpha} \frac{|x|^{n+1}}{n+1} \leqslant \frac{1}{1-\alpha} \cdot \frac{1}{n+1}.$$

因为 $1 - \alpha$ 是固定的, 可见当 n 递增时上面右式趋于 0, 从而由

$$\left| \ln(1+x) - \left\{ x - \frac{x^2}{2} + \frac{x^3}{3} - \cdots + (-1)^n \frac{x^n}{n} \right\} \right|$$

$$\leqslant \frac{1}{1-\alpha} \frac{1}{n+1}, \tag{17}$$

得到在 $-1 < x \leqslant 1$ 上成立的无穷级数

$$\ln(1+x) = x - \frac{x^2}{2} + \frac{x^3}{3} - \frac{x^4}{4} + \cdots, \tag{18}$$

特别, 如果取 $x = 1$ 我们得到一个有趣的结果

$$\ln 2 = 1 - \frac{1}{2} + \frac{1}{3} - \frac{1}{4} + \cdots, \tag{19}$$

这个式子与 $\dfrac{\pi}{4}$ 的级数在结构上相似.

公式(18)对于计算对数的数值没有多大的实际意义,因为它的范围,即 $1+x$ 仅在 0 与 2 之间,它的收敛又是如此之慢,以至要获得一个适当的精确程度的结果必须包含很多项. 一个更为便利的表达式可以由下面的方法得到. 在(18)中,用 $-x$ 代替 x,则

$$\ln(1-x) = -x - \frac{x^2}{2} - \frac{x^3}{3} - \frac{x^4}{4} - \cdots, \qquad (20)$$

从(18)中减去(20)并且利用

$$\ln a - \ln b = \ln a + \ln\left(\frac{1}{b}\right) = \ln\left(\frac{a}{b}\right)$$

的关系,我们得到

$$\ln \frac{1+x}{1-x} = 2\left(x + \frac{x^3}{3} + \frac{x^5}{5} + \cdots\right). \qquad (21)$$

这个级数不仅收敛得快得多,而且现在左端可表示为一个正数 z 的对数,因为 $\dfrac{1+x}{1-x} = z$ 总有一个在 -1 与 $+1$ 间的解 x. 例如,我们要计算 $\ln 3$ 的值,可令 $x = \dfrac{1}{2}$,则

$$\ln 3 = \ln \frac{1+\frac{1}{2}}{1-\frac{1}{2}} = 2\left(\frac{1}{1\cdot 2} + \frac{1}{3\cdot 2^3} + \frac{1}{5\cdot 2^5} + \cdots\right).$$

只取前六项,取到 $\dfrac{2}{11\cdot 2^{11}} = \dfrac{1}{11264}$,我们求得

$$\ln 3 = 1.0986,$$

它精确到 5 位数.

§7 微 分 方 程

1. 定义

指数函数和三角函数在数学分析及其在物理问题的应用中所以能起着重要的作用,是因为这些函数能解决最简单的"微分方程"的问题.

一个关于未知函数 $u = f(x)$ 及其导数 $u' = f'(x)$(只要 u 和它对于 x 的依赖关系即函数 $f(x)$,没有必要特别加以区分时,记号 u' 就是 $f'(x)$ 很方便的略写法)的微分方程是一个含有 u, u',并且可能还含有自变量 x 的方程,例如

$$u' = u + \sin(xu),$$

或
$$u' + 3u = x^2.$$

更一般地,一个微分方程可以含有二阶导数 $u'' = f''(x)$ 或更高阶的导数,如

$$u'' + 2u' - 3u = 0.$$

无论是哪种情况,问题都是求满足给定方程的函数 $u = f(x)$. 因为求给定函数 $g(x)$ 的原函数相当于解简单的微分方程

$$u' = g(x).$$

例如,微分方程

$$u' = x^2$$

的解是函数 $u = \dfrac{x^3}{3} + C$,其中 C 是任意常数. 就这意义上说,解微分方程是积分问题的一个广义的推广.

2. 指数函数的微分方程 放射性元素的蜕变 增长率 复利

微分方程

$$u' = u \tag{1}$$

有一个解是指数函数 $u = e^x$，因为指数函数的导数是它自身. 更一般地，函数 $u = c\,e^x$（c 是任一常数）是(1)的解. 类似地，函数

$$u = c\,e^{kx} \tag{2}$$

（c，k 为任意两个常数）是微分方程

$$u' = ku \tag{3}$$

的一个解.

反之，任何满足方程(3)的函数 $u = f(x)$ 必是 ce^{kx} 的形式. 因为如果 $x = h(u)$ 是 $u = f(x)$ 的反函数，那么根据反函数求导法则有

$$h' = \frac{1}{u'} = \frac{1}{ku}.$$

但 $\dfrac{\ln u}{k}$ 是 $\dfrac{1}{ku}$ 的一个原函数，所以

$$x = h(u) = \frac{\ln u}{k} + b,$$

其中 b 是某个常数. 因此

$$\ln u = kx - bk,$$

即

$$u = e^{kx} \cdot e^{-bk}.$$

令 e^{-bk}（这是一个常数）等于 c，则

$$u = ce^{kx},$$

此即所证.

微分方程(3)的重大意义在于它刻画了下述类型的物理过程，在

这类物理过程中,某种物质的量 u 是时间 t 的函数

$$u = f(t),$$

并且量 u 在每一瞬时的变化率与该瞬时的 u 的数值成比例. 在这种情况下,在瞬时 t 的变化率

$$u' = f'(t) = \lim \frac{f(t_1) - f(t)}{t_1 - t}$$

等于 ku,其中 k 是常数;如果 u 递增,则 k 为正,如果 u 递减,则 k 为负,无论是哪种情况,u 都满足微分方程(3),因此

$$u = c e^{kt}.$$

如果我们知道了 $t = 0$ 时的量 u_0,那么常数 c 就被确定了. 令 $t = 0$,就必然得到了这个量

$$u_0 = c e^0 = c,$$

所以 $$u = u_0 e^{kt}. \tag{4}$$

注意,我们是由已知 u 的变化率开始,然后导出了规律(4),它给出 u 在任意时刻 t 的实际的量. 这恰好是求函数的导数的逆问题.

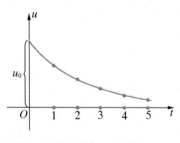

图 279 指数衰变 $u = u_0 e^{kt}$, $k < 0$

放射性衰变是一个典型的例子. 设 $u = f(t)$ 是某放射性物质在 t 时的量:假设该物质的每一质点在给定时刻都以一定的概率衰变,并且别的这种质点的状况并不影响这个概率,那么衰变中的 u 在给定时刻的变化率与 u 成比例,即与该时刻的总量成比例. 因此 u 满足(3),其中 k 是负常数,这个 k 反映了衰变过程的速度的大小,因此

$$u = u_0 e^{kt}.$$

由此可知,u 在两个相等的时间间隔内衰变掉的量的比值是相同的. 因为如果 u_1 是在 t_1 时的量,而 u_2 是随后某个时刻 t_2 时的量,那么

$$\frac{u_2}{u_1} = \frac{u_0 \mathrm{e}^{kt_2}}{u_0 \mathrm{e}^{kt_1}} = \mathrm{e}^{k(t_2 - t_1)},$$

它只依赖于 $t_2 - t_1$. 若要求一定量的物质在衰变得只剩原来的一半所需的时间,我们只须求这样的 $s = t_2 - t_1$, 使得

$$\frac{u_2}{u_1} = \frac{1}{2} = \mathrm{e}^{ks},$$

由此我们得到

$$ks = \ln \frac{1}{2}, s = \frac{-\ln 2}{k}, \text{或 } k = \frac{-\ln 2}{s}. \tag{5}$$

对于任何放射性物质,s 的值都称为半衰期,并且 s 或类似的值 $\left(\text{如使} \frac{u_2}{u_1} = \frac{999}{1000} \text{ 的 } r\right)$ 可以由实验确定. 对于镭,半衰期大约是 1550 年,且

$$k = \frac{\ln \frac{1}{2}}{1550} = -0.0000447.$$

由此知, $u = u_0 \mathrm{e}^{-0.0000447 t}$.

复利问题可作为增长规律近似于指数的一个例子. 已知货币的数量为 u_0 元,年利息是 3%. 一年后的货币量将是

$$u_1 = u_0(1 + 0.03),$$

两年后它将是

$$u_2 = u_1(1 + 0.03) = u_0(1 + 0.03)^2,$$

t 年后将是

$$u_t = u_0(1 + 0.03)^t, \tag{6}$$

现在如果利息不是以年为复算间隔,而是以月或一年的几分之一为复算间隔的话,那么 t 年后的货币量将是

$$u_0 \left(1 + \frac{0.03}{n}\right)^{nt} = u_0 \left[\left(1 + \frac{0.03}{n}\right)^n\right]^t,$$

如果 n 取得很大,使利息以每天甚至每小时复算,则当 n 趋于无穷时,根据 §6,方括弧中的量趋于 $e^{0.03}$,而 t 年后的量将是

$$u_0 e^{0.03t}. \tag{7}$$

这相当于复利的连续过程. 我们也可以计算出按 3% 的复利达到原来资本的 2 倍所需的时间 s. 我们有

$$\frac{u_0 e^{0.03s}}{u_0} = 2, \; 即 \; s = \frac{100}{3}\ln 2 = 23.10.$$

这样大约在 23 年后货币可增长为原来的 2 倍.

我们可以用一个简单的方法来导出公式(7),而不必像上述那样一步步地推导然后再取极限. 我们说资本的增长率 u' 是与 u 成正比的,比例因子 $k = 0.03$,即

$$u' = ku, \; 其中 \; k = 0.3.$$

于是由一般的结果(4)中可得出公式(7).

3. 其他例题　简谐振动

指数函数还经常出现在更为复杂的情形中. 例如函数

$$u = e^{-kx^2} \tag{8}$$

(其中 k 是大于零的常数)是微分方程

$$u' = -2kxu$$

的一个解. 函数(8)在概率和统计中有着根本的重要性,因为它确定了"正态"分布密度.

三角函数 $u = \cos t$, $v = \sin t$ 也满足很简单的微分方程. 首先我们有

$$u' = -\sin t = -v,$$
$$v' = \cos t = u.$$

这是"两个未知函数两个方程的微分方程组",它再微分,得

$$u'' = -v' = -u,$$
$$v'' = u' = -v;$$

这就表明两个时间变量 t 的函数 u 和 v 可认为是同一个微分方程

$$z'' + z = 0 \tag{9}$$

的解. 上述方程是一个很简单的"二阶"微分方程,即它是包含 z 的二阶导数的方程. 这个方程及其带有一个正数 k^2 的一般情形

$$z'' + k^2 z = 0 \tag{10}$$

($z = \cos kt$ 和 $z = \sin kt$ 是它的解)是在研究振动问题中出现的. 这就是为什么振动曲线 $u = \sin kt$ 和 $u = \cos kt$ (图 280)成为振动力学的根基的原因. 应当指出,微分方程(10)表示的是没有摩擦力和阻力的理想情形. 在振动力学的微分方程中,阻力可以由另一项 rz' 表示

$$z'' + rz' + k^2 z = 0. \tag{11}$$

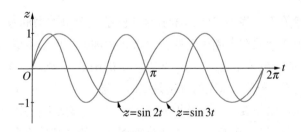

图 280

而现在的解是"阻尼"振动,数学上用公式

$$\mathrm{e}^{-\frac{rt}{2}}\cos\omega t\,,\ \mathrm{e}^{-\frac{rt}{2}}\sin\omega t\,;\ \omega = \sqrt{k^2-\left(\frac{r}{2}\right)^2}$$

表示,还可以用图 281 来图示(作为一个练习,读者可以通过微分来验证这些解).这里的振动和纯正弦以及纯余弦是同样类型的,但它们的强度由于乘一个指数因子而下降,而这个指数因子又按照摩擦系数 r 的大小而或快或慢地减少.

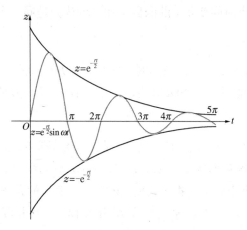

图 281 阻尼振动

4. 牛顿动力学定律

虽然关于这些事实更为详细的分析已经超出本书的范围,我们仍希望把它们放在牛顿用以革新力学和物理的一般基本概念上来考察.考虑了一个质量为 m,空间坐标为 t 的函数 $x(t)$,$y(t)$,$z(t)$ 的质点的运动,这样加速度的分量是二阶导数,$x''(t)$,$y''(t)$,$z''(t)$.牛顿所作的最重要的一步是把 mx'',my'',mz'' 看成是作用在质点上的力的分量.乍看起来,这可能只是物理学上的"力"的这个词的形式定义.牛顿的伟大功绩就是按照自然界的实际现象建立了这个定义,因为自然界通常提到的那些力的力场我们预先知道,而关于我们要研究的质点运动却什么都不知道.牛顿在动力学上的伟大成就,即对开普勒(Kepler)天体运动的证实,清楚地表明他的数学概念与自然界是和谐的. 牛顿首先假定重力吸引力是与距离的平方成反比例. 如果我们把太阳放在坐标系的原点,那么若已知行星的坐标为 x, y, z,则力在 x, y, z 方向上的分量分别等于

$$-k\frac{x}{r^3},\ -k\frac{y}{r^3},\ -k\frac{z}{r^3},$$

其中 k 是不依赖于时间的引力常数,而

$$r = \sqrt{x^2 + y^2 + z^2}$$

是从太阳到行星的距离. 这些表达式决定了局部力场,而与此力场内质点的运动无关. 现在这个力场的知识是和牛顿一般动力学定律(即他借助运动表示力的表达式)结合在一起的. 令两个不同的表达式相等,便得到如下方程:

$$mx'' = \frac{-kx}{(x^2 + y^2 + z^2)^{3/2}},$$

$$my'' = \frac{-ky}{(x^2 + y^2 + z^2)^{3/2}},$$

$$mz'' = \frac{-kz}{(x^2 + y^2 + z^2)^{3/2}},$$

这是含有三个未知函数 $x(t)$, $y(t)$, $z(t)$,包括三个方程的微分方程组. 这个方程组可以求解,其结果与开普勒的实际观察是一致的. 它表明: 行星轨道是以太阳为一焦点的圆锥曲线. 连接太阳与行星的直线在相等时间间隔内扫过的面积是相等的. 并且两个行星旋转一周的周期的平方与它们到太阳的距离的立方成比例. 我们略去证明.

振动问题给牛顿的方法提供了一个更为初等的解释. 假定有一个质点沿着一条直线(设为 x 轴)运动,用一个弹性力(例如弹簧或橡皮筋)使质点确定在原点. 如果质点从原点这个平衡位置运动到坐标为 x 的位置,那么这个力将把它拉回来. 这个力的大小假定与延伸距离 x 成比例. 因为力的方向是指向原点的,它可以用 $-k^2x$ 表

示,其中$-k^2$是一个负的比例因子,它表示弹簧或橡皮筋的强度.再则我们假定有一个摩擦力阻碍着运动,这个摩擦力与质点的速度x'成比例,比例因子为$-r$. 那么在任意瞬间的合力由$-k^2x-rx'$给出,按照牛顿的一般原理,我们有

$$mx'' = -k^2x - rx',$$

或 $$mx'' + rx' + k^2x = 0.$$

这恰好是上面提到的阻尼振动的微分方程(11).

这些简单的例子是很重要的,因为振动力学和电学的很多问题在数学上恰好都能用这个微分方程描述. 这里我们得到了一个典型的例子,即很多表面上极不相同并互不联系的个别现象可以统一用一个抽象的数学式子来表示. 从一个给定现象的特殊性质中抽象出一个适合整个这类现象的一般公式,这种抽象是用数学来处理物理问题的一个特点.

第8章补充

§1 原理方面的内容

1. 可微性

我们已经把函数的导数概念与函数图像的切线这样的直观观念结合起来了. 由于函数的一般概念十分宽广, 所以为了逻辑上的完整性, 有必要摆脱对几何直观的依赖. 因为我们并不能担保在研究圆或椭圆这些简单曲线时出现的那些熟知的直观事实对于较复杂的图形也必然存在. 例如, 考虑图 282 的函数, 这个函数的图像有一棱角, 该函数是由方程

$$y = x + |x|$$

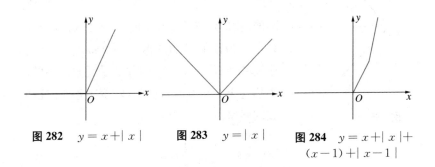

图 282 $y = x + |x|$　　　图 283 $y = |x|$　　　图 284 $y = x + |x| + (x-1) + |x-1|$

定义的, 其中 $|x|$ 是 x 的绝对值, 即

$$y = x + x = 2x, \qquad 当 x \geqslant 0,$$

$$y = x - x = 0, \text{当 } x < 0.$$

另一个这样的例子是函数 $y = |x|$,再一个是

$$y = x + |x| + (x-1) + |x-1|.$$

这些函数的图像在某些点没有确定的切线或方向;这就意味着这些函数在相应的那些 x 值上不存在导数.

习题:① 作一函数 $f(x)$,使它的图像为正六边形的一半.

② 函数

$$f(x) = (x + |x|) + \frac{1}{2}\left\{\left(x - \frac{1}{2}\right) + \left|x - \frac{1}{2}\right|\right\} + \frac{1}{4}\left\{\left(x - \frac{1}{4}\right) + \left|x - \frac{1}{4}\right|\right\}$$

的图像的棱角在什么地方? $f'(x)$ 的不连续点是怎样的?

作为另一个不可微的简单例子,我们考虑函数

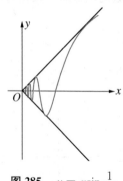

图 285 $y = x\sin\frac{1}{x}$

$$y = f(x) = x\sin\frac{1}{x},$$

这是函数 $\sin\frac{1}{x}$(见 289 页)乘以因子 x 而得到的;我们定义当 $x = 0$ 时 $f(x)$ 为 0. 这个函数在 x 为正值时的图像见图 285,它是处处连续的. 图像在 $x = 0$ 的邻域是无限振荡的,当趋近于 $x = 0$ 时,这些"波"变得很小. 这些波的斜率由

$$f'(x) = \sin\frac{1}{x} - \frac{1}{x}\cos\frac{1}{x}$$

给出(读者可作为练习来验证一下);当 x 趋于 0 时,这个斜率在无限递增的正、负界之间振动. 对于 $x = 0$,我们可以按差商

$$\frac{f(0+h)-f(0)}{h} = \frac{h\sin\dfrac{1}{h}}{h} = \sin\frac{1}{h}$$

当 $h \to 0$ 时的极限来具体地求导数. 但当 $h \to 0$ 时, 这个差商在 -1 和 $+1$ 之间振动, 且不趋于任何极限, 因此函数在 $x=0$ 处是不可微的.

这些例子指出了这种问题的固有困难. 维尔斯特拉斯引人注目地指明了这一点, 他构造了一个其图像处处没有切线的连续函数. 显然可微性可以推导出连续性, 而上述的这个例子说明连续性不能推出可微性, 因为维尔斯特拉斯函数是连续的但处处不可微. 在实际问题中, 这样的问题是不会产生的. 除了一些孤立点外, 曲线将是光滑的, 不仅可微而且导数也是连续的. 那么为什么我们不简单地规定在我们研究的问题中不存在这些"病态的"现象呢? 在微积分中我们正是这样做的, 只研究可微函数. 在第 8 章中, 我们完成了很大一类函数的微分, 因而证明了它们的可微性.

因为函数的可微性在逻辑上不是理所当然的, 因此必须或者假定它或者证明它. 曲线的方向或说切线, 这个概念原来是导数概念的基础, 现在则是从导数的纯分析定义中导出来的. 如果函数 $y = f(x)$ 有导数, 即如果差商

$$\frac{f(x+h)-f(x)}{h}$$

当 h 不论从哪一边趋于 0 时, 都有唯一的极限 $f'(x)$, 那么就说对应的曲线有斜率为 $f'(x)$ 的一条切线. 这里为了在逻辑上使人信服, 采取的方法与费马、莱布尼茨和牛顿的朴素观点正好相反.

习题: ① 证明连续函数 $x^2 \sin \dfrac{1}{x}$ 在 $x=0$ 处有导数.

② 证明函数 $\arctan\left(\dfrac{1}{x}\right)$ 在 $x=0$ 处不连续, $x\arctan\left(\dfrac{1}{x}\right)$ 在 $x=0$ 处连续, 但没有导数, $x^2\arctan\left(\dfrac{1}{x}\right)$ 在 $x=0$ 处有导数.

2. 积分

关于连续函数的积分,情况是类似的.我们不再把"曲线 $y = f(x)$ 下的面积"看作是明显存在且可以由和的极限表示出来的一个量.现在用这个极限来定义积分,并且把积分的概念看作初始基础,而面积的一般概念是随后由它导出来的.我们被迫采取这种态度是由于几何直观应用到像连续函数那样一些一般的分析概念上时会出现含混的缘故.我们首先作和式

$$S_n = \sum_{j=1}^{n} f(v_j)(x_j - x_{j-1}) = \sum_{j=1}^{n} f(v_j)\Delta x_j, \qquad (1)$$

其中 $x_0 = a, x_1, \cdots, x_n = b$ 是积分区间的一个分割,

$$\Delta x_j = x_j - x_{j-1}$$

是第 j 个小区间的长度或 x 值的差,而 v_j 是 x 在这个小区间的任意一个值,即 $x_{j-1} \leqslant v_j \leqslant x_j$.(例如,可以取 $v_j = x_j$ 或 $v_j = x_{j-1}$.)现在作一系列这样的和式,它们所对应的小区间的个数 n 无限增加,而同时小区间的最大长度递减而趋于 0.这时主要的事实是:对一个给定的连续函数 $f(x)$ 来说,和式 S_n 趋向于一个确定的极限 A,它和区间的分法及点 v_j 的选法无关.由定义,这个极限是积分

$$A = \int_a^b f(x)\mathrm{d}x.$$

当然,如果我们不希望依赖于面积的几何直观概念的话,这个极限的存在性就要求解析地加以证明.这个证明在任何一本严格的微积分教程中都有.

比较微分和积分,我们遇到了下述的对偶性情况.从定义上说,可微性是对连续函数加了一定的限制条件,然而微分的实际运算(即微分的算法),却是在少数简单的法则的基础上的一个直接手续.另一方面,每一个连续函数在任意两个给定界限间都毫无例外地存在着积分,但这些积分的具体计算方法即使是对很简单的函数,一般说都是

很困难的. 在这点上,微积分基本定理在很多情况下成了进行积分运算的决定性工具. 然而,对于许多函数,甚至是很初等的函数,其积分并没有明显的表达式,而且积分的数值计算要求更高级的计算方法.

3. 积分概念的另一些应用　功　弧长

如果积分的解析概念脱离开原来的几何解释,我们会遇到其他一些同等重要的解释和应用. 例如,在力学中积分可解释为功的概念的一种表示法. 下述最简单的情况就足以说明这一点. 假定一个物体在与 x 轴同方向的力的作用下沿 x 轴运动. 设想物体的质量集中在一个其坐标为 x 的点上,作用力看成是位置的函数 $f(x)$,$f(x)$ 的符号表示力指向与 x 轴的正或负方向. 如果力是常数并且物体从 a 运动到 b,那么力所做的功由乘积 $(b-a) \cdot f$ 给出,即力的强度 f 和物体所经过的距离的乘积. 但是如果力的强度随 x 而变化,我们就必须用极限来定义所做的功(正如我们定义速度那样). 为此目的,像以前一样我们用点 $x_0 = a$,x_1,$\cdots$,$x_n = b$ 把从 a 到 b 的区间分为许多小区间;然后设想在每个小区间内的力是相等的,是常量,比如说,是终点的实际值 $f(x_r)$,然后计算相应于这个阶梯变动的力所做的功:

$$S_n = \sum_{r=1}^{n} f(x_r) \Delta x_r.$$

如果现在我们像以前那样缩小这些小区间并令 n 增大,可以看出这个和式趋向于积分

$$\int_a^b f(x) \mathrm{d}x.$$

这样,连续变力所做的功由一个积分所定义.

作为一个例子,让我们考虑质点 m 用一个弹簧定在原点 $x = 0$ 处,如在第 477 页讨论的那样,力 $f(x)$ 是与 x 成比例的,

$$f(x) = -k^2 x,$$

其中 k^2 是一个正的常数. 那么如果质点从原点运动到位置 $x=b$, 这个力所做的功是

$$\int_0^b -k^2 x \mathrm{d}x = -k^2 \frac{b^2}{2}.$$

如果我们要把弹簧拉到这个位置, 必须克服此力而作功, 这个功等于 $+k^2 \frac{b^2}{2}$.

积分的一般概念的第二个应用是曲线弧长的概念. 假定我们要考虑的那部分曲线可以用函数 $f(x)$ 表示, 它的导数

$$f'(x) = \frac{\mathrm{d}y}{\mathrm{d}x}$$

也是连续函数. 为了确定长度我们可以这样来作: 就像在实际中常不得不用直尺测量曲线那样, 在 AB 弧中作一个有 n 个短边的内接多边形, 测出这个多边形的总长度 L_n, 把 L_n 作为一个近似值; 令 n 无限增大, 且让多边形的最大边的边长趋于零, 我们定义

$$L = \lim L_n$$

是弧 AB 的长 (在第 6 章, 用这个方法得到的圆周长是把它看作内接正 n 边形的周长的极限). 可以证明, 对充分光滑的曲线这个极限是存在的, 并且与选取内接多边形序列的特定方式无关. 满足这种条件的曲线叫做可求长的. 在理论和应用中出现的任何"合理的"曲线都是可求长的, 至于病态的情形我们将不作研究了. 只要说明具有连续导数 $f'(x)$ 的函数 $f(x)$ 的弧 AB 在这个意义上有长度 L 并且 L 可以用积分表示就足够了.

为此, 分别用 a 和 b 表示 A 和 B 的横坐标, 然后同以前一样, 用点 $x_0 = a, x_1, \cdots, x_j, \cdots, x_n = b$ 把

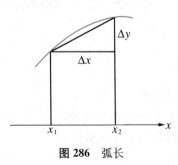

图 286　弧长

从 a 到 b 的区间分割为许多小区间,小区间长度为 $\Delta x_j = x_j - x_{j-1}$, 并且考察以上述这些点 x_j, $y_j = f(x_j)$ 为顶点的折线. 折线的每一小段的长度为

$$\sqrt{(x_j - x_{j-1})^2 + (y_j - y_{j-1})^2}$$
$$= \sqrt{\Delta x_j^2 + \Delta y_j^2} = \Delta x_j \sqrt{1 + \left(\frac{\Delta y_j}{\Delta x_j}\right)^2}.$$

因此整个折线的长度是

$$L_n = \sum_{j=1}^{n} \sqrt{1 + \left(\frac{\Delta y_j}{\Delta x_j}\right)^2} \cdot \Delta x_j.$$

如果现在让 n 趋于无穷,那么差商 $\dfrac{\Delta y_j}{\Delta x_j}$ 将趋于导数

$$\frac{\mathrm{d}y}{\mathrm{d}x} = f'(x),$$

并且我们得到长度 L 的积分表达式

$$L = \int_a^b \sqrt{1 + (f'(x))^2}\,\mathrm{d}x. \tag{2}$$

无须对此作进一步详细的理论探讨了,我们只作两点补充说明. 第一,如果 B 被看作曲线上坐标为 x 的动点,那么 $L = L(x)$ 变为 x 的函数,由基本定理,我们有

$$L'(x) = \frac{\mathrm{d}L}{\mathrm{d}x} = \sqrt{1 + [f'(x)]^2},$$

这是一个经常用到的公式. 第二,虽然公式(2)给出了问题的"一般"解,但难于给出在特定情况下弧长的明确表达式. 因为,我们必须把特定的函数 $f(x)$,或干脆把 $f'(x)$ 代入(2),然后对所得到的表达式实际进行积分. 如果我们把自己限于本书所研究的初等函数的范围内,那么一般说来这里的困难是难以克服的. 我们注意到只有很少的一些情形是可以积分的. 函数

$$y = f(x) = \sqrt{1-x^2}$$

表示单位圆;我们有 $f'(x) = \dfrac{\mathrm{d}y}{\mathrm{d}x} = -\dfrac{x}{\sqrt{1-x^2}}$, 从而

$$\sqrt{1+(f'(x))^2} = \frac{1}{\sqrt{1-x^2}},$$

所以圆弧的弧长就由积分

$$\int_a^b \frac{\mathrm{d}x}{\sqrt{1-x^2}} = \arcsin b - \arcsin a$$

给出. 对抛物线 $y = x^2$,有 $f'(x) = 2x$,则从 $x=0$ 到 $x=b$ 的弧长是

$$\int_0^b \sqrt{1+4x^2}\,\mathrm{d}x.$$

对曲线 $y = \ln \sin x$,有 $f'(x) = \cot x$,并且弧长由

$$\int_a^b \sqrt{1+\cot^2 x}\,\mathrm{d}x$$

表示.

我们将满足于只写出这些积分表达式. 就我们现在所掌握的方法来说,再稍微多一点技巧就能计算这些积分了,但在这方面我们不再下功夫了.

§2 数 量 级

1. 指数函数和 x 的幂

在数学中我们经常遇到趋于无穷的序列 a_n. 有时我们需要把这个序列与另一个比它"快"一些然而也是趋于无穷的序列 b_n 进行比较. 为了把这个概念规定的确切些,我们作比值 $\dfrac{a_n}{b_n}$,如果 n 无限增加

时,比值$\frac{a_n}{b_n}$(分子、分母同时趋于无穷)趋于零,就说 b_n 较 a_n 更快地趋于无穷,或者说 b_n 有一个比 a_n 更高的**数量级**. 例如,序列 $b_n = n^2$ 比序列 $a_n = n$ 更快地趋于无穷,而后者又比 $c_n = \sqrt{n}$ 快,因为

$$\frac{a_n}{b_n} = \frac{n}{n^2} = \frac{1}{n} \to 0,$$

$$\frac{c_n}{a_n} = \frac{\sqrt{n}}{n} = \frac{1}{\sqrt{n}} \to 0.$$

显然,只要 $s > r > 0$, n^s 就比 n^r 更快地趋于无穷,因为这时

$$\frac{n^r}{n^s} = \frac{1}{n^{s-r}} \to 0.$$

如果比 $\frac{a_n}{b_n}$ 趋于异于零的有限常数 c,我们就说这两个序列 a_n 和 b_n 以同样的速率趋于无穷,或说有同样的数量级. 例如 $a_n = n^2$ 与 $b_n = 2n^2 + n$ 有同样的数量级,因为

$$\frac{a_n}{b_n} = \frac{n^2}{2n^2 + n} = \frac{1}{2 + \frac{1}{n}} \to \frac{1}{2}.$$

人们可能以为,把 n 的幂当作尺码,可以对趋于无穷的任一序列 a_n 度量出它趋于无穷的各种级别. 要做到这一点,我们必须找到一个适当的幂 n^s,使它与 a_n 有同一数量级,即让 $\frac{a_n}{n^s}$ 趋于一异于零的有限常数. 令人惊奇的是,这并不是总能办到的. 因为不论 s 选择得多么大,指数函数 a^n,其中 $a > 1$,例如 e^n,都比任何的 n^s 更快地趋于无穷,而不论 s 是多么小的正指数,$\ln n$ 比任何的 n^s 都更慢地趋于无穷,换句话说,当 $n \to \infty$ 时,我们有关系式

$$\frac{n^s}{a^n} \to 0 \tag{1}$$

与

$$\frac{\ln n}{n^s} \to 0, \tag{2}$$

其中指数 s 不一定是整数,它可以是任意一个固定的正数.

为证明(1),我们首先把命题加以简化,办法是取这个比的 s 次方根. 如果这个根趋于 0,那么原来的比式也趋于 0,因此只需证明当 n 增加时

$$\frac{n}{a^{\frac{n}{s}}} \to 0.$$

令 $b = a^{\frac{1}{s}}$;因为 a 假定大于 1,那么 b 和 $\sqrt{b} = b^{\frac{1}{2}}$ 也大于 1. 可以记

$$b^{\frac{1}{2}} = 1 + q,$$

其中 q 是正的. 现在用第 22 页的不等式(6)

$$b^{\frac{n}{2}} = (1+q)^n \geqslant 1 + nq > nq,$$

所以

$$a^{\frac{n}{s}} = b^n > n^2 q^2,$$

且

$$\frac{n}{a^{\frac{n}{s}}} < \frac{n}{n^2 q^2} = \frac{1}{nq^2}.$$

因为后面的量当 n 增加时趋于 0,命题得证.

事实上,关系式

$$\frac{x^s}{a^x} \to 0, \tag{3}$$

当 x 取遍任一序列 $x_1, x_2, \cdots$ 而趋于无穷时都成立,而序列 x_i 无须与正整数序列 $1, 2, 3, \cdots$ 重合. 因为如果

$$n - 1 \leqslant x \leqslant n,$$

那么

$$\frac{x^s}{a^x} < \frac{n^s}{a^{n-1}} = a \cdot \frac{n^s}{a^n} \to 0.$$

这个说明可以用来证明(2). 令 $x = \ln n$, 且 $e^s = a$, 则 $e^x = n$ 且 $n^s = (e^s)^x$, 关系式(2)中的比式变为

$$\frac{x}{a^x},$$

这就是(3)当 $s = 1$ 时的特殊情形.

习题: ① 证明当 $x \to \infty$ 时函数 $\ln \ln x$ 较 $\ln x$ 更慢地趋于无穷.

② $\dfrac{x}{\ln x}$ 的导数是 $\dfrac{1}{\ln x} - \dfrac{1}{(\ln x)^2}$. 证明对于足够大的 x, 这个导数是 "渐近"等价于第一项的, 即当 $x \to \infty$ 时, 它们的比趋于 1.

2. $\ln(n!)$ 的数量级

在很多的应用学科中, 如概率论, 重要的是要知道当 n 很大时, $n!$ 的数量级或 $n!$ 的"渐近状态". 我们在这里将只研究 $n!$ 的对数, 即表达式

$$P_n = \ln 2 + \ln 3 + \ln 4 + \cdots + \ln n.$$

我们将证明 P_n 的"渐近值"是由 $n \ln n$ 给出的, 即

$$\frac{\ln(n!)}{n \ln n} \to 1, \text{当 } n \to \infty \text{ 时}.$$

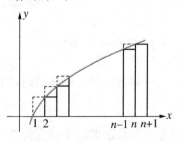

这个证明是把一个和式与一个积分进行比较, 是一种常用的典型方法. 在图 287 中, 和式 P_n 等于那些上边也是实线的矩形的面积之和, 而这些面积合起来不超过对数

图 287 $\ln(n!)$ 的估算

曲线下由 1 到 $n+1$ 的面积(见第 466 页习题 1)

$$\int_1^{n+1} \ln x \mathrm{d}x = (n+1)\ln(n+1) - (n+1) + 1.$$

但是和式 P_n 同时也等于上边由虚线组成的矩形之和,它超过曲线下由 1 到 n 的面积

$$\int_1^n \ln x \mathrm{d}x = n\ln n - n + 1,$$

于是我们有

$$n\ln n - n + 1 < P_n < (n+1)\ln(n+1) - n,$$

除以 $n\ln n$, 得

$$1 - \frac{1}{\ln n} + \frac{1}{n\ln n} < \frac{P_n}{n\ln n} < \left(1 + \frac{1}{n}\right)\frac{\ln(n+1)}{\ln n} - \frac{1}{\ln n}$$

$$= \left(1 + \frac{1}{n}\right)\frac{\ln n + \ln\left(1 + \frac{1}{n}\right)}{\ln n} - \frac{1}{\ln n}.$$

很明显,当 n 趋于无穷时两端的式子都趋于 1,因此命题得证.

习题:证明两端的式子分别大于 $1 - \frac{1}{n}$ 而小于 $1 + \frac{1}{n}$.

§3 无穷级数和无穷乘积

1. 函数的无穷级数

正如我们早已阐述过的,把一个量 s 表示成一个无穷级数

$$s = b_1 + b_2 + b_3 + \cdots, \tag{1}$$

只是下述说法的一个较方便的记法,并没有别的新东西,即当 n 增加时,s 是有限"部分和"序列

$$s_1，s_2，s_3，\cdots$$

的极限,其中的 s_n 为

$$s_n = b_1 + b_2 + \cdots + b_n.\tag{2}$$

因此等式(1)就相当于极限关系,当 $n \to \infty$ 时,

$$\lim s_n = s.\tag{3}$$

这里的 s_n 是由(2)定义的. 当极限(3)存在时,我们就说级数(1)**收敛**于值 s,而如果极限(3)不存在,就说这个级数**发散**.

例如,级数

$$1 - \frac{1}{3} + \frac{1}{5} - \frac{1}{7} + \cdots$$

收敛于值 $\frac{\pi}{4}$,而级数

$$1 - \frac{1}{2} + \frac{1}{3} - \frac{1}{4} + \cdots$$

收敛于值 $\ln 2$. 另一方面,级数

$$1 - 1 + 1 - 1 + \cdots$$

是发散的(因为部分和交替变为 0 与 1). 而级数

$$1 + 1 + 1 + 1 + \cdots$$

发散是因为部分和趋于无穷.

我们曾经遇到过这样的级数,它的项 b_i 为

$$b_i = c_i x^i,$$

是 x 的函数,其中 c_i 是常数因子. 这样的级数叫做**幂级数**,它表示以多项式出现的部分和

$$S_n = c_0 + c_1 x + c_2 x^2 + \cdots + c_n x^n$$

的极限(加上常数项 c_0,需要对记法(2)作一个非实质性的改变). 因此一个函数 $f(x)$ 的幂级数展开式

$$f(x) = c_0 + c_1 x + c_2 x^2 + \cdots$$

就是用最简单的函数即多项式近似表示 $f(x)$ 的一种方法. 总结并补充前面的结果, 我们列出以下的幂级数展开式:

$$\frac{1}{1+x} = 1 - x + x^2 - x^3 + \cdots$$

$$\text{对} -1 < x < +1 \text{ 成立}. \tag{4}$$

$$\arctan x = x - \frac{x^3}{3} + \frac{x^5}{5} - \cdots$$

$$\text{对} -1 \leqslant x \leqslant +1 \text{ 成立}. \tag{5}$$

$$\ln(1+x) = x - \frac{x^2}{2} + \frac{x^3}{3} - \cdots$$

$$\text{对} -1 < x \leqslant +1 \text{ 成立}. \tag{6}$$

$$\frac{1}{2}\ln\frac{1+x}{1-x} = x + \frac{x^3}{3} + \frac{x^5}{5} + \cdots$$

$$\text{对} -1 < x < +1 \text{ 成立}. \tag{7}$$

$$e^x = 1 + x + \frac{x^2}{2!} + \frac{x^3}{3!} + \frac{x^4}{4!} + \cdots$$

$$\text{对一切 } x \text{ 都成立}. \tag{8}$$

我们还要加上以下重要的展开式:

$$\sin x = x - \frac{x^3}{3!} + \frac{x^5}{5!} - \cdots \quad \text{对一切 } x \text{ 都成立}. \tag{9}$$

$$\cos x = 1 - \frac{x^2}{2!} + \frac{x^4}{4!} - \cdots \quad \text{对一切 } x \text{ 都成立}. \tag{10}$$

这两个级数是公式(见 452 页)

$$\int_0^x \sin u\, du = 1 - \cos x, \tag{a}$$

$$\int_0^x \cos u\, du = \sin x \tag{b}$$

的简单推论. 我们从不等式

$$\cos x \leqslant 1$$

开始,两端都由 0 到 x 积分,这里 x 是任意确定的正数. 我们求得
(见 422 页公式(13))

$$\sin x \leqslant x;$$

再次积分,得

$$1 - \cos x \leqslant \frac{x^2}{2},$$

也就是

$$\cos x \geqslant 1 - \frac{x^2}{2}.$$

再积分,我们得到

$$\sin x \geqslant x - \frac{x^3}{2 \cdot 3} = x - \frac{x^3}{3!}.$$

按此方式无限进行下去,就可得到两组不等式

$$\sin x \leqslant x, \qquad\qquad \cos x \leqslant 1,$$

$$\sin x \geqslant x - \frac{x^3}{3!}, \qquad\qquad \cos x \geqslant 1 - \frac{x^2}{2!},$$

$$\sin x \leqslant x - \frac{x^3}{3!} + \frac{x^5}{5!}, \qquad \cos x \leqslant 1 - \frac{x^2}{2!} + \frac{x^4}{4!},$$

$$\sin x \geqslant x - \frac{x^3}{3!} + \frac{x^5}{5!} - \frac{x^7}{7!}, \quad \cos x \geqslant 1 - \frac{x^2}{2!} + \frac{x^4}{4!} - \frac{x^6}{6!},$$

$$\cdots\cdots \qquad\qquad\qquad \cdots\cdots$$

现在当 $n \to \infty$ 时, $\dfrac{x^n}{n!} \to 0$. 为了证明这一点,我们选取一固定的整数 m, 使 $\dfrac{x}{m} < \dfrac{1}{2}$, 并且记 $c = \dfrac{x^m}{m!}$. 对于任意整数 $n > m$, 令 $n = m + r$, 那么

$$0 < \frac{x^n}{n!} = c \cdot \frac{x}{m+1} \cdot \frac{x}{m+2} \cdots \frac{x}{m+r} < c\left(\frac{1}{2}\right)^r,$$

且当 $n \to \infty$ 时,$r \to \infty$,因而 $c\left(\dfrac{1}{2}\right)^r \to 0$. 由此可知

$$\begin{cases} \sin x = x - \dfrac{x^3}{3!} + \dfrac{x^5}{5!} - \dfrac{x^7}{7!} + \cdots, \\[2mm] \cos x = 1 - \dfrac{x^2}{2!} + \dfrac{x^4}{4!} - \dfrac{x^6}{6!} + \cdots. \end{cases}$$

因为这两个级数的各项交错变号且绝对值是递减的(至少对于 $|x| \leqslant 1$ 是如此),可知这两个级数无论从哪一项截断,其误差就绝对值来说都不超过被舍去部分的第一项.

说明:这些级数可以用来计算正弦、余弦函数表. 例:$\sin 1°$ 是多少? $1°$ 是 $\dfrac{\pi}{180}$ 弧度;因而

$$\sin \frac{\pi}{180} = \frac{\pi}{180} - \frac{1}{6}\left(\frac{\pi}{180}\right)^3 + \cdots.$$

截断后的误差不超过 $\dfrac{1}{120}\left(\dfrac{\pi}{180}\right)^5$,即小于 0.00000000002. 因此 $\sin 1° = 0.0174524064$,精确到小数点后 10 位数.

最后,我们不加证明地叙述一下"二项式级数"

$$(1+x)^a = 1 + ax + c_2^a x^2 + c_3^a x^3 + \cdots, \tag{11}$$

其中 C_s^a 是"二项式系数"

$$C_s^a = \frac{a(a-1)\cdots(a-s+1)}{s!}.$$

如果 $a = n$ 是正整数,那么我们有 $C_n^a = 1$,且若 $s > n$,(11) 中的所有系数 C_s^a 都等于零,从而回到普通二项式定理的有限公式. 初等二项式定理可以从正整数指数 n 扩展为任意正的、负的、有理的或无理的指数 a,这是牛顿早年作出的伟大发现之一. 当 a 不是正整数时,(11)

右边就成为无穷级数,它对 $-1 < x < 1$ 成立. 当 $|x| > 1$ 时,级数 (11) 发散,这时等号失去意义.

特别是,把 $a = \dfrac{1}{2}$ 代入(11),我们得到展开式

$$\sqrt{1+x} = 1 + \frac{1}{2}x - \frac{1}{2^2 \cdot 2!}x^2$$
$$+ \frac{1 \cdot 3}{2^3 \cdot 3!}x^3 - \frac{1 \cdot 3 \cdot 5}{2^4 \cdot 4!}x^4 + \cdots. \tag{12}$$

像 18 世纪其他的数学家一样,牛顿对他的公式并没有给出一个真正的证明. 这种无穷级数的收敛性以及这些无穷级数能成立的范围,直到 19 世纪才有了一个令人满意的分析.

习题:写出 $\sqrt{1-x^2}$ 和 $\dfrac{1}{\sqrt{1-x}}$ 的幂级数.

展式(4)~(11)都是泰勒(B. Taylor)(1685~1731)一般公式的特殊情形. 泰勒公式的目的,是对很大一类的函数,寻求用函数 f 及其导数来表示系数 c_i 的规律,从而把其中任意一个 $f(x)$ 展成幂级数

$$f(x) = c_0 + c_1 x + c_2 x^2 + c_3 x^3 + \cdots. \tag{13}$$

这里不可能阐述和建立泰勒公式成立的条件,也无法证明泰勒公式. 但下面大体合理的考虑可以解释有关数学事实之间的相互联系.

我们事先假定展开式(13)成立,再假定 $f(x)$ 可微,$f'(x)$ 可微,等等,即认为各阶导数

$$f'(x), f''(x), \cdots, f^{(n)}(x), \cdots$$

实际都存在. 最后,就像有限多项式似的,假定无穷幂级数可以逐项微分. 在这些假定下,可以根据 $f(x)$ 在 $x = 0$ 的邻域的状态来确定系数 c_n. 首先以 $x = 0$ 代入(13),我们得到

$$c_0 = f(0),$$

因为级数(13)中含有 x 的项都消失了. 现在微分(13),得到

$$f'(x) = c_1 + 2c_2 x + 3c_3 x^2 + \cdots + nc_n x^{n-1} + \cdots, \quad (13')$$

再代入 $x = 0$,但这次是代入(13′)中而不是(13),得到

$$c_1 = f'(0).$$

由微分(13′),得到

$$f''(x) = 2c_2 + 2 \cdot 3 \cdot c_3 x + \cdots +$$
$$(n-1) \cdot n \cdot x^{n-2} + \cdots; \quad (13'')$$

把 $x = 0$ 代入(13″)中,求得

$$2!c_2 = f''(0).$$

类似地,微分(13″)且代入 $x = 0$,有

$$3!c_3 = f'''(0).$$

这样连续地作下去,我们得到一般公式

$$c_n = \frac{1}{n!} f^{(n)}(0),$$

其中 $f^{(n)}(0)$ 是 $f(x)$ 的 n 阶导数在 $x = 0$ 时的值. 这个结果就是泰勒级数

$$f(x) = f(0) + xf'(0) + \frac{f''(0)}{2!} x^2$$
$$+ \frac{f'''(0)}{3!} x^3 + \cdots. \quad (14)$$

作为微分的练习,读者可以验证,在(4)～(11)的各个级数中,泰勒级数的系数公式都是成立的.

2. 欧拉公式 $\cos x + i\sin x = e^{ix}$

欧拉的形式主义的方法中最使人赞叹的结果之一,是在复数范围内正弦和余弦函数与指数函数之间的紧密联系. 应该预先指出,欧

拉的"证明"以及我们随后的讨论,严格说来都是没有意义的;它是典型的 18 世纪的形式处理方法.

让我们从第二章已经证明的棣莫弗公式开始

$$(\cos n\varphi + i\sin n\varphi) = (\cos \varphi + i\sin \varphi)^n.$$

在此,我们代入 $\varphi = \dfrac{x}{n}$,得到公式

$$(\cos x + i\sin x) = \left(\cos \frac{x}{n} + i\sin \frac{x}{n}\right)^n.$$

现在如果 x 是给定的,那么当 n 很大时,$\cos \dfrac{x}{n}$ 虽不同于

$$\cos 0 = 1,$$

但它们相差很小;并且因为

$$\frac{\sin \frac{x}{n}}{\frac{x}{n}} \to 1, 当 \frac{x}{n} \to 0 时,$$

(见 317 页)我们看到 $\sin \dfrac{x}{n}$ 是渐近等于 $\dfrac{x}{n}$ 的.因此我们可以得到一个看来合理的极限公式

$$\cos x + i\sin x = \lim\left(1 + \frac{ix}{n}\right)^n, 当 n \to \infty 时, \qquad (15)$$

把这个方程的右端和公式(463 页)

$$e^z = \lim\left(1 + \frac{z}{n}\right)^n, 当 n \to \infty 时$$

比较,我们有

$$\cos x + i\sin x = e^{ix}. \qquad (15')$$

这就是欧拉公式.

从 e^z 的展开式出发,我们用另一种形式主义的方法可以得到同

样的结果. 把 $z = \mathrm{i}x$（这里 x 是实数）代入

$$\mathrm{e}^z = 1 + \frac{z}{1!} + \frac{z^2}{2!} + \frac{z^3}{3!} + \cdots$$

中,如果我们留意 i 的逐次幂是 i,-1,$-\mathrm{i}$,1,并且是周期性的,那么合并实部和虚部,得

$$\mathrm{e}^{\mathrm{i}x} = \left(1 - \frac{x^2}{2!} + \frac{x^4}{4!} - \frac{x^6}{6!} + \cdots\right)$$
$$+ \mathrm{i}\left(x - \frac{x^3}{3!} + \frac{x^5}{5!} - \frac{x^7}{7!} + \cdots\right);$$

此式右端与 $\cos x$ 及 $\sin x$ 的级数比较,我们再一次得到欧拉公式. 这样的推理决不是关系式（15'）的严格证明. 我们的第二个论证所以有问题是因为 e^z 的展式是在 z 是实数的假定下导出的;因此作代换 $z = \mathrm{i}x$ 需要说明其合理性. 同样地,第一个论证的成立被下述的事实破坏了,即公式

$$\mathrm{e}^z = \lim\left(1 + \frac{z}{n}\right)^n,\text{当} n \to \infty \text{ 时}$$

只是对 z 为实数的情况而言.

为了使欧拉公式从仅仅是形式上成立变为严格的数学真理,需要发展复变函数理论. 这个理论是 19 世纪伟大数学成就之一. 还有其他许多问题都促进了这个意义深远的发展. 例如,我们已看到函数的幂级数展开式在不同的 x 的区间收敛. 为什么某些展式总是收敛,即对一切的 x 都收敛,而另外一些展式对 $|x| > 1$ 就失去意义呢?

例如,考虑第 492 页等比级数（4）,它对 $|x| < 1$ 是收敛的. 当 $x = 1$ 时,这等式的左边是完全有意义的,它取值

$$\frac{1}{1+1} = \frac{1}{2},$$

然而右边级数的状态很奇怪,成为

$$1 - 1 + 1 - 1 + \cdots,$$

这个级数不收敛,因为它的部分和在 1 和 0 间摆动. 这说明即使函数本身没有显出任何无规律性,也能产生一个发散级数. 当然,函数 $\dfrac{1}{1+x}$ 当 $x \to -1$ 时变为无穷. 由于容易说明一个幂级数在 $x = a > 0$ 是收敛的,则在 $-a < x < a$ 时总是收敛的,所以我们似乎可以因为 $\dfrac{1}{1+x}$ 在 $x = -1$ 处的不连续性而为其展式的怪异现象找到一个"解释". 然而函数 $\dfrac{1}{1+x^2}$ 也可展为级数

$$\frac{1}{1+x^2} = 1 - x^2 + x^4 - x^6 + \cdots,$$

这只要在(4)中用 x^2 代替 x 就行了. 这个级数当 $|x| < 1$ 时也是收敛的,而当 $x = 1$ 时,它又变成发散级数

$$1 - 1 + 1 - 1 + \cdots,$$

并且当 $|x| > 1$ 时,它爆炸性地发散,但函数本身到处都很正规.

实际上这种现象的完善的解释只有当函数被看作自变量的复数值时(同时也看作实数值)才是可能的. 例如,级数 $\dfrac{1}{1+x^2}$ 当 $x = \mathrm{i}$ 时必是发散的,因为这时分数的分母变为 0. 由此推出级数对于所有满足 $|x| > |\mathrm{i}| = 1$ 的 x 必然也发散,因为可以证明如果对任意这样一个 x 收敛的话,则对 $x = \mathrm{i}$ 它也收敛. 这个早期微积分中完全被忽视的级数收敛性问题,是开创复变函数理论的主要原因之一.

3. 调和级数和 Zeta 函数 正弦的欧拉乘积

各项为整数的简单组合的级数是特别有趣的. 作为一个例子,我们考虑"调和函数"

$$1 + \frac{1}{2} + \frac{1}{3} + \frac{1}{4} + \cdots + \frac{1}{n} + \cdots, \tag{16}$$

它与 $\ln 2$ 的级数的区别只是偶数项的符号不同.

要问这级数是否收敛,就是问序列

$$s_1, \ s_2, \ s_3, \ \cdots$$

是否趋于有限极限,其中

$$s_n = 1 + \frac{1}{2} + \frac{1}{3} + \cdots + \frac{1}{n}. \tag{17}$$

虽然级数(16)的项越往后越小并趋于 0,但容易看到这个级数并不收敛. 因为如果取足够多的项,我们就能超过任意事先给定的正数,使 S_n 无限增大,因而级数(16)"发散到无穷". 为了看清这一点,我们观察

$$s_2 = 1 + \frac{1}{2},$$

$$s_4 = s_2 + \left(\frac{1}{3} + \frac{1}{4} \right) > s_2 + \left(\frac{1}{4} + \frac{1}{4} \right) = 1 + \frac{2}{2},$$

$$s_8 = s_4 + \left(\frac{1}{5} + \cdots + \frac{1}{8} \right) > s_4 + \left(\frac{1}{8} + \cdots + \frac{1}{8} \right)$$

$$= s_4 + \frac{1}{2} > 1 + \frac{3}{2},$$

一般为

$$s_{2^m} > 1 + \frac{m}{2}. \tag{18}$$

这样看来,例如只要 $m \geqslant 200$,部分和就超过 100.

虽然调和级数不收敛,但可以证明级数

$$1 + \frac{1}{2^s} + \frac{1}{3^s} + \frac{1}{4^s} + \cdots + \frac{1}{n^s} + \cdots \tag{19}$$

对大于 1 的任何 s 都是收敛的,因而对所有的 $s > 1$,定义以 s 为自变量的所谓 Zeta 函数

$$\zeta(s) = \lim \left(1 + \frac{1}{2^s} + \frac{1}{3^s} + \frac{1}{4^s} + \cdots + \frac{1}{n^s} \right) (当 \ n \to \infty \ 时)$$

$$\tag{20}$$

Zeta 函数和素数之间有一个重要的关系,这个关系我们可以利用等比级数的知识把它推导出来. 设 $p = 2, 3, 5, 7, \cdots$ 是任意一个素数;那么对于 $s \geqslant 1$, 有

$$0 < \frac{1}{p^s} < 1,$$

使得

$$\frac{1}{1 - \frac{1}{p^s}} = 1 + \frac{1}{p^s} + \frac{1}{p^{2s}} + \frac{1}{p^{3s}} + \cdots,$$

我们把与所有素数 $p = 2, 3, 5, 7, \cdots$ 相应的这些表达式乘在一起,而不考虑这样一个运算是否成立. 在左端得到无穷"乘积"

$$\left(\frac{1}{1 - \frac{1}{2^s}} \right) \cdot \left(\frac{1}{1 - \frac{1}{3^s}} \right) \cdot \left(\frac{1}{1 - \frac{1}{5^s}} \right) \cdots$$

$$= \lim \left[\frac{1}{1 - \frac{1}{p_1^s}} \cdots \frac{1}{1 - \frac{1}{p_n^s}} \right], \text{当 } n \to \infty \text{ 时,}$$

而在另一端我们得到级数

$$1 + \frac{1}{2^s} + \frac{1}{3^s} + \cdots = \zeta(s),$$

这是因为大于 1 的每个整数都能唯一地表示为不同素数的幂的乘积. 这样,Zeta 函数就表示成一个乘积:

$$\zeta(s) = \left(\frac{1}{1 - \frac{1}{2^s}} \right) \left(\frac{1}{1 - \frac{1}{3^s}} \right) \left(\frac{1}{1 - \frac{1}{5^s}} \right) \cdots. \tag{21}$$

如果只有有限个不同的素数,设为 $p_1, p_2, \cdots, p_r$, 那么(21)的右端的乘积是一个普通的有限乘积,因此是一个有限值,甚至对 $s = 1$ 也是如此. 但正如我们已见过的,Zeta 函数对 $s = 1$, 有

$$\zeta(1) = 1 + \frac{1}{2} + \frac{1}{3} + \cdots$$

发散到无穷. 这样的讨论(可以很容易作出严格的证明)表明素数有无限多个. 这当然比欧几里得的证明(见第 30 页)要复杂得多, 难理解得多. 但从一条困难的道路攀登山峰是很使人神往的, 虽然从另一条比较舒服的道路也能到达山峰.

像用无穷级数表示函数那样, (21)这样的无穷乘积往往和无穷级数同样有用. 另一个无穷乘积是关于三角函数 $\sin x$ 的, 它是欧拉的又一个成就. 要理解这个公式, 我们先讨论多项式. 如果 $f(x) = a_0 + a_1 x + \cdots + a_n x^n$ 是一个 n 次多项式, 且有 n 个不同的零点 $x_1, \cdots, x_n$, 那么由代数可知 $f(x)$ 可以分解为线性因子(见第 116 页)

$$f(x) = a_n(x - x_1) \cdots (x - x_n).$$

把乘积 $x_1 x_2 \cdots x_n$ 作为因子提出, 上式可写成

$$f(x) = C\left(1 - \frac{x}{x_1}\right)\left(1 - \frac{x}{x_2}\right) \cdots \left(1 - \frac{x}{x_n}\right),$$

其中 C 是常数. 若令 $x = 0$, 那么得到 $C = a_0$. 现在如果不考虑多项式而代之以较为复杂的函数 $f(x)$, 于是产生一个问题, 是否仍然可能利用 $f(x)$ 的零点把它分解为因式乘积(一般是不可能的. 例如指数函数根本没有零点, 因为对所有的 x 都有 $e^x \neq 0$). 欧拉发现对正弦函数这样的分解是可能的. 为了用最简单的方式写出这个公式, 我们不考虑 $\sin x$ 而考虑 $\sin \pi x$. 因为 $\sin \pi n = 0$ 对所有的整数 n 成立, 而对其他数都不成立, 所以这个函数的零点是 $x = 0, \pm 1, \pm 2, \pm 3, \cdots$. 欧拉公式表述为

$$\sin \pi x = \pi x \left(1 - \frac{x^2}{1^2}\right)\left(1 - \frac{x^2}{2^2}\right) \cdot$$

$$\left(1 - \frac{x^2}{3^2}\right)\left(1 - \frac{x^2}{4^2}\right) \cdots. \tag{22}$$

这个无限乘积对所有的 x 值都是收敛的,它是数学中最漂亮的公式之一. 对 $x = \dfrac{1}{2}$,它变为

$$\sin\frac{\pi}{2} = 1 = \frac{\pi}{2}\left(1 - \frac{1}{2^2 \cdot 1^2}\right)\left(1 - \frac{1}{2^2 \cdot 2^2}\right)\cdot$$

$$\left(1 - \frac{1}{2^2 \cdot 3^2}\right)\left(1 - \frac{1}{2^2 \cdot 4^2}\right)\cdots,$$

因为

$$1 - \frac{1}{2^2 n^2} = \frac{(2n-1)(2n+1)}{2n \cdot 2n},$$

我们得到第 309 页指出的威廉斯乘积

$$\frac{\pi}{2} = \frac{2}{1} \cdot \frac{2}{3} \cdot \frac{4}{3} \cdot \frac{4}{5} \cdot \frac{6}{5} \cdot \frac{6}{7} \cdot \frac{8}{7} \cdot \frac{8}{9} \cdots.$$

所有这些事实的证明,请读者参考微积分课本(可参见第 572 页).

**§4 用统计方法得到素数定理

当数学方法应用于研究自然现象时,人们常满足于这样的论证:即在一系列严密的逻辑推理中,或多或少加上一些合理的假设. 甚至在纯数学中,也会遇到类似的推理,尽管没有提供严格的证明,但是它给出了正确的解,并提示了通往严格证明的方向. 捷线问题的贝努利解(见第 392 页)就有这样的特点,分析中早期的大多数工作都是如此.

利用应用数学特别是统计力学中的典型方法,我们在这里作一些论证,至少使素数分布律看来是对的(实验物理学家赫兹(G. Hertz)向作者建议了有关的方法). 在第一章的补充中,这个定理在经验的基础上曾经讨论过:不大于 n 的素数的个数 $A(n)$ 渐近地等

于量 $\dfrac{n}{\ln n}$.

$$A(n)\sim\dfrac{n}{\ln n},$$

这意味着当 n 趋于无穷时，$A(n)$ 与 $\dfrac{n}{\ln n}$ 的比趋于极限 1.

首先我们假设，按下述意义描述素数分布的数学规律是存在的：对于充分大的 n，函数 $A(n)$ 近似地等于积分 $\displaystyle\int_2^n W(x)\mathrm{d}x$，其中 $W(x)$ 是一个度量素数的"密度"的函数（我们选取 2 为积分下限是由于当 $x<2$ 时显然有 $A(x)=0$). 确切些说，令 x 是一大数，而 Δx 为另一大数，但 x 的数量级大于 Δx（例如我们令 $\Delta x=\sqrt{x}$). 然后假定素数的分布足够光滑，以使由 x 到 $x+\Delta x$ 的区间内的素数个数近似地等于 $W(x)\Delta x$，并且 $W(x)$ 作为 x 的函数变化得很慢，使得在不改变它的渐近值的情形下，能用一系列近似矩形来取代

$$\int_2^n W(x)\mathrm{d}x.$$

在作了这些准备后，我们开始论证.

我们已经证明了（第 489 页）对于充分大的整数，$\ln n!$ 渐近地等于 $n\ln n$,

$$\ln n!\ \sim n\ln n.$$

现在我们要给出包含素数的 $\ln n!$ 的第二个公式，并且把两个式子加以比较. 让我们计算一下，小于 n 的任意一个素数 p，作为整数 $n!=1\cdot2\cdot3\cdot\cdots\cdot n$ 的一个因子出现了多少次. 用 $[a]_p$ 表示使 p^k 整除 a 的最大整数 k. 因为每个整数的素因子分解是唯一的，可见对于任意两个整数 a 和 b，有 $[ab]_p=[a]_p+[b]_p$. 所以

$$[n!]_p=[1]_p+[2]_p+[3]_p+\cdots+[n]_p.$$

在序列 $1,2,3,\cdots,n$ 内可被 p^k 整除的各项是 $p^k,2p^k,3p^k,\cdots$,

当 n 很大时, 它们的个数 N_k 近似等于 $\dfrac{n}{p^k}$. 可被 p^k 整除但不能被 p 的更高次幂整除的项的个数 M_k 等于 $N_k - N_{k+1}$. 因此

$$\begin{aligned}
[n!]_p &= M_1 + 2M_2 + 3M_3 + \cdots \\
&= (N_1 - N_2) + 2(N_2 - N_3) + 3(N_3 - N_4) + \cdots \\
&= N_1 + N_2 + N_3 + \cdots \\
&= \frac{n}{p} + \frac{n}{p^2} + \frac{n}{p^3} + \cdots \\
&= \frac{n}{p-1}.
\end{aligned}$$

(当然, 这等式只是近似的.)

可见, 当 n 很大时, 对所有小于 n 的素数 p, 表达式 $p^{\frac{n}{p-1}}$ 的乘积可以用来近似地给出数 $n!$. 这样, 我们有公式

$$\ln n! \sim \sum_{p<n} \frac{n}{p-1} \ln p.$$

把这个式子和我们以前的 $\ln n!$ 的渐近关系式比较, 并且用 x 代替 n, 得到

$$\ln x \sim \sum_{p<x} \frac{\ln p}{p-1}. \tag{1}$$

下一步是关键所在; 我们要利用 $W(x)$ 求 (1) 的右端的渐近表达式. 当 x 很大时, 选择点 $2 = \xi_1, \xi_2, \cdots, \xi_r, \xi_{r+1} = x$, 对应的增量为 $\Delta \xi_j = \xi_{j+1} - \xi_j$, 从而把从 2 到 $x = n$ 的区间分割为许多 (r 个) 小区间. 在每个小区间内可能有素数, 并且在第 j 个小区间内的所有素数的值都近似等于 ξ_j. 由我们关于 $W(x)$ 的假定, 在第 j 个小区间内的素数个数近似等于 $W(\xi_j) \cdot \Delta \xi_j$; 因此 (1) 的右端的和近似等于

$$\sum_{j=1}^{r+1} W(\xi_j) \frac{\ln \xi_j}{\xi_j - 1} \cdot \Delta \xi_j.$$

把这个有限和用它所逼近的积分来代替,我们得到(1)的一个看起来合理的推论,即关系式

$$\ln x \sim \int_2^x W(\xi) \frac{\ln \xi}{\xi - 1} d\xi. \qquad (2)$$

我们要用它来确定未知函数 $W(x)$. 如果用普通的等式代替符号 $\sim$,并且将两端都对 x 微分,那么根据微积分基本定理,有

$$\frac{1}{x} = W(x) \frac{\ln x}{x - 1},$$

$$W(x) = \frac{x - 1}{x \ln x}. \qquad (3)$$

讨论一开始,我们已经假定了 $A(x)$ 近似地等于

$$\int_2^x W(x) dx,$$

因此,$A(x)$ 可由积分

$$\int_2^x \frac{x - 1}{x \ln x} dx \qquad (4)$$

近似地给出. 为了计算这个积分,我们注意到函数

$$f(x) = \frac{x}{\ln x}$$

有导数

$$f'(x) = \frac{1}{\ln x} - \frac{1}{(\ln x)^2}.$$

当 x 的值充分大时,两个表达式

$$\frac{1}{\ln x} - \frac{1}{(\ln x)^2}, \ \frac{1}{\ln x} - \frac{1}{x \ln x}$$

是近似相等的,因为对充分大的 x 来说,这两个表达式的第二项都远远小于第一项. 于是积分(4)近似等于积分

$$\int_2^x f'(x)\mathrm{d}x = f(x) - f(2) = \frac{x}{\ln x} - \frac{2}{\ln 2},$$

这是因为被积函数在大部分积分区域内都几乎相等. 又由于 $\frac{2}{\ln 2}$ 是一个常数,所以当 x 很大时可以略去,于是就得到最终结果

$$A(x) \sim \frac{x}{\ln x},$$

这就是素数定理.

我们不能指望上面的论证中除启发性的价值外还具有更多的东西. 但在做更深入的分析后却发现存在着如下的事实. 我们大胆所做的一切步骤都是合理的,而其证明并不困难;特别是关于等式(1),关于这个和式与(2)中的积分之间的渐近相等,以及关于由(2)到(3)的过渡都是合理的. 但是,要证明我们一开始所作的假定,即一个光滑密度函数 $W(x)$ 的存在性,那就困难得多了. 一旦承认了这一点,这个函数的估值是比较简单的事,就这个观点而言,这样一个函数的存在性的证明是这个素数问题的最为困难之处.

第9章

最 新 进 展

§1 产生素数的公式

（见第 34 页）

如今我们已经知道许多不同的、可以产生素数的多项式. 不过，它们没给我们增添多少关于素数的知识；相反，它们却表明了多项式能具有多么奇特的性质.

在 1900 年，国际数学家大会上，希尔伯特在他的著名演讲中提出了 23 个问题. 他认为，这些问题的解决对今后数学的发展会有重要的意义. 希尔伯特的第十个问题是：是否存在一个一般的方法——现在称为算法，用它能判断丢番都方程是否有解. 在大卫（Martin Davis）、普特南（Hilary Putnam）和罗宾逊（Julia Robinson）的前期研究基础上，俄国数学家马蒂雅舍维奇（Yuri Matijasevic）于 1970 年证明了，这种"判定算法"是不存在的. 由于这种方法，十分有效地把多项式当作模拟计算机算法的繁难的"编程语言"，因此，生成的多项式是非常多的. 琼斯（James Jones）发现了一个不存在"判定算法"的多项式方程组. 它由最高次为 5^{60} 的 33 个变量的 18 个方程组成.

马蒂雅舍维奇的证明，有一个令人感兴趣的副产品. 即，存在一个（同样复杂的）有 23 个变量的多项式 $p(x_1, \cdots, x_{23})$，当变量为整数时，它的正值恰是一个素数. 1976 年，琼斯、萨托（D. Sato）、瓦达（H. Wada）和维恩斯（D. Wiens）给出了一个相对简单的、具有同样

性质的有 26 个变量的多项式. 设这些变量记做 a, b, c, …, x, y, z
(这是巧合,但对排版印刷有帮助,因为字母表中是 26 个字母.),他
们的多项式是:

$$(k+2)\{1-[wz+h+j-q]^2$$
$$-[(gk+2g+k+1)(h+j)+h-z]^2$$
$$-[2n+p+q+z-e]^2$$
$$-[16(k+1)^3(k+2)(n+1)^2+1-f^2]^2$$
$$-[e^3(e+2)(a+1)^2+1-o^2]$$
$$-[(a^2-1)y^2+1-x^2]^2$$
$$-[16r^2y^4(a^2-1)+1-u^2]^2$$
$$-[((a+u^2(u^2-a))^2-1)(n+4dy^2)+1-(x+cu)^2]^2$$
$$-[n+l+v-y]^2$$
$$-[(a^2-1)l^2+1-m^2]^2-[ai+k+1-l-i]^2$$
$$-[p+l(a-n-1)+b(2an+2a-n^2-2n-2)-m]^2$$
$$-[q+y(a-p-1)+s(2ap+2a-p^2-2p-2)-x]^2$$
$$-[z+pl(a-p)+t(2ap-p^2-1)-pm]^2\}.$$

当 a, …, z 是整数时,这个表达式的正值,恰是素数.

这有一个明显的矛盾,即这个表达式显然可以因式分解. 事实
上,它具有 $(k+2)\{1-M\}$ 的形式. 然而,M 是一些平方的和,因此,
当且仅当 $M=0$ 时,这个表达式取正值. 此时,它的值为 $k+2$. 所以,
多项式 M 必须被构造成满足:

$k+2$ 是素数,当且仅当 $M(k,$ 其他变量$)=0$,
而这用马蒂雅舍维奇的方法是可以做到的.

在上述讨论中,得不到有关素数的什么特殊性质. 当这一点变得

十分明显时,人们对上述结论就没有了多大兴趣.它们可以用任意的
"递归可列"数列代替,——本质上说,意味着一个无穷序列可由有限
个可计算的条件所决定——即靠设计一个适当的多项式来实现.上
述发现的价值在于,"可计算性"的概念可用多项式的语言来表示.而
不是引入一个代数公式能使素数理论简单.

§2　哥德巴赫猜想和孪生素数

（第 39 页）

　　哥德巴赫猜想（即,每一个大于 2 的偶数都可以表示成两个素数
之和）与"孪生素数猜想"（即,存在无穷多个素数 p 使得 $p+2$ 也是
素数）紧密相关.至今它们都还没有被证明.但是,现在,对这两个问
题的研究已经有了很大的进展.

　　在数论中解决这类问题最有力的一个方法叫做复分析.其中
的思想要回溯到欧拉,特别是黎曼.黎曼研究了 Zeta 函数 $\zeta(s)$,揭
示了它和素数的关系（见第 501 页）.从 1920 年起,哈代和利特伍
德发展了这一理论——现在称作解析数论——把它应用于解决如
下的一类问题:把整数表示为一些特殊整数之和.1937 年,维诺格
拉托夫,用他们的方法,证明了:每一个充分大的奇数是三个素数
之和.这改善了他自己在 1934 年证明的"每一个充分大的正整数
可写成不超过四个素数之和"的结果.在前面第 40 页里柯朗和罗
宾提到的是这后一个结果,并指出,这个定理仅仅对"充分大"——
大于某个特殊的值 n_0——的正整数成立.他的证明并不能告诉我们
n_0 的值要多大.1956 年,布罗德金（K. G. Borodzkin）填补了这一空
白.他表明,只要

$$n_0 = \exp(\exp(16.038))$$

就够了,这里 $\exp(x) = e^x$.另外有些数学家,应用维诺格拉托夫的

方法,证明了:"几乎"所有的偶数都是两个素数之和. 即证明了:不超过整数 n 的这种偶数所占的比例,当 n 趋于无穷时,是趋于 100% 的.

1919 年,布朗(Viggo Brun)引进了一个不同的方法:筛法. 这是爱拉托塞姆筛法(见第 34 页)的推广. 他用这个方法证明了,每一个充分大的偶数可表示为如下两个数之和:它们每一个均是不超过 9 个素数的乘积. 随后,许多人对此定理作了一系列的改进. 比如,1937 年,里奇(G. Ricci)证明了,每一个充分大的偶数可表示为如下两个数之和:一个是至多两个素数的乘积,另一个是至多 366 个素数的乘积. 库恩(P. Kuhn),应用布赫夕塔布(A. A. Buchstab)的组合思想,证明了,每一个充分大的偶数是如下两个数之和:它们每一个都是至多 4 个素数的乘积. 1957 年,王元,在广义黎曼假设成立的前提下,证明了每一个充分大的偶数是如下两个数之和:一个是素数,另一个是不超过 3 个素数的乘积.

经典的黎曼假设,这是希尔伯特 23 个问题中的另一个问题,被不少人看作是整个数学中最重要的一个未解决的问题. 它涉及黎曼 Zeta 函数 $\zeta(s)$,这里自变量 s 是复数. 这个假设是说:如果 $\zeta(s)=0$ 且 s 不是实数,那么一定存在某个实数 y,使得 $s=1/2+\mathrm{i}y$. 在人们努力证明这个假设的过程中已产生了许多极重要的成果,使得数论和代数几何发生了革命性的变化. 而且,解决这样一个问题的任何一种方法,几乎总是变成为解决该问题的一些重要的、或多或少等价的命题,例如广义黎曼假设(广义黎曼假设被认为是同样类型命题中较强的). 由于黎曼假设和它的推广成了进步的明显障碍,一些数论学家就在黎曼假设或它的推广是成立的前提下去探索数论中的问题. 这种做法被认可的一个理由是,这样做可能会引出一个矛盾的结果,从而表明黎曼假设是错误的. 当然这仅仅是一种"合理"的说辞. 数论学家缺乏耐心了,他们想看看,若黎曼假设成立,能得到些什么结果.

有时,用这种做法得到结果后,会发现可能不必用到黎曼假设.

1948 年,瑞尼(Alfred Renyi)不用广义黎曼假设,证明了,每一个充分大的偶数是一个素数和另一个至多为 c 个素数的乘积的和,这里 c 是确定的,但不知道它的数值是几. 1961 年,巴尔巴恩(M. B. Barban)表明 $c = 9$ 就够了. 1962 年,潘承洞把它减到 $c = 5$. 很快巴尔巴恩和潘承洞,各自独立地,把它减到 $c = 4$. 1965 年,布赫夕塔布对 $c = 3$ 证明了这定理成立. 最后,在 1966 年,陈景润进一步改善了筛法并证明了这定理对 $c = 2$ 成立. 就是说,每一个充分大的偶数是一个素数和另一个至多为 2 素数的乘积的和——"素数加一个几乎是素数". 这是迄今为止我们所知的、最接近完整的哥德巴赫猜想的结果.

孪生素数猜想的进展和前面很类似. 布朗在 1919 年发表的那篇论文也证明了,存在无穷多个数 p,使得 p 和 $p + 2$ 都是不超过 9 个素数的乘积. 随着改善布朗关于哥德巴赫猜想的结果,对他关于孪生素数猜想的结果也有相类似的改善. 1924 年,拉德玛撒(Rademacher)把布朗的数从 9 减到 7. 布赫夕塔布进了一步,他在 1930 年把它减到 6,在 1938 年把它减到 5. 王元在 1957 年的一篇论文中宣称"孪生素数猜想的结果已得到解决",但从该论文看,它只是说,存在无穷多个数 p,使得 p 和 $p + 2$ 都是不超过 3 个素数的乘积. 在广义黎曼假设的基础上,1962 年他证明了这一结果. 在 1965 年,布赫夕塔布,不用广义黎曼假设,证明了,有某个确定的数 c,存在无穷多个数 p,使得 p 和 $p + 2$ 都是不超过 c 个素数的乘积. 陈景润在 1973 年的论文中证明了 $c = 2$ 就足够了. 这仍然是最接近孪生素数猜想的结果. 用现在的方法把结果进一步改进似乎已不太可能. 需要真正的新思想.

§3 费马大定理

(见第 52 页)

自柯朗和罗宾写出了《什么是数学》这本书以来,最富戏剧性的

进展之一是,在 1994 年,普林斯顿大学的维尔斯(Andrew Wiles)证明了费马大定理.回忆费马的猜想是:方程

$$x^n + y^n = z^n \qquad (1)$$

当 $n \geqslant 3$ 时没有非零整数解.维尔斯的证明技术很高,只有专家才能接受.然而,证明的总体轮廓,人们还是可以理解的.证明用的是反证法,并且有效地利用了"椭圆曲线"理论.所谓椭圆曲线是指,由形如

$$y^2 = ax^3 + bx^2 + cx + d \qquad (2)$$

(a, b, c, d 是有理数)的丢番都方程所确定的曲线(形容词"椭圆的"来自所谓椭圆函数,并不涉及曲线的形状).对于这类方程人们已经了解了很多,这部分理论是数论中被研究得最透彻的地方之一.

可把费马方程(1)改写为 $\left(\dfrac{x}{z}\right)^n + \left(\dfrac{y}{z}\right)^n = 1$,即,使得点 $(X, Y) = \left(\dfrac{x}{z}, \dfrac{y}{z}\right)$ 在方程为

$$X^n + Y^n = 1 \qquad (3)$$

的费马曲线上.若 X 和 Y 都是有理数,则称 (X, Y) 为有理点.于是费马大定理就等价于这样的论断:当 $n \geqslant 3$ 时,在费马曲线(3)上不存在有理点.在 1970 年与 1975 年间,黑里高奇(Yves Hellegouarch)观察到费马曲线(3)和椭圆曲线(2)之间有一个奇怪的联系.塞尔(Jean-Pierre Serre)建议反过来考虑问题:利用椭圆曲线的性质证明费马大定理的结论.1985 年,弗雷(Gerhard Frey)通过引进现在称为弗雷椭圆曲线的做法,而使该建议得以明确.弗雷椭圆曲线是与费马方程的假定的解有联系的.假定费马方程 $A^n + B^n = C^n$ 有非零解,我们构造椭圆曲线

$$y^2 = x(x + A^n)(x - B^n), \qquad (4)$$

这就是弗雷椭圆曲线.并且当且仅当费马大定理不成立时,它才存在.所以,为了证明费马大定理,只要证明弗雷曲线(4)不存在就可以了.证明的方法是用"间接证明法"(即反证法)(见第 100 页):假定

这曲线存在,然后导出矛盾.这表明弗雷曲线根本不存在,进而推出费马大定理是真的.弗雷通过证明他的曲线具有一些极端奇怪和不可信的性质,找到了有利的证据,说明他的曲线"不应该存在".在1986年,里贝特(Kenneth Ribet)把这问题归结为,假如数论中一个未解决的大难题——谷山丰(Taniyama)猜想——是真的话,就可以证明弗雷曲线不存在.因而,他把一个著名的未解决的难题,费马大定理,转化为另一个未解决的难题.这种转化通常是没什么用的,只不过是用一个更难的问题代替一个难题.但在这里,它击中了要害,因为它提供了证明费马大定理的脉络.

说明谷山丰猜想需要专门的技术.但可参照下面的特殊情形加以解释.在"毕达哥拉斯方程"$a^2+b^2=c^2$中,单位圆和正弦、余弦三角函数之间有密切的关系.为找出这种关系,观察毕达哥拉斯方程,它可被改写成$\left(\dfrac{a}{c}\right)^2+\left(\dfrac{b}{c}\right)^2=1$的形式.这表明,点$(x,y)=\left(\dfrac{a}{c},\dfrac{b}{c}\right)$在方程为$x^2+y^2=1$的单位圆上.众所周知,三角函数提供了一种表示单位圆的简便方法.特别地,由毕达哥拉斯方程和正弦、余弦函数的几何定义知,方程

$$\cos^2\theta+\sin^2\theta=1 \tag{5}$$

对任意角θ都是成立的(见第283页).如果我们令$x=\cos\theta$,$y=\sin\theta$,那么(5)表示点(x,y)在单位圆上.综上所述:求毕达哥拉斯方程的整数解等价于求一个角θ,使得$\cos\theta$和$\sin\theta$都是有理数$\left(分别等于\dfrac{a}{c}和\dfrac{b}{c}\right)$.因为三角函数具备许多好的性质,所以,这种思想就成为毕达哥拉斯方程的一种真正富有成效的理论的基础.

谷山丰猜想表明,类似的思想(在一个相当技巧性的背景下)可应用于任何椭圆曲线.但需要用更复杂的"模"函数代替正弦和余弦函数.所以,有关椭圆函数的问题可由有关模函数的问题所替代,恰如有关圆的问题可由有关三角函数的问题所替代一样.

　　维尔斯意识到,不必完全利用谷山丰猜想,只需考虑谷山丰猜想的一个特殊情况,用弗雷的方法就能得到满意的结果. 即,把它应用于称之为"半稳定"的一类椭圆曲线上. 在长达 100 页的论文中,他运用了足够有效的方法去证明,半稳定时的谷山丰猜想. 得到了以下的定理:设 M 和 N 是两个不同的非零互素整数,并且使得 $MN(M-N)$ 能被 16 整除. 那么椭圆曲线 $y^2 = x(x+M)(x+N)$ 能被模函数参数表示. 实际上,能被 16 整除的条件意味着,这个曲线是半稳定的. 所以,半稳定的谷山丰猜想建立了所希望的性质.

　　现在,我们把维尔斯定理应用到弗雷曲线(4)上,令 $M = A^n$, $N = -B^n$,那么 $M - N = A^n + B^n = C^n$,所以 $MN(M-N) = -A^n B^n C^n$,我们必须证明它能被 16 整除. 现在,A, B, C 中必然有一个是偶数,——因为,若 A 和 B 都是奇数,那么 C^n 是两个奇数之和,因此是偶数. 这意味着 C 是偶数. 由于很早以前欧拉证明 $n = 3$ 时的费马大定理,我们可进而假设 $n \geq 5$. 因为偶数的 5 次或更高次幂可被 $2^5 = 32$ 整除,数 $-A^n B^n C^n$ 是 32 的整倍数. 所以,能被 16 整除. 因而,弗雷曲线满足维尔斯定理的假设. 这表明,弗雷曲线可被模函数参数表示. 然而,里贝特关于谷山丰猜想意味着:弗雷曲线不存在的证明. 是通过证明弗雷曲线不能被模函数参数表示来实现的. 这是一个矛盾,所以费马大定理是正确的.

　　这个证明是非常间接的,并且需要高深的理论. 而且,在维尔斯最初发表的证明中,出现了一些问题. 产生了一些戏剧性的效果. 他通过电子邮件发布信息,进行数学交流,承认这些困难. 但声称有信心用他的方法会克服它们. 修改证明花费了比预想更长的时间. 1994 年 10 月 26 日,茹宾(Karl Rubin)发布了另一条信息:"众所周知,维尔斯阐述的证明……有重要的一步过不去,即一个欧拉系统的构造. 在不成功地试图修复这个构造之后,维尔斯回到了早先试验过的不同的方法(当时为了利用欧拉系统的思想,他曾放弃了这一想法),然后,他完成了他的证明."

§4 连 续 统 假 设

(见第 102 页)

连续统假设是说,无穷集合中,除了整数集的基数,实数集的基数是最小的.现在人们知道,连续统假设既不是真的,也不是假的,而且它是无法判定的.为了理解这个意思,我们需要简单地回顾一下公理化的方法(见第 224 页).公理化方法是,通过叙述一组数学对象应满足的条件——公理,来确定该数学对象.它关注的是,这个数学对象和其他对象的关系,而不关心该对象是由什么原料"构成"的.在集合论的简单介绍中,假定概念,诸如"集合"等,都是定义好了的,只描述如何应用它们.但是,要建立一个严格的框架来讨论连续统假设,就必须对集合论建立公理体系.

1964 年,柯恩(Paul Cohen)证明了,连续统假设是否成立依赖于集合论的公理如何选择.这状况类似于几何学.欧几里得平行公理是否成立依赖于几何的类型.有使它成立的"欧几里得"几何,也有使它不成立的"非欧几里得"几何(见第 228 页).类似地,存在着使连续统假设成立的"康托"集合理论,也存在着使它不成立的"非康托"集合理论.最初是哥德尔证明了,连续统假设对某些集合论的公理体系是成立的.后来,柯恩,用一种叫做"力迫法"的新技术,证明了在另一些公理体系中连续统假设是不成立的.因此,不可能存在一组好的公理,使得它给出唯一的、"自然的"集合理论.

§5 集合论中的符号

(见第 124 页)

数学中的符号是由当时的时尚所决定的,有时,它也会改变.因此,柯朗和罗宾当初在本书中用的一些符号,与现在通行的相比,会有一些不大的变化. 不过, 这些变化大都不重要, 无需一一指出(例如, "连续统假设"那时称为"有关连续统的假设"). 但是, 关于集合这部分, 这差别是明显的, 不能不提.

现在, "逻辑和"与"逻辑积"几乎是不用了, 人们用"并"和"交"来代替. 空集合, 记作 $\varnothing$, 而不再用 O 表示. 对全集合, 也不再用一个专门的符号 I 来表示. 现在, 两个集合的并和交的符号是:

并: $A \cup B$(柯朗和罗宾在本书前面记作 $A + B$);

交: $A \cap B$(柯朗和罗宾在本书前面记作 AB).

余集通常写为 A^c, 但 A' 仍常用. 现在, 子集合的包含关系用 $\subset$ 或 $\subseteq$ 表示. 和 $<$ 与 $\leqslant$ 不同的是, $A \subset B$ 并不要求 $A \neq B$, 这和柯朗和罗宾写本书时是一样的. 为了表示子集的不等关系, 现在用一个比较不方便的记号 $A \subsetneqq B$.

在计算机科学和电子工程中, 仍然用记号 $A + B$、AB 和 A', 在那里用它们描述逻辑开关形成的电路.

不太令人满意的是, 现在的记号, 把第 126 页中的与代数运算类似的性质(6~17)弄得含糊不清了. 但是, 如果看看性质(10, 11, 13), 这可能也不完全是坏事.

§6 四 色 定 理

(见第 253, 270 页)

1976 年 6 月, 阿佩尔(Kenneth Appel)和哈肯(Wolfgang Haken)证明了四色定理. 这个证明, 用一种相当复杂的方式, 分析了两千个左右的特殊地图的状况. 考察所有这些情况是极冗长乏味的, 所以, 他们用了一个计算机, 进行了上千个小时的计算, 完成了核对的工作. 现在, 由于有了更好的理论方法以及更快速的计算机, 这个证明可以在几小时内完成. 但是, 至今还没有找到能用"笔和纸"给出的证明. 是否存在更简单的证明? 目前还没人能回答这一问题. 但是，人们已经知道，沿着上述证明的方向是不可能使证明得到实质性的简化的.

柯朗和罗宾关于五色定理的证明(见第 270 页)，是取自开姆玻(Arthur Kempe)的工作. 开姆玻是一个律师和业余数学家，他在1879 年发表文章，声称证明了四色定理. 他用的是数学归纳法(见第15～28 页)的另一种形式，即所谓存在"最小正规地图". 其基本思想是，若四色定理不成立，那么必存在着需要五种颜色上色的地图，如果这种"糟糕"地图存在，可以把它们以各种不同方式组成更大的地图，使得所有这些地图也都需要五种颜色上色. 由于使"糟糕"地图变大的做法没有任何意义，我们可以从相反的方向着手，去看最小的"糟糕"地图，称它为最小正规地图. 由最小自然数原理(见第 26 页，它等价于数学归纳法)知，若"糟糕"地图存在，那么最小正规地图一定存在. 最小正规地图有如下特性：它需要五种颜色上色，但任何区域数少于它的地图只需四种颜色上色. 证明的做法是，通过揭示上述特性，给出最小正规地图的结构，直到最终说明最小正规地图不可能存在. 由于产生了矛盾(见第 100 页的反证法)，四色定理一定成立.

开姆玻的思想是，取一个最小正规地图，然后造一个与它相关、但比它小的地图. 由于所取的地图是最小正规的，这较小的图是可以用四种颜色上色的. 然后，他试图由此说明原来的图也能用四种颜色上色. 具体地说，他的做法是，取一个最小正规地图，然后把某个适当的区域缩小，成一个点. 这样得到的地图，区域比原来少，可以用四种颜色上色. 如果把缩小的区域恢复回来，再找一种颜色给它上色，同时不改变其他区域的颜色，一般来说，这是不可能的. 因为，原来与这个缩小的区域相邻的区域，它们之间可能已经用了四种颜色上色. 但是，这个缩小的区域，如果是一个三角形，即它只和三个区域相邻，那就不成问题. 如果是一个四边形，用一种现在称为"开姆玻链"的巧妙办法交换颜色，可以改变与它相邻区域的颜色，从而也能解决问题. 如果是一个五边形，开姆玻宣称，可以用一种类似的办法处理. 并且，他证明了,每一个地图必包含一个区域,它要么是三角形,要么是四边形,要么是五边形. 因此,总存在一个合适的区域可以被缩小,再恢复.

1890 年,黑伍德(Percy Heawood)发现了开姆玻在处理五边形区域时的一个错误. 他认识到,把开姆玻的方法做一些修改可以证明,用五种颜色就足够了. 多了一种颜色可以使得缩小的五边形很容易恢复. 本书第270页给出的就是这一证明. 但,另一方面,人们找不到必须要用五种颜色才能上色的地图.

1922 年,富兰克林(Philip Franklin)证明了,任何一个不超过 26 个区域的地图可以用四种颜色上色. 他的方法,以及其可约构形的思想,成为最终证明四色定理的基础. 一个构形是指,地图中的一组连接着的区域,以及关于每个区域外边有多少个区域和它相邻的信息. 为了看到可约性的意义,考虑缩小和恢复一个三角形的例子. 把三角形缩小成一个点,假定缩小后的地图(它比原来少了一个区域)能用四种颜色上色. 那么原来的地图也能用四种颜色上色. 这因为三角形只和三个区域相邻,当把这三角形恢复后,可把剩下的第四种颜色给它上色. 一般说来,给定一个构形,我们考虑:包含它的任意一个地图,如果只要把这构形缩小后得到的地图能用四种颜色上色,这个地图就也能用四种颜色上色,我们称这样的构形为可约的. 类似前面的讨论知,四边形是可约的. 开姆玻认为五边形也是可约的,但是他错了.

显然,最小正规地图不可能包含可约构形. 所以,如果能说明每一个最小正规地图都必须包含一个可约构形,我们就得到了所要的矛盾. 要做到这一点,最直接的方法是,找出不可避免的可约构形集合,不可避免集的意思是指,任何一个地图——不仅是最小正规地图——都必须包含这个集合中的一个构形. 开姆玻相当成功地做到了这一点,他正确地证明了,集合{三角形,四边形,五边形}是一个不可避免集合. 但是,在证明五边形是可约时,他出现了错误. 不过,他证明的基本思路——找出一组不可避免的可约构形集合——却是一个非常漂亮的思想.

1950 年,希斯(Heinrich Heesch)公开宣称,通过寻找可约构形的一个不可避免集合就能够证明四色定理. 他是第一个这样说的数学家. 但是,他认识到,一个不可避免集合包含的构形,远不是开姆玻所给出的三种. 五边形必须被一系列其他构形来代替. 事实上,希斯估计,大约需要 10000 个大小适中的构形. 后来,他设计了一种"放电算法",用它来证明集合的不可避免性. 假定每一个区域都充了电,然后,让它们按照一定的规则流向邻近的区域. 例如,我们可以要求任何一个五边形的电量,被分成等份,分别流向与它相邻的区域,但不包括与它相邻的三角形、四边形和五边形. 通过对电量分布的性质的分析,可以表明,某些特殊的构形一定会出现,否则会发生"漏电". 给出的条件越复杂,得到的不可避免构形的集合也就越复杂.

1970 年,哈肯发现可以改进希斯的放电方法,并开始努力解决四色问题. 最大的困难是不可避免集合中的构形的数量. 估计要核对 10000 个区域的可约性. 整个计算要进行上百年. 而且,在这不可避免集合中只要发现有一个构形是不可约的,最终,整个的计算将全无价值.

在 1972 年到 1974 年这段时间内,哈肯和阿佩尔一起,通过计算机相互讨论,试图增加成功的机会. 第一轮的计算机程序就提供了许多有用的信息. 他们修改程序以克服各种缺欠并反复试验. 虽然出现过许多细节上的问题,但都被他们及时解决了. 大约讨论了六个月之后,哈肯和阿佩尔开始确信,他们证明集合不可避免性的方法是行之有效的. 1975 年,他们设计的程序从搜索状态开始,向目标发起最后的冲击. 1976 年 1 月,他们开始构造一个大约有 2000 个区域的不可避免集. 这一工作在 1976 年 6 月完成. 然后,他们检验这集合中每一个构形是否可约,这时必须要用计算机. 对哈肯和阿佩尔给出的这不可避免集合中的 2000 多个构形,计算机尽职地报告出,每一个都是可约的. 这与存在着最小正规地图的假定相矛盾. 所以,平面上的任何一个地图,用四种颜色上色就足够了.

　　利用大量计算得到的结果(仅靠人脑是无法完成这一核对工作的)是否算得上是一个证明？哲学家铁木钦柯(Stephen Tymoczko)说:"如果把四色定理看作是被证明了的定理,那么我们必需改变'定理'的涵义,更确切地说,必需改变'证明'的概念."但是,从事研究的数学家几乎都不同意这种看法.一个原因是,有一些不依赖于计算机的数学证明,其证明又长又复杂,以至于,即使研究了十年,没人敢拍着胸脯保证其中一点问题也没有.例如,所谓的"有限单群分类定理",它的证明至少有 10000 页.这是上百人努力的结果,而且,只有受过很好训练的学者才能读懂.但是,数学家一般都相信它的证明是正确的.原因是,证明的整个想法是有意义的,细节是相符的,还没有人发现有严重错误,而且,对从事这工作的人的信任程度至少和信任一个与此问题无任何关系、完全外行的人是一样的.当然,如果任何人——内行或外行——发现了错误,就不可能再认为证明是对的.但至今没有人发现任何错误.

　　和有限单群分类定理相比,哈肯和阿佩尔的证明中没有任何更不可信服的地方.事实上,只要程序不错,计算机比人更不容易犯错误.哈肯和阿佩尔证明的思路,在逻辑上是没问题的.况且,他们的不可避免集合是可以用手来计算的.也看不出有任何理由来怀疑他们用来核对可约性的程序的准确性.用随机"掷点试验"也没发现错误.哈肯在接见记者时,综述了大部分人的看法:"任何人,从任何地方沿着这个方向走,都可以完成其细节并进行核对,证明该定理.计算机在几个小时可以完成的细节比人在一生中所希望做的都多.这一事实并没有改变数学证明的概念.改变的不是理论而是数学的实践."

§7　豪斯道夫维数和分形
(见第 255 页)

　　庞加莱在 1912 年给出的维数定义(见第 256 页)是一个拓扑的

定义. 并且——十分合理地——按此定义得到的维数总是整数. 但最近出现的维数概念已与庞加莱所定义的相去甚远. 这种维数概念最初是由豪斯道夫(Felix Hausdorff)在 1919 年提出, 并在 20 世纪 30 年代由贝斯可维奇(A. S. Besicovitch)加以发展. 不过, 随后它在数学上变得死气沉沉. 现在, 由于它在曼德勃罗特(Benoit Mandelbrot)的分形理论中的应用, 豪斯道夫维数又盛行起来. 分形是指这样的几何对象, 它具有在尺度上能任意放大和缩小的结构. 例如著名的曼德勃罗特集(图 288).

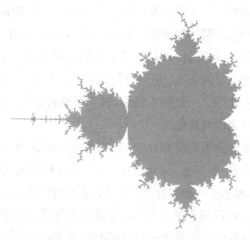

图 288 具有一切放大尺度精细结构的曼德勃罗特集

这个集合是使序列 c, c^2+c, $(c^2+c)^2+c$, …… 不趋于无穷的那些复数 c(一个复数可被表示为平面上的一个点)所构成的. 这里, 序列中的每一项都是前一项的平方再加上 c.

一个集合的豪斯道夫-贝斯可维奇维数, 现在通常称为分维(也称分形维或分数维). 由于它是一个确切的量(这个量可以用实验来测量, 并和理论进行比较), 因而, 已在许多不同的科学分支中得到应用. 令人惊讶的是, 豪斯道夫维数不必一定是整数. 这个奇怪的性质(也是这样的数被看作是维数的理由), 可通过下面对标度维数的简单阐述来说明.某些形状相同的几何体放在一起可以组成一个较大的它们的复制品.例如(见图 289),需要两个相同的线段(一维几何体)组成长度扩大两倍的一个线段.需要四个相同的正方形(二维几何体)组成边长扩大两倍的一个正方形.需要八个相同的立方体(三维几何体)组成棱长扩大两倍的一个立方体.一般地,需要 2^d 个相同的 d 维超立方体(见第 239 页)组成边长扩大两倍的一个大超立方体;需要 $c = a^d$ 个相同的几何体组成一个边长扩大 a 倍的大复制品.

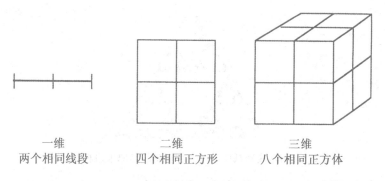

一维　　　　　　二维　　　　　　三维
两个相同线段　　四个相同正方形　　八个相同正方体

图 289　使几何体边长加倍,所需要的复制品的个数与它的维数有关

为了从这方程得到 d,可通过对方程两边取对数求解(见第 458 页,式(6)):

$$\ln c = d \ln a,$$

于是

$$d = \frac{\ln c}{\ln a}. \tag{6}$$

我们可以按另一方式利用此方程,给定 c 和 a 来定义 d.这个结果就称为集合的标度维数.通过例子可得到许多有趣的结论.例如,康托集(见第 255 页)是把两个相同的部分($c = 2$)组成长度扩大 3 倍($a = 3$)的一个复制品(见图 290).

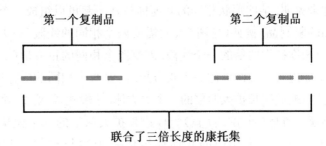

图 290　康托集的两个复制品是原来长度的三倍

图 291　谢尔宾斯基垫片的三个复制品是原来边长的两倍

按照定义(6),康托集的标度维数 d 是

$$d = \frac{\ln 2}{\ln 3} = 0.630923\cdots,$$

这是一个实数,但不是整数. 类似地,谢尔宾斯基(Sierpinski)垫片
(见图 291)是由三个形状相同的垫片组成边长扩大二倍 ($a = 2$) 的
复制品. 所以,它的标度维数是

$$d = \frac{\ln 3}{\ln 2} = 1.584962\cdots.$$

因为这个量与"好的"集合(如线段、正方形、立方体等)的通常的
维数相同. 所以,应把它看成为维数. 对于许多集合,分维与标度维数
是一致的. 但分维对那些不能把相同几何体放在一起而扩成复制品

的集合仍有定义.分形集合的分维通常不是一个整数,虽然它有时可以是.例如,在 1991 年,宍仓光広(Mitsuhiro Shishikura)证明了曼德勃罗特集的边界的分维等于 2.分维的真正意义在于它能度量"集合充满整个空间的程度"或"集合的粗糙程度".例如,康托集的维数严格地在 0 和 1 之间,它充满空间的程度比一点(0 维)大而比线段(1维)小.这样,和庞加莱的方法不同,利用分维重新解决了康托集究竟是 0 维还是 1 维的问题(见第 256 页).

§8 纽 结
(见第 262 页)

由于琼斯多项式的发现,使得纽结理论成为现今大量研究工作的核心.琼斯多项式是用来区分拓扑不等价的纽结的一种著名新方法.纽结理论涉及链环和纽结.下面我们从精确阐述这些概念开始.

链环是三维空间中的一个或多个闭环组成的集合.单个闭环称为此链环的部件.闭环可以被扭曲或打结,并且——顾名思义——可以用任意方式把多个闭环联结在一起;也包括按通常所说的所有的环彼此分离.如果只有一个环,则称此链环为纽结.链环理论的中心问题是,找到能判断两个链环或纽结是否是拓扑等价的有效方法.拓扑等价是指,两个链环中的任一个可以连续变形为另一个(见第249,250 页).特别地,我们想要搞清楚,是否有看起来像打结的环,而事实上却是不打结的,即等价于一个不打结的环(图 292(a));以及是否组成链环的 n 个部件彼此可能不相连结,即等价于彼此分离的 n 个部件(图 292(b)).

解决这些问题的方法是,求拓扑不变量.拓扑不变量是指,链环连续变形时,始终不改变的那些数值(或更复杂的数学对象).由此可知,具有不同不变量的链环一定是拓扑不等价的.然而,有相同拓扑

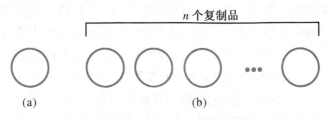

图 292 （a）不打结的环　（b）彼此分离的 n 个部件

不变量的链环可能是等价的，也可能是不等价的. 判定的方法只能是，发现拓扑等价性，或者创建一个更敏感的不变量.

　　在发现琼斯多项式之前，纽结理论中的标准纽结不变量是 1926 年发现的亚利山大（Alexander）多项式. 每一个纽结都确定一个含变量 t 的多项式，而且，这多项式是可以按标准程序进行计算的. 这里我们不去关注具体步骤，仅叙述一下已获得的一些结果. 图 293 列出的是若干简单的纽结和它们的亚利山大多项式.

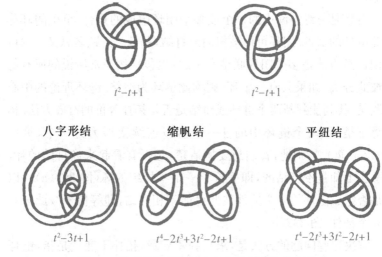

图 293　某些常见的纽结和它们的亚利山大多项式

因为三叶纽结与缩帆结有不同的亚利山大多项式,所以用亚利山大多项式可以很好地区分它们. 但却**不能**区分下列各对纽结:

- 缩帆结和平纽结;
- 左手三叶纽结和右手三叶纽结.

尽管上述每一对纽结直观上"明显"地不等价. 问题是,我们怎样证明这一点呢? 在 1926 年至 1984 年这段时间,数学家为解决这些问题及类似的问题花费了很多精力. 他们取得了成功,但用的却是颇为复杂的方法. 纽结理论没有停滞不前,但它肯定需要新的思想.

1984 年,新西兰人琼斯(Vaughan Jones)致力于研究有关算子代数的迹函数的分析方面的问题. 这项研究与数学物理有联系. 哈特(D. Hatt)和海坡(Pierre de la Harpe)注意到,琼斯的一些方程看起来颇像穗带理论中的方程,穗带理论是和链环紧密相关的一种线的缠结系统. 琼斯深入思考这个巧合背后可能的原因,发现了他的迹函数可以用来为链环定义一个多项式不变量.

起初人们认为,琼斯多项式肯定是亚利山大多项式的某些变形,但很快就发现它们完全是新的. 不涉及算子代数的、较简单的定义已经找到. 5 组数学家独立地同时发现了能更好地区分纽结的一个更一般的方法:含两个变量的公式,此公式通常称为霍姆弗利(HOM-FLY)多项式,这名字是公式发现者们名字的缩写:Hoste—Ocnea-nu—Millett—Freyd—Lickorish—Yetter. 今天已经有了十多个新的纽结多项式. 利用它们已经解决了许多重要问题. 但也暴露了它们自身的一些新疑难. 因为它们并不完全适合建立拓扑的方法. 在某种意义上说,拓扑学家能够计算它们,并能证明有关它们的定理,但他们还不能确定这些新的多项式不变量真正是什么. 它们显然与量子物理有某种较深的联系.

有创建性的琼斯多项式,在区别左手三叶纽结与右手三叶纽结方面,是十分有效的. 而这是亚利山大多项式做不到的. 霍姆弗利多项式效果则更好. 它还能区分缩帆纽结与平纽结. 事实上,若用 $P(L)$

表示链环 L 的霍姆弗利多项式,则有

$$P(\text{左手三叶纽结}) = -2x^2 - x^4 + x^2 y^2,$$

$$P(\text{右手三叶纽结}) = -2x^{-2} - x^{-4} + x^{-2} y^2,$$

$$P(\text{缩帆纽结}) = (-2x^2 - x^4 + x^2 y^2)(-2x^{-2} - x^{-4} + x^{-2} y^2),$$

$$P(\text{平纽结}) = (-2x^2 - x^4 + x^2 y^2)^2.$$

这里 x、y 是定义多项式的两个变量. 显然,这些结论不仅证明了三叶纽结的两种类型是拓扑不等价的,而且,也证明了缩帆纽结与平纽结是拓扑不等价的.

§9   力学中的一个问题

(见第 330 页)

柯朗和罗宾在这里的讨论犯了一个错误. 尽管如果增加一些条件有可能挽救他们的错误. 而问题是,如果我们把拓扑学的方法应用于他们认为正确讨论的这个动力学问题,那么他们证明中的缺陷是很容易检查出来的.

我们重复叙述一下这个问题. 设火车沿直线轨道在两个车站之间运行. 在车厢的底板上用枢轴装置一杆,它在未触到底板时,可在无摩擦力的情况下,或前或后地转动(见第 331 页图 175). 此杆一碰到底板,就假设在随后的运动中它始终停留在底板上. 假定我们已经知道火车是怎样运动的. 并不要求运动是匀速的:火车可以加速,突然停止,甚至可以暂时倒退. 但火车必须是从某一站出发,且最终到达另一站.

柯朗和罗宾的问题是,是否总可以找到一个位置,把杆置于此位置后,使得在火车的整个行程中,此杆始终不会落在底板上. 他们的解答是,杆的最终位置连续依赖于杆的初始位置. 这里初始角有一个从 $0°$ 到 $180°$ 的连续变化范围. 因为最终位置是连续依赖于初始位置

的,由布尔查诺定理(见第323页)知,最终角也是连续变化的.如果开始时,杆是向前倒在底板上,即从0°开始,则杆将始终保持这种状况.如果开始时,让杆向后倒在底板上,即从180°开始,则杆也将始终如此.所以,最终角的范围包括从0°到180°的所有值.特别地,包括90°.因此,我们可以使杆的最终位置成垂直的.由于杆在碰到底板后将总停留在底板上,因此,这时杆就始终不会碰到底板.

困难的是,上述讨论中的连续性假设是未被证实的.问题并不在于牛顿运动律的复杂性,而在于"吸引边界条件":如果杆碰到底板,那么它就始终躺在底板上.为了看到为什么这个边界条件引起了麻烦,我们引进一种拓扑图,表示系统的所有可能运动状态.这个方法称为相图,可回溯到庞加莱的时代.此方法是描述运动的一种空间——时间图形.不仅是描述竿的一种初始位置,而是多种不同位置——原则上应该是所有可能的初始位置.杆的位置是0°到360°之间的一个角度.我们按水平方向作图(见图294).令时间按垂直方向变动.注意,因为0° = 360°,所以这幅图的左右两边是重合的.并可设想,此矩形被卷成一个圆筒.

现在,(确定了杆的位置的)角度按时间和位置的运行轨迹形成了一条曲线,这条曲线围绕着这圆筒转.它被爱因斯坦称之为"世界之线".不同的初始角度导致不同的曲线.由动力学规律知道,当初始角连续变动时,这些曲线也是连续变动的——只要边界条件不起作用.没有这些边界条件,竿可以自由地转动360°——没有底板去阻碍它转满整圈.图294(a)所示的是一种可能的运动情形.在这里,最终位置是连续依赖于初始位置的.

然而,当吸引边界条件被引入后(图294(b)),最终位置就无需连续依赖于初始位置.被右边界刚好碰到的曲线可以向左边任意摆动.事实上,在此特殊的图形内,所有的初始位置都终止于底板上.这就和柯朗与罗宾的结论相反了,即不可能选择一个使杆在整个运动中都不碰到底板的初始位置.

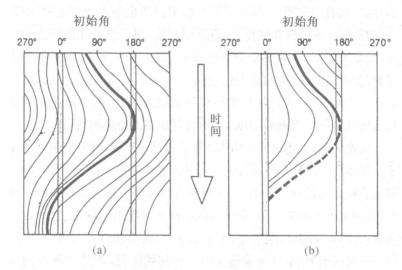

图 294 对不同的初始条件,杆可能的运动状况

（a）没有边界条件 （b）边界条件起作用时

柯朗和罗宾推理中的错误,是 1976 年首先由波斯特(Tim Poston)指出来的. 但一直未被广泛传知. 连续性的假设,在对运动加上额外的条件后可重新恢复. 例如,完全水平的轨道,没有弹簧的火车等等. 不过,作为拓扑学在动力系统中的应用,理解为什么吸引边界条件会破坏连续性,这似乎是更有启示性的. 这个困难在高等拓扑动力学中是重要的. 在此基础上,产生了新的概念:"孤立障碍",这是指没有动力轨线与它的边界相接触的区域.

§10 施泰纳问题

（见第 365 页）

施泰纳问题(见第 365 页)涉及的是一个三角形 ABC,要找出一点 P,使得总距离 $PA + PB + PC$ 达到最小. 当三角形 ABC 的每个内角都小于 $120°$ 时,解 P 是唯一的,它使得线段 PA、PB、PC 之间的夹角都是 120°(见第 366 页图 208). 施泰纳问题可以推广为街道网络问题,即对给定的一组点(城市),要找出连接它们的最短网络线(街道). 这里有一个非常吸引人的猜想,这个猜想直到最近才被证明.

假定我们希望找出一个网络连接一组城市. 一个办法是用所谓生成网络,其作法是,用线段把城市连起来. 另一个办法是用施泰纳网络,该作法允许加上一些其他的城市,使得连接的线段在加上的城市处的夹角是 120°. 对一组给定的城市,其最短生成网络的长度叫做生成网络长;其最短施泰纳网络的长度叫做施泰纳网络长. 柯朗和罗宾(见第 370 页)以"道路网问题"为标题,讨论了求施泰纳网络长的问题. 显然,施泰纳网络长是小于或等于生成网络长的. 问题是,能相差多少呢?

假定有三个城市,分别位于边长为一个单位的正三角形的顶点上. 在图 295 中给出了最短施泰纳网络和最短生成网络. 在图中心新加的点称为施泰纳点. 一般地说,如果一个点和这组城市的三个点相连,且三条连线的夹角都是 120°,就称这点为施泰纳点. 图 295 中,生成网络长是 2,而施泰纳网络长是 $\sqrt{3}$. 此时,二者之间的比值是 $\dfrac{\sqrt{3}}{2} = 0.866$. 用最短施泰纳网络比用最短生成网络,路长大约节省了 13.34%.

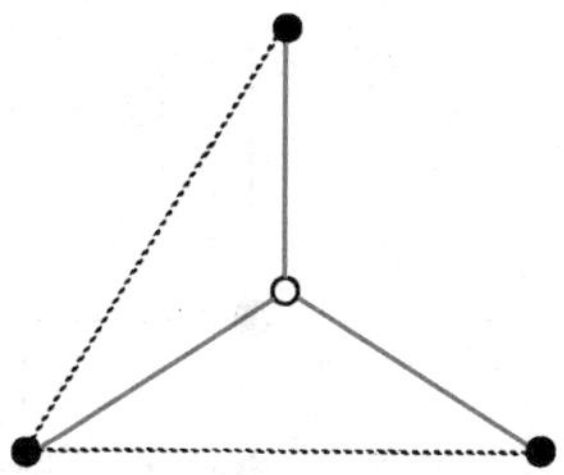

图 295 形成正三角形的三个城市的最短施泰纳网络(实线)和最短生成网络(虚线)

1968 年,吉尔伯特(Edgar Gilbert)和珀拉(Henry Pollak)猜测,不论城市的初始位置如何,施泰纳网络长比生成网络长节省的量不会超过 13.34%. 这相当于说,对任何的一组城市,有

$$\frac{\text{施泰纳网络长}}{\text{生成网络长}} \geqslant \frac{\sqrt{3}}{2}, \tag{7}$$

这个命题被称为施泰纳比值猜想. 经过相当多的努力, 终于在 1991 年, 由堵丁柱和黄光明(Frank Hwang)证明了这一猜想. 我们在叙述他们的方法之前, 先介绍一下必要的背景.

　　求生成网络长是一个简单的计算问题. 即使城市相当的多, 也是如此. 可以用一种贪婪算法来解决: 从你能找到的最短连线开始, 然后, 每次加上剩下的线中最短的, 在加时不能使网络中出现环路, 直到每个城市都被连上. 求施泰纳网络长就绝不是那么容易的. 你不能只是取以城市为顶点的所有三角形, 求出它们的施泰纳点, 然后找出连接这些城市和这些特殊的施泰纳点的最短网络. 例如, 假定有六个城市, 位于两个相邻的正方形的顶点上, 如图 296. 图 296(a)给出了一个施泰纳网络. 它是这样得到的: 首先解决城市在一个正方形的四个顶点的问题, 然后, 通过剩下两个点的施泰纳点, 把这两个点与已经连起来的网络连接. 但是, 图 296(b)给出的施泰纳网络是最短

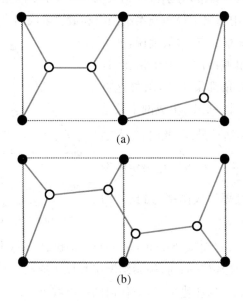

(a)

(b)

图 296

（a）正方形的施泰纳网络和等腰三角形的施泰纳网络的组合
　　（b）同一组城市的更短的施泰纳网络

的. 图中正方形的边只是说明城市所在的位置, 不是网络线.

你不可能一段段地建立最短的施泰纳网络. 对一组城市来说, 它的施泰纳点应该是, 和它相连的线夹角为 $120°$. 举一个简单的例子, 坐落在一个正方形的四个顶点的城市, 它的施泰纳点, 和其中任意三个顶点组成的子集的施泰纳点是不一样的 (图 297). 平面上有无穷多个点, 即使它们大多数都不会是施泰纳点, 是否存在求施泰纳点的算法, 也是不容易看出来的. 但是, 这种算法确实存在. 它是被梅扎克 (Z. A. Melzak) 第一个发现的. 不过, 在实际应用中, 即使对中等数量的城市, 这个方法也是很笨拙的. 目前它已得到改善, 但没有根本性的变化.

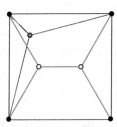

图 297 正方形的四个顶点的城市 (黑点) 的施泰纳点 (白点) 和三个城市组成的子集的施泰纳点 (灰点) 是不同的

现在, 人们已经有很好的理由来说明, 为什么这些算法效率不高. 随着计算机应用的发展, 产生了一个新的数学分支: 算法复杂性理论. 它研究的不是算法——解决问题的方法——而是这些算法的效率如何. 给定一个涉及 n 个对象 (在这里是指 n 个城市) 的问题, 当 n 增加时, 解决这个问题的时间增长得会多快? 如果运算的时间 (即步骤) 不超过 n 的某一确定的幂的一个常数倍, 例如, $5n^2$ 或 $1066n^4$, 那么, 这个算法就叫做以多项式时间运行的, 并且, 这种问题被认为是 "容易" 的. 通常认为这个算法, 在实际上, 是可行的 (但如果常数特别巨大, 它就不成了). 如果运算的时间不是多项式的——即, 快于任何 n 的幂的常数倍, 例如, 是指数的, 像 2^n 或 10^n, 那么, 这问题的运算时间是非多项式的, 这时, 这问题被认为是 "难" 的. 通常认为这个算法, 在实际上, 是不可行的. 在多项式时间和指数时间之间, 还有相当多的 "相对容易" 或 "比较难" 的问题, 这些问题实际上更多的是靠经验.

例如, 把两个 n 位数相加, 加上进位, 至多做 $2n$ 个单个数码的加法. 因此, 运行时间不超过 n 的一次幂的一个常数倍 (即 2 倍). 两个这样的数的乘法,涉及大约 n^2 个单个数码的乘法和不超过 $2n^2$ 个加法,或者说,$3n^2$ 个单个数码的运算. 不论小学生怎么喊难,这些问题都是"容易"的. 反之,考虑旅行商问题:给推销员找一条通过一组给定城市的最短路. 如果有 n 个城市,那么,我们需要考虑的线路的数量是 $n! = n(n-1)(n-2)\cdots 3 \cdot 2 \cdot 1$,它比 n 的任何次幂都增长得快. 因此,靠一一枚举是毫无希望、没有效率的.

相当奇怪的是,算法复杂性理论中,其中心的问题是,证明确有复杂的算法. 即,要证明某个"有兴趣"的问题真正是"难"的. 这里的困难在于,证明一个问题是"容易"的并不难;而证明一个问题是"难"的却很难! 为了说明一个问题是"容易"的,只需找到一个用多项式时间能解决它的算法. 而不用管这算法是不是最好的,最巧妙的. 但是,为了证明一个问题是"难"的,只给出某个非多项式时间的算法是不够的. 可能你选的算法是不对的,也许存在一个更好的多项式时间的算法. 为了排除这种可能性,你必须找到某种数学的方式,用它来考虑这问题的所有可能算法,说明它们没有一个是多项式时间的. 但这是十分困难的.

现在,有一系列的"难"问题——如,旅行商问题、装箱问题(给定一个大小固定的盒子和许多物体,放多少物体能填满这个盒子)、背包问题(如何能以最好的方式,把一堆给定大小的物体放入一组给定大小的盒子中). 至今没人能证明这些问题中的任何一个是"难"的. 但是,在 1971 年,多伦多大学的库克(Stephen Cook)证明了,如果这些问题中有任何一个是"难"的,那么,其他的问题也是"难"的. 大致的意思是,你可以把这些问题中的任何一个挑出来,作为这些问题的一个"代表",它是"难"的,大家就都"难",共存亡. 这些问题称为是 NP—完全的. NP 的意思是"非多项式的". 人人都相信 NP—完全的问题是"难"的,但这一直未能被证明.

NP—完全性和施泰纳问题有关,因为格拉汉姆(Ronald Graham)、咖雷(Michael Garey)和约翰逊(David Johnson)证明了,计算施泰纳网络长的问题是 NP—完全的问题. 即,对于任意给定的一组城市,求出精确的施泰纳网络长的任何有效算法,将自动地,对那些被普遍相信是不具备这种算法的计算问题,提供有效算法.

因此,施泰纳比值猜想(7)变得十分重要.因为它表明了,你可以用一个"容易"的问题代替一个"难"的问题而损失不太大.吉尔伯特和珀拉,在他们做这猜想时,手头有着许多证据.特别是,他们能证明这猜想的一个较弱的结果:施泰纳网络长与生成网络长之比至少是0.5.到了 1990 年,通过许多人的大量计算,证明了这个猜想对 4 个、5 个和 6 个城市的情形是对的.对一般的、任意多个城市,人们把这个比值的下限从 0.50 提高到 0.57、0.74 和 0.8.在 1990 年前后,格拉汉姆和芳蓉(Fang Chung)把它提高到 0.824.其计算量之大,被他们称为"这是真正可怕的——十分清楚的是,用这种方法再做下去是不对头的".

为了能进一步向前推进,这些庞大的计算必须被简化.堵丁柱和黄光明发现了一个更好的方法,完全可以避开这些可怕的计算.基本的问题是,在解决这个问题时,如何让等边三角形参加进来.在图 295 的正三角形的例子(它给出了上述比值的下界)和一般的一组城市(希望它有同样的下界)之间,有一个大的空隙.如何能够穿过这个"无人"区?这里存在着一类"中间站".想象在平面上铺满了大小相同的正三角形,形成了三角形网格(图 298).城市只位于这些三角形的顶点.由此可以看出,只有

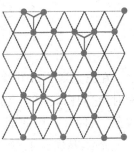

图 298

这些三角形的中心是我们要考虑的施泰纳点.简而言之,你可以找到许多,不是靠计算而是靠理论上的分析的办法来处理这个问题.

当然,并不是每一组城市都能很方便地放到三角形的顶点上.堵丁柱和黄光明的洞察力在这里是起了决定作用的.证明仍然是用反证法,找出矛盾.假定这个猜想是不对的,这时,一定存在一个反例,即有一组城市,对它来说,其比值小于 $\dfrac{\sqrt{3}}{2}$.堵丁柱和黄光明证明了,

如果这猜想有反例存在,那么一定有一个反例,它的所有城市都在三角形网格的顶点上. 这使得问题变成了规范的问题,从而,相对来说,简单地证明了这个定理.

为了对城市在三角形网格顶点的情形,证明上述结果,他们把这猜想重新表述,叙述成一个对策论的问题. 在这里,参加游戏的人相互竞争,设法减少对手的赢得. 对策论是 1947 年冯·诺依曼(John Von Neumann)和摩根斯特恩(Oskar Morgenstern)在他们发表的经典著作《竞赛论与经济行为》中建立的. 在堵丁柱和黄光明关于施泰纳比值猜想的表述中,一个游戏者选择施泰纳网络的一般"形状",而其他人选择的是,他们能找到的、这网络的最短长度. 堵丁柱和黄光明观察到这游戏中的收益函数有"凸"的特性,从而,否定了网格上反例的存在.

§11   肥皂膜和最小曲面
(见第 395 页)

在第七章 §11 中多次提到一个观察到的现象:当三片皂膜相交时,它们构成 120° 夹角. 这是与施泰纳问题(见第 366 页)相关的现象. 当四片皂膜曲面交于一点时,有类似的现象. 如第 396 页图 240 所示,从实验上看,每个曲面在该点处形成的角接近 109°. 这

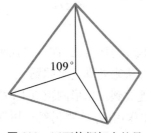

图 299   四面体框架中的最小曲面:四个面相交在中心,形成 109°的角

也是四个平面交于四面体的中心时形成的角度,如图 299 所示. 附带地,这意味着,图 240 中的小的中心"正方形"不是真正的正方形. 并且,转而可解释为什么立方体框架上形成的 13 张曲面是轻微弯曲的.

这些有关角度的一般结果是普拉图首先记录下来的. 他叙述了在框架上皂

膜形状的三个原理：

（1）它们由有限个平坦的或光滑弯曲的曲面,光滑地相交组成.

（2）这些曲面仅以两种方式相交：三张曲面相交于一光滑曲线或四张曲面交于一点.

（3）三张曲面相交时,它们彼此间的夹角是 120°；四张曲面相交时,形成的棱之间的角度约是 109°.

在 1976 年,阿尔姆格雷(Frederick Almgren)和泰勒(Jean Taylor)证明了这三个性质都是由单独一个数学原理得来的. 这个原理是第 7 章 §11 的基础. 它表述为：皂膜所取的形状是使总面积达到最小的形状. 也许使人惊讶的是,证明中困难的步骤是,普拉图的第一个原理和大多数的定性的讨论——即证明形状是由有限个曲面组成的. 另外两个原理从几何上证明是相对容易的. 我们首先说明后者的论证,然后再讨论普拉图第一原理的证明.

由第一原理推导出第二和第三原理的第一步是,利用曲面的光滑性,把问题简化为一个有关平面的问题. 如果把三张曲面的交线或四张曲面的交点附近的一个很小的区域放大,那么曲面几乎是平的. 并且,放得越大,越显得平坦. 通过思考这种近似含有的误差,只要简单地假定曲面是平面,就足以证明普拉图第二和第三原理了. 第二步,把这个问题化为球面上直线的问题. 考虑平面区域如何与球心在交线上或交点上的球面相截,那么,这组平面可由一组大圆上的弧线代替(见图 300). 与最小化面积的要求相似,这些弧线的总长度应最小. 用与施泰纳定理的球

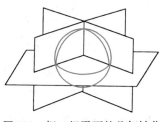

图 300 把一组平面的几何转化为一组弧线的几何

面表述相似的一个方法(见第 367 页),证明三条相交的弧线的交角为 120°. 第三步是,证明满足这些条件的大圆弧只有十种构形(图 301). 第四步,依次对每一种构形,寻找能使球体内总面积减少的、相

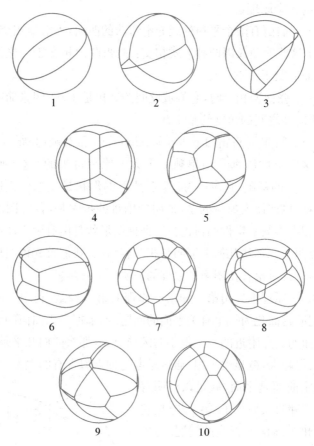

图 301 弧线交 120° 的十种构形

选自 *Scientific American*（科学的美国人） 235，No. 1 （July 1976），pp. 90～91.

应平面的微小变形——这可能会产生新的面. 如果这样缩减面积是可能的, 相应圆弧的构形应该被取消, 因为它不满足最小面积的曲面这一要求.（在实际中, 为了导出有关的微小变形的一般形式, 可以制作对应的线框架, 通过观察皂膜形成的样式对某些情形进行研究. 面积缩减的各种可能性, 是可以通过适当的估计而严格建立的.）通过这些步骤后, 有三个构形被保留下来了. 它们是, 一个单独的大圆, 交角为 120° 的三张曲面以及交角为 109° 的四张曲面. 普拉图第二和第三原理就立刻得到.

　　上述的一切讨论都取决于, 要证明面积最小的形状是由有限个曲面组成的. 为了说明这一点, 需要仔细考虑各种可能的、更复杂的形状. 这就需要把面积的概念推广到更复杂的曲面. 这个问题分为两个步骤. 首先, 证明存在某个复杂的曲面, 它使一般概念的面积达到最小. 其次, 利用最小化的性质证明: 这复杂的曲面实际上是相当简单的, 它是由有限个光滑曲面组成的.

　　完成这两个步骤的技巧具有独创性和抽象性. 属于"几何测度论"的领域——分形维的定义属于这同一领域. 粗略地说, 任何一个特定的曲面 S, 都可用其"测度"来代替. 这测度是一个函数, 即对给定空间中的任意区域 X, 都可由曲面 S 位于 X 内部的那部分面积与其对应. 对更复杂的曲面, 可以用具有这些曲面测度类似性质的函数来表示. 用测度来代替曲面形状的好处是, 测度具有很多非常好的性质——例如, 它们可以相加, 或可把它定义为其他测度序列的极限. 而对几何形状, 很难直接定义这样的运算.

　　在几何测度论中, 最小测度的存在性可直接得到. 这个论证的更困难之处是, 如何表明每一个最小测度对应一组有限个光滑曲面. 具有讽刺意味的是, 这些曲面如何连接起来的知识 (如果它们确实是曲面的话)——普拉图第二、第三原理——帮助了阿尔姆格雷和泰勒解决了, 怎样证明它们实际上是曲面的问题. 预先知道"应该是什么"的答案, 通常会使寻找证明方法变得容易些.

§12　非标准分析
(见第 445 页)

　　柯朗和罗宾在第 447 页指出: "作为无穷小量的'微分', 现在是肯定而且不光彩地被抛弃了." 这确切地反映了在《什么是数学》这本书写作的时代人们的观点. 尽管有柯朗和罗宾这样的结论,在人们心目中仍然有某种直观的东西,并会借助旧式的"无穷小量"进行讨论. 这些词仍在我们的语言或思想中出现. 例如时间的"瞬间","瞬时"速度,曲线被看作是无穷多个小的直线,曲线围成的面积看成是无穷多个面积为无穷小的矩形之和. 这种直观现在又被认为是对的了. 因为最近发现无穷小量的概念不再是不光彩的,并且完全不需要被抛弃. 现在可以对分析建立一个严格的体系,其中维尔斯特拉斯的 $\varepsilon-\delta$ 定义(见第 313 页)被有关无穷小量的论述所代替. 这些无穷小量看上去和莱布尼茨、牛顿、柯西的直观思想惊人地类似.

使得无穷小量重新受到尊重的学科称为非标准分析. 它不同于 $\varepsilon-\delta$ 的方法,但完全是有生命力的、可行的. 然而,由于某些原因——其中之一是科学上的保守性——使得大多数的数学家仍宁愿采用维尔斯特拉斯的观点. 最大的心理问题是,建立这样一个体系要涉及现代数理逻辑的深奥思想. 大约从 1920 年到 1950 年,数理逻辑有一个飞速的发展. 产生的一个分枝叫做模型论,它讨论的问题是,构造和刻画公理体系的模型——服从这些公理的数学结构. 例如,坐标平面是欧氏几何的一个模型,庞加莱盘(见第 233 页)是双曲几何的一个模型,等等.

对实数来说,有一个标准的公理体系. 长期以来,人们认为这是唯一的模型——标准实数系 **R**. 之所以如此,其中一个原因是,构造实数的不同方法(见第 82 页、第 85 页)得到的数系是完全一致的. 而且,它不包含无穷小量和无穷大量. 那么,是否可以应用模型论来构造一个"非标准"的实数系,使得它包含这些奇怪的对象呢? 数理逻辑学家把公理体系分为"第一阶的"和"第二阶的". 在第一阶的理论中,公理表达的是这体系中所有对象都要满足的性质,但不要求这些对象组成的集合也都满足. 而在第二阶的理论中,不存在这样的限制. 在普通的算术中,像"对一切的 x、y,有

$$x+y=y+x"$$

(8)

这样的命题是第一阶的. 而且,代数的通常运算法则都是第一阶的. 但如下的"阿基米德公理,

$$\text{如果对所有的自然数 } n \text{ 有 } x < \frac{1}{n}, \text{ 则 } x = 0 \text{"} \qquad (9)$$

是第二阶的. 对实数系来说,大多数的公理都是第一阶的,但也有些是第二阶的. 事实上,第二阶的公理(9)是有决定意义的,它使得 **R** 中不可能存在无穷小量和无穷大量. 于是,由此可知,如果公理体系减弱到仅仅包含 **R** 中的第一阶的特性,就会存在使(9)不成立的其他模型. 设 **R*** 是这样的一个模型,称它为超实数系. 非标准分析的这个想法是罗宾逊(Abraham Robinson)在 1960 年前后确立的. 我们已经看到有非欧几何和非康托集合论,现在我们又发现存在着非阿基米德数系.

集合 **R*** 包含了一些重要的子集合,有标准的自然数集 **N** = {0, 1, 2, …},也有一个比它大的非标准自然数集 **N***;有标准整数集 **Z** 和相应的延拓,非标准整数集 **Z***;有标准有理数集 **Q** 和相应的延拓,非有理数集 **Q***;有标准的实数集 **R** 和非标准实数集(超实数集 **R***).

R 中每一个第一阶的性质都可以唯一地、自然地延拓到 **R***. 但是,(9)表示的第二阶的性质在 **R*** 中不成立. 超实数包含有真正的无穷小量和无穷大量. 例如,$x \in$ **R*** 是无穷小量是指 x 满足:$x \neq 0$,但所有的 $n \in$ **N**,有 $x < \frac{1}{n}$. 以前关于"无穷小量不存在"的讨论实际上是证明了,在实数集中不存在无穷小量,也就是说,无穷小量属于 **R***,但不属于 **R**. 这完全是合理的,因为 **R** 是 **R*** 的子集. 随之而来,在 **R*** 中(9)应"修改"为

$$\text{如果对所有的 } n \in \textbf{N}^*, \text{ 有 } x < \frac{1}{n}, \text{ 则 } x = 0. \qquad (10)$$

这确实是成立的. 因此,把(9)中自然数改为非标准自然数会有很大的不同.

以前人们延拓数集时,是为了使所希望的性质能够在更大的范围内成立(见第 64～76 页). 现在,把实数延拓到超实数是又一个例子. 例如,把有理数延拓到实数,是为了允许 2 可以开平方;把实数延拓到复数,是为了允许 -1 可以开平方. 所以,为什么不能把实数延拓到超实数从而允许无穷小量存在呢?

我们可以在 $\mathbf{R}^*$ 中来证明 $\mathbf{R}$ 中的定理,因为只要涉及的是第一阶的性质,数系 $\mathbf{R}$ 和 $\mathbf{R}^*$ 是没有区别的. 但 $\mathbf{R}^*$ 有许多新的特性,例如,存在无穷小量和无穷大量. 这些新的性质能用一种新的方式表示. 这些新的特性是第二阶的性质. 这说明了为什么新的数集具有这些性质而原来的数集却没有它们. 类似的说明可以适用于数系和子数系:$\mathbf{N}$ 和 $\mathbf{N}^*$,$\mathbf{Z}$ 和 $\mathbf{Z}^*$,$\mathbf{Q}$ 和 $\mathbf{Q}^*$.

为了对于非标准分析能有些体会,这里给出几个定义. 一个超实数,如果它小于某个标准实数,就称它是有限的超实数;如果它小于任何标准的正实数,就称它是无穷小量. 不是有限的超实数,就称它是无穷大量. 任何不在 $\mathbf{R}$ 中的数都叫非标准的. 如果 x 是无穷小量,则 $\frac{1}{x}$ 是无穷大量,反之亦然.

如果仅仅是发明了一个数系,那就没什么重要意义. 但是,$\mathbf{R}$ 和 $\mathbf{R}^*$ 虽然不同,却有着紧密联系. 事实上,每一个有限超实数 x 都有唯一的一个标准部分 std(x),它无限接近 x,即 $x-$std(x) 是无穷小量. 换句话说,每一个有限超实数都可以唯一地表示为"它的标准部分加一个无穷小量". 这就好像每一个标准部分被无限多个接近它的超实数所包围,通常把它们称为它的光晕. 每一个这样的光晕围绕着一个实数,不知什么原因,这个实数被称为它的影子,虽然,像"核"、"中心"这样的词会让人更好地想象. 利用数的标准部分,我们可以把 $\mathbf{R}^*$ 的性质转移到 $\mathbf{R}$,反过来也可以这样做.

为了看到非标准分析中的证明与标准分析中的证明的不同,看看莱布尼茨是如何计算函数 $y=f(x)=x^2$ 的导数的. 他取了一个很小的数 Δx,给出比值 $\frac{f(x+\Delta x)-f(x)}{\Delta x}$.(牛顿的做法基本相

同,只是他用符号 o 代替 Δx.)莱布尼茨的做法如下:计算

$$\frac{f(x+\Delta x)-f(x)}{\Delta x}$$

$$=\frac{(x+\Delta x)^2-x^2}{\Delta x}$$

$$=\frac{x^2+2x\Delta x+(\Delta x)^2-x^2}{\Delta x}$$

$$=\frac{2x\Delta x+(\Delta x)^2}{\Delta x}$$

$$=2x+\Delta x,$$

莱布尼茨宣称,Δx 是无穷小量,因此可以忽略不计,得到 $2x$. 但是,为了使 $\dfrac{f(x+\Delta x)-f(x)}{\Delta x}$ 有意义,Δx 必须不等于零,但是,这样 $2x+\Delta x$ 就不会等于 $2x$. 这一困难使得柏克莱(Berkeley)大主教写出了著名的批评文章《分析学者,或致一个不信教的数学家》,在这篇文章中,他指出了微积分基础中的某些逻辑上的问题.

维尔斯特拉斯为了回击柏克莱的反对,加上了最后一步:让 Δx 趋于零,取极限.(牛顿和莱布尼茨表示过类似的思想,但不像维尔斯特拉斯用 $\varepsilon-\delta$ 语言表示的那么清楚.)由于 Δx 的非零值可以趋于零,我们可以假定,在计算的过程中 Δx 的值都不等于零,因此,用 Δx 去除是有意义的. 然后,让 $\Delta x\to 0$,取极限,去掉 Δx 这别扭的项,得到所要的 $2x$.

在非标准分析中解决的方法就比较简单了. 取 x 为一个有限数且是标准的(即让 $x\in\mathbf{R}$),假定 Δx 是真正的无穷小量,我们用 $2x+\Delta x$ 的标准部分 $\mathrm{std}(2x+\Delta x)$(它等于 $2x$)来代替它. 换句话说,我们把 $f(x)$ 的导数定义为

$$\mathrm{std}\left\{\frac{f(x+\Delta x)-f(x)}{\Delta x}\right\},$$

这里 x 是标准实数而 Δx 是任意的无穷小量. 选取标准部分的思想

恰恰是导数的定义,即用 x 的实数值的函数来代替 x 和 Δx 的超实数值的函数. 这时,去掉 Δx 的项的做法是完全严格的,因为 $\operatorname{std}(x)$ 是唯一确定的实数. 不用在各种借口的掩盖下,把额外的 Δx 去掉,而是很清楚地把它删除.

非标准分析的教程好像是在展示(柯朗和罗宾花了很多篇幅想让我们避免的)错误. 例如:

1. 如果对所有的无穷大量 ω,序列 $s_\omega - L$ 是无穷小量,那么序列 s_ω 就收敛到 L(与第 298 页的内容比较).

2. 如果对所有的无穷小量 ε, $f(x+\varepsilon)$ 无限靠近 $f(x)$,即 $f(x+\varepsilon) - f(x)$ 是无穷小量,那么函数 f 在 x 处连续(与第 320 页的内容比较).

3. 对所有的无穷小量 Δx, $\dfrac{f(x+\Delta x) - f(x)}{\Delta x}$ 无限靠近 d 等价于函数 f 在 x 处有导数 d(与第 425 页的内容比较).

4. 由曲线围成的区域的面积是无穷多个无穷小矩形的和(与第 411 页内容比较).

然而,在非标准分析的体系中,这些命题都可以赋予严格的意义.

事实上,关于 **R** 中的内容,非标准分析不可能得到任何与标准分析不同的结论. 为此,很容易使人认为,用非标准方法是没用的,因为"它产生不了任何新的东西". 但不应过早下结论. 问题不是"得到的结果是否相同?",而应该是"得到这些结果的方法,是不是更简单、更自然?"牛顿在他的《自然科学的哲学原理》一书中曾说过,任何用微积分能证明的结论,用经典几何也能证明. 但这并不意味着微积分没有价值. 对于非标准分析也应该这样看.

经验显示,用非标准分析给出的证明,通常是更简短的,比经典的 ε-δ 证明更直接. 因为它避免了对经典证明中出现的各种量的复杂的估计. 广泛采用非标准分析的一个主要障碍是,对它的理解,要求有很强的数理逻辑背景——这与传统分析是十分不同的.

附 录

补充说明 问题和习题

下面的大多数问题是给程度比较好一点的读者准备的. 这些题目是为了培养独立思考的能力,而不是为了训练平常的技巧.

算 术 和 代 数

(1) 我们怎么知道(如第 74 页上所说的那样)10 的任意次幂都不能被 3 整除? (见第 58 页)

(2) 证明最小正整数原理是数学归纳法定理的一个推论. (见第 26 页)

(3) 把二项式定理用到 $(1+1)^n$ 的展开式,证明

$$C_0^n + C_1^n + C_2^n + \cdots + C_n^n = 2^n.$$

*(4) 任取一个整数 $z = abc\cdots$,把它的数码加起来 $a + b + c + \cdots$,从 z 中减去这个数,在所得的结果中任意去掉一个数码,再把剩下的数码加起来用 w 表示. 如果我们只知道 w,能不能找出一个规则来求出划掉的数码是几? ($w = 0$ 时,无法确定.)像同余的许多其他简单事实那样,它可以用来编一个很好的谜语.

(5) 一阶等差数列是这样一系列数 a, $a + d$, $a + 2d$, $a + 3d$, $\cdots$,其中相邻两项的差是一个常数. 二阶等差数列是这样一系列数 a_1, a_2, a_3, $\cdots$,其中差 $a_{i+1} - a_i$ 形成一阶等差数列. 类似地,k 阶等差数列是这样一系列数:这些差形成一个 $k-1$ 阶等差数列. 证明:整数的平方是一个二阶等差数列,并用归纳法证明整数的 k 次

幂是 k 阶等差数列. 任意一个序列, 如果它的第 n 项 a_n 可以表示为

$$c_0 + c_1 n + c_2 n^2 + \cdots + c_k n^k$$

的形式, 这里这些 c 是常数, 证明它是 k 阶等差数列.* 对于 $k = 2$, $k = 3$ 和一般的 k, 证明这个命题的逆命题.

(6) 证明 k 阶等差数列的前 n 项的和是一个 $k+1$ 阶等差数列.

(7) 10296 有多少个因子? (见第 33 页)

(8) 利用代数公式

$$(a^2 + b^2)(c^2 + d^2) = (ac - bd)^2 + (ad + bc)^2,$$

通过归纳法证明: 任意整数 $r = a_1 a_2 \cdots a_n$, 如果所有这些 a 是两个整数的平方和, 则 r 本身也是两个整数的平方和. 用 $2 = 1^2 + 1^2$, $5 = 1^2 + 2^2$, $8 = 2^2 + 2^2$ 等等, 对 $r = 160$, $r = 1600$, $r = 1300$, $r = 625$ 来验证这一点. 如果可能的话, 对这些数给出几种不同的 (两个整数平方和的) 表示.

(9) 用习题 (8), 由给定的一些毕达哥拉斯三元数, 造出一个新的毕达哥拉斯三元数.

(10) 对以 7, 11, 12 为基底的数字系统, 建立类似于第 44 页的那些可除性规则.

(11) 已知两个正有理数

$$r = \frac{a}{b}, \, s = \frac{c}{d},$$

证明不等式 $r > s$ 和 $ac - bd > 0$ 等价.

(12) 已知两个正数 r、s, 满足 $r < s$, 则有

$$r < \frac{r+s}{2} < s,$$

及

$$\frac{2}{\left[\left(\frac{1}{r}\right) + \left(\frac{1}{s}\right)\right]^2} < 2rs < (r+s)^2.$$

(13) 如果 z 是任一复数,用归纳法证明: $z^n + \dfrac{1}{z^n}$ 可以表为量 $w = z + \dfrac{1}{z}$ 的一个 n 次多项式.(见第 114 页)

*(14) 简记 $E(\varphi) = \cos\varphi + i\sin\varphi$,我们有

$$\big[E(\varphi)\big]^m = E(m\varphi).$$

利用这一点和第 20 页上的等比级数公式(它对复数也成立)证明:

$$\sin\varphi + \sin 2\varphi + \sin 3\varphi + \cdots + \sin n\varphi$$

$$= \frac{\cos\dfrac{\varphi}{2} - \cos\left(n+\dfrac{1}{2}\right)\varphi}{2\sin\dfrac{\varphi}{2}},$$

$$\frac{1}{2} + \cos\varphi + \cos 2\varphi + \cos 3\varphi + \cdots + \cos n\varphi$$

$$= \frac{\sin\left(n+\dfrac{1}{2}\right)\varphi}{2\sin\dfrac{\varphi}{2}}.$$

(15) 在第 25 页习题 3 的公式中,如果我们代入

$$q = E(\varphi),$$

将得到什么结果?

解 析 几 何

仔细研究下面的练习(它提供了一些图和数值的例子)将有助于掌握解析几何的要点.假设读者已经熟悉了三角学中的定义和简单的事实.

把直线或线段看作带有从它的一点到另一点的方向,这常常是有用的.有向直线 PQ(或有向线段 PQ)意味着这直线(或线段)带有

从 P 到 Q 的方向. 一条有向直线如果没有明确的表示, 将认为它取了任意一个确定的方向. 但对有向 x 轴, 其方向将取作从 0 出发到带有正 x 坐标的点的方向; 对有向 y 轴也类似. 必须而且只须有向直线(或有向线段)有相同的方向则称它们是平行的. 在有向直线上的一条有向线段, 其方向可以用这线段两个端点的距离加上正负号来表示, 其正、负号按照这线段和这直线的方向是相同还是相反而定. 我们希望把"线段 PQ"这词推广到 P 和 Q 重合时的情形, 对这样一个"线段", 我们必须明确规定它的长度为零, 且没有方向.

(16) 证明: 如果 $P_1(x_1, y_1)$ 和 $P_2(x_2, y_2)$ 是任意两点, 则线段 P_1P_2 的中点 $P_0(x_0, y_0)$ 的坐标为

$$x_0 = \frac{(x_1 + x_2)}{2}, \quad y_0 = \frac{(y_1 + y_2)}{2}.$$

更一般地, 如果 P_1 和 P_2 是不同的点, P_0 在有向直线 P_1P_2 上使有向长度的比值 $P_1P_0 : P_1P_2$ 等于 k, 则 P_0 的坐标是

$$x_0 = (1-k)x_1 + kx_2, \quad y_0 = (1-k)y_1 + ky_2.$$

(提示: 在这带比例的线段上作两条平行横线.)

这时在直线 P_1P_2 上的点, 其坐标的形式是

$$x = \lambda_1 x_1 + \lambda_2 x_2, \quad y = \lambda_1 y_1 + \lambda_2 y_2,$$

这里 $\lambda_1 + \lambda_2 = 1$. $\lambda_1 = 1$ 和 $\lambda_1 = 0$ 分别表示点 P_1 和点 P_2. λ_1 取负值表示点在 P_2 外, λ_2 取负值表示点在 P_1 外.

(17) 以类似的方式用 k 的值来说明直线上点的位置.

用正负数来表示旋转的方向, 这和表示距离一样重要. 有向 x 轴旋转 $90°$ 后和有向 y 轴重合. 我们把这个旋转方向定义为正的. 在通常的坐标系中, 正 x 轴指向右方, 正 y 轴指向上方, 这是反时针意义的旋转. 现在我们定义一有向直线 l_1 到另一有向直线 l_2 的角为: l_1 变成平行于 l_2 时, 转过的角度. 自然, 这角度可以差 $360°$(一周) 的整数倍. 例如, 有向 x 轴到有向 y 轴的角是 $90°$ 或 $-270°$, 等等.

(18) 如果 α 是有向 x 轴到有向直线 l 的角，P_1，P_2 是 l 上任两点，d 表示从 P_1 到 P_2 的有向距离，证明

$$\cos\alpha = \frac{x_2 - x_1}{d}, \quad \sin\alpha = \frac{y_2 - y_1}{d},$$

$$(x_2 - x_1)\sin\alpha = (y_2 - y_1)\cos\alpha.$$

如果直线 l 不和 x 轴垂直，l 的斜率定义为

$$m = \tan\alpha = \frac{y_2 - y_1}{x_2 - x_1}.$$

m 值与直线的方向无关，因为 $\tan\alpha = \tan(\alpha + 180°)$ 或等价地说

$$\frac{(y_1 - y_2)}{(x_1 - x_2)} = \frac{(y_2 - y_1)}{(x_2 - x_1)}.$$

(19) 证明：一条直线的斜率到底是零、正的或负的，这按照过原点平行于它的直线相应地是在 x 轴上，在一、三象限或二、四象限而定。

我们按照如下的办法来区分一条有向直线 l 的正侧和负侧。设 P 是不在 l 上的任一点而 Q 是 P 到 l 上的垂足。P 在 l 的正侧还是负侧按 l 到有向直线 QP 的角是 $90°$ 还是 $-90°$ 而定。

我们现在确定一条有向直线 l 的方程。我们过原点 O 作 l 的垂线 m，取 m 的方向使 m 到 l 的角为 $90°$。记有向 x 轴到 m 的角为 β。则 $\alpha = 90° + \beta$，$\sin\alpha = \cos\beta$，$\cos\alpha = -\sin\beta$。设 R 是 m 和 l 的交点，坐标为 x_1，y_1。我们用 d 表示有向直线 m 上的有向距离 OR。

(20) 证明 d 是正的必须而且只须 O 在 l 的负侧。

我们有 $x_1 = d\cos\beta$，$y_1 = d\sin\beta$。（和习题(18)比较。）因此 $(x - x_1)\sin\alpha = (y - y_1)\cos\alpha$，或

$$(x - d\cos\beta)\cos\beta = -(y - d\sin\beta)\sin\beta.$$

由此得方程

$$x\cos\beta + y\sin\beta - d = 0.$$

这是直线 l 的**法式方程**. 注意这方程和 l 的方向无关, 因为方向的变化将改变左边每一项的符号, 因此方程不变.

用任意因子乘这法式方程的两边, 我们得到直线的一般方程:

$$ax + by + c = 0.$$

为了从一般方程倒过去找出这个几何意义明确的法式方程, 我们必须乘一个因子, 使前两个系数变成 $\cos \beta$ 和 $\sin \beta$, 它们的平方和等于 1. 我们可以用因子 $1/\sqrt{a^2 + b^2}$ 乘, 得到法式方程

$$\frac{a}{\sqrt{a^2 + b^2}} x + \frac{b}{\sqrt{a^2 + b^2}} y + \frac{c}{\sqrt{a^2 + b^2}} = 0,$$

于是有

$$\frac{a}{\sqrt{a^2 + b^2}} = \cos \beta, \quad \frac{b}{\sqrt{a^2 + b^2}} = \sin \beta,$$

$$-\frac{c}{\sqrt{a^2 + b^2}} = d.$$

(21) 证明: (a) 把一般方程化为法式方程只能乘因子 $\frac{1}{\sqrt{a^2 + b^2}}$ 或 $\frac{-1}{\sqrt{a^2 + b^2}}$. (b) 选定了上述的任一因子就决定了这直线的方向. (c) 选定了上述的一个因子后, 原点在直线的正侧、负侧还是在这有向直线上, 是按照 d 是负的、正的还是零而定.

(22) 直接证明过定点 $P_0(x_0, y_0)$、斜率为 m 的直线的方程为

$$y - y_0 = m(x - x_0) \quad \text{或} \quad y = mx + y_0 - mx_0.$$

证明过两个定点 $P_1(x_1, y_1)$, $P_2(x_2, y_2)$ 的直线的方程为

$$(y_2 - y_1)(x - x_1) = (x_2 - x_1)(y - y_1).$$

直线 (或曲线) 与 x 轴的交点的 x 坐标称为这线的一个 x-截距, 对 y-截距有类似的定义.

(23) 用一个适当的因子去除习题 (20) 中的一般方程, 说明直线

的方程可以写成截距式

$$\frac{x}{a} + \frac{y}{b} = 1,$$

这里 a 和 b 是 x-截距和 y-截距. 何时出现例外情形?

（24）用类似的方法说明一条不平行于 y 轴的直线的方程可以写成斜截式

$$y = mx + b.$$

（如果直线平行于 y 轴, 这方程可写成 $x = a$.）

（25）设 $ax + by + c = 0$ 和 $a'x + b'y + c' = 0$ 是两条没有方向、相应斜率为 m 和 m' 的直线 l 和 l' 的方程. 说明 l 和 l' 是平行还是垂直按照 (a) $m = m'$ 或 $mm' = -1$；(b) $ab' - a'b = 0$ 或 $aa' + bb' = 0$ 而定.（注意：即使直线的斜率不存在, 即平行于 y 轴, (b) 也成立.）

（26）证明：过定点 $P_0(x_0, y_0)$ 平行于方程为

$$ax + by + c = 0$$

的已知直线 l 的直线, 其方程为 $ax + by = ax_0 + by_0$. 证明对过 P_0 垂直于 l 的直线, 有类似的方程 $bx - ay = bx_0 - ay_0$.（注意：如果 l 的方程是法式, 则上述每一种情形中, 新的方程也是法式.）

（27）设 $x\cos\beta + y\sin\beta - d = 0$ 和 $ax + by + c = 0$ 是同一条直线 l 的法式方程和一般方程. 证明从 l 到任一点 $Q(u, v)$ 的有向距离 h 为

$$h = u\cos\beta + v\sin\beta - d,$$

或

$$h = \frac{au + bv + c}{\pm\sqrt{a^2 + b^2}},$$

而 h 是正的还是负的按点 Q 在有向直线 l（l 的方向已被 β 决定或被 $\sqrt{a^2 + b^2}$ 前面选择的符号决定）的正侧还是负侧而定.（提示：写出过 Q 平行于 l 的直线 m 的法式方程, 并求出 l 到 m 的距离.）

(28) 设 $l(x, y) = 0$ 表示直线 l 的方程

$$ax + by + c = 0,$$

类似地, $l'(x, y) = 0$ 是直线 l' 的方程. λ 和 λ' 是满足 $\lambda + \lambda' = 1$ 的常数. 证明: 如果 l 和 l' 在 $P_0(x_0, y_0)$ 相交, 则过 P_0 的任一直线的方程为

$$\lambda l(x, y) + \lambda' l'(x, y) = 0.$$

反之亦然; 而且每一条这样的直线用上述选择的一对数 λ 和 λ' 唯一决定. (提示: P_0 在 l 上必须而且只须 $l(x_0, y_0) = ax_0 + by_0 + c = 0$.) 如果 l 和 l' 是平行的, 上述方程表示什么直线? 注意: 不一定要有 $\lambda + \lambda' = 1$, 它只是为了对过 P_0 的每一条直线给出唯一的方程.

(29) 用上面习题的结果求出过 l 与 l' 的交点 P_0 和另一点 $P_1(x_1, y_1)$ 的直线方程 (不求 P_0 的坐标). (提示: 由条件 $\lambda l(x_1, y_1) + \lambda' l'(x_1, y_1) = 0$, $\lambda + \lambda' = 1$. 求出 λ 和 λ'.) 通过求出 P_0 的坐标 (见第 90,91 页) 来验证并说明 P_0 在所求出的这个方程的直线上.

(30) 证明: 直线 l 和 l' 夹角的平分线的方程为

$$\sqrt{a'^2 + b'^2} \, l(x, y) = \pm \sqrt{a^2 + b^2} \, l'(x, y).$$

(提示: 见习题 (27).) 如果 l 和 l' 是平行的, 这方程表示什么?

(31) 分别用下面的每一种方法求线段 $P_1 P_2$ 的垂直平分线的方程: (a) 求出直线 $P_1 P_2$ 的方程, 找出线段 $P_1 P_2$ 中点 P_0 的坐标, 求过 P_0 垂直于 $P_1 P_2$ 的直线的方程. (b) 用方程表示下列事实: 垂直平分线上任一点 $P(x, y)$ 到 P_1 的距离 (第 87 页) 等于 P 到 P_2 的距离. 把这方程两边平方再化简.

(32) 分别用下面的每一种方法求过三个不共线的点 P_1, P_2, P_3 的圆的方程: (a) 求线段 $P_1 P_2$ 和 $P_2 P_3$ 的垂直平分线的方程, 把这两条直线的交点取作圆心, 求出它的坐标, 把半径取为圆心到 P_1 的距离, 求出半径. (b) 这方程的形式必是 $x^2 + y^2 - 2ax - 2by = k$ (见第 88 页). 由于上述三个给定点在圆上, 我们必须有

$$x_1^2 + y_1^2 - 2ax_1 - 2by_1 = k,$$
$$x_2^2 + y_2^2 - 2ax_2 - 2by_2 = k,$$
$$x_3^2 + y_3^2 - 2ax_3 - 2by_3 = k,$$

因为一个点在一曲线上,必须而且只须它的坐标满足这曲线的方程.从这联立方程解出 a, b, k.

(33) 求长轴为 $2p$,短轴为 $2q$,焦点在 $F(e, 0)$ 和 $F'(-e, 0)$(这里 $e^2 = p^2 - q^2$)的椭圆的方程.(用这曲线上任一点到 F 和 F' 的距离 r 和 r' 来求.)按椭圆的定义,$r + r' = 2p$.用第 87 页的距离公式说明

$$r'^2 - r^2 = (x + e)^2 - (x - e)^2 = 4ex.$$

由　　　　$$r'^2 - r^2 = (r' + r)(r' - r) = 2p(r' - r),$$

证明 $r' - r = 2ex/p$.解这个关系式和 $r' + r = 2p$,求出重要的公式

$$r = -\frac{e}{p}x + p, \ r' = \frac{e}{p}x + p.$$

由于(仍用距离公式)$r^2 = (x - e)^2 + y^2$,把 r^2 用上述表达式 $\left(-\dfrac{e}{p}x + p\right)^2$ 代入得

$$(x - e)^2 + y^2 = \left(-\frac{e}{p}x + p\right)^2,$$

把它展开、合并,用 $p^2 - q^2$ 代替 e^2 并化简.说明这个结果可以表示为

$$\frac{x^2}{p^2} + \frac{y^2}{q^2} = 1$$

的形式.

对双曲线同样进行.双曲线是这样点的轨迹:它使差 $r - r'$ 的绝对值等于一个给定的量 $2p$. 这里 $e^2 = p^2 + q^2$.

(34) 抛物线定义为这样点的轨迹:它到一固定直线(准线)的距离等于它到一固定点(焦点)的距离.如果我们把直线 $x = -a$ 取

作准线,把 $F(a, 0)$ 取作焦点,证明抛物线的方程可以写成 $y^2 = 4ax$.

几 何 作 图

(35) 证明:用圆规和直尺不可能作出 $\sqrt[3]{3}, \sqrt[3]{4}, \sqrt[3]{5}$. 证明:只有当 a 是一个有理数的三次方时,$\sqrt[3]{a}$ 才能作图(见第 154 页).

(36) 求出正 $3 \cdot 2^n$ 边形和 $5 \cdot 2^n$ 边形的边长并找出相应的一系列扩域的特征.

(37) 证明用圆规和直尺不能三等分 $120°$ 和 $30°$ 角. (提示:在 $30°$ 的情形,所讨论的方程是

$$4z^3 - 3z = \cos 30° = \frac{\sqrt{3}}{2}.$$

通过引进一个新的未知数 $u = \sqrt{3}z$,得到一个 u 的方程,如第 159 页的讨论,u 是不可作图的.)

(38) 证明正九边形是不能作图的.

(39) 证明:一个点 $p(x, y)$ 对于以原点为圆心,r 为半径的圆的反演 $p'(x', y')$ 由方程

$$x' = \frac{xr}{x^2 + y^2}, \ y' = \frac{yr}{x^2 + y^2}$$

给出.用代数的办法求出用 x', y' 表示 x, y 的方程.

*(40) 用习题(39),通过分析证明:全体直线和圆反演后仍是直线和圆.并用习题(39)核对第 163 页的性质 a)~d)以及相应于图 61 的那些变换.

(41) 对以原点为圆心的单位圆进行反演,两族平行于坐标轴的直线 $x =$ 常数和 $y =$ 常数,将变成什么? 用解析几何和不用解析几何对此给出回答(见第 178 页).

(42) 你自己选择一个简单的情形进行阿波罗尼斯作图. 试用第143 页的方法从分析上来解.

射影几何和非欧几何

(43) 对四个调和的点进行排列, 求出交叉比 λ 的所有值. $\left(\text{答}: \lambda = -1, 2, \dfrac{1}{2}.\right)$

(44) 四个点何时能使第 191 页给出的六个交叉比的值有某些是共同的? (答: 只有 $\lambda = -1$ 或 $\lambda = 1$. 还有一个 λ 的虚数值, 对它 $\lambda = \dfrac{1}{(1-\lambda)}$, 称为"等反调和"交叉比.)

(45) 证明: 如果交叉比 $(ABCD) = 1$, 则 C 点和 D 点重合.

(46) 对第 192 页平面交叉比证明上述命题.

(47) 证明: 如果 P 和 P' 是关于某个圆的反演, 直径 AB 和 PP' 共线, 则点 A, B, P, P' 形成调和交叉比. (提示: 用第 192 页的解析表达式(2), 把圆取作单位圆, AB 取在坐标轴上.)

(48) 对三个点 P_1, P_2, P_3, 求出第四个调和点的坐标. 如果 P_3 移到 $P_1 P_2$ 的中点, 将会怎样? (见第 192 页.)

*(49) 用丹德林球来发展圆锥截线理论. 特别是证明: 所有的二次曲线(除了圆)全是如下的点的几何轨迹: 它到一个定点 F 和一条定直线 l 的距离的比是一常数 k. $k > 1$ 时是双曲线, $k = 1$ 时是抛物线, $k < 1$ 时是椭圆. 直线 l 是二次曲线所在平面和丹德林球与圆锥相遇的圆所在平面的交线. (由于圆没有这个特点, 除非把它看作极限情形; 因此把这个性质作为二次曲线的定义, 就不是十分合适的, 虽然有时候是这么作的.)

(50) 讨论: "一个既看成点曲线又看成直线束曲线的二次曲线是自对偶的." (见第 220 页.)

*(51) 用图 73 的三维图形通过取极限来证明平面上的笛沙格

定理(见第 187 页).

*(52) 空间中给定四条斜插的直线,能画多少条直线和它们相交? 如何刻画它们? (提示:过三条给定直线作一单叶双曲面,见第 224 页.)

*(53) 如果庞加莱圆是复平面上的单位圆,则两点 z_1, z_2 和过这两点的"直线"与单位圆相交的两点 w_1, w_2 定义了一个交叉比 $\dfrac{z_1 - w_1}{z_1 - w_2} : \dfrac{z_2 - w_1}{z_2 - w_2}$. 它按第 112 页习题(8)是实数. 按定义它的对数是 z_1 到 z_2 的双曲距离.

*(54) 通过一个反演变换把庞加莱圆变到上半平面. 对这上半平面,直接或借助于上述反演给出庞加莱模型和它的性质(见第 233 页).

拓 扑 学

(55) 对五个正多面体和其他一些多面体验证欧拉公式. 进行相应的平面网化简.

(56) 在欧拉公式的证明中(第 246 页)通过不断地应用两个基本的步骤,我们把平面上任意三角形网化为一个由一个三角形组成的网,对它有 $V - E + F = 3 - 3 + 1 = 1$. 我们怎么能保证最后不会出现一对没有公共顶点的三角形,使得 $V - E + F = 6 - 6 + 2 = 2$?(提示:我们可以假设原来的网是连通的,即可以从任一顶点沿着网上的边到达任何其他的顶点. 说明在这两个基本步骤下,这个性质不受破坏.)

(57) 在网的化简中我们只允许两个基本的步骤. 是不是可能在某一步出现这样的情形:有一个三角形它和网中其他三角形只有一个顶点是公共的?(造一个例子.)这将要求第三个步骤:消去两个顶点,三个边和一个面,这是否影响证明?

(58) 能不能用一个宽橡皮圈在扫帚把上缠三圈,使得皮带在扫帚把上是平的,即不拧转这皮带?(当然,这橡皮圈本身必须在某处交叉.)

(59) 说明对一个挖掉中心的圆盘可以存在一个没有不动点的自身连续变换.

*(60) 圆盘上每一点沿某一固定方向平移一个单位,这样一个变换显然没有不动点. 当然,这不是圆盘到它自身的变换,因为某些点将变成圆盘外的点. 在这时,第 261 页(基于变换 $P \rightarrow P^*$)的讨论为什么不成立?

(61) 假设我们有一个橡皮内胎,里边涂上白色,外面涂上黑色. 能不能通过挖一个小洞,变形,再补上这个小洞,把这内胎翻过来使里边是黑的而外边是白的?

*(62) 为了说明在三维空间中没有"四色定理",证明对任意的数 n,在空间存在 n 个实体,每一个都和其他的接触.

*(63) 用一个真正的圆环面(内胎,铁环)或用带有同一的边界的一个平面区域(图 143),作一个由七个区域组成的地图,使得每一个区域都和其余的接触.

(64) 图 118 的 4 维四面体由五个点 a, b, c, d, e 组成,每个点和其他四个点相连. 即使这些连线可以是曲线,在平面上这图形也不能画成如下形式:这些连线中没有两条是相交的. 另一个十个连线的构形,在平面中不能画成如下形式:有六个点 a, b, c, a', b', c',其中 a, b, c 的每一个点与 a', b', c' 的每一个点都不交叉地相连. 用试验验证这一点. *以若当曲线定理为基础,试给出一个证明.(人们已经证明了:任何由点和直线组成的构形,如果不能在平面上不交叉地表示,则必然包含这两个构形之一为其一部分.)

(65) 取三维四面体的六个边形成一个构形再加一条直线连接两个对边的中点(四面体的两个边如果没有公共端点,就称为是对边). 证明这个构形等价于前面习题中所说的一个.

*(66) 设 p, q, r 是符号 E 的三个端点,这符号移动某个距离后给出另一个符号 E,端点为 p', q', r'. 能不能用三条曲线连 p 和 p', q 和 q', r 和 r',使得它们彼此不相交同时也不和这两个符号 E 相交?

如果我们绕正方形转一周,我们将四次改变方向,每次转 $90°$,整个是 $\Delta = 360°$. 如果我们绕三角形转一周,由初等几何知 $\Delta = 360°$.

(67) 证明:如果 C 是任一简单闭多边形,则 $\Delta = 360°$.(提示:把 C 的内部分为一些三角形,然后按第 246 页那样抹掉边界的线段. 设这一系列的边界是 B_1, B_2, B_3, $\cdots$, B_n,则 $B_1 = C$ 而 B_n 是一个三角形. 证明:如果 Δ_i 对应于 B_i,则 $\Delta_i = \Delta_{i-1}$.)

*(68) 设 C 是任一简单闭曲线,带有连续转动的切向量. 如果 Δ 表示当我们绕曲线转一周时,切线的角度的总变化. 证明在这也有 $\Delta = 360°$.(提示:设 P_0, P_1, P_2, $\cdots$ 是把 C 分为很短的几乎近似于直线段的分点. 设 C_i 是由线段 P_0P_1, P_1P_2, $\cdots$, $P_{i-1}P_i$ 和原来的弧 P_iP_{i+1}, $\cdots$, P_nP_0 组成的曲线. 则 $C_0 = C$,而 C_n 是由直线段组成的. 证明 $\Delta_i = \Delta_{i+1}$ 再用上面习题的结果.)这对图 55 的旋轮线适用吗?

(69) 证明:如果把第 269 页克莱茵瓶的图中的所有四个箭头全变成顺时针方向,这时形成的曲面等价于一个球面,但其上一个圆盘用一个交叉帽代替.(这曲面拓扑等价于射影几何的扩充平面.)

(70) 图 142 的克莱茵瓶可以用一个平面切成对称的两半. 证明这是两个莫比乌斯带.

*(71) 在图 139 的莫比乌斯带中,把每一条横线段的两个端点同一. 证明这与克莱茵瓶拓扑等价.

一直线段上所有可能的有序点对(两点重合或不重合)按如下的意义形成一个正方形. 如果这对点用它们到一个端点 A 的距离 x, y 确定,则有序对 (x, y) 可以看作是正方形中一点的直角坐标.

所有可能的无序点对(即 (x, y) 和 (y, x) 认为是一样的)形成一

个曲面 S,它与正方形拓扑等价. 为了看到这一点,我们选择这样的表示:如果 $x \neq y$,我们取靠近 A 的点为第一个. 这样,S 是所有这样的 (x, y) 组成的集:或 x 小于 y 或 $x = y$. 利用直角坐标系,它给出了平面上以 $(0, 0)$,$(0, 1)$,$(1, 1)$ 为顶点的三角形.

　　*(72) 第一点属于一条直线,第二点在一个圆的圆周上,所有这样的有序点对形成什么曲面?（答:一个圆柱面.）

　　(73) 在圆上的所有有序点对形成什么曲面?（答:一个圆环面.）

　　*(74) 一个圆上的所有无序点对形成什么曲面?（答:一个莫比乌斯带.）

　　(75) 这里介绍一种把硬币放在大圆桌面上的游戏:A 和 B 两人轮流在桌上放硬币. 这些硬币彼此不必挨着. 每个硬币可以放在桌子上任何一个地方,只是不许超出桌子的边缘,也不许压在桌面上已有的硬币之上. 一个硬币一旦放好就不许再动. 直到这桌子布满了许多硬币,使得没有空隙能再放下另一个硬币为止. 谁设法放下最后一个硬币谁就获胜. 如果 A 先放,证明:只要他不出错,那么不管 B 怎么放,A 一定能获胜.

　　(76) 如果在习题(75)的游戏中,桌子是图 125 中 b 的形状,证明 B 总能赢.

函数、极限和连续性

　　(77) 求第 141 页上比值 $OB : AB$ 的连分数展开式.

　　(78) 证明序列 $a_0 = \sqrt{2}$,$a_{n+1} = \sqrt{2 + a_n}$ 是以 $B = 2$ 为界的单调递增序列,因而有极限. 证明这个极限必是数 2.（见第 142～143 页和第 336 页）

　　*(79) 用类似于第 329 页及其以后所用过的那些方法,试证:若给定任意光滑闭曲线,总可以作出一个正方形,其边和这曲

线相切.

如果连接函数图像任意两点的直线段的中点在图像的上方,那么函数 $u = f(x)$ 叫做凸的. 例如, $u = \mathrm{e}^x$ (图 278) 是凸的,而 $u = \ln x$ (图 277) 不是.

(80) 证明函数 $u = f(x)$ 是凸的必须而且只须

$$\frac{f(x_1) + f(x_2)}{2} \geqslant f\left(\frac{x_1 + x_2}{2}\right),$$

其中等式只对 $x_1 = x_2$ 成立.

*(81) 证明对于凸函数,有更一般的不等式

$$\lambda_1 f(x_1) + \lambda_2 f(x_2) \geqslant f(\lambda_1 x_1 + \lambda_2 x_2)$$

成立,其中 λ_1, λ_2 是使 $\lambda_1 + \lambda_2 = 1$ 且 $\lambda_1 \geqslant 0$, $\lambda_2 \geqslant 0$ 的任意两个常数. 这等价于这样的命题,即在连接图像两点的线段上,没有位于图像下面的点.

(82) 利用习题 (80) 的条件,证明函数 $u = \sqrt{1 + x^2}$ 和 $u = \dfrac{1}{x}$ $(x > 0)$ 是凸的,即对于正的 x_1 和 x_2, 有

$$\frac{\sqrt{1 + x_1^2} + \sqrt{1 + x_2^2}}{2} \geqslant \sqrt{1 + \left(\frac{x_1 + x_2}{2}\right)^2},$$

$$\frac{1}{2}\left(\frac{1}{x_1} + \frac{1}{x_2}\right) \geqslant \frac{2}{x_1 + x_2}.$$

(83) 同样可证当 $x > 0$ 时, $u = x^2$, $u = x^n$ 是凸的,当 $\pi \leqslant x \leqslant 2\pi$ 时, $u = \sin x$; 当 $0 \leqslant x \leqslant \dfrac{\pi}{2}$ 时, $u = \tan x$; 以及当 $|x| \leqslant 1$ 时, $u = -\sqrt{1 - x^2}$ 都是凸的.

极大与极小

(84) 如果假设这条路径和两条给定直线相遇 n 次(见第 344

页).求图 178 中 P 和 Q 之间长度最短的路径.

（85）如果路径要求按已知顺序和三角形的各边相遇,求锐角三角形内,P 和 Q 两点间的最短连线(见第 344 页).

（86）画等高线,验证:对边界处于同一等高线的三连通区域的曲面,至少有两个鞍点存在(见第 356 页).再次排除曲面的切平面沿整条闭曲线是水平的情形.

（87）以任意两个正有理数 a 和 b 开始,一步一步地组成数对 $a_{n+1}=\sqrt{a_n b_n}$，$b_{n+1}=\dfrac{1}{2}(a_n+b_n)$. 证明它们确定了一个区间套序列.($n\rightarrow\infty$ 时的极限点,就是所谓的 a_0 和 b_0 的算术几何平均值,在高斯早期研究中它起过很大作用.)

（88）求图 219 内的整个图像的长度,并且和两条对角线的总长度作比较.

*（89）研究由四点 A_1，A_2，A_3，A_4 形成图 216 或 218 的情形的条件.

*（90）求存在不同道路网(满足角度条件)的五点系统.它们之中只有某些个能产生相对极小(见第 370 页).

（91）证明施瓦茨不等式

$$(a_1 b_1+\cdots+a_n b_n)^2 \leqslant (a_1^2+\cdots+a_n^2)(b_1^2+\cdots+b_n^2)$$

对任何一组的数对 a_i，b_i 成立;证明等号仅当这组 a_i 和这组 b_i 成比例时成立.(提示:推广习题(8)的代数公式.)

*（92）用 n 个正数 x_1，$\cdots$，x_n，我们作 S_k，

$$S_k=(x_1 x_2\cdots x_k+\cdots)/C_k^n$$

其中符号"$+\cdots$"是指这些量取 k 个的组合的所有乘积(有 C_k^n 个)相加.然后证明

$$\sqrt[k+1]{S_{k+1}}\leqslant\sqrt[k]{S_k},$$

其中等号仅当所有的量 x_i 相等时才成立.

(93) 当 $n=3$ 时,(92) 中的这些不等式表明,对于三个正数 a, b, c,有

$$\sqrt[3]{abc} \leqslant \sqrt{\frac{ab+ac+bc}{3}} \leqslant \frac{a+b+c}{3}.$$

由这个不等式可推出立方数的什么样的极值性质?

*(94) 求连接两点 A 和 B,且与线段 AB 一起含有规定面积的最短曲线弧.(答:这个弧必是圆弧.)

*(95) 给定两个线段 AB 和 $A'B'$,求连接 A 到 B 的弧和 A' 到 B' 的另一条弧,要使这两条弧和两个线段一起含有规定的面积,并且总长最短.(答:这是相同半径的两个圆弧.)

*(96) 对任意若干个线段 AB,$A'B'$ 等作同样的讨论.

*(97) 在交于 O 点的二直线上分别求两点 A 和 B,并且用一个最短的弧连接 A 和 B,使得它和直线所包含的面积为规定的面积.(答:这是垂直于这两条直线的一个圆弧.)

*(98) 同一个问题,但现在是所包含区域的整个周界,即弧加 OA 加 OB 是最短的.(答:解由切这二直线且向外凸的圆弧给出.)

*(99) 对若干个角度扇形讨论同样的问题.

*(100) 证明在图 240 内逼近平面的曲面并不是平面,除非稳定曲面在中心.注意:从分析上求出或刻划这个曲面,这是一个向人们挑战的没有解决的问题.对于图 251 中的曲面同样是如此.在图 258 内,我们实际上有 12 个对称平面,它们在对角线上相交成 $120°$.

建议另外作一些肥皂膜实验.对于比三个更多的连接棒,作图 256 和 257 所述的实验.研究空气趋于零时体积的极限情形.对非平行平面或其他曲面作实验.吹胀图 258 的立方体的泡,直到它填满整个立方体,并且凸出过棱线.然后把空气再吸尽,把过程倒过来.

*(101) 求总周长一定且面积极小的两个等边三角形.(答:三角形必须是全等的(利用微积分).)

*(102) 求总周长一定且面积极大的两个三角形.(答:一个三

角形退化为点;另一个必是等边的.)

　　*(103) 求总面积一定且有极小周长的两个三角形.

　　*(104) 求总面积一定且有极大周长的两个等边三角形.

微 积 分

　　(105) 直接应用导数的定义,即作差商,变形,直到很容易通过代换 $x_1 = x$ 得到极限(见第 428 页),微分函数

$$\sqrt{1+x}, \ \sqrt{1+x^2}, \ \sqrt{\frac{x+1}{x-1}}.$$

　　(106) 证明函数 $y = \mathrm{e}^{-\frac{1}{x^2}}$,其中 $x = 0$ 时,令 $y = 0$,在 $x = 0$ 处它的所有各阶导数都是零.

　　(107) 证明习题(106)的函数不能展为泰勒级数.(见第 495 页)

　　(108) 求曲线 $y = \mathrm{e}^{-x^2}$ 和 $y = x\mathrm{e}^{-x^2}$ 的拐点($f''(x) = 0$).

　　(109) 证明对于有 n 个不同根 x_1,x_2,$\cdots$,x_n 的多项式 $f(x)$,有

$$\frac{f'(x)}{f(x)} = \sum_{i=1}^{n} \frac{1}{x - x_i}.$$

　　*(110) 利用积分作为一个和的极限的直接定义,证明当 $n \to \infty$ 时,有

$$n\left(\frac{1}{1^2 + n^2} + \frac{1}{2^2 + n^2} + \cdots + \frac{1}{n^2 + n^2}\right) \to \frac{\pi}{4}.$$

　　*(111) 用类似的方法证明

$$\frac{b}{n}\left(\sin\frac{b}{n} + \sin\frac{2b}{n} + \cdots + \sin\frac{nb}{n}\right) \to \cos b - 1.$$

　　(112) 在大范围的坐标纸上画图 276,并且计算阴影面积的小正方形,求出 π 的一个近似值.

(113) 利用第 453 页的 π 的数值计算公式(7) 计算 π,使其容许精确度至少为 $\frac{1}{100}$.

(114) 证明:$e^{\pi i} = -1$(见第 497 页).

(115) 一给定形状的曲线按比例 $1 : x$ 扩大. 记 $L(x)$ 和 $A(x)$ 为扩大曲线的长度和面积. 证明当 $x \to \infty$ 时,

$$\frac{L(x)}{A(x)} \to 0.$$

更一般,如果 $k > \frac{1}{2}$,当 $x \to \infty$ 时,$\frac{L(x)}{A(x)^k} \to 0$. 用圆,正方形和 * 椭圆验证.(面积较周长为更高的数量级,见第 486 页.)

(116) 指数函数常组合如下:

$$u = \text{sh } x = \frac{1}{2}(e^x - e^{-x}),$$

$$v = \text{ch } x = \frac{1}{2}(e^x + e^{-x}),$$

$$\omega = \text{th } x = \frac{e^x - e^{-x}}{e^x + e^{-x}},$$

它们分别叫做双曲正弦,双曲余弦以及双曲正切. 这些函数与三角函数有很多类似的性质;它们借助于双曲线

$$v^2 - u^2 = 1$$

联系在一起,就如 $u = \cos x$ 和 $v = \sin x$ 由圆 $u^2 + v^2 = 1$ 联系在一起一样. 读者应该证明下面的事实并与三角函数的对应事实比较:

$$D\text{ch } x = \text{sh } x, \quad D\text{sh } x = \text{ch } x, \quad D\text{th } x = \frac{1}{\text{ch}^2 x},$$

$$\text{sh}(x + x') = \text{sh } x \cdot \text{ch } x' + \text{ch } x \cdot \text{sh } x',$$

$$\text{ch}(x + x') = \text{ch } x \cdot \text{ch } x' + \text{sh } x \cdot \text{sh } x'.$$

这些函数的反函数叫做

$$x = \text{arcsh } u = \ln(u + \sqrt{u^2 + 1});$$

$$x = \text{arcch } v = \ln(v + \sqrt{v^2 - 1}) \ (v \geqslant 1).$$

它们的导数由下述公式给出:

$$Darcsh\ u = \frac{1}{\sqrt{1 + u^2}},$$

$$Darcch\ v = \frac{1}{\sqrt{v^2 - 1}},$$

$$Darcth\ \omega = \frac{1}{1 - \omega^2} (|\omega| > 1).$$

(117) 在欧拉公式的基础上,验证双曲函数和三角函数之间的相似性.

*(118) 类似于习题(14) 关于三角函数的公式,求

$$\text{sh } x + \text{sh } 2x + \cdots + \text{sh } nx,$$

以及

$$\frac{1}{2} + \text{ch } x + \text{ch } 2x + \cdots + \text{ch } nx$$

的简单求和公式.

积 分 法

第 451 页的定理,把函数 $f(x)$ 在积分限 a 和 b 之间的积分问题转化为求 $f(x)$ 的原函数 $G(x)$(即满足 $G'(x) = f(x)$ 的一个函数). 然后积分就是简单的差 $G(b) - G(a)$. 这些原函数,是由 $f(x)$ 决定的(除一个附加的常数外),名叫"不定积分",并且习惯上用没有积分限的记法

$$G(x) = \int f(x)\mathrm{d}x$$

表示(这个记法对于初学者会引起误解;见第 450 页的说明).

　　每一个微分公式都得到一个不定积分问题的解,这只要简单的倒过来看成积分公式即可. 我们可以利用两个重要的法则来稍微推广这个经验手续,这两个法则不是什么新东西,只是等价于复合函数以及函数乘积的微分法. 它们的积分形式叫做换元积分法和分部积分法.

　　A) 第一个法则是由复合函数微分法公式得来的,

$$H(u) = G(x),$$

其中

$$x = \psi(u) \text{ 和 } u = \varphi(x).$$

假定它们彼此互为函数,并且在所考察的区间内是唯一确定的. 那么有

$$H^{'}(u) = G^{'}(x)\psi^{'}(u).$$

如果

$$G^{'}(x) = f(x),$$

可写成

$$G(x) = \int f(x)\mathrm{d}x.$$

也就是

$$G^{'}(x)\psi^{'}(u) = f(x)\psi^{'}(u),$$

这样,利用上面关于 $H^{'}(u)$ 的公式的结果,等价于

$$H(u) = \int f(\psi(u))\psi^{'}(u)\mathrm{d}u.$$

又因为

$$H(u) = G(x),$$

（Ⅰ）
$$\int f(x)\mathrm{d}x = \int f(\psi(u))\psi^{'}(u)\mathrm{d}u.$$

用莱布尼茨记法(见第 446 页),这个公式可写成很具启示性的形式

$$\int f(x)\mathrm{d}x = \int f(x)\,\frac{\mathrm{d}x}{\mathrm{d}u}\cdot\mathrm{d}u.$$

这是指符号 $\mathrm{d}x$ 可以用符号 $\dfrac{\mathrm{d}x}{\mathrm{d}u}\cdot\mathrm{d}u$ 代替,好像 $\mathrm{d}x$ 和 $\mathrm{d}u$ 都是数,而 $\dfrac{\mathrm{d}x}{\mathrm{d}u}$ 是一个分数那样.

我们用几个例子来说明公式(Ⅰ)的应用.

a) $J = \int \dfrac{1}{u\ln u}\mathrm{d}u$. 我们从公式(Ⅰ)的右端开始讨论,作代换 $x = \ln u = \psi(u)$. 那么有 $\psi'(u) = \dfrac{1}{u}$, $f(x) = \dfrac{1}{x}$; 因此

$$J = \int \frac{\mathrm{d}x}{x} = \ln x,$$

或

$$\int \frac{\mathrm{d}u}{u\ln u} = \ln\ln u.$$

两端同时微分,可以验证这个结果. 我们从

$$\frac{1}{u\ln u} = \frac{\mathrm{d}}{\mathrm{d}u}(\ln\ln u)$$

很容易说明这是对的.

b) $J = \int \cot u\,\mathrm{d}u = \int \dfrac{\cos u}{\sin u}\mathrm{d}u$. 令 $x = \sin u = \psi(u)$,则

$$\psi'(u) = \cos u,\ f(x) = x.$$

因此

$$J = \int \frac{\mathrm{d}x}{x} = \ln x,$$

或

$$\int \cot u\,\mathrm{d}u = \ln\sin u.$$

这个结果仍可用微分法验证.

c) 一般, 如果我们有一形如

$$J = \int \frac{\psi'(u)}{\psi(u)} \mathrm{d}u$$

的积分, 我们令 $x = \psi(u)$, $f(x) = x$, 并且求

$$J = \int \frac{\mathrm{d}x}{x} = \ln x = \ln \psi(u).$$

d) $J = \int \sin x \cos x \mathrm{d}x$. 设 $\sin x = u$, 则 $\cos x = \dfrac{\mathrm{d}u}{\mathrm{d}x}$. 那么

$$J = \int u \frac{\mathrm{d}u}{\mathrm{d}x} \mathrm{d}x = \int u \mathrm{d}u = \frac{u^2}{2} = \frac{1}{2} \sin^2 x.$$

e) $J = \int \dfrac{\ln u}{u} \mathrm{d}u$, 令 $\ln u = x$, 则 $\dfrac{1}{u} = \dfrac{\mathrm{d}x}{\mathrm{d}u}$, 那么

$$J = \int x \frac{\mathrm{d}x}{\mathrm{d}u} \mathrm{d}u = \int x \mathrm{d}x = \frac{x^2}{2} = \frac{1}{2} (\ln u)^2.$$

下面这些例子是从左端开始用公式(Ⅰ).

f) $J = \int \dfrac{\mathrm{d}x}{\sqrt{x}}$. 令 $\sqrt{x} = u$. 那么 $x = u^2$ 且

$$\frac{\mathrm{d}x}{\mathrm{d}u} = 2u,$$

因而

$$J = \int \frac{1}{u} 2u \mathrm{d}u = 2u = 2\sqrt{x}.$$

g) 利用代换 $x = au$, 其中 a 是常数, 有

$$J = \int \frac{\mathrm{d}x}{a^2 + x^2} = \int \frac{\mathrm{d}x}{\mathrm{d}u} \cdot \frac{1}{a^2} \cdot \frac{1}{1 + u^2} \mathrm{d}u$$

$$= \int \frac{1}{a} \cdot \frac{\mathrm{d}u}{1 + u^2} = \frac{1}{a} \arctan \frac{x}{a}.$$

h) $J = \int \sqrt{1-x^2}\,\mathrm{d}x.$ 令 $x = \cos u,\ \dfrac{\mathrm{d}x}{\mathrm{d}u} = -\sin u.$

那么
$$J = -\int \sin^2 u\,\mathrm{d}u = -\int \frac{1-\cos 2u}{2}\,\mathrm{d}u$$
$$= -\frac{u}{2} + \frac{\sin 2u}{4}.$$

利用 $\sin 2u = 2\sin u\cos u = 2\cos u\sqrt{1-\cos^2 u}$，我们有
$$J = -\frac{1}{2}\arccos x + \frac{1}{2}x\sqrt{1-x^2}.$$

计算下列的不定积分,并用微分法验证结果：

(119) $\int \dfrac{u\,\mathrm{d}u}{u^2 - u + 1}.$　　　(120) $\int u\mathrm{e}^{u^2}\,\mathrm{d}u.$

(121) $\int \dfrac{\mathrm{d}u}{u(\ln u)^n}.$　　　(122) $\int \dfrac{8x}{3+4x}\,\mathrm{d}x.$

(123) $\int \dfrac{\mathrm{d}x}{x^2 + x + 1}.$　　　(124) $\int \dfrac{\mathrm{d}x}{x^2 + 2ax + b}.$

(125) $\int t^2\sqrt{1+t^3}\,\mathrm{d}t.$　　　(126) $\int \dfrac{t+1}{\sqrt{1-t^2}}\,\mathrm{d}t.$

(127) $\int \dfrac{t^4}{1-t}\,\mathrm{d}t.$　　　(128) $\int \cos^n t\cdot\sin t\cdot\mathrm{d}t.$

(129) 证明 $\int \dfrac{\mathrm{d}x}{a^2 - x^2} = \dfrac{1}{a}\operatorname{arcth}\dfrac{x}{a},\ \int \dfrac{\mathrm{d}x}{\sqrt{a^2-x^2}} = \operatorname{arcsh}\dfrac{x}{a}$

(与例 g、h 比较.)

B) 乘积的微分法则是(见第 438 页)
$$(p(x)q(x))' = p(x)q'(x) + p'(x)q(x),$$

可以写成积分形式：
$$p(x)q(x) = \int p(x)q'(x)\,\mathrm{d}x + \int p'(x)q(x)\,\mathrm{d}x,$$

或

（Ⅱ） $\int p(x)q'(x)\mathrm{d}x = p(x) \cdot q(x) - \int p'(x)q(x)\mathrm{d}x.$

这个公式叫做分部积分法. 当被积函数可以写成形如 $p(x)q'(x)$ 的乘积, 且其中 $q'(x)$ 的原函数 $q(x)$ 已知时, 这个法则是很有用的. 在这种情形, 公式（Ⅱ）把求 $p(x)q'(x)$ 不定积分的问题转化为求函数 $p'(x)q(x)$ 的积分, 而解后一个积分常常比较简单.

例:

a) $J = \int \ln x\mathrm{d}x.$ 令 $p(x) = \ln x, q'(x) = 1,$ 于是 $q(x) = x.$ 那么由（Ⅱ）导出

$$\int \ln x\mathrm{d}x = x\ln x - \int \frac{x}{x}\mathrm{d}x = x\ln x - x.$$

b) $J = \int x\ln x\mathrm{d}x.$ 令 $p(x) = \ln x, q'(x) = x,$ 那么

$$J = \frac{x^2}{2}\ln x - \int \frac{x^2}{2x}\mathrm{d}x$$

$$= \frac{x^2}{2}\ln x - \frac{x^2}{4}.$$

c) $J = \int x\sin x\mathrm{d}x.$ 这里我们令

$$p(x) = x, \quad q(x) = -\cos x,$$

并且求

$$\int x\sin x\mathrm{d}x = -x\cos x + \sin x.$$

利用分部积分法计算下列积分

(130) $\int x\mathrm{e}^x\mathrm{d}x.$

(131) $\int x^a \ln x\mathrm{d}x \ (a \neq -1).$

(132) $\int x^2 \cos x \mathrm{d}x.$（提示：(Ⅱ)应用两次.）

(133) $\int x^2 \mathrm{e}^x \mathrm{d}x.$（提示：利用习题(130).）

用分部积分法计算积分 $\int \sin^m x \mathrm{d}x$，可导出一个用无穷乘积表示 π 的值得注意的式子. 为此，我们把函数 $\sin^m x$ 写成

$$\sin^{m-1} x \cdot \sin x$$

的形式，并且在积分限 0 和 $\dfrac{\pi}{2}$ 之间作分部积分. 则得有公式

$$\int_0^{\frac{\pi}{2}} \sin^m x \mathrm{d}x = (m-1)\int_0^{\frac{\pi}{2}} \sin^{m-2} x \cos^2 x \mathrm{d}x$$

$$= -(m-1)\int_0^{\frac{\pi}{2}} \sin^m x \mathrm{d}x + (n-1)\int_0^{\frac{\pi}{2}} \sin^{m-2} x \mathrm{d}x,$$

或

$$\int_0^{\frac{\pi}{2}} \sin^m x \mathrm{d}x = \frac{m-1}{m}\int_0^{\frac{\pi}{2}} \sin^{m-2} x \mathrm{d}x,$$

这是因为(Ⅱ)的右端第一项 $p(x)q(x)$，当 x 值为 0 与 $\dfrac{\pi}{2}$ 时等于零. 反复使用最后的公式，对

$$I_m = \int_0^{\frac{\pi}{2}} \sin^m x \mathrm{d}x$$

（当 m 是奇数或偶数时，公式是不同的）可得如下值：

$$I_{2n} = \frac{2n-1}{2n} \cdot \frac{2n-3}{2n-2} \cdot \cdots \cdot \frac{1}{2} \cdot \frac{\pi}{2},$$

$$I_{2n+1} = \frac{2n}{2n+1} \cdot \frac{2n-2}{2n-1} \cdot \cdots \cdot \frac{2}{3}.$$

因为当 $0 < x < \dfrac{\pi}{2}$ 时，$0 < \sin x < 1$，所以

$$\sin^{2n-1} x > \sin^{2n} x > \sin^{2n+1} x,$$

从而（见第 423 页）

$$I_{2n-1} > I_{2n} > I_{2n+1},$$

或

$$\frac{I_{2n-1}}{I_{2n+1}} > \frac{I_{2n}}{I_{2n+1}} > 1.$$

把上面计算的 I_{2n-1} 的值代入这最后一个不等式，我们有

$$\frac{2n+1}{2n} > \frac{1 \cdot 3 \cdot 3 \cdot 5 \cdot 5 \cdot 7 \cdots (2n-1)(2n-1)(2n+1)}{2 \cdot 2 \cdot 4 \cdot 4 \cdot 6 \cdot 6 \cdots (2n)(2n)} \cdot \frac{\pi}{2}$$

$$> 1.$$

今让 $n \to \infty$ 并取极限，则中间项趋于 1，因此得到关于 $\frac{\pi}{2}$ 的威廉斯乘积表示：

$$\frac{\pi}{2} = \frac{2 \cdot 2 \cdot 4 \cdot 4 \cdot 6 \cdot 6 \cdots 2n \cdot 2n \cdots}{1 \cdot 3 \cdot 3 \cdot 5 \cdot 5 \cdot 7 \cdots (2n-1)(2n-1) \cdot (2n+1) \cdots}$$

$$= \lim \frac{2^{4n}(n!)^4}{[(2n)!]^2(2n+1)}, \text{当 } n \to \infty.$$

参 考 书 目 1

W. Ahrens. *Mathematische Unterhaltungen und Spiele*, 2nd edition, 2 vols. Leipzig: Teubner, 1910.

W. W. Rouse Ball. *Mathematical Recreations and Essays*, 11th edition, revised by H. S. M. Coxeter. New York: Macmillan, 1939.

E. T. Bell. *The Development of Mathematics*. New York: McGraw-Hill, 1940.

——. *Men of Mathematics*. New York: Simon and Schuster, 1937.

T. Dantzig. *Aspects of Science*. New York: Macmillan, 1937.

A. Dresden. *An Invitation to Mathematics*. New York: Holt, 1936.

F. Enriques. *Questioni riguardanti le matematiche elementari*, 3rd edition, 2 vols. Bologna: Zanichelli, 1924 and 1926.

E. Kasner and J. Newman. *Mathematics and the Imagination*. New York: Simon and Schuster, 1940.

F. Klein. *Elementary Mathematics from an Advanced Standpoint*, translated by E. R. Hedrick and C. A. Noble, 2 vols. New York: Macmillan, 1932 and 1939.

M. Kraitchik. *La Mathématique des Jeux*. Brussels: Stevens, 1930.

O. Neugebauer. *Vorlesungen über Geschichte der antiken mathematischen Wissenschaften*. Erster Band: *Vorgriechische Mathematik*. Berlin: Springer, 1934.

H. Poincaré. *The Foundations of Science*. Lancaster, Pa. : Science Press, 1913.

H. Rademacher und O. Toeplitz. *Von Zahlen und Figuren*, 2nd edition. Berlin: Springer, 1933.

B. Russell. *Introduction to Mathematical Philosophy*. London: Allen and Unwin, 1924.

——. *The Principles of Mathematics*, 2nd edition. New York: Norton, 1938.

D. E. Smith. *A Source Book in Mathematics*. New York: McGraw-Hill, 1929.

H. Steinhaus. *Mathematical Snapshots*. New York: Stechert, 1938.

H. Weyl. "The Mathematical Way of Thinking," *Science*, XCII (1940) p. 437 ff.

H. Weyl. *Philosophie der Mathematik und Naturwissenschaft*，Handbuch der Philosophie，Bd. Ⅱ. Munich：Oldenbourg，1926，pp. 3－162.

第 1 章

L. E. Dickson. *Introduction to the Theory of Numbers*. Chicago：University of Chicago Press，1931.

——. *Modern Elementary Theory of Numbers*. Chicago：University of Chicago Press，1939.

G. H. Hardy. "An Introduction to the Theory of Numbers," *Bulletin of the American Mathematical Society*，XXXV (1929)，p. 789 ff.

G. H. Hardy and E. M. Wright. *An Introduction to the Theory of Numbers*. Oxford：Clarendon Press，1938.

J. V. Uspensky and M. H. Heaslet. *Elementary Number Theory*. New York：McGraw-Hill，1939.

第 2 章

G. Birkhoff and S. MacLane. *A Survey of Modern Algebra*. New York：Macmillan，1941.

M. Black. *The Nature of Mathematics*. New York：Harcourt，Brace，1935.

T. Dantzig. *Number，the Language of Science*，3rd edition. New York：Macmillan，1939.

G. H. Hardy. *A Course of Pure Mathematics*，7th edition. Cambridge：University Press，1938.

K. Knopp. *Theory and Application of Infinite Series*，translated by Miss R. C. Young. London：Blackie，1928.

A. Tarski. *Introduction to Logic*. New York：Oxford University Press，1939.

F. Enriques. *The Historic Development of Logic*，translated by J. Rosenthal. New York：Holt，1929.

第 3 章

J. L. Coolidge. *A History of Geometrical Methods*. Oxford：Clarendon Press，1940.

A. De Morgan. *A Budget of Paradoxes*，2 vols. Chicago：Open Court，1915.

L. E. Dickson. *New First Course in the Theory of Equations*. New York：

Wiley，1939.

F. Enriques（editor）. *Fragen der Elementargeometrie*，2nd edition，2 vols. Leipzig：Teubner，1923.

E. W. Hobson. *"Squaring the Circle，" a History of the Problem*. Cambridge：University Press，1913.

A. B. Kempe. *How to Draw a Straight Line*. London：Macmillan，1877.

F. Klein. *Famous Problems of Geometry*，translated by W. W. Beman and D. E. Smith，2nd edition. New York：Stechert，1930.

L. Mascheroni. *La geometria del compasso*. Palermo：Reber，1901.

G. Mohr. *Euclides Danicus*. Copenhagen：Hølst，1928.

J. M. Thomas. *Theory of Equations*. New York：McGraw-Hill，1938.

L. Weisner. *Introduction to the Theory of Equations*. New York：Wiley，1939.

第 4 章

W. C. Graustein. *Introduction to Higher Geometry*. New York：Macmillan，1930.

D. Hilbert. *The Foundations of Geometry*，translated by E. J. Townsend，3rd edition. La Salle，Ill. ：Open Court，1938.

C. W. O'Hara and D. R. Ward. *An Introduction to Projective Geometry*. Oxford：Clarendon Press，1937.

G. de B. Robinson. *The Foundations of Geometry*. Toronto：University of Toronto Press，1940.

Girolamo Saccheri. *Euclides ab omni naevo vindicatus*，translated by G. B. Halsted. Chicago：Open Court，1920.

R. G. Sanger. *Synthetic Projective Geometry*. New York：McGraw-Hill，1939.

O. Veblen and J. W. Young. *Projective Geometry*，2 vols. Boston：Ginn，1910 and 1918.

J. W. Young. *Projective Geometry*. Chicago：Open Court，1930.

第 5 章

P. Alexandroff. *Einfachste Grundbegriffe der Topologie*. Berlin：Springer，1932.

D. Hilbert und S. Cohn-Vossen. *Anschauliche Geometrie*. Berlin: Springer, 1932.

M. H. A. Newman. *Elements of the Topology of Plane Sets of Points*. Cambridge: University Press, 1939.

H. Seifert und W. Threlfall. *Lehrbuch der Topologie*. Leipzig: Teubner, 1934.

第 6 章

R. Courant. *Differential and Integral Calculus*, translated by E. J. McShane, revised edition, 2 vols. New York: Nordemann, 1940.

G. H. Hardy. *A Course of Pure Mathematics*, 7th edition. Cambridge: University Press, 1938.

W. L. Ferrar. *A Text-book of Convergence*. Oxford: Clarendon Press, 1938.
For the theory of continued fractions see, e. g.

S. Barnard and J. M. Child. *Advanced Algebra*. London: Macmillan, 1939.

第 7 章

R. Courant. "Soap Film Experiments with Minimal Surfaces," *American Mathematical Monthly*, XLVII (1940), pp. 167 – 174.

J. Plateau. "Sur les figures d'équilibre d'une masse liquide sans pésanteur," *Mémoires de l'Académie Royale de Belgique*, nouvelle série, XXIII (1849).

——. *Statique expérimentale et théoretique des Liquides*. Paris: 1873.

第 8 章

C. B. Boyer. *The Concepts of the Calculus*. New York: Columbia University Press, 1939.

R. Courant. *Differential and Integral Calculus*, translated by E. J. McShane, revised edition, 2 vols. New York: Nordemann, 1940.

G. H. Hardy. *A Course of Pure Mathematics*, 7th edition. Cambridge: University Press, 1938.

参考书目 2(推荐阅读)

D. J. Albers and G. L. Alexanderson (editors). *Mathematical People*. Boston: Birkhäuser, 1985.

D. J. Albers, G. L. Alexanderson, and Constance Reid (editors). *More Mathematical People*. New York: Academic Press, 1990.

B. Bollobás (editor). *Littlewood's Miscellany*. Cambridge: Cambridge University Press, 1986.

J. L. Casti. *Complexification*. New York: HarperCollins, 1994.

J. Cohen and I. Stewart. *The Collapse of Chaos*. New York: Viking, 1993.

COMAP (editors). *For All Practical Purposes*. New York: Freeman, 1994.

P. J. Davis and R. Hersh. *The Mathematical Experience*. Boston: Birkhäuser, 1981.

——. *Descartes' Dream*. Brighton: Harvester, 1986.

K. Devlin. *All the Math That's Fit to Print*. Washington: Mathematical Association of America, 1994.

——. *Mathematics: The New Golden Age*. Harmondsworth: Penguin, 1988.

——. *Mathematics, the Science of Patterns*. New York: Scientific American Library, 1994.

I. Ekeland. *The Broken Dice*. Chicago: University of Chicago Press, 1993.

——. *Mathematics and the Unexpected*. Chicago: University of Chicago Press, 1988.

G. T. Gilbert, M. I. Krusemeyer, and L. C. Larson. *The Wohascum County Problem Book*. Dolciani Mathematical Expositions 14. Washington: Mathematical Association of America, 1993.

M. Golubitsky and M. J. Field. *Symmetry in Chaos*. Oxford: Oxford University Press, 1992.

M. Guillen. *Bridges to Infinity*. London: Rider, 1983.

R. Honsberger. *Ingenuity in Mathematics*. Washington: Mathematical Association of America, 1970.

——. *Mathematical Gems* Ⅰ. Dolciani Mathematical Expositions 1. Washington: Mathematical Association of America, 1973.

——. *Mathematical Gems* Ⅱ. Dolciani Mathematical Expositions 2. Washington: Mathematical Association of America, 1974.

——. *Mathematical Gems* Ⅲ. Dolciani Mathematical Expositions 9. Washington: Mathematical Association of America, 1985.

K. Jacobs. *Invitation to Mathematics*. Princeton: Princeton University Press, 1992.

M. Kline. *Mathematical Thought from Ancient to Modern Times*. Oxford: Oxford University Press, 1972.

E. Maor. *e: The Story of a Number*. Princeton: Princeton University Press, 1994.

J. R. Newman (editor). *The World of Mathematics* 4 volumes. New York: Simon and Schuster, 1956.

I. Peterson. *Islands of Truth*. New York: Freeman, 1990.

——. *The Mathematical Tourist*. New York: Freeman, 1988.

C. Reid. *Courant: In Goettingen and New York*. New York: Springer-Verlag, 1976.

D. Ruelle. *Chance and Chaos*. Princeton: Princeton University Press, 1991.

M. Schroeder. *Chaos, Fractals, Power Laws*. New York: Freeman, 1991.

I. Stewart. *Concepts of Modern Mathematics*. New York: Dover, 1995.

——. *Does God Play Dice?*. Oxford: Blackwell, 1989.

——. *From Here To Infinity*. Oxford: Oxford University Press, 1996.

——. *Nature's Numbers*. New York: Basic Books, 1995.

——. *The Problems of Mathematics*. Oxford: Oxford University Press, 1992.

I. Stewart and M. Golubitsky. *Fearful Symmetry*. Oxford: Blackwell, 1992.

M. Sved. *Journey Into Geometries*. Washington: Mathematical Association of America, 1991.

第 9 章

M. Davis, Y. Matijasevic, and J. Robinson. "Hilbert's Tenth Problem. Diophantine Equations: Positive Aspects of a Negative Solution." In *Proceed-*

ings of Symposia in Pure Mathematics 28 : Mathematical Developments Arising from Hilbert Problems. Washington: American Mathematical Society, 1976, pp. 323 – 378.

M. Davis and R. Hersh. "Hilbert's Tenth Problem." *Scientific American* 229, no. 5 (1973): 84 – 91.

K. Devlin. *Mathematics: The New Golden Age.* Harmondsworth: Penguin, 1988.

J. P. Jones, D. Sato, H. Wada, and D. Wiens. "Diophantine Representations of the Set of Prime Numbers." *American Mathematical Monthly* 83 (1976): 449 – 464.

I. Stewart. *Concepts of Modern Mathematics.* New York: Dover, 1995.

K. Devlin. *Mathematics: The New Golden Age.* Harmondsworth: Penguin, 1988.

W. Yuan. *Goldbach Conjecture.* Singapore: World Scientific, 1984.

E. T. Bell. *The Last Problem.* Washington: Mathematical Association of America, 1990.

D. Cox. "Introduction to Fermat's Last Theorem." *American Mathematical Monthly* 101 (1994): 3 – 14.

K. Devlin. *Mathematics: The New Golden Age.* Harmondsworth: Penguin, 1988.

I. Katz. "Fame by Numbers." *The Guardian Weekend*, April 8, 1995, pp. 34 – 42.

P. Ribenboim. *Thirteen Lectures on Fermat's Last Theorem.* New York: Springer-Verlag, 1979.

K. Rubin and A. Silverberg. "A Report on Wiles' Cambridge Lectures." *Bulletin American Mathematical Society* 31 (1994): 15 – 38.

I. Stewart. "Fermat's Last Time Trip." *Scientific American* 269, No. 5 (1993): 85 – 88.

——. *From Here to Infinity.* Oxford: Oxford University Press, 1996.

——. *The Problems of Mathematics.* Oxford: Oxford University Press, 1996.

P. Bernays. *Axiomatic Set Theory.* New York: Dover, 1991.

P. J. Cohen and R. Hersh. "Non-Cantorian Set Theory." In *Mathematics in the*

Modern Word, edited by M. Kline. San Francisco: Freeman, 1979.

K. Devlin. *Mathematics: The New Golden Age*. Harmondsworth: Penguin, 1988.

W. S. Hatcher. *The Logical Foundations of Mathematics*. Oxford: Pergamon Press, 1982.

S. Lavine. *Understanding the Infinite*. Cambridge: Harvard University Press, 1994.

I. Stewart. "A Subway Named Turing." *Scientific American* 271, No. 3 (1994): 90 - 92.

R. L. Vaught. *Set Theory: An Introduction*. Boston: Birkhäuser, 1985.

I. Stewart. *Concepts of Modern Mathematics*. New York: Dover, 1995.

R. L. Vaught. *Set Theory: An Introduction*. Boston: Birkhäuser, 1985.

K. Appel and W. Haken. "The Four-Color Problem." In *Mathematics Today*, edited by L. A. Steen. New York: Springer, 1978.

——. "The Four-Color Proof Suffices." *The Mathematical Intelligencer* 8, No. 1 (1986): 10 - 20.

K. Devlin. *Mathematics: The New Golden Age*. Harmondsworth: Penguin, 1988.

G. Ringel. *Map Color Theorem*. New York: Springer, 1974.

T. L. Saaty. "Remarks on the Four Color Problem: The Kempe Catastrophe." *Mathematics Magazine* 40 (1967): 31 - 36.

I. Stewart. *From Here to Infinity*. Oxford: Oxford University Press, 1996.

——. *The Problems of Mathematics*. Oxford: Oxford University Press, 1992.

——. "The Rise and Fall of the Lunar M-pire." *Scientific American* 268, No. 4 (1993): 90 - 91.

M. F. Barnsley. *Fractals Everywhere*. Boston: Academic Press, 1993.

B. B. Mandelbrot. *The Fractal Geometry of Nature*. New York: Freeman 1982.

H. O. Peitgen, H. Jürgens, and D. Saupe. *Chaos and Fractals*. New York: Springer-Verlag, 1992.

I. Stewart. *From Here to Infinity*. Oxford: Oxford University Press, 1996.

——. *The Problems of Mathematics*. Oxford: Oxford University Press, 1992.

C. W. Ashley. *The Ashley Book of Knots*. London: Faber and Faber, 1947.

P. Freyd, D. Yetter, J. Hoste, W. B. R. Lickorish, K. Millett, and A. Ocneanu. "A New Polynomial Invariant of Knots and Links. " *Bulletin of the American Mathematical Society* 12 (1985): 239 - 246.

V. F. R. Jones. "A Polynomial Invariant for Knots via von Neumann Algebras. " *Bulletin of the American Mathematical Society* 12 (1985): 103 - 111.

V. F. R. Jones. "Knot Theory and Statistical Mechanics. " *Scientific American* 263, No. 5 (1990): 52 - 57.

W. B. R. Lickorish and K. C. Millett. "The New Polynomial Invariants of Knots and Links. " *Mathematics Magazine* 61 (1988): 3 - 23.

C. Livingston. *Knot Theory*. Carus Mathematical Monographs 24. Washington: Mathematical Association of America, 1993.

I. Stewart. *From Here to Infinity*. Oxford: Oxford University Press, 1996.

——. "Knots, Links, and Videotape. " *Scientific American* 270, No. 1 (1994): 136 - 138.

——. *The Problems of Mathematics*. Oxford: Oxford University Press, 1992.

T. Poston. "Au Courant with Differential Equations. " *Manifold* 18 (Spring 1976): 6 - 9.

I. Stewart, *Game, Set, and Math*. Oxford: Blackwell, 1989.

M. W. Bern and R. L. Graham. "The Shortest-Network Problem. " *Scientific American* 260, No. 1 (1989): 66 - 71.

E. N. Gilbert and H. O. Pollak. "Steiner Minimal Trees. " *SIAM Journal of Applied Mathematics* 16 (1968): 1 - 29.

Z. A. Melzak. *Companion to Concrete Mathematics*. New York: Wiley, 1973.

I. Stewart. "Trees, Telephones, and Tiles. " *New Science* 1795 (1991): 26 - 29.

P. Winter. "Steiner Problems in Networks: A Survey. " *Networks* 17 (1987): 129 - 167.

F. J. Almgren Jr. "Minimal Surface Forms. " *The Mathematical Intelligencer* 4 No. 4 (1982): 164 - 171.

——. *Plateau's Problem, and Introduction to Varifold Geometry*. New York: Benjamin, 1966.

F. J. Almgren Jr. and J. E. Taylor. "The Geometry of Soap Films and Soap Bubbles." *Scientific American* 235 No. 1 (1976): 82 – 93.

C. Isenberg. *The Science of Soap Films and Soap Bubbles*. New York: Dover Publications, 1992.

J. W. Dauben. *Abraham Robinson: The Creation of Nonstandard Analysis*. Princeton: Princeton University Press, 1995.

A. E. Hurd and P. A. Loeb. *An Introduction to Nonstandard Real Analysis*. New York: Academic Press, 1985.

M. J. Keisler. *Foundations of Infinitesimal Calculus*. New York: Prindle, Weber, and Schmidt, 1976.

A. Robinson. *Introduction to Model Theory and to the Metamathematics of Algebra*. Amsterdam: North-Holland, 1963.

K. D. Stroyan and W. A. U. Luxemburg. *Introduction to the Theory of Infinitesimals*. New York: Academic Press, 1976.

图书在版编目(CIP)数据

什么是数学:对思想和方法的基本研究(中文版第四版)/[美]R.柯朗,
[美]H.罗宾著,[美]I.斯图尔特修订;左平,张饴慈译. —4版.
—上海:复旦大学出版社,2017.3(2024.11重印)
书名原文:What is Mathematics?:An Elementary Approach to Ideas And Methods,
Second Edition
ISBN 978-7-309-12810-9

Ⅰ. 什⋯　Ⅱ.①R⋯②H⋯③I⋯④左⋯⑤张⋯　Ⅲ. 数学-普及读物　Ⅳ.01-49

中国版本图书馆 CIP 数据核字(2017)第 031744 号

什么是数学:对思想和方法的基本研究(中文版第四版)
[美]R.柯朗　[美]H.罗宾　著　[美]I.斯图尔特　修订
左　平　张饴慈　译
责任编辑/黄　乐

复旦大学出版社有限公司出版发行
上海市国权路 579 号　邮编:200433
网址:fupnet@ fudanpress.com　http://www.fudanpress.com
门市零售:86-21-65102580　　团体订购:86-21-65104505
出版部电话:86-21-65642845
上海丽佳制版印刷有限公司

开本 890 毫米×1240 毫米　1/32　印张 19　字数 469 千字
2017 年 3 月第 4 版
2024 年 11 月第 4 版第 14 次印刷

ISBN 978-7-309-12810-9/O·620
定价:60.00 元

如有印装质量问题,请向复旦大学出版社有限公司出版部调换。
版权所有　　侵权必究